高等职业教育“十四五”规划教材

高等职业教育产教融合新形态系列教材

食品深加工技术

杨昌鹏　韩　双　主编

中国农业大学出版社
·北京·

内 容 简 介

本书主要包括离心与过滤分离、萃取、沉析分离、膜分离、层析分离、浓缩、结晶与干燥等技术在食品深加工中的应用，以及食品深加工技术的综合应用等内容，实训内容丰富、覆盖面广。本教材编写内容体现了行动导向的教学理念，按照项目教学模式进行编写，适于采用“做中学、做中教”的教学模式进行教学。本教材具有体例新颖、理论知识简明、实践操作突出、技术先进实用、覆盖面广、可操作性强、自测练习多等特点。在编写中融入了食品深加工行业的新技术、新成果并配备了课程 PPT、视频学习资源、学习思考与自测练习参考答案等内容。学生可通过扫描书中二维码或者登录线上平台获取相关内容，便于学习和考核测试。本书可作为高等职业院校食品加工技术、食品生物技术、食品营养与检测等专业的教材，还可作为食品加工企业科技人员的参考书或岗前培训教材。

图书在版编目(CIP)数据

食品深加工技术 / 杨昌鹏，韩双主编. —北京：中国农业大学出版社，2020.10
ISBN 978-7-5655-2444-8

Ⅰ. ①食… Ⅱ. ①杨… ②韩… Ⅲ. ①食品加工-高等职业教育-教材 Ⅳ. ①TS205

中国版本图书馆 CIP 数据核字(2020)第 203463 号

书　　名 食品深加工技术

作　　者 杨昌鹏　韩　双　主编

策划编辑 郭建鑫　张　蕊　　**责任编辑** 郭建鑫
封面设计 郑　川
出版发行 中国农业大学出版社
社　　址 北京市海淀区圆明园西路 2 号　　**邮政编码** 100193
电　　话 发行部 010-62733489,1190　　读者服务部 010-62732336
编辑部 010-62732617,2618　　出　版　部 010-62733440
网　　址 http://www.caupress.cn　　**E-mail** cbsszs @ cau.edu.cn
经　　销 新华书店
印　　刷 涿州市星河印刷有限公司
版　　次 2020 年 11 月第 1 版　　2020 年 11 月第 1 次印刷
规　　格 787×1 092　16 开本　17.25 印张　425 千字
定　　价 50.00 元

“高等职业教育产教融合新形态系列教材”
食品类专业系列教材
编审委员会

“高等职业教育产教融合新形态系列教材”
食品类专业系列教材
专　家　组

编写人员

主　　编　杨昌鹏（广西农业职业技术学院）

　　　　　韩　双（黑龙江职业学院）

副 主 编　韦　璐（广西农业职业技术学院）

　　　　　柳　青（北京农业职业学院）

　　　　　黄　敏（广东轻工职业技术学院）

　　　　　郭建慧（潍坊职业学院）

参　　编　黎杏玉（桂林吉福思罗汉果有限公司）

　　　　　黄　杰（广西农业职业技术学院）

主　　审　李景明（中国农业大学）

　　　　　邓毛程（广东轻工职业技术学院）

　　　　　丁原春（黑龙江职业学院）

　　　　　陈肖安（原中央农业广播电视学校）

出版说明

为贯彻落实《国家职业教育改革实施方案》(又称“职教二十条”)以及《高等职业学校专业教学标准》等相关文件精神,有效推进产教融合、校企合作,建设一批校企“双元”合作开发的高质量教材,经向行业专家咨询及与有关高等职业院校沟通,借鉴与物化高等职业教育食品类专业教育教学改革成果,中国农业大学出版社开展了高等职业教育食品类专业新形态系列教材建设工作。

“高等职业教育产教融合新形态系列教材”建设是食品类专业高技能人才培养的基础性工作,也是促进社会与经济发展的客观需求。近 20 年来,随着中国加入世贸组织,我国食品工业得到了持续与快速的发展,食品工业进入产业升级、调整改革的关键时期,食品产业从数量扩张向质量提升转变。原有的高等职业教育食品类专业教材从内容到表现形式,要满足现代食品工业人才培养的需要,就必须改革创新,在实践中不断探索高等职业教育食品类专业新形态系列教材建设的新路子,才能为高等职业教育食品类专业高技能人才培养奠定坚实的基础、发挥应有的作用。

“高等职业教育产教融合新形态系列教材”具备如下特点:

1. 精心组织编审队伍。在征集相关高等职业院校申报材料的基础上,充分考虑不同院校的专业优势、教学创新改革进程及成果等,慎重确定参加编审的骨干人员,并根据教师提供的编写提纲、编写思路与样章等,由食品类专业系列教材编审委员会及专家组遴选人员组建编写团队。同时,邀请高等职业院校、行业及生产企业的专家参与教材建设,审核编写提纲,后期对书稿进行严格审定。在教材编写过程中,作者与审稿人员充分沟通,对书稿进行了反复修改,从而确保了教材内容的前瞻性、科学性及对一线岗位的适应性。

2. 创新编写体例。本次教材建设重点为食品类专业基础课程和专业核心课程。以“项目引领,任务驱动”作为教材的基本框架,以职业岗位确立典型工作任务,以典型工作任务确定岗位能力需求,以能力需求确定学习项目与任务,突出了实践性、企业案例化与职业化，并与项目紧密关联。内容新颖、趣味性强是本系列教材的一大亮点。对专业基础课程教材传统的学科编写体例进行了创新，参考模块式的思路设计，使教材精练、实用，有利于提高学生的学习效率，较以往传统教材有很大突破。

3. 突出职业教育特色。本系列教材的编写体现了现代职业教育体系教学改革精神，该新形态系列教材将努力体现课程内容与职业标准对接、教学过程与生产过程对接的要求，反映高等职业教育专业课教学与思想政治理论课教学同向同行、职业技能与职业精神培养高度融合的特点。尤其是“项目引领，任务驱动”式教材，每一任务的活动规程，力求按工作任务的环节以表格任务单或实际案例形式进行编写与训练，突出操作环节与质量要求，促进职业技能培养与职业精神养成的紧密结合，实现教学与职业岗位的“零距离对接”。

4. 新形态信息技术在系列教材中广泛应用。努力对食品类专业教材中的知识点与技能点进行信息化处理，使其表现形式更加多元化，提高智能化水平，突出趣味性与直观性，实现手机终端推送学习，采用微课、视频、动画等展示相关知识、专项实训、任务拓展与测试题答案等内容，充分体现了高等职业教育教材多元化创新的全新特色。

“高等职业教育产教融合新形态系列教材”基本覆盖了食品加工、食品生物技术、食品营养与检测等食品类专业的专业基础课程与专业核心课程。本系列教材既充分强调了食品科学的实践性，同时又充分考虑了食品产业与基础理论的有机结合，努力做到每种教材间内容相互补充、相互衔接，构成一个完整的课程体系。本系列教材主要作为高等职业教育食品类专业的相关课程教材，也可作为现代食品企业相关技术人员及专业技术工人的培训、参考用书。

“高等职业教育产教融合新形态系列教材”的顺利出版，是全国近60所高职院校及部分食品企业等共同奋斗的结果。编写过程中我们所做的许多探索，为进一步推进高等职业教育教材建设的改革与创新提供了宝贵的经验。我们真诚地希望，以此为契机，进一步有效加强与各高等职业院校及食品企业的交流与合作，不断拓展食品类专业新形态系列教材合作开发的思路，创新教材开发的模式与服务方式。让我们共同努力，为深化高等职业教育食品类专业教育教学改革与人才培养质量的提高，发挥积极的推动作用。

中国农业大学出版社

二〇二〇年七月

前　　言

为深入学习贯彻《国家职业教育改革实施方案》(简称“职教二十条”)和《关于实施中国特色高水平高职学校和专业建设计划的意见》，推进高等职业教育专业教学标准的落实，有效推进产教融合、校企合作及“学历证书＋若干职业技能等级证书”(简称“1＋X”证书制)制度试点工作，紧紧围绕培养现代食品生产第一线需要的“会技术、有素质、能发展”的高等职业教育食品加工类技能型人才，并遵循高等职业教育的基本特点和规律，我们编写了《食品深加工技术》教材。

本书依据高职食品加工类专业人才培养目标和基本要求，根据食品加工类企业的实际操作要求，以职业岗位为导向，以技术应用能力培养为重点进行体例架构设计。本教材简明扼要而又系统全面地阐述了食品深加工技术的基础理论、先进实用的生产技术及其应用领域。为突出培养学生的实践能力，以工作任务为载体实施教学，本书主要包括离心与过滤分离技术，萃取技术，沉析分离技术，膜分离技术，层析分离技术，浓缩、结晶与干燥技术在食品深加工中的应用，以及食品深加工技术的综合应用等内容。本教材编写内容体现了行动导向的教学理念，除项目1外，书中每个项目均按照“学习目标、项目概述、技术知识、技术应用、案例启示、自测练习”的体例进行编写，其中“技术应用”部分则按照“任务设计、实践操作、实训建议、理论链接、技术拓展、学习思考”的体例进行编写。教材中的“学习思考”与“自测练习”均可扫描二维码查看答案，便于学生学习和考核测试。书中的“思政园地”部分有利于教师结合专业内容开展课程思政和育人教学。

本教材具有编写体例新颖、理论知识简明、实践操作突出、技术先进实用、覆盖面广、可操作性强等特点。全书涉及的教学项目(任务)内容丰富，各院校可根据不同的教学计划，结合自身的实验实训条件，根据需要有所侧重，进行相应的选择，挑选出最需要的部分组织教学，其余部分可作为拓宽学生知识的阅读材料。

本教材反映了近年来食品深加工领域的新技术、新成果。所编写的教学项目(任务)大部分是以食品分离纯化技术为手段进行提取或制备深加工产品的典型实例，以工作任务实施为主线，物化了本门课程历年来相关高等职业院校教育教学改革中所取得的成果，并统筹兼顾高等职业院校学生的学习特点，力求教材内容与食品加工类企业工作实际相结合，以适应食品加工类企业的用人需要。教材深入浅出、通俗易懂，具有很强的针对性和实用性，是高等职业教育食品加工类专业学生的必备教材，也可作为食品加工类企业从业人员的培训教材和参考书。

本教材由广西农业职业技术学院院长杨昌鹏教授和黑龙江职业学院韩双副教授担任主编，由杨昌鹏负责统编全书。杨昌鹏负责编写项目 1、项目 6，柳青负责编写项目 2，黄敏负责编写项目 3，韩双负责编写项目 4，韦璐负责编写项目 5 和项目 8 的任务 8-3、任务 8-4，郭建慧负责编写项目 7，黎杏玉负责编写项目 8 的任务 8-1、任务 8-2，黄杰负责编写项目 8 的项目概述、技术知识、案例启示、自测练习并负责拍摄制作书中全部的视频资源。

本教材承蒙中国农业大学食品科学与营养工程学院李景明教授、广东轻工职业技术学院食品学院院长邓毛程教授、黑龙江职业学院食品学院丁原春教授和原中央农业广播电视学校陈肖安同志对教材内容进行了初审与最终审定，在此一并表示感谢。

由于编者水平有限，加之时间仓促，教材中难免存在错误或不妥之处，衷心希望广大读者提出宝贵意见，以便再版时修订完善，进一步提高教材质量。

编　者

二〇二〇年八月

目　录

项目 1

走近食品深加工

本项目学习目标

知识目标

- 了解食品深加工技术的含义、种类、作用与分离原理。
- 掌握食品深加工的基本工艺、分离方法的选择与评价。
- 掌握细胞破碎方法、原料的选取与预处理方法。
- 了解食品深加工技术的应用进展及发展方向。

二维码 1-1　项目 1 课程 PPT

能力目标

- 能正确说出食品深加工的主要原料与利用成分。
- 能正确描述细胞机械破碎方法、原料选取与预处理方法。
- 能正确说出利用分离纯化技术生产高价值加工品或食品添加剂的产品类型。

素质目标

- 培养严谨的科学态度与良好的职业道德。
- 培养质量安全和环保意识。
- 培养认真细致、好学敬业的精神。

项目概述

本项目主要介绍食品深加工技术的含义、种类、作用与分离原理，食品深加工的基本工艺、分离方法的选择与评价，细胞破碎方法、原料的选取与预处理方法，以及食品深加工技术的应用进展及发展方向，并通过介绍一些专业生产色素、甜味剂、酚类、酶制剂的食品深加工企业及其产销的主要产品，使学生熟悉食品分离纯化技术在食品深加工中的应用。

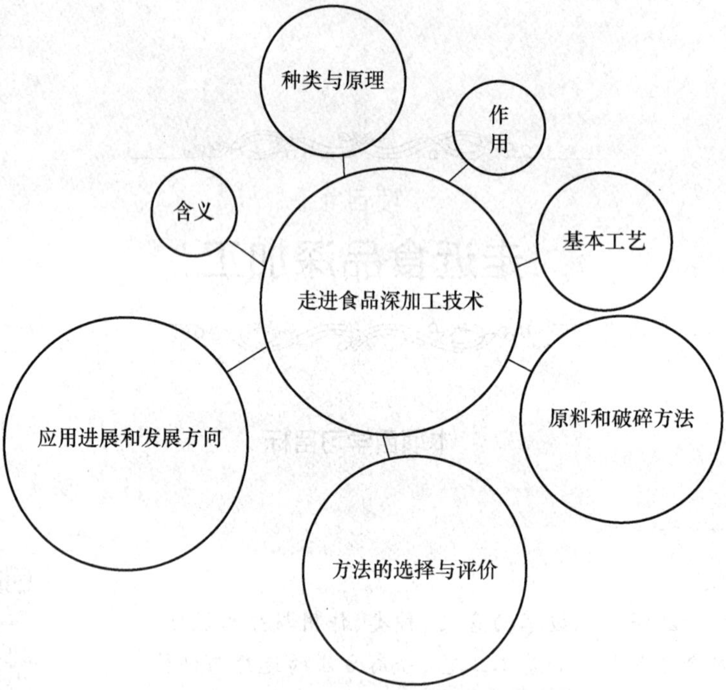

图 1-1　走近食品深加工项目导图

技术知识

一、食品深加工技术的含义

食品深加工技术是指利用动植物与微生物的有机体、器官或废弃物、生物工程产物（发酵液等），应用离心分离、过滤分离、萃取分离、沉淀（析）分离、膜分离、层析分离等分离方法生产高价值深加工食品、优质加工品或食品添加剂的技术过程。食品深加工技术其核心是从动植物与微生物的有机体、器官或初加工品中分离纯化出有用成分，或者是提高加工品的澄清度及纯度，因此，食品深加工技术也可以称为食品分离纯化技术。

二、食品深加工技术的种类与分离原理

食品深加工技术主要包括离心分离、过滤分离、萃取分离、沉淀（析）分离、膜分离、层析分离以及产品的浓缩、结晶等技术。每一种分离技术根据操作形式或分离机理不同，又可分为若干分离方法。例如，膜分离可分为微滤、超滤、透析、纳滤、反渗透等。

食品深加工技术主要是依据离心力、分子大小（筛分）、浓度差、压力差、电荷效应、吸附作用、静电作用、亲和作用、疏水作用、溶解度、平衡分离等原理对原料或产物进行分离、纯化。不同的分离对象需要采用不同的分离方法才能被有效分离（表1-1）。

表1-1　食品深加工技术的分离原理与分离对象

分离技术		分离原理	分离对象（举例）
离心分离	差速离心	离心力	菌体、细胞、血球、细胞碎片等
	密度梯度离心	离心力、离心介质	蛋白质、核酸等
萃取分离	有机溶剂萃取	液-液平衡	色素、有机酸、抗生素、氨基酸等
	双水相萃取	液-液平衡	蛋白质、酶、抗生素、核酸等
	超临界流体萃取	相平衡	香料、脂质、生物碱等
膜分离	微滤	压力差、筛分	菌体、细胞等
	超滤	压力差、筛分	蛋白质、酶、多糖、抗牛素等
	反渗透	压力差、筛分	水、盐、糖、氨基酸等
	透析	浓度差、筛分	蛋白质、酶、盐等
	电渗析	电荷效应、筛分	氨基酸、有机酸、水、盐等
层析分离	吸附层析	吸附作用	色素、抗生素、牛物碱、萜类、蛋白质、酶等
	离子交换层析	静电作用、浓度差	蛋白质、酶、核酸、多糖、氨基酸、有机酸、多肽等
	凝胶层析	筛分、浓度差	蛋白质、酶等大分子
	疏水层析	疏水作用、浓度差	蛋白质、酶、核酸等
沉淀分离/结晶	盐析沉淀	液-固平衡、疏水作用	蛋白质、酶、核酸等
	有机溶剂沉淀	液-固平衡、静电作用	蛋白质、酶、核酸、果胶等
	等电点沉淀	液-固平衡、静电作用、疏水作用	蛋白质、酶、氨基酸等
	溶液结晶	液-固平衡（溶解度）	氨基酸、有机酸、蛋白质、酶、抗生素等

三、食品深加工技术的作用

(1)食品深加工技术是开展动植物的综合利用、生产高价值加工品的必备技术。绝大多数食品工业都离不开食品深加工技术,其中不少食品行业都是以纯化分离过程为主要生产工序的。许多新型的食品和添加剂都是靠食品分离纯化等深加工技术来提取分离的(表 1-2)。

表 1-2 一些新型食品和添加剂生产所依赖的食品深加工技术

产品生产	所依赖的深加工技术
果胶的制备	酸解法提取、沉淀分离等
酪蛋白的制备	盐析、等电点沉淀等
酶制剂(菠萝蛋白酶、木瓜蛋白酶、果胶酶等)的制备	离心分离、沉淀分离、膜分离、吸附层析、离子交换层析等
色素、黄酮、活性多糖、低聚糖的制备	萃取分离、沉淀分离、吸附层析、离子交换层析等
茶多酚的制备	萃取分离、沉淀分离、吸附层析等

(2)食品深加工技术是食品生物技术(食品生物工程)的重要组成部分。生物工程的主体内容通常包括基因工程、细胞工程、发酵工程、蛋白质工程和酶工程。大多数情况下,基因工程、细胞工程、发酵工程和酶工程的产物不能成为产品和商品,必须经过分离纯化技术才能得到高纯度的产品和被市场接受的商品。换言之,食品深加工技术是生物技术工业最终获得产品的必要环节。

(3)食品深加工技术是食品分析与检测的重要手段。例如,利用原子吸收分光光度计、气相色谱仪、液相色谱仪来分析检测金属离子、酚类、黄酮类、多糖、花青素、蛋白酶等物质时,就常常需要利用萃取分离、沉淀分离、膜分离等技术进行原料检测成分的提取或适当的分离纯化。

总之,了解和掌握食品深加工技术能为开展动植物的综合利用、食品精深加工、生产高价值加工品、开发新型功能性食品、搞好食品分析与检测等奠定良好的技术基础。食品深加工技术在食品工业中的重要地位已越来越明显。

四、食品深加工的基本工艺

按照生产过程,食品深加工工艺(即食品分离纯化工艺)一般包括原料的选取、细胞破碎、萃取与预处理、固-液分离、初步纯化(分离)、精制(高度纯化)和成品加工等过程。食品分离纯化的一般工艺过程如图 1-2 所示。实际生产中,不同原料的加工工艺过程略有不同。

五、食品深加工原料及其细胞破碎方法

(一)食品深加工原料及其利用成分

用于食品深加工的原料可以是动植物的有机体、器官或废弃物(如果蔬的果皮、果渣、种子、叶片,动物的毛发、血液等)及微生物,也可以是发酵反应产物、中间产物或废物料;可以是小分子物质,也可以是大分子物质;可以是具有生物活性的物质(如酶类、蛋白质等),也可以是不具有生物活性的物质(如果胶等)。

在食品深加工领域,分离纯化的成分(对象)主要是动植物有机体、器官或废弃物以及微生

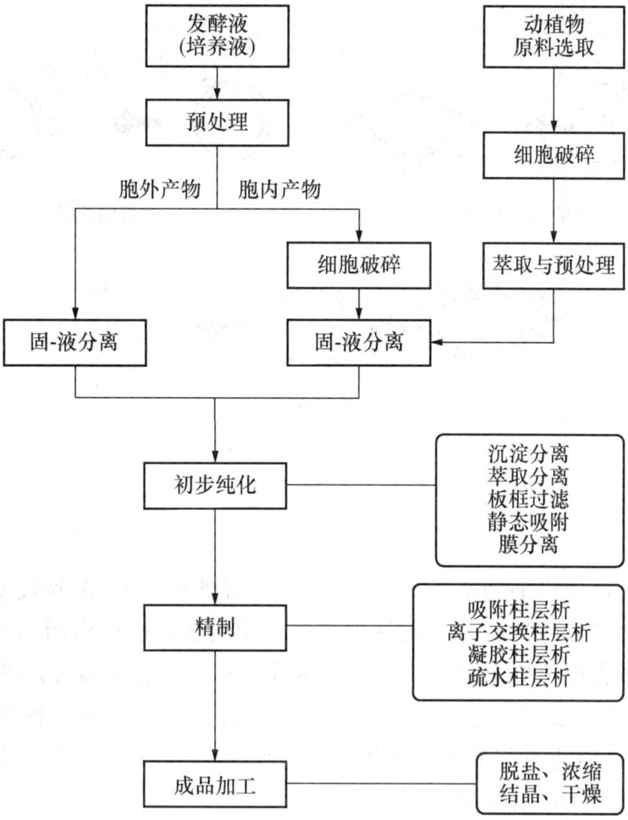

图1-2　食品分离纯化的一般工艺过程

物、发酵产物中的蛋白质、酶、多糖、色素、酚类、黄酮、苷类、香精、生物碱、核酸、多肽、氨基酸、有机酸等物质。例如，在菠萝罐头加工过程中产生的废弃物菠萝果皮中由于含有大量的菠萝蛋白酶，菠萝果皮便成为生产上制备菠萝蛋白酶的主要原料。与此类似，可利用生产荔枝罐头或果汁残余的荔枝皮生产荔枝多酚，可利用柚子皮、香蕉皮生产食用果胶，也可利用疏果或选果分级产生的幼果或残次果（如苹果、阳桃、杨梅等）来生产多酚、色素等高价值深加工产品。

（二）细胞破碎的基本方法

在生物产物的分离提取中，如果目标物质为胞外产物（如霉菌产生的糖化酶等），其提取过程较简单，只需直接进行固-液分离，获得澄清的滤液，再进行分离纯化操作；如果目标物质为胞内产物或多细胞生物组织中的各种生物分子（如碱性磷酸酶等胞内酶、部分外源基因表达产物或植物细胞产物等），都需要事先将细胞或组织破碎，使目标物质充分释放到溶液中，而且应保证目标物质不失去生物活性。

不同生物体或同一生物体的不同部位的组织，其细胞破碎的难易程度不一，使用的方法也不相同，如动物脏器的细胞膜较脆弱，容易破碎，植物和微生物由于具有较坚固的纤维素、半纤维素组成的细胞壁，要采取专门的细胞破碎方法。

按照是否存在外加作用力，细胞破碎方法可分为机械法和非机械法两大类。通过机械运动产生的剪切力，使细胞破碎的方法称为机械破碎法；利用化学或生化试剂（如酶）改变细胞壁或细胞膜的结构而释放胞内物质的方法叫非机械破碎法。各种作用力的细胞破碎机理如图 1-3 所示。

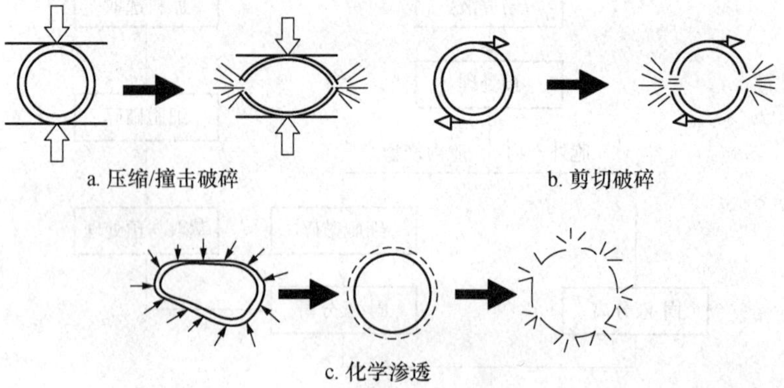

图 1-3 细胞破碎机理

（孙彦，生物分离工程，2005）

1. *机械破碎法*

机械破碎法是工业规模细胞破碎的主要手段，具有处理量大、破碎效率高、速度快等特点，适用于植物材料和细菌细胞的破碎。机械破碎中细胞所受的机械作用力主要有压缩力和剪切力。常用的破碎机械有组织捣碎机、珠磨机、匀浆器、超声波发生器等。按照所使用的破碎机械的不同，可以分为捣碎法、珠磨法、匀浆法和超声波破碎法等。由于各种机械破碎法的作用机理不尽相同，有各自的适用范围和处理规模。因此，针对目标物质的性质选择细胞破碎设备并确定适宜的破碎操作条件是非常重要的。

(1)捣碎法　利用捣碎机高速旋转叶片所产生的剪切力将组织细胞破碎，是一种较剧烈的破碎细胞的方法。通常可先用家用食品加工机将组织打碎，然后再用 10 000～20 000 r/min 的内刀式组织捣碎机（即高速分散器）将组织的细胞打碎，为了防止发热使温度过高，通常是转 10～20 s，停 10～20 s，可反复多次。

捣碎法适用于动物组织、内脏、植物种子、嫩菜叶、较柔软的果蔬等材料的破碎。但由于旋转刀片的机械剪切力较大且破碎过程中温度易迅速上升，所以不适于核酸等生物大分子的提取。

(2)珠磨法　珠磨是一种常用的机械破碎细胞的方法，利用玻璃小珠与细胞悬浮液一起快速搅拌。由于研磨作用，细胞被破碎，常用的工业设备是高速珠磨机（图 1-4）。该法适用于绝大多数微生物细胞的破碎。

影响珠磨法破碎率的因素较多，如面包酵母菌破碎时，破碎速率与诸如搅拌桨转速、料液的循环流速、细胞悬浮液的浓度、玻璃小珠的装量和珠体的直径以及温度等操作参数有关。提高搅拌速度、增加小珠装量、降低酵母悬浮液的浓度和通过珠磨机的循环速率均可提高破碎效率。由于珠磨破碎操作的有效能量利用率仅为 1%左右，破碎过程产生大量的热能。因此，在设计流程时应充分考虑换热能力问题，以免温度过高引起生物分子变性失活。

(3)高压匀浆法　高压匀浆破碎又称高压剪切破碎法，其破碎原理是：细胞悬浮液在高压作用下从阀座与阀之间的环隙高速喷出后撞击到碰撞环上，细胞在受到高速撞击作用后，急剧释放到低压环境，从而在撞击力和剪切力等的综合作用下破碎。高压匀浆器的结构见图 1-5。

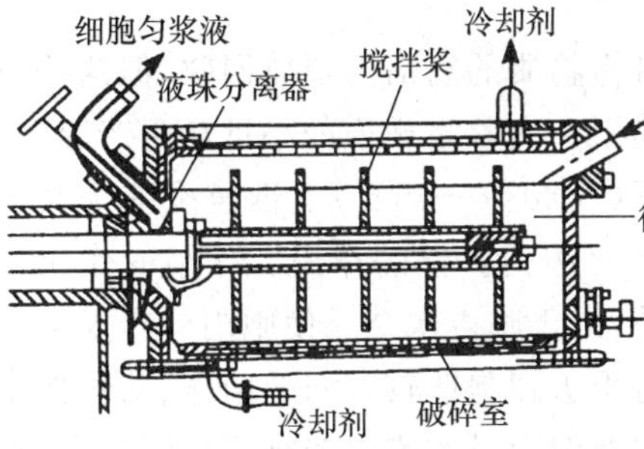

图 1-4　水平密闭型珠磨机结构简图

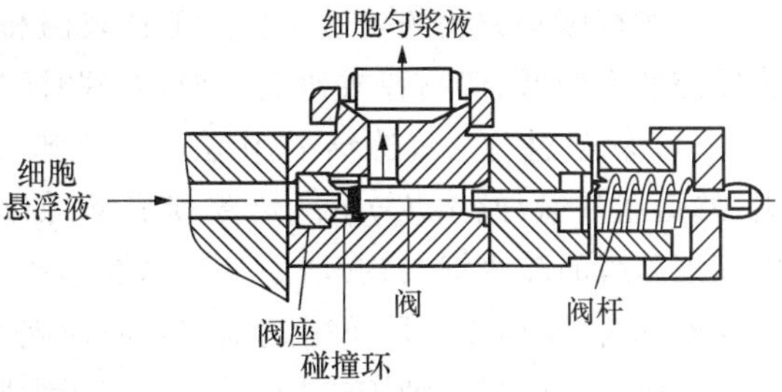

图 1-5　高压匀浆器结构简图

该法适用于大多数微生物细胞的破碎，如酵母菌、大肠杆菌、巨大芽孢杆菌和黑曲菌等，料液细胞含量可达到 20%左右。但某些高度分枝的微生物，如团状菌和丝状菌易造成高压匀浆器堵塞，操作困难，一般不宜使用该法。

高压匀浆法中影响细胞破碎的因素主要有压力、循环操作次数和温度。在工业生产中，操作压力通常采用 55～70 MPa。在操作方式上，可以采用单次通过或多次循环通过匀浆器等方式。为了避免温度过分升高，可在进口处用干冰调节温度，使出口温度保持在 20℃左右。

(4)超声波破碎法　超声波破碎是采用超声波破碎机在 15～25 kHz 的频率下进行细胞破碎。由于超声波具高频率、短波长、定向传播等特点，其在液体中传播时使液体中某点某瞬间受到巨大的压力，而另一点的瞬间压力又迅速消失，产生巨大的拉力使液体拉伸破裂并出现细小空穴，这种空穴在超声波的继续作用下又迅速闭合，产生极强的局部附加压强(可达几万个标准大气压，1 个标准大气压约等于 101.3 kPa)，介质中的悬浮细胞在如此大的压力作用下产生一种应力促使内部液体流动而使细胞破碎。

影响超声波破碎的因素主要有超声波的声强、频率，液体的温度、压强和破碎时间等，另外，介质的离子强度、pH 和细胞浓度、种类等对破碎效果也会有影响。各种细胞所需的破碎时间主要靠经验来决定，有些细胞仅需 2～3 次持续 1 min 的超声即可破碎，而另一些则需多达 10 次的超声处理。不同的菌，用超声波处理的效果也不同，杆菌比球菌易破碎，革兰氏阴性菌比革兰氏阳性菌易破碎，酵母菌破碎效果较差。超声破碎时细胞浓度一般在 20%左右。

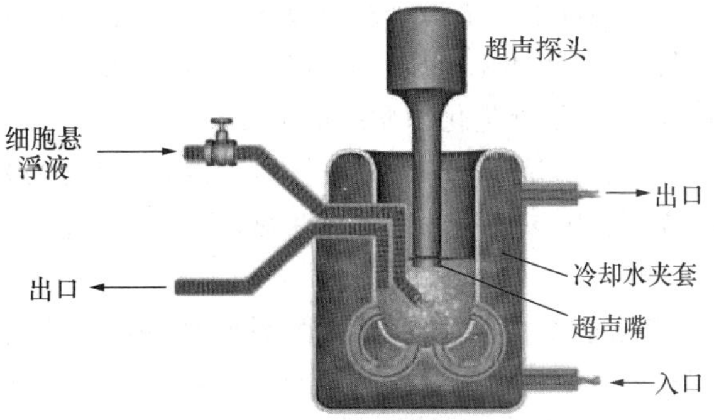

图 1-6　连续破碎池结构示意图

超声波破碎最主要的问题是热量的产生，因此该法仅适用于实验室规模的微生物细胞破碎，不适于大规模生产。实验室处理的样品体积一般为 1～400 mL。超声波破碎也可以进行连续细胞破碎，图 1-6 为实验室连续破碎池结构示意图，其核心部分是由一个带夹套的烧杯组成，其内有 4 根内环管，由于超声波振荡能量会泵送细胞悬浮液循环，将细胞悬浮液进、出口管插入烧杯内部，就可以实现连续操作。

2. 非机械破碎法

细胞破碎中常用的非机械破碎法有冻结-融化法、渗透压冲击法、有机溶剂法、表面活性剂法、酸碱法、酶溶法等。

非机械破碎方法的处理条件一般比较温和，有利于目标物质的高活力释放回收，但这些方法破碎效率较低、产物释放速度较慢，处理时间较长，多局限于实验室规模的小批量生产应用。

(1)冻结-融化法　冻结-融化法是将细胞放在低温下(－20～－15℃)下迅速冷冻令其凝固，然后在室温(或40℃)下融化令其溶解，如此反复多次而达到破壁的作用。冻结的作用是破坏细胞膜的疏水键结构，增加其亲水性和通透性。此外，由于胞内水结晶使胞内外产生溶液浓度差，故在渗透压作用下引起细胞膨胀而破裂。此法适用于细胞壁较脆弱的菌体、动物性细胞的破碎或释放某种细胞成分，对于存在于细胞质周围靠近细胞膜的胞内产物释放较为有效，但通常破碎率较低。另外，该法还可能引起对冻融敏感的某些蛋白质的变性。

(2)渗透压冲击法　渗透压冲击法是一种较温和的破碎方法，将细胞在高渗溶液(如一定浓度的甘油或蔗糖溶液)中平衡一段时间后，介质突然被稀释或突然转入水溶液或缓冲溶液中，细胞因渗透压的突然变化而引起细胞壁的破裂，从而达到破碎细胞的目的。该法是一种实验室常用的破碎方法，仅对细胞壁较脆弱的细胞，如动物细胞和革兰氏阴性菌，或细胞壁预先用酶处理，或合成受抑制而细胞强度减弱时此法才是适用的。

(3)有机溶剂法　有机溶剂可以使细胞壁、细胞膜的磷脂结构被破坏，从而改变细胞的透过性，使胞内酶等细胞内物质释放到细胞外。常用的有机溶剂有丁酯、丁醇、丙酮、氯仿和甲苯等。为了防止酶的变性失活，操作应当在低温条件下进行。

(4)表面活性剂法　表面活性剂可以和细胞膜中的磷脂以及脂蛋白相互作用，使细胞膜结构被破坏，从而增加细胞膜的透过性。常用离子型表面活性剂有十二烷基硫酸钠(SDS)、脱氧胆酸钠等；非离子型表面活性剂有 Tween-80(吐温)、TritonX-100(特里顿或曲拉通)等。例如，对胞内的异淀粉酶，可加入0.1%SDS或0.4%TritonX-100于酶液中，30℃下振荡30 h，就能较完全地将异淀粉酶抽提出来，且酶的比活力较机械破碎法强。又如从大肠杆菌中提取 L-天冬酰胺酶时，常用2%Triton X-100和12.5% K_2HPO_4 溶液处理菌体，可释放70%以上的酶。

(5)酸碱法　酸碱处理是基于蛋白质为两性电解质，改变pH可改变其所带电荷的性质，使蛋白质之间或蛋白质与其他物质之间的相互作用力降低而易于溶解。因此，利用酸碱调节pH，可提高目标生化物质的溶解度。

(6)酶溶法　酶溶法是利用溶解细胞壁的酶处理菌体细胞，使细胞壁受到部分或完全破坏，或再利用渗透压冲击等方法破坏细胞膜，进一步增大胞内产物的通透性。此法适用于多种微生物。

酶溶法专一性强，在选择酶系统时，必须根据细胞壁的结构和化学组成来选择。革兰氏阳性菌、放线菌的细胞壁以肽聚糖为主要成分，常采用溶菌酶裂解细胞壁；酵母菌和真菌的细胞壁主要是纤维素、葡聚糖、几丁质等，常用蜗牛酶、纤维素酶、多糖酶等裂解；植物细胞壁的主要成分是纤维素，常采用纤维素酶和半纤维素酶裂解。例如，在破碎酵母细胞时，常采用蜗牛酶(来自蜗牛)，将酵母细胞悬于0.1 mmol/L柠檬酸-磷酸氢二钠缓冲液(pH＝5.4)中，加1%蜗牛酶，在30℃下处理30 min，即可使大部分细胞壁破裂，如同时加入0.2%巯基乙醇效果会更好。

酶溶法条件温和，能选择性地释放产物，胞内核酸等泄出量少，细胞外形较完整，便于后续分离等，但水解酶价格高，故此法目前多应用于小规模的细胞破碎。

细胞破碎的方法很多,但它们的破碎效率和适用范围不同。若大规模应用,则采用机械法;若仅在实验室规模处理,则选非机械法。适宜的破碎方法应从高的产物释放率、低的能耗和便于后续提取三方面进行权衡。表1-3对常用的细胞破碎方法的作用机理、应用特点等进行了归纳。

表1-3 常用细胞破碎方法的比较

分类		作用机理	效果	成本	应用特点
机械法	捣碎法	固体剪切作用	适中	适中	适用于动物组织、内脏、植物种子、嫩菜叶、果蔬等材料的破碎;不适于核酸等生物大分子的提取
	珠磨法	固体剪切作用	剧烈	便宜	破碎率较高,可较大规模操作,大分子目的产物易失活,浆液分离困难
	高压匀浆法	液体剪切作用	剧烈	适中	破碎率较高,可较大规模操作,不适合丝状菌和革兰氏阳性菌的破碎
	超声波破碎法	液体剪切作用	剧烈	昂贵	对酵母菌效果较差,破碎过程升温剧烈,不适合大规模操作
非机械法	酶解法	酶分解作用	温和	昂贵	具有高度专一性,条件温和,浆液易分离,溶酶价格高,通用性差
	化学法	细胞膜渗透性改变	活性剂法温和;有机溶剂法适中;酸碱法剧烈	活性剂法适中;有机溶剂法和酸碱法便宜	具有一定选择性,浆液易分离,但释放率较低,通用性差
	渗透压冲击法	渗透压剧烈改变	温和	便宜	破碎率较低,常与其他方法结合使用
	冻结-融化法	反复冻结-融化	温和	便宜	破碎率较低,不适用于对冷冻敏感的目的产物的提取

3. 细胞破碎率的测定

破碎细胞的目的是释出目标物质,因此,细胞的破碎速率一般用目标物质的释放速率来评价。由于破碎方法、细胞种类和目标物质在胞内的位置不同,目标物质的释放速率也不同,因此,细胞破碎和产物释放过程非常复杂,很难完全定量描述。通常采用下列方法检测细胞破碎的程度。

(1)直接测定法 该法是通过检测破碎前后完整细胞数量之差来表示细胞破碎的程度。具体操作如下:破碎前,利用显微镜或电子微粒计数器直接计数完整细胞的量;破碎后,先用染色法把破碎的细胞从未损害的完整细胞中区别开来,再用显微镜或电子微粒计数器检测破碎液中完整细胞的量,计算前后两次数量之差。例如,破碎的革兰氏阳性菌常可染色成革兰氏阴性菌的颜色,利用革兰氏染色法,未受损害的酵母细胞呈现紫色,而受损害的酵母细胞呈现亮红色。

(2)测定释放的蛋白质量或酶的活力 细胞破碎后,通过测定悬浮液中细胞内含物的增量来估算破碎率。通常将破碎后的细胞悬浮液离心、测定上清液中蛋白质的含量或酶的活力，并与 100%破碎时的标准数值直接比较。

(3)测定电导率　研究表明，利用破碎前后电导率的变化可以快速测定细胞的破碎程度。电导率的变化是细胞内含物被释放到水相中而引起的。电导率随着破碎率的增加呈线性增加。由于电导率的大小与微生物的种类、处理条件、细胞浓度、温度和悬浮液中电解质的含量等有关，因此，应预先采用其他方法制定标准曲线。

六、原料的选取与预处理

(一)原料的选取原则

原料的选取首先应尽量考虑选择来源丰富的材料，并能做到一物多用、综合利用。其次要根据目的产物的分布，选择富含有效成分的生物种类或品种。例如，制备黄酮应选择含黄酮丰富的山楂、银杏作为原料。最后是要选择合适的组织器官，如制备胃蛋白酶宜选用胃为原料，而免疫球蛋白则从血液或富含血液的胎盘组织中提取。此外，生物的生长期也是选择材料需要考虑的因素，因为生长期对生物活性物质的含量影响很大，如提取酚类物质应选择没有完全成熟的果实或者未完全老熟的叶片作为原料，提取凝乳酶只能用哺乳期的小牛、仔羊的第四胃为原料。

(二)原料的预处理目的与方法

原料预处理主要包括降低液体黏度、加热、凝聚、絮凝、酶解、沉淀等，其目的主要有三个：①通过采用加水稀释法、加热法，降低液体黏度，可有效提高过滤速率；②通过调节 pH、凝聚和絮凝等处理，改善过滤特性，以利于固-液分离；③通过沉淀、酶解等处理，去除发酵液(培养液)中部分杂质(杂蛋白或多糖、高价金属离子等)，以利于后续各步分离操作。

生产上，常用的凝聚电解质有硫酸铝(明矾)、氯化铝、三氯化铁、硫酸亚铁、石灰、硫酸锌、碳酸镁等。工业上使用的絮凝剂根据其来源的不同，可分为如下三类：①有机高分子聚合物，如聚丙烯酰胺类衍生物、聚苯乙类衍生物。②无机高分子聚合物，如聚合铝盐、聚合铁盐等。③天然有机高分子絮凝剂，如聚糖类胶黏物、海藻酸钠、明胶、骨胶、壳多糖、脱乙酰壳多糖等。

对成品质量影响较大的无机杂质主要有 Ca^{2+}、Mg^{2+}、Fe^{3+} 等高价金属离子，预处理时应将它们除去。如发酵液中 Ca^{2+} 的去除，通常使用草酸，反应后生成的草酸钙在水中溶解度很小，因此能将 Ca^{2+} 较完全地去除。生成的草酸钙还能促使蛋白质凝固，改善发酵液的过滤特性。

对于杂蛋白质，可采用沉淀法除去。蛋白质是两性物质，在酸性溶液中能与一些阴离子如三氯乙酸盐、水杨酸盐、钨酸盐、苦味酸盐、鞣酸盐、过氯酸盐等形成沉淀；在碱性溶液中能与一些阳离子如 Ag^{+}、Cu^{2+}、Zn^{2+}、Fe^{3+} 和 Pb^{2+} 等形成沉淀。

一些生物活性物质在细胞培养(或发酵)过程中能分泌到细胞外的培养液(或发酵液)中，如细菌产生的碱性蛋白酶、霉菌产生的糖化酶等胞外酶，不需要预处理或经过简单预处理后就能进行固-液分离，然后将获得的澄清的滤液再进一步纯化即可。但是，还有许多生物活性物质位于细胞内部，在细胞培养(或发酵)过程中不能分泌到细胞外的培养液(或发酵液)中，如青霉素酸化酶、碱性磷脂酶等胞内酶，必须在固-液分离以前先将细胞破碎(用物理、化学、酶或机械的方法来破坏细胞壁或细胞膜)，使细胞内产物释放到液相中，然后再进行固-液分离。固-

液分离是利用制备目的物的溶解特性，将目的物与细胞的固形成分或其他结合成分分离，使其由固相转入液相或从细胞内的生理状态转入特定溶液环境的过程。固-液分离可以除去与产物性质差异较大的杂质，为分离纯化操作创造有利条件。

七、分离纯化方法的选择与评价

（一）分离纯化方法的选择

食品分离纯化的工艺过程设计首先要看产品是胞内产物还是胞外产物。胞内产物是指不被分泌到胞外的产物；胞外产物是在细胞内产生，然后又分泌到胞外的产物（即在细胞培养过程中已分泌到培养液中）。另外，选择分离与纯化方法时还要考虑产品的类型、分子大小、产品的溶解度等。

生物产品中分子量较大的产品，如蛋白质、酶、多糖、核酸等，所需分离过程较复杂，不同于化学工业中的传统单元操作；分子量较小的产品包括类脂、氨基酸，所需分离过程在许多方面可以借鉴传统单元操作进行设计。

对于一个未知化学结构和性质的组分的分离制备设计，大致可按以下六个基本步骤进行：

(1)查找与待分离组分相关的基础性研究资料，建立相应的分析鉴定方法；

(2)开展制备物的理化性质稳定性的预备试验；

(3)开展材料处理及抽提方法的选择试验；

(4)进行分离纯化方法、程序的摸索及其分离效果的评价；

(5)进行产物均一性的测定；

(6)进行中间试验和工业生产应用的放大设计，确定最佳的分离方法。

提取是分离纯化目的物的第一步，所选用的溶剂应对目的物具有最大溶解度，并尽量减少杂质进入提取液中，为此可调整溶剂的 pH、离子强度、溶剂成分配比和温度范围等。

分离纯化是生产高值化产品的核心操作。由于物质种类成千上万，因此分离纯化的实验方案也千变万化，没有一种分离纯化方法可适用于所有物质的分离纯化。一种物质也不会只有一种分离纯化方法。所以合理的分离纯化方法是根据目的物的理化性质与生物学性质，依具体实验条件而定。认真参考前人经验可以减少许多盲目性工作，节省实验摸索时间，即使是分离一个新的未知组分，根据分析和预试验的初步结果，参考前人对类似物质的分离纯化经验，也可以少走弯路。

（二）分离纯化技术的评价

一项分离纯化技术在工业上的应用前景如何，可以通过一定的指标进行评价，综合起来可以从如下五个方面进行考察。

(1)分离效率及其选择性　评价一项分离纯化技术，首先要考察其分离效率。分离效率通常是指对于待回收组分的回收率以及对于待去除组分的脱除率。一般情况下应以分离效率较高的为好，无论是分离回收某一有用的组分，还是分离脱除有毒和污染的组分都是如此。否则，分离过程便无经济意义，也无法在生产上实际应用。但是高到什么程度，则要看产品的具体情况和具体要求。一般来说，分离过程的效率能达到产品的规格要求即可。片面追求过高的分离效率，往往要采用多种分离技术，以及多次反复分离，成本也跟着上升，经济价值显著下降。

分离技术的选择性是指分离过程中对其他不需要分离的组分的排斥性。好的选择性可保证待回收组分有较好的纯度，以及在脱除不需要的组分时，不至于把原料中的有用组分也除掉。

(2)产品质量　一项有应用前景的分离纯化技术应能使最终产品的色、香、味、营养、感官性状、组织状态和贮存性能及质量指标有所提高，并能尽量做到有利于综合利用。

(3)产品安全　应用分离纯化技术得到的产品，如作为食品(例如，从大豆中获得的分离大豆蛋白)，应保证其符合食品卫生要求。同时，对于原有的食品原料不应造成污染，有利于原料综合利用。否则，即使该分离纯化技术在分离效率方面如何高，也难以应用。

(4)生产工艺　一项好的、先进的分离纯化技术应能简化生产工艺、缩短生产周期，有利于提高生产效率和减少在分离过程中原料变质的可能性。在安排纯化方法顺序时，就要考虑到有利于减少工序、提高效率，如在盐析后采取吸附法，必然会因离子过多而影响吸附效果，如增加透析除盐过程，则使操作大大复杂化。如倒过来进行，先吸附后盐析就会比较合理。

(5)生产成本　一些新的分离纯化技术可以在常温下进行，过程中无相变，如反渗透和超滤分离技术，因而能大大地降低能耗，有助于降低生产成本、提高经济效益。另外，由于新型的分离纯化技术简化了生产程序，能节省生产设备和生产场地的投资，从而也能降低生产成本。

在实际生产应用中，应从以上几方面对采用的分离纯化技术进行多方位的分析、比较、论证，做出综合性评价，以便能进行合理的选择。对于特定的目标产物，要根据其自身的性质以及与其共存杂质的特性，选择合适的分离纯化方法或不同分离纯化方法的组合，以获得最佳的分离纯化效果，实现高纯度、高收率和低成本的目标。

八、食品深加工技术的应用进展及发展方向

(一)食品深加工技术的应用进展

食品深加工技术与化工分离技术、生物化学等学科的发展是紧密联系的。许多化工单元操作相继被引入到食品工程中，并且已经变成了食品加工过程中的主要工序。近二三十年来，食品分离技术以及生物化学等科学技术取得了长足的发展，其显著特点表现在四个方面：一是传统的分离技术无论是在理论上还是应用上都有了很大的发展；二是原来只在实验室使用的分离技术已拓展为工业上的规模应用；三是生物大分子如酶、蛋白质、核酸等组分的分离技术有了较大进展；四是出现了许多新型的分离技术，如超临界流体萃取技术、柱层析分离技术以及膜分离技术中的超滤技术、纳滤技术、反渗透技术、酶耦合膜分离技术、反应膜分离技术、亲和膜分离技术等。

近年来，食品新型分离纯化技术的研究和开发已有较大进展，如膜分离、超临界流体萃取以及柱层析分离技术等有了广泛的应用。其中应用较广、成效最大的是膜分离技术，在浓缩果汁、速溶咖啡、速溶茶的生产及酶的提取等方面都有应用。超临界流体萃取技术应用于食品香气成分的提取亦有较好的前景。此外，超离心分离、柱层析分离技术的出现，使生物大分子、遗传基因载体的分离变得容易，因此也推动了生命科学和食品生物技术的发展。

目前，生产上已广泛地利用萃取分离、沉淀分离、膜分离、柱层析分离等食品深加工技术(食品分离纯化技术)生产高价值深加工食品或食品添加剂。这些产品类型主要有：活性多糖(香菇多糖、灵芝多糖、枸杞子多糖等)、多酚类物质(茶多酚、苹果多酚、荔枝多酚、阳桃多酚等)；黄酮类物质(银杏黄酮、大豆异黄酮、山楂黄酮等)、酶制剂(菠萝蛋白酶、木瓜蛋白酶、果胶

酶等);增稠剂(柑橘果胶、香蕉果胶等)、甜味剂(罗汉果甜苷、甜菊苷、甘草皂苷等)、食用色素(葡萄红色素、杨梅红色素、番茄红素、栀子黄色素等)。近一二十年来,国内涌现了许多利用食品分离纯化技术生产食品深加工高值化产品的规模化企业,以下介绍一些专业生产色素、甜味剂、酚类、酶制剂的食品深加工企业及其主要产品。

(1)河北晨光天然色素有限公司　国内一家专业生产天然色素的企业,具有利用萃取分离、膜分离、柱层析分离等技术年生产 1 000 t 天然色素的生产能力,主要产品有辣椒红色素、辣椒精、叶黄素、甜菜红等,产品 80%以上出口,销往欧洲、美洲、日本、韩国、东南亚等国际市场。

(2)桂林莱茵生物科技股份有限公司　国内植物提取行业上市公司,主要从事植物提取物的研发、生产及销售。拥有利用膜分离、柱层析分离等技术年加工 15 000 t 原材料的生产能力,产品 90%以上出口美、德、日、韩、加、法、澳等 60 多个国家和地区。该公司主打产品有天然甜味剂(罗汉果甜苷、甜菊苷、甜茶苷等)、水果提取天然抗氧化剂(蓝莓花青素、石榴皮鞣花酸、葡萄籽原花青素、山竹多酚、荔枝多酚、苹果多酚、柿子多酚等)以及葡萄籽提取物、越橘提取物等其他标准化提取物。

(3)桂林吉福思罗汉果有限公司　一家集罗汉果种植、贮藏、深加工、销售于一体,具有自主进出口经营权的中外合资深加工科技企业,主要产品为罗汉果甜苷、罗汉果浓缩汁、罗汉果茶膏。利用膜分离、柱层析分离等技术建成了年产 120～150 t 罗汉果甜苷的生产线,99%的罗汉果甜苷产品外销,是目前世界上最大的罗汉果甜味剂生产供应商之一。

(4)湖南省天然药物研究所有限公司　一家集天然动植物提取物研发、生产、销售于一体的天然产物制品有限公司。主要产品为银杏叶提取物、越橘提取物、山楂黄酮、余甘子提取物、栀子苷、白黎芦醇、罗汉果甜苷、银杏黄酮、绿原酸、枸杞多糖、原花青素等。

(5)山东隆科特酶制剂有限公司　一个酶制剂专业生产厂家,目前年产酶制剂系列产品 5 万 t 左右。用生物工程发酵技术、膜分离技术及真空冷冻干燥技术生产糖化酶、中温 α-淀粉酶等酶制剂。产品主要有糖化酶、α-淀粉酶、果胶酶、纤维素酶、酸性蛋白酶、木聚糖酶、甘露聚糖酶、葡聚糖酶等。产品畅销全国,并出口美国、俄罗斯、欧洲、东南亚等国家和地区。

(6)南宁庞博生物工程有限公司　专门从事生物酶制剂研究、开发、生产及销售的高新技术企业,利用生物工程发酵技术、膜分离技术及真空冷冻干燥技术生产高活力植物蛋白酶,主要产品有木瓜蛋白酶、菠萝蛋白酶、酵母抽提酶、中性蛋白酶、碱性蛋白酶、动物蛋白水解复合酶、大豆蛋白改性酶、大豆多肽酶、植物蛋白水解复合酶等生物酶制剂,产品行销美国、日本、欧洲、韩国等地。

(二)食品深加工技术的发展方向

随着食品生物技术产业的迅速发展,新的分离纯化技术不断涌现,解决了许多以前无法解决的实际问题,并且提供了一大批生物技术产品。近年来,新型食品分离纯化技术的研究和开发已有较大进展,如超临界流体萃取、膜分离以及各种柱层析分离技术等相继熟化,使新型食品分离纯化技术得到了进一步的发展并且有着广泛的应用。但无论是传统的食品生物技术产品,还是附加值高的现代食品生物技术产品,随着生产规模扩大和竞争的日益激烈,产品的竞争优势最终会归结于低成本和高纯度。今后,综合地应用萃取分离、沉淀分离、膜分离、柱层析分离等技术并研究确定最优的组合工艺参数,有效地降低生产成本和提高产品质量将是食品深加工技术的发展方向。

自测练习

一、填空题

1. 对食品分离纯化技术的评价主要从________、________、________、________、________等方面进行考察。

2. 按照生产过程，食品分离纯化工艺一般包括________、________、________、________、________、________和成品加工等过程。

3. 细胞破碎方法按照是否存在外加作用力，可分为________和________两大类。其中机械法又可以分为________、________、________、________等。

二、判断题

1. 采用冻结-融化法破碎细胞的方法属于机械破碎法。( )

2. 超临界流体萃取不适用于天然香料、芳香成分的萃取。( )

3. 生产上通常利用菠萝果肉作为原料来制备菠萝蛋白酶。( )

4. 对于料液中的杂蛋白，可采用沉淀法除去。( )

5. 超滤属于膜分离技术。( )

三、名词解释

1. 细胞机械破碎法　2. 细胞非机械破碎法

四、问答题

1. 食品深加工技术主要包括哪些技术类型？

2. 学习食品深加工技术有何重要作用？

3. 原料预处理的目的主要有哪些？

二维码 1-2　项目 1 自测练习参考答案

项目 2

离心与过滤分离技术在食品深加工中的应用

本项目学习目标

知识目标

- 了解离心分离技术的基本原理与设备的分类。
- 熟悉离心分离技术的方法及其应用。
- 了解过滤分离技术的基本原理与设备的分类。
- 熟悉过滤分离技术的分类及其应用。
- 了解过滤分离技术滤布的类型以及过滤的介质。
- 掌握离心分离技术和过滤分离技术操作要点。

二维码 2-1　项目 2 课程 PPT

能力目标

- 能正确使用大型离心机对苹果浆汁进行渣汁分离。
- 能正确说出利用板框过滤机过滤澄清啤酒的工艺要点及注意事项。
- 能熟练地在板框过滤机上完成安装过滤纸板、过滤机的杀菌、过滤、过滤后的清洗和再生过滤澄清啤酒等基本操作。
- 能正确说出硅藻土过滤机过滤澄清果酒的工艺要点及注意事项。
- 能熟练利用硅藻土过滤机完成杀菌、过滤机的预涂和过滤、过滤机的排土和清洗、灌装和杀菌过滤澄清猕猴桃酒等基本操作环节。
- 能够分析解决离心与过滤分离技术过程中出现的问题。

素质目标

- 在学习和实践的过程中增强团队合作和团队互助的意识。
- 恪守职业道德,逐步培养无菌和生物安全操作的意识与习惯。
- 具有一丝不苟的作风和勤学好问、善于思考的精神与一定的创新思维能力。

项目概述

离心分离技术是基于固体颗粒和周围液体的密度存在差异，在转鼓高速转动时所产生的离心力使不同密度的固体颗粒加速沉降，实现悬浮液、乳浊液的分离或浓缩的过程。离心分离技术广泛应用于食品、生物制药生产中的固-液分离、液-液分离及不同大小的分子的分离等，特别适用于固体颗粒很小、液体黏度大、过滤速度很慢及忌用助滤剂或助滤剂无效的悬浮液的分离。离心分离不但可用于悬浮液中液体和固体的直接回收，而且可用于两种不相溶液体的分离和不同密度固体或乳浊液的分离。

过滤分离技术是借助于过滤介质，在一定的压力差作用下，使悬浮液中的液体通过介质的孔道，而固体颗粒被截留在介质上，从而实现固-液分离的单元操作。

本项目主要介绍离心分离技术的基本原理、分类、用途和基本操作方法，以及过滤分离技术的基本原理、分类和基本操作方法，并通过实践操作分别学习利用大型离心机对苹果浆汁进行渣汁分离、利用板框过滤机过滤澄清啤酒、利用硅藻土过滤机过滤澄清果酒的工艺及其结果观测分析，以熟悉离心与过滤分离技术在食品深加工中的具体应用。

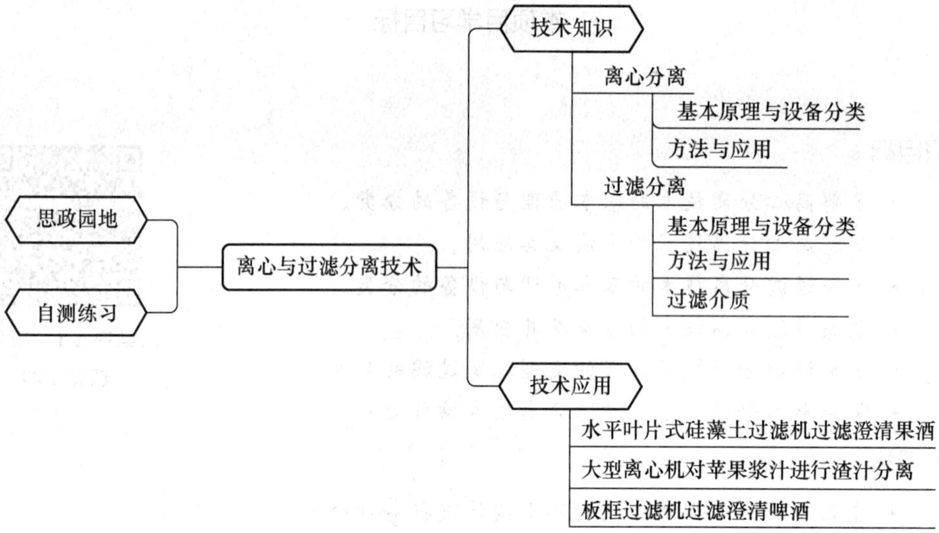

图 2-1 离心与过滤分离技术项目导图

技术知识

随着食品工业的发展，化工单元操作不断向食品工业渗透并在食品加工领域内实践和提高，形成了适应食品加工特殊要求的新的单元操作。由于食品加工所用的动植物性原料几乎都为固态和液态，为了使固体和液体原料成为多种美味可口、营养丰富的食品，首先必须取其精华、弃其糟粕，分离出不同成分并组合成不同种类的制品。同时，为了做到安全无毒、风味别致，又必须反复提纯和精制。因此，分离操作已在食品工业中占有相当重要的地位，研究分离技术在食品加工中的应用，对食品加工的科学化具有重要意义。在现代工业中，离心与过滤分离技术具有相当重要的地位，可得含水量低的固相和高纯度的液相产物，具有减轻劳动强度、改善劳动条件，以及连续运转、自动遥控、占地面积小等优势。故自 1836 年第一台三足式离心机在德国问世以来，迄今已有很大的发展，各类离心分离设备与过滤分离设备品种繁多，正在向高参数、系列化、专用化及自动化方向发展，已广泛用于化工、轻工、食品、医药等工业领域，离心与过滤分离技术呈现出广阔的发展前景。

一、离心分离技术

(一)离心分离技术的原理

离心技术是利用物体高速旋转时产生强大的离心力，使置于旋转体中的悬浮颗粒发生沉降或漂浮，从而使某些颗粒达到浓缩或与其他颗粒分离之目的。这里的悬浮颗粒往往是指制成悬浮状态的细胞、细胞器、病毒和生物大分子等。离心机转子高速旋转，当悬浮颗粒密度大于周围介质密度时，颗粒离开轴心方向移动，发生沉降；当颗粒密度低于周围介质的密度时，颗粒则朝向轴心方向移动而发生漂浮。根据离心原理，离心技术又可以分为差速离心法、密度梯度离心法和等密度梯度离心法。

(二)离心分离设备的分类

离心设备根据离心分离方式的不同，可分为沉降离心机和过滤离心机；根据转速的不同，可分为低速离心机、高速离心机和超速离心机；根据离心机的容量、使用温度、机身体积等方面的不同，可分为大容量离心机、冷冻离心机、落地式离心机、台式离心机等；按操作方式的不同，可分为间歇式、连续式离心机；按结构特点的不同可分为管式分离机、碟式分离机、套筒式分离机。它们在食品工业上有重要的应用，例如，管式分离机常用于动物油、植物油和鱼油的脱水，以及用于果汁、苹果浆、糖浆的澄清；碟式分离机在乳品工业上广泛应用于奶油的分离和牛奶的净化，在动物脂肪和植物油、鱼油精制上用于脱水和澄清，还常用于果汁的澄清。

离心分离设备种类很多，根据其转速的高低可分为低速离心机、高速离心机和超速离心机。各种离心机的转速范围和分离对象列于表 2-1。

表 2-1 离心机的种类和适用范围(杨昌鹏，生物分离技术，2007)

离心机类型	转速范围/(r/min)	分离对象
低速离心机	2 000～6 000	用于收集细胞、菌体、酶的结晶和培养基残渣等较大的固形颗粒
高速离心机	10 000～26 000	用于分离沉淀细胞碎片和较大的细胞器等较小的固形颗粒
超速离心机	30 000～120 000	用于生物大分子、细胞器、病毒等分子水平和微粒的分离

按操作原理不同，离心分离设备可分为过滤式离心机和沉降式离心机两大类。前者转鼓上开有小孔，有过滤介质，在离心力的作用下，液体穿过过滤介质经小孔流出而得以分离，主要用于悬浮液固体颗粒较大、固体含量较高的场合；后者转鼓上无孔，没有过滤介质，在离心力的作用下，物料按密度的大小不同分层沉降而得以分离，可用于液-固、液-液和液-液-固物料的分离。

按操作方式的不同可分为间歇式离心机和连续式离心机。

(1)管式离心机　管式离心机是一种沉降式离心机，由于其转鼓细而长(长度为直径的6～7倍)，因此可以在很高的转速(15 000～50 000 r/min)下工作，可用于液-液分离和固-液分离。当用于液-液分离时为连续操作，而用于固-液分离时则为间歇操作，操作一段时间后需将沉积于转鼓壁上的固体定期人工卸除。

管式离心机由转鼓、分离盘、机壳、机架、传动装置等组成，如图2-2及图2-3所示。悬浮液在加压条件下由下部送入，经挡板作用分散于转鼓底部，受到高速离心力作用而旋转向上，轻液(或清液)位于转鼓中央，呈螺旋形向上移动，重液(或固体)靠近鼓壁。至分离盘靠近中心处为轻液(或清液)出口孔，靠近转鼓壁处为重液出口孔。用于固-液分离时，将重液出口孔用石棉垫堵塞，固体则附于转鼓壁，待停机后取出。

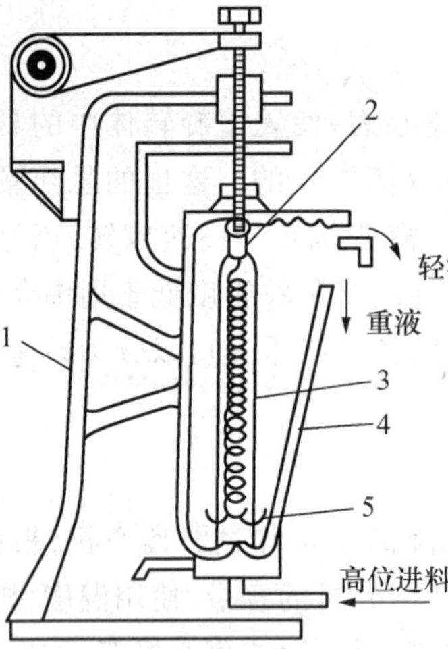

1. 机架　2. 分离盘　3. 转筒　4. 机壳　5. 挡板

图2-2　管式离心机结构示意图

(毛忠贵，生物工业下游技术，2004)

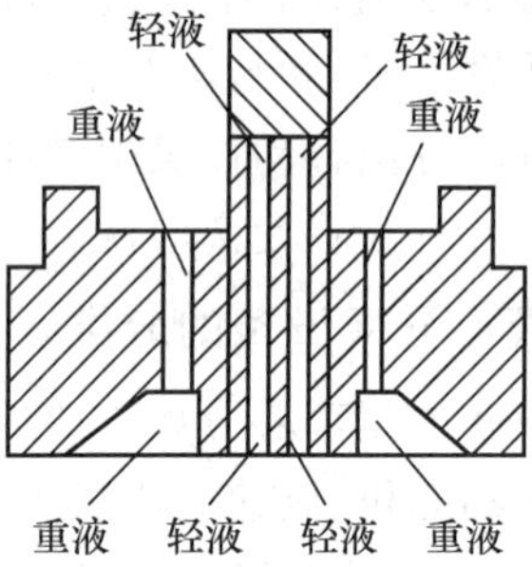

图2-3　分离盘示意图

(毛忠贵，生物工业下游技术，2004)

管式离心机分两种，一种是GF型，用于处理乳浊液而进行液-液分离操作，轻、重液流动到转鼓上部各自的排液口排出，微量固体沉积在转鼓壁上，待停机后人工卸出；另一种是GQ型，用于处理悬浮液而进行液-固分离的澄清操作。密度较大的固体微粒逐渐沉积在转鼓内壁形成沉渣层，待停机后人工卸出，澄清后的液相流动到转鼓上部的排液口排出。

管式离心机设备简单，操作稳定，分离效率高。适用于处理难分离的乳浊液和悬浮液。常用于油水、微生物、蛋白质的分离以及香精油、硝酸纤维素的澄清。在食品工业中常用于动物油和鱼油的脱水，果汁、苹果浆、糖液的澄清。还可用于微生物细胞的分离，细胞碎片、细胞器、病毒、蛋白质、核酸等生物大分子的分离。在生物工业中，特别适合于一般离心机难以分离而固形物含量<1%的发酵液的分离。但管式离心机的转鼓直径较小，容量有限，因此生产能力

较小。转速相对较低的管式离心机最大处理量约 10 m^3/h。对于固形物含量较高的发酵液，由于不能进行连续分离，需频繁拆机卸料，影响生产能力，且易损坏机件。

(2)碟片式离心机　碟片式离心机也是一种沉降式离心机，是目前工业上应用最广泛的一种离心机。它具有一密闭的转鼓，鼓中放置有数十个至上百个锥顶角为 60°～100°的锥形碟片，碟片与碟片之间的距离用附于碟片背面的、具有一定厚度的狭条来调节和控制，一般碟片间的距离为 0.5～2.5 mm，当转鼓连同碟片以高速旋转时(一般为 4 000～8 000 r/min)，碟片间悬浮液中的固体颗粒因有较大的质量，先沉降于碟片的内腹面，并连续向鼓壁方向沉降，澄清的液体则被迫反方向移动，最终从转鼓颈部进液管周围的排液口排出。

碟片式离心机既能分离低浓度的悬浮液(液-固分离)，又能分离乳浊液(液-液分离或液-液-固分离)。两相分离和三相分离的碟片形式有所不同，液-固或液-液两相分离所用的碟片为无孔式，它们的工作原理见图 2-4，液-液-固三相分离所用的碟片在一定位置上有孔，以此作为液体进入各碟片间的通道，孔的位置是处于轻液和重液两相界面的相应位置上。

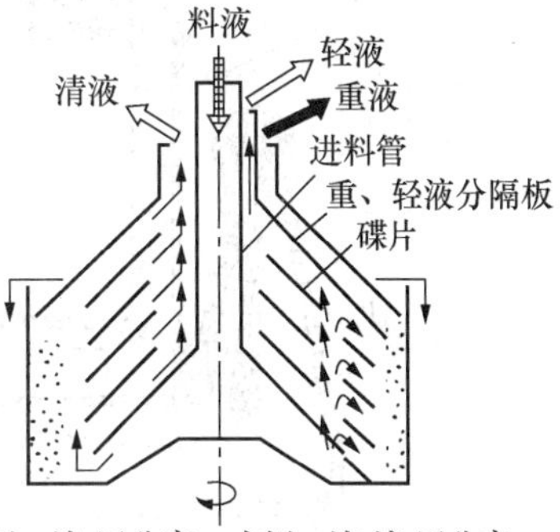

左侧：液-固分离　右侧：液-液-固分离

图 2-4　碟片式离心机工作原理示意图

(欧阳平凯，生物分离原理及技术，2019)

碟片式离心机适用于细菌、酵母菌、放线菌等多种微生物细胞悬浮液及细胞碎片悬浮液的分离。它的生产能力较大，最大允许处理量达 300 m^3/h，一般用于大规模的分离过程。

(3)倾析式离心机　倾析式离心机靠离心力和螺旋的推进作用自动连续排渣，因而也称为螺旋卸料沉降离心机。卧式螺旋卸料沉降离心机是利用离心沉降原理分离悬浮液的设备，它主要用于完成固、液相有密度差的悬浮液的固相脱水、液相澄清、粒度分级、浓缩等工艺过程。

倾析式离心机的转动部分由转鼓及装在转鼓中的螺旋输送器组成，两者以稍有差别的转速同向旋转。如图 2-5 所示，悬浮液从进料口进入高速旋转的转鼓内，在离心力作用下，固体颗粒发生沉降分离，沉积在转鼓内壁上。堆积在转鼓内壁上的固相靠螺旋推向转鼓的锥形部分，从排渣口排出。与固相分离后的液相，经液相回流管从转鼓大端的溢流孔溢出。

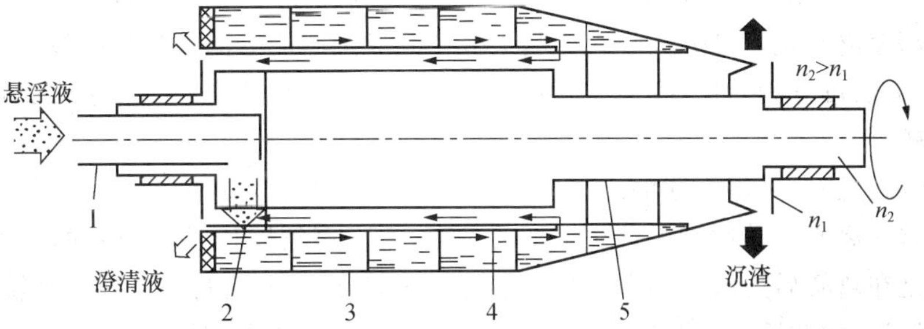

1. 进料管　2. 进料口　3. 转鼓　4. 回管　5. 螺旋

图 2-5　并流型倾析式离心机工作原理图

(毛忠贵，生物工业下游技术，2004)

倾析式离心机具有操作连续、适应性强、应用范围广、结构紧凑和维修方便等优点，特别适合于含固形物较多的悬浮液的分离。在发酵工业中，常用于淀粉精制和废液处理。但这种离心机的分离效果较差，因而不适于细菌、酵母菌等微小微生物悬浮液的分离。此外，液相的澄清度也相对较差。

(4)三足式离心机　三足式离心机是目前最常用的过滤式离心机，是应用离心力代替压力差作为过滤推动力的分离方法。立式有孔转鼓悬挂于三根支足上，所以习惯称为三足式(图 2-6)。

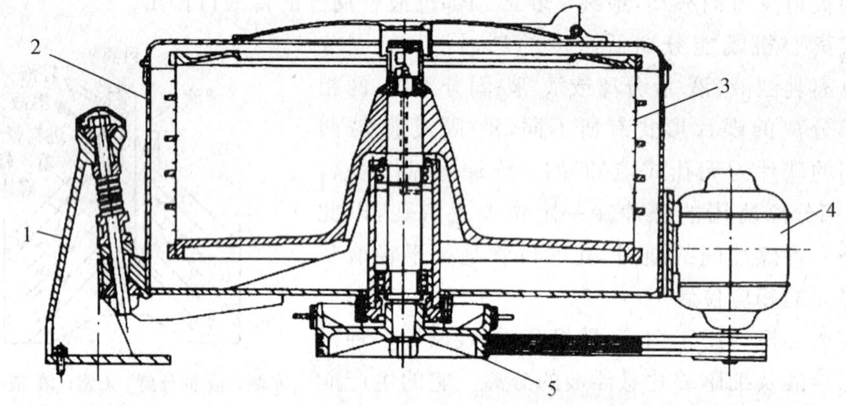

1. 支脚　2. 外壳　3. 转鼓　4. 电机　5. 皮带轮

图 2-6　三足式离心机的结构

(祁存谦，化工原理，2006)

三足式离心机的有孔转鼓内壁上覆盖滤布作为过滤介质，离心过滤的推动力由随转鼓高速旋转的液层自身的惯性离心力产生，迫使悬浮液中的液体穿过滤布流到转鼓外部空间而滤渣残留在转鼓中，当滤渣积累到一定量后停机，从上或下卸出。三足式离心机操作时应注意：启动前要盖紧盖子，完全停止运转后才能卸渣。

(三)离心分离方法及其应用

对于低速离心机和高速离心机，由于所分离的颗粒大小和密度相差较大，只要选择好离心速度和离心时间，就能达到分离效果。若样品中存在两种以上大小和密度不同的颗粒，则采用超速离心。超速离心技术是分离纯化生物大分子及亚细胞成分的最有效的技术之一。在超速离心中，离心方法可分为差速离心、密度梯度离心和等密度梯度离心等。表 2-2 对三种离心方法进行了比较。

(1)差速离心法　采用不同的离心速度和离心时间，使沉降速度不同的各种颗粒分批分离的方法称为差速离心。其原理是逐次增加离心力，每次可沉降样品溶液中的一些组分。操作过程中一般是在离心后用倾倒的办法把上清液与沉淀分开，然后将上清液用高转速离心，分离出第二部分沉淀，如此逐渐加高转速，逐级分离出所需要的物质(图 2-7)。

差速离心主要用于分离那些大小和密度差异较大的颗粒，操作简单、方便，但其分离产物的纯度不高。一般用于样品的粗提纯和浓缩。

(2)密度梯度离心法　密度梯度离心法也叫速度区带离心法，是将样品在密度梯度介质中进行离心，使不同物质得以分离的一种区带分离方法。

表 2-2 超速离心方法的比较

比较项目	差速离心	密度梯度离心	等密度梯度离心
原理	采用不同的离心速度和离心时间，使沉降速度不同的各种颗粒分批分离	欲分离物质的最小密度大于离心介质的最大密度，在重组分沉到管底之前停止离心，不同组分分别形成明显的区带，但并未达到自己的平衡位置	欲分离物质的密度范围处于离心介质的密度范围内，在离心力的作用下，移动到与它们各自的浮力密度恰好相等的位置形成区带
适用对象	用于物质沉降系数相差较大的情况	一般应用在物质大小相异而密度相同的情况	一般应用在物质大小相近，而密度差异较大的情况
离心介质	无	蔗糖、甘油	铯盐、三碘苯的衍生物等
分离效果	分离效果差，不能一次性得到纯颗粒	分离效果较好，可一次性获得较纯的颗粒	分离效果较好，可一次性获得较纯的颗粒
应用	主要用于分离细胞器和病毒	一般用于蛋白质的分离	一般用于核酸、细胞器的分离

为了使沉降系数较接近的颗粒得以分离，必须配制好适宜的密度梯度系统。密度梯度是由在离心管道中能迅速扩散的物质（如蔗糖、聚蔗糖等）形成的，管中溶液的密度由管底到液面逐渐降低，可以形成平滑的梯度。此密度梯度的最大值应小于沉降样品组分的最小值。样品置于密度梯度介质之上，在预定转速下离心，控制离心时间，在重组分沉到管底之前停止离心。此时，不同组分分别形成明显的区带（图 2-8），但并未达到等密度区。密度梯度的作用只是为了防止已形成的区带因对流而混合。常用的密度梯度介质有蔗糖、甘油、聚蔗糖等。使用最多的是蔗糖密度梯度系统，其适用范围是：蔗糖含量 5%～60%，密度 1.02～1.30 g/cm^3。

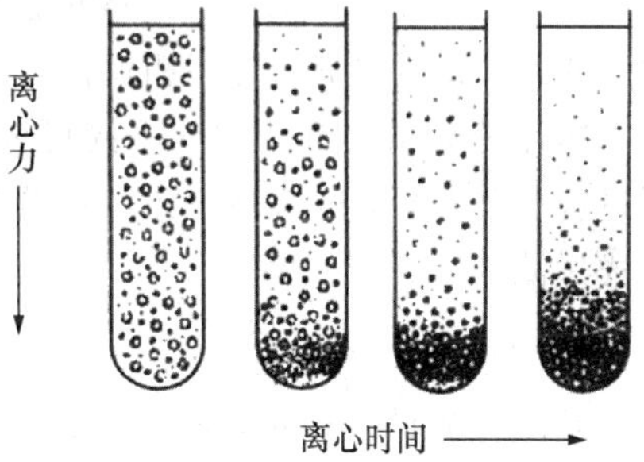

图 2-7 差速离心使颗粒分级沉淀

（辛秀兰，生物分离与纯化技术，2005）

（3）等密度梯度离心法　当欲分离的不同颗粒的密度范围处于离心介质的密度范围内时，在离心力的作用下，不同浮力密度的颗粒或向下沉降，或向上漂浮，只要时间足够长，就可以一直移动到与它们各自的浮力密度恰好相等的位置（等密度点），形成区带。这种方法称为等密度梯度离心，或称为平衡等密度离心。

等密度梯度离心常用的离心介质是铯盐，如氯化铯（CsCl）、硫酸铯（Cs_2SO_4）、溴化铯（CsBr）等。有时也可以采用三碘苯的衍生物作为离心介质。

操作时，先把一定浓度的介质溶液与样品液混合均匀，也可以将一定量的铯盐加到样品液中使之溶解，然后在选定的离心力的作用下，经过足够时间的离心分离。在离心过程中，铯盐在离心力的作用下，在离心场中沉降，自动形成密度梯度；样品中不同浮力密度的颗粒在其各自的等密度点位置上形成区带（图 2-9）。

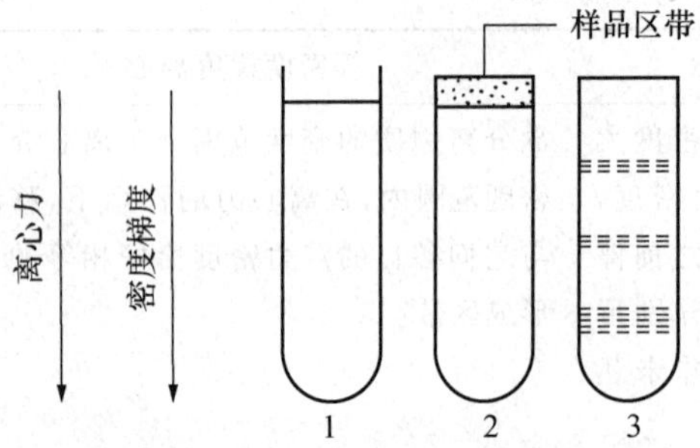

1. 装满密度梯度液的离心管 2. 把样品装在梯度液的顶部 3. 在离心力的作用下颗粒根据各自的质量按不同的速度移动

图 2-8 密度梯度离心时颗粒的分离

（辛秀兰，生物分离与纯化技术，2005）

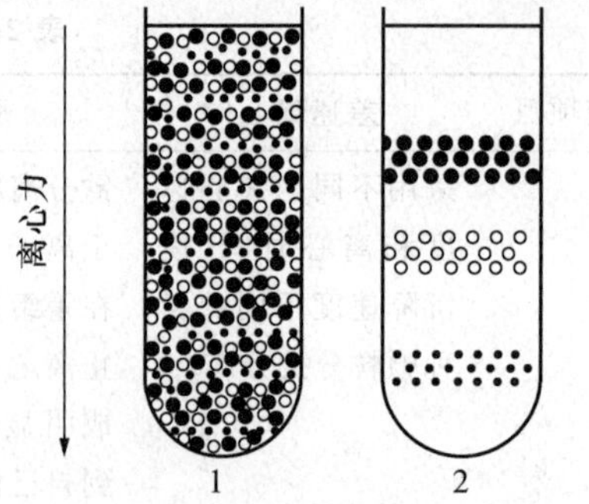

1. 样品和梯度介质的均匀混合液 2. 在离心力的作用下，梯度重新分配，样品区带呈现在各自的等密度处

图 2-9 等密度梯度离心时颗粒的分离

（辛秀兰，生物分离与纯化技术，2005）

在采用铯盐作为离心介质时，应注意防止其对离心机转子的腐蚀作用。

二、过滤分离技术

借助于过滤介质截留悬浮液中直径大于 2 μm 的大颗粒，使固形物与液体分离的技术称为粗滤。通常所说的过滤就是指粗滤而言。其原理见图 2-10。

粗滤分离根据推动力的不同可分为四种，即常压过滤、加压过滤、真空过滤和离心过滤。根据操作方式不同可分为间歇式过滤与连续式过滤。

（一）过滤分离设备

常压过滤设备简单，应用不多，在发酵工业中仅用于啤酒糖化醪的过滤。离心过滤已在离心分离中介绍。下面介绍生物工业中常用的几种过滤设备。

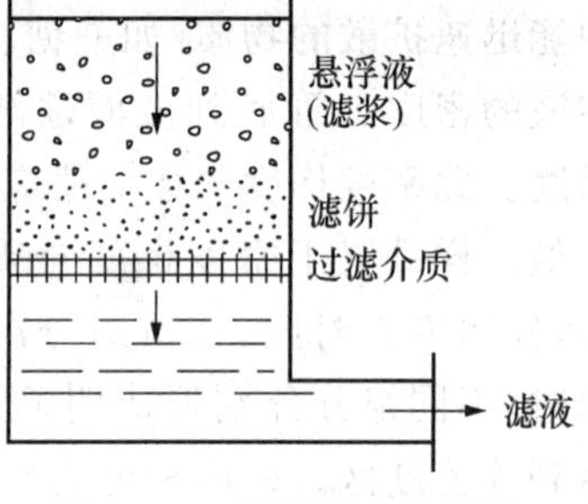

图 2-10 粗滤原理示意图

1. 板框过滤机

板框过滤机是一种传统的过滤设备，在发酵工业中广泛应用于培养基的过滤及霉菌、放线菌、酵母菌和细菌等多种发酵液的固液分离，也常用于果酒和啤酒的过滤。它是由交替排列的滤板、滤框与夹于板框之间的滤布叠合组装压紧而成（图 2-11）。组装好后，在板框的四角位置形成连通的流道，由机头上的接管阀门控制悬浮液、滤液及洗液的进出。

过滤阶段，悬浮液从进料通道进入滤框，滤液穿过滤框两边的滤布，沿滤布与滤板凹凸表面之间形成的沟道流下。滤液既可单独由每块滤板上设置的出液旋塞排出，称为明流式；也可汇总后排出，称为暗流式。

滤板分为洗涤板与非洗涤板，两者间隔排列。洗涤时洗液由洗涤板上的通道进入凹凸空间，穿过滤布、滤饼和另一侧的滤布后排出。常用规格的板框其厚度为 25～60 mm，边长为 0.2～2.0 m，框数由生产所需决定，有数个至上百个不等。板框压滤机的操作压强一般在 0.3～1.0 MPa。

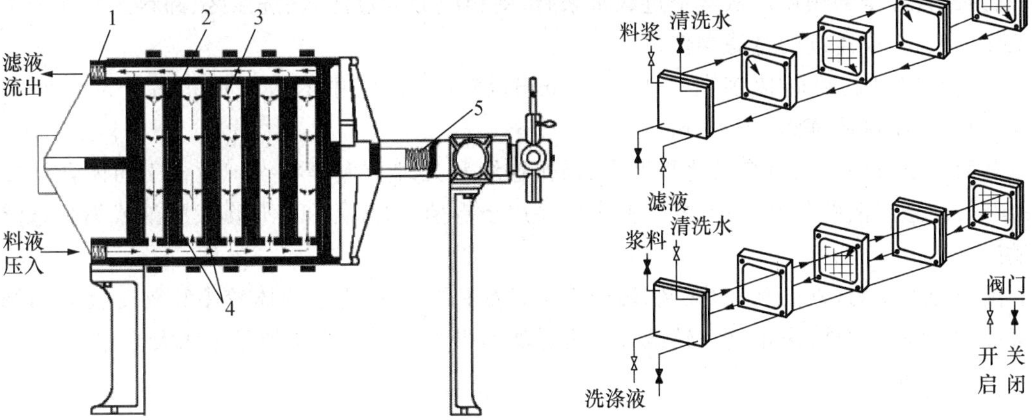

1. 固定头　2. 滤板　3. 滤框　4. 滤布　5. 压紧装置

图 2-11　板框压滤机组装示意图

板框压滤机的优点:结构简单,装配紧凑,过滤面积大;过滤的推动力(压力差)能大幅度调整,并能耐受较高的压力差,因而固相含水分低,并能适应不同过滤特性的发酵液的过滤;辅助设备少、维修方便、价格低和动力消耗少等。缺点是设备笨重、间歇操作、劳动强度大、卫生条件差、辅助时间多和生产效率低。板框过滤机比较适合于固体含量1%～10%的悬浮液的分离。

2. 转筒真空过滤机

转筒真空过滤机是一种连续式过滤机,靠真空在转筒内外形成的压力差在转筒表面上过滤(图2-12)。转筒的多孔表面上覆盖滤布,内部则分隔成互不相通的若干扇形过滤室,每室分别与固定在端面的转动盘上的一个孔相通。转动盘与固定在机架上的固定盘紧密贴合构成分配头,转筒回转时各过滤室通过分配头依次与真空抽滤系统、清洗水抽吸系统和压缩空气反吹系统相通。

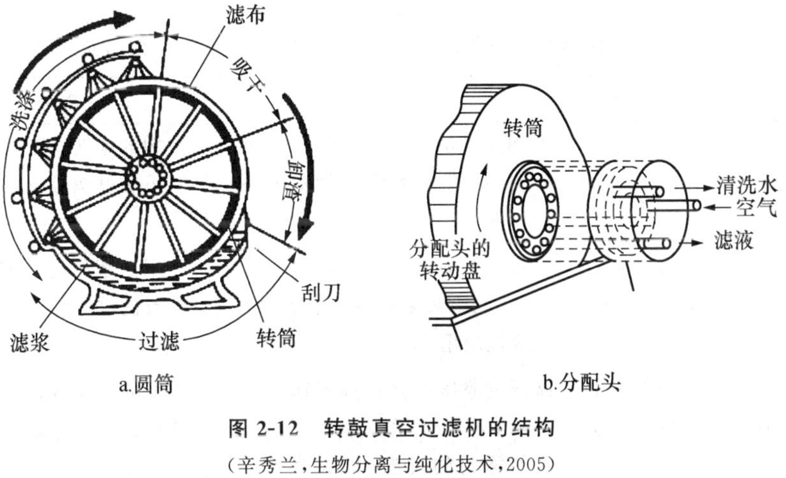

a.圆筒　　　　b.分配头

图 2-12　转鼓真空过滤机的结构

(辛秀兰,生物分离与纯化技术,2005)

转筒旋转一周，每一个扇形过滤室依次完成真空过滤、洗涤、脱水、吸干滤饼和压缩空气吹松、刮刀卸料等全部操作。从整个过滤机来看，则相应分为过滤区、洗涤区、卸料区等几个不同的工作区域，构成连续的过滤操作。

转筒真空过滤机转速多在 0.1～3 r/min，浸入悬浮液中的吸滤面积占全部表面积的 30%～40%，滤饼厚度为 3～40 mm。

转筒真空过滤机具有自动化程度高、操作连续和处理量大等特点。适合于固体含量较大（>10%）的悬浮液的分离，在发酵工业中广泛用于霉菌、放线菌和酵母菌发酵液或细胞悬浮液的过滤分离。

由于受推动力（真空度）的限制，转鼓真空过滤机一般不适于菌体较小和黏度较大的细菌发酵液的过滤。此外，采用真空转鼓过滤机过滤所得固相的湿度比加压过滤大。

（二）过滤介质

过滤操作所使用的多孔性物质称为过滤介质，其作用是截留悬浮液中的固体颗粒。工业上常用的过滤介质有以下几类。

（1）织物介质　又称滤布，是用棉、毛、丝、麻等天然纤维及合成纤维织成的织物及由玻璃丝或金属丝织的网。这类介质能截留的颗粒的最小直径为 5～65 μm，工业上应用最为广泛。

（2）多孔固体介质　具有很多微细孔道的固体材料，如多孔的陶瓷、多孔性塑料、多孔金属烧结制成的管或板及滤纸和压紧的毡与棉等，能截留最小直径为 1～3 μm 的微细颗粒。

（3）固体颗粒床层　由沙、木炭之类的固体颗粒堆积而成的床层，称作滤床，用作过滤介质能使含少量悬浮物的液体澄清，如自来水厂饮用水的净化。

（4）多孔膜　由特殊工艺合成的聚合物薄膜，最常见的是醋酸纤维膜与聚酰胺膜。膜过滤属精密过滤或超滤，可用于截留 1 μm 以下的微细颗粒。

（三）过滤分离方法及其应用

常用的过滤分离方法有常压过滤、加压过滤、减压过滤等。表 2-3 对三种方法进行了比较。

表 2-3　常用过滤分离方法（杨昌鹏等，生物分离技术，2007）

粗滤方法	推动力	特点	应用举例
常压过滤	液位差	过滤速度较慢，分离效果较差，难以大规模连续处理物料	实验室常用的滤纸过滤以及生产中使用的吊篮或吊袋过滤等
加压过滤	压力泵或压缩空气产生的压力	设备比较简单，过滤速度较快，过滤效果较好，适合大规模应用	工业上使用的板框过滤机、加压叶滤机等设备进行的过滤
减压过滤	在过滤介质下方抽真空形成的压力差	减压过滤压力差最高不超过 0.1 MPa，多用于黏性不大的物料的过滤，可大规模连续操作	实验室常用的抽滤瓶和生产中使用各种真空抽滤机进行的过滤

技术应用

任务2-1　利用大型离心机对苹果浆汁进行渣汁分离

任务设计

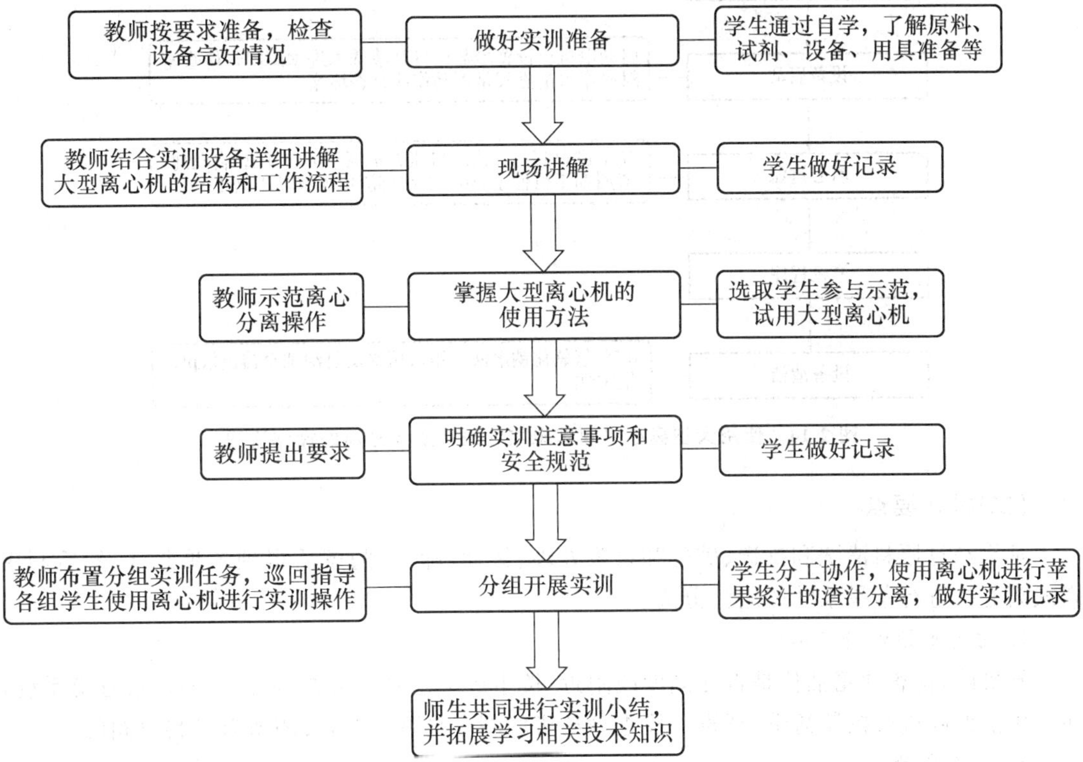

图2-13　利用大型离心机对苹果浆汁进行渣汁分离任务设计

实践操作

一、原料与试剂准备

苹果浆汁，0.5%氢氧化钠溶液。

二、设备与用具准备

碟式离心机。

二维码2-2　利用三足离心机离心苹果汁

三、操作方法

（一）操作流程

使用大型离心机对苹果浆汁进行渣汁分离的操作流程如图 2-14 所示。

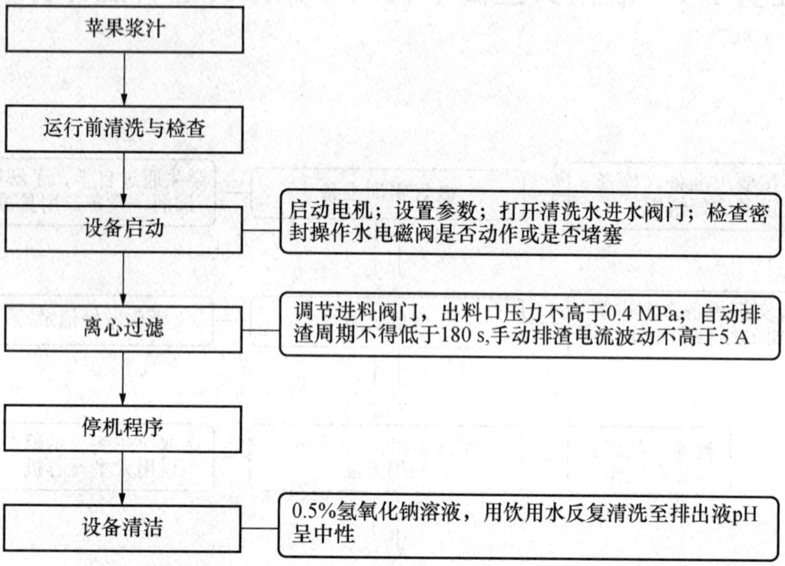

图 2-14　使用大型离心机对苹果浆汁进行渣汁分离的操作流程

（二）操作要点

苹果经过原料清洗和挑选、破碎和果浆处理、榨汁、筛滤、酶解后得到苹果浆汁，然后利用碟式离心机进行苹果浆汁的渣汁分离。

1. 运行前清洗与检查

开机前，检查油箱油位是否在刻度线附近；按生产工艺要求检查，冲洗干净连接管道系统，在使用前彻底进行机器清洗、消毒。检查分离机的刹车是否打开，关闭所有进料口阀门。

2. 设备启动

（1）启动电机　如发现异常摩擦声，则因立即停机排除故障，不得强行启动。电机启动电流一般为 80 A，达全速后工作电流不得超过 30 A，通过临界转速时机器振动增大属于正常现象，全速后机器振动减小，启动时间一般为 4～8 min，全速指示盘转速约 67 r/min。待电流降至 30 A 以下，且分离机无异常情况，则打开操作水泵，调整自循环阀门，将操作水压力稳定在 0.4 MPa。操作水为纯化水，不得采用自来水。

（2）设置参数　根据物料的不同，设置排渣周期，时间不能低于 180 s。

（3）打开清洗水进水阀门　水量约为视镜一半，观察电流离心机电流和噪声，如噪声大，电流大幅度上升，则应立即停止进料，此情况可能是转鼓未完全密封，检查密封操作水电磁阀是否动作或是否堵塞。

3. 离心过滤

（1）运行正常后，关闭清洗水，按照工艺要求进料，调节进料阀门，出料口压力不得高于 0.4 MPa，可视物料情况适当调节出口流量。

(2)离心机自动排渣周期设置不得低于180 s;手动排渣时,选用“部分排渣”,排渣时电流将上升,波动不高于5 A,每次手动排渣,必须等到电流降到正常值之后,方可进行。

4. 停机程序

(1)关闭进料阀门,关闭进料泵;进清洗水冲洗转鼓,打开排污阀门,关闭进液罐阀门,自动排渣排完转鼓内杂质。

(2)关闭操作水泵,关闭主电机,让其自由停机。

5. 设备清洁

机器停车前,冲洗转鼓:关闭进料阀;将0.5%氢氧化钠溶液放入液罐,液量大于原液量;反复清洗液罐各节门7次;将0.5%氢氧化钠溶液放入碟式离心机,冲洗转鼓,从出液节门出液10 min;反复清洗进液节门和出液节门7次;全部打开进液节门进行全排8～10次;然后以上述方法用饮用水清洗至排出液pH呈中性。

四、结果分析

(一)外观观察

渣汁分离后的苹果汁进行透光度观察,将苹果汁倒入洁净透明的玻璃杯内,置于光线良好的地方迎光观察,记录观察结果,并对过滤分离后苹果汁透光度进行检测分析。

(二)检测分析

取苹果汁试样,用1 cm比色皿,以蒸馏水为参比,在650 nm波长处测定其透光率。根据GB/T 18963—2012《浓缩苹果汁》中的要求,离心后的苹果清汁透光率应不低于95%。

五、注意事项

(1)对于澄清苹果汁,在保存产品的色泽、风味和香味的前提下,先进行筛滤去除分散于果汁中的粗大颗粒或悬浮粒,筛滤后再利用碟式离心机除尽悬浮粒。

(2)蝶式离心机在使用前后必须严格按照过滤设备的清洗和杀菌标准程序来执行,不允许苹果汁在离心分离过程中出现污染。开机前必须检查操作水泵系统,电磁阀关闭状态下不能有漏水现象。

(3)蝶式离心机正常停机不得使用刹车,以减少齿轮磨损,运行过程中操作水不得供应不足,操作水泵不得缺水运行,离心机离心物料过程中不得中断操作水,如遇水罐无水,可不关闭离心机主机,但需关闭进料阀门停止进料,再关闭操作水泵;离心机运行过程中,操作人员不得离岗。

(4)清洗机器时必须严格控制水及湿气进入电器部位,清洗后要严格检查。

实训建议

一、实训时间与分组安排

(1)本实训任务宜安排6～8学时的集中时间,由学生独立完成或由3～5人一组合作进行。

(2)为了让学生了解到更多的大型离心分离设备,同时能提供更多的实训案例进行离心分离效果优劣的分析比较、提高学生的方法能力，在学生组数比较多的情况下，也可由2～3个小组使用管式离心机、卧式螺旋卸料沉降离心机等其他离心分离设备开展实训。

二、实践操作内容的安排

(1)实践操作前组织学生接受食品安全卫生操作知识和职业道德培训，熟悉车间卫生管理制度与相关操作规程。

(2)建议在生产实训前，组织学生按照分组任务要求，观摩由企业生产技术员完成的至少一批次的生产全程。回校后组织讨论，解决学生在生产过程中仍不清楚的关键难题。

(3)对本实训中较耗时的部分内容(如苹果原料清洗和挑选、破碎和果浆处理、榨汁、筛滤、酶解等)，应结合其他实验实训开展，或由老师事前代为完成。

理论链接

一、碟式分离机分离果汁的原理

碟式分离机分离果汁的原理：碟片式离心机有一个密封的转鼓，内装十个至上百个顶角为60°～100°的锥形碟片。碟片间的距离一般为0.5～2.5 mm，当悬浮液在动压头的作用下，经中心管流入高速旋转的碟片之间的间隙时，便产生了惯性离心力。其中，密度较大的果汁固体颗粒在离心力作用下向上层碟片的下表面运动，而后在离心力作用下向外甩出，而液体则由于密度小，在后续液体的推动下沿着碟片的隙道向转子中心流动，然后沿中心轴上升，从套管中排出，达到分离的目的。简单的碟式离心机没有自动排渣装置，自动除渣碟式离心机在四壁上开设若干喷嘴(或活门)。分离乳浊液的碟片上开有孔眼，各碟片以一定间隙叠合后则构成流动孔道，此孔道所在位置应相当于两相的分界面。料液经孔眼向上流动，在碟片间隙内因离心力而被分离，重液向外周流动，轻液向中心流动。在流动中，分散相不断从一流层转到另一流层，两液层的浓度和厚度随流动发生变化。在中心套管附近，轻液在分离碟片下面从间隙穿出以后，沿中心套管与分离碟片之间所形成的沟道流出，在碟片间流出的重液，被抛向转鼓壁以后沿转鼓壁向下流动，进入重液通道并从出口排出。这样，果汁中的固体和液体就在碟片间的隙道流动的过程中被分开。

二、碟式分离机分离的优缺点

碟式分离机是沉降式离心机中的一种，它是在管式离心机的基础上发展起来的，是应用最广的沉降离心机，可以完成两种操作：液-固分离，也称澄清操作；液-液分离，也称分离操作。它的优点是由于在转鼓中放置若干个互相保持一定间距的锥形碟片，增大了沉淀面积，使颗粒的沉降距离缩短，分离效率大为提高，可用于含固相量少的悬浮液进行液相澄清或固相浓缩以及乳浊液的分离，在乳品工业上广泛用于奶油的分离和牛奶的净化，在动物脂肪和植油、鱼油的精制时用于脱水和澄清。碟式分离机的缺点是分离因素比管式离心机小，分离后的液体没有管式离心机分离出来的澄清；固体水分高，实际上是一种浓缩状态。

技术拓展

一、利用卧式螺旋卸料沉降离心机分离香蕉浆

经过香蕉去皮、破碎和果浆处理、榨汁、筛滤、酶解等工序后，利用卧式螺旋卸料沉降离心机分离香蕉浆。运行前检查与准备：卧式螺旋卸料沉降离心机在使用前后必须彻底进行机器清洗、消毒，对轴承和差速器加注润滑脂或润滑油，各密封部位应无泄漏。检查进料管是否连接正确，出料阀门是否处于关闭状态。点动电机，检查电机的转向是否与要求的方向一致（从进料管端看，转鼓应作顺时针旋转）；开机调整变频器，运行一段时间后停机检查各部分是否有碰擦现象。开始进料时要缓慢增加进料量，逐步达到规定值，以免差速器损坏。停机前，关闭进料阀，通入适宜温度的水或适合的清洗液进行冲洗，冲洗时间根据所分离的物料特性决定。冲洗完毕后，断开电机电源，但仍继续通水或清洗液，直到机器即将停止运转，整机完全停稳需 0.5 h 左右。停机时，液体可能从固相出料口流出，若对渣的干燥度要求较高，应避免流出的液体进入分离好的沉渣中，而从另行设置的管道中引出。

二、利用管式离心机分离草莓汁

经过草莓原料选择、清洗、破碎和果浆处理、榨汁、筛滤、酶解等工序后，接通分离机的电机运转电源，等待约 80 s，转鼓即可达到工作转速，机器全速后，方可打开进料阀门，先把阀门开小，待澄清的液体流出集液盘的接嘴后，根据发酵液的特性将阀门开到一定的流量，进行液体的澄清，在分离过程中最好不要中途停止加料。分离操作中，观察出液流量是否正常，观察澄清度是否满足要求，待到出液口的液体变混时，停机排渣。停机前必须先关进料阀门，等到集液盘不流液体时，方可停机。排渣的方法是取下转鼓，戴上保护帽，放在固定架上，用专用扳手拆开转鼓的低轴，用拉钩取出三翼板。用刮板、铲子将转鼓内的沉渣及固相物清除，并清洗干净。装配时将三翼板装入转鼓内，注意将三翼板扳至转鼓的顶部，并将其定位标记与转鼓定位标记对正，旋上底轴并用底轴扳手将底轴定位，使底轴上的标记靠近转鼓上的对位标记。

学习思考

1. 离心分离技术的基本原理是什么？离心设备的主要类型有哪些？
2. 过滤分离技术的基本原理是什么？过滤分离设备主要有哪些？
3. 简述利用碟式离心机进行苹果浆汁渣汁分离的流程。
4. 简述碟式离心机清洁的步骤。

二维码 2-3　任务 2-1
学习思考参考答案

任务 2-2　利用板框过滤机过滤澄清啤酒

任务设计

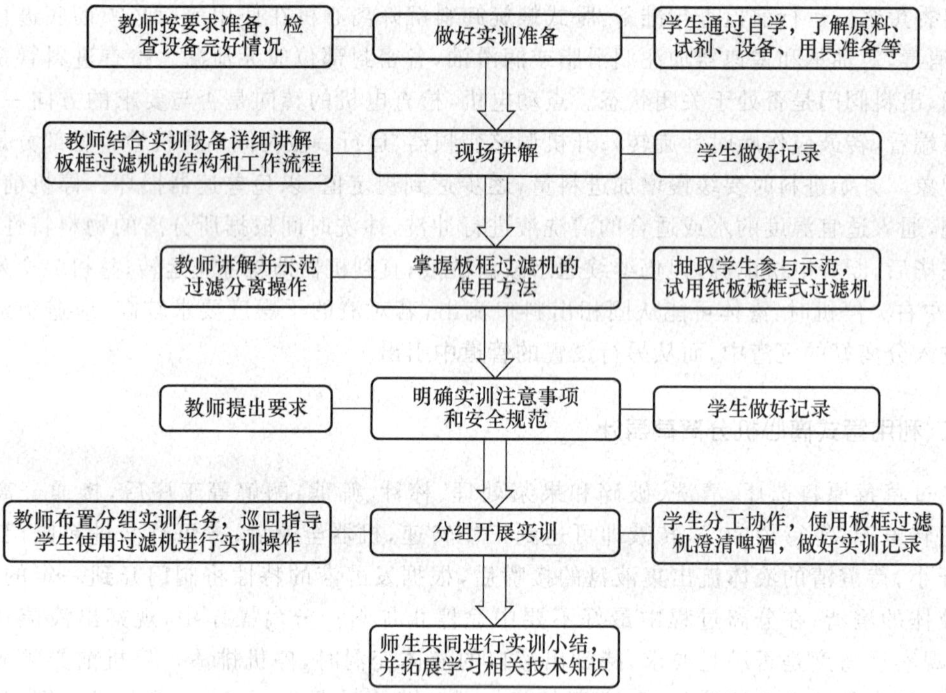

图 2-15　利用板框过滤机过滤澄清啤酒任务设计

实践操作

一、原料与试剂准备

待过滤的啤酒酒液。

二、设备与用具准备

纸板板框式过滤机。

三、操作方法

(一)操作流程

纸板板框式过滤机过滤澄清啤酒的操作流程见图 2-16。

(二)操作要点

1. 安装过滤纸板

(1)根据过滤目的和设备参数，选择符合工作要求的过滤纸板并检查纸板有无破损。

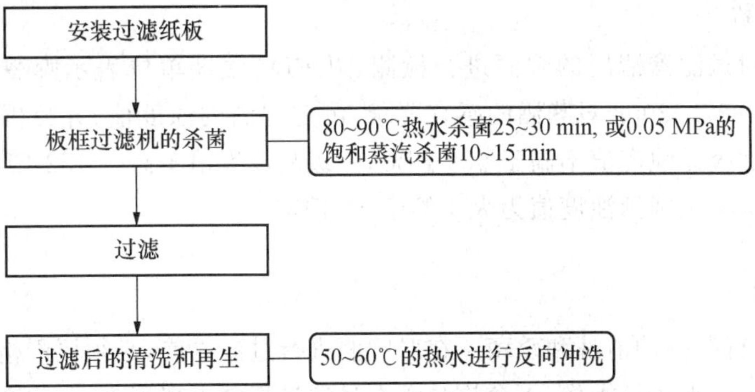

图 2-16　纸板框式过滤机过滤澄清啤酒流程

(2)用水将过滤纸板彻底打湿,让其吸水膨胀、排气。

(3)将过滤纸板的粗糙面对着进酒板、光滑面对着出酒板,然后按照“粗对粗、细对细”的顺序进行过滤纸板的安装。

(4)打开液压张紧装置,将滤板和过滤纸板压紧。

(5)压紧后,过滤机进水带压(约 0.1 MPa)试漏,检测其密封性能;若没有问题,安装过程结束。

2. 纸板过滤机的杀菌

(1)用水对过滤纸板进行正、反向冲洗,以彻底排出过滤机内部的空气。

(2)使用 80～90℃热水杀菌 25～30 min 或使用 0.05 MPa 的饱和蒸汽杀菌 10～15 min。

(3)杀菌结束后,使用无菌的 CO_2 进行背压至 0.1 MPa,冷却后方可使用。

3. 过滤

(1)将杀菌好的纸板过滤机通过无菌软管或管板和硅藻土过滤机进行串联。

(2)使用无菌的 CO_2 进行背压至不低于待过滤酒液的 CO_2 饱和压力,以避免在过滤的过程中 CO_2 逸出而破坏纸板的强度。

(3)开始过滤时,将过滤机出口处的取样阀打开以排出过滤机内部的冷凝水。

(4)当酒液从出口流出时,打开阀门进行酒液的精滤处理。

(5)过滤过程中阻力不断增大,当过滤结束时,过滤机进出口的压差应不超过 0.15 MPa。

4. 过滤后的清洗和再生

(1)过滤结束后,使用无菌水将过滤机内残留的酒液顶出,注意回收利用。

(2)使用 50～60℃的热水进行反向冲洗,直至没有泡沫为止。

(3)过滤纸板进行再生后可以循环使用。再生时,先使用冷水洗涤约 5 min,再用 45℃左右的温水洗涤约 5 min,最后用 70～80℃、压力为 0.05～0.1 MPa 的热水浸泡约 10 min。

四、结果分析

(一)外观观察

观察过滤澄清后的啤酒透明度,将酒样倒入洁净透明的玻璃杯内,置于光线良好的地方迎光观察,记录过滤分离实验结果,并对过滤分离后啤酒的浊度进行检测分析。

(二)检测分析

使用浊度计对过滤澄清后的啤酒进行检测,以 EBC 浊度单位表示啤酒透明度的外观指标。根据 GB/T 4927—2008 对啤酒的感官要求,测定啤酒的浊度值,并分析啤酒的过滤澄清效果。淡色啤酒优级品浊度值不高于 0.9 EBC,一级品浊度值不高于 1.2 EBC;浓色啤酒浊度值为 15～40 EBC,黑色啤酒浊度值为大于等于 41 EBC。

五、注意事项

(1)过滤机进行严格的清洗和杀菌　在对啤酒进行过滤以前,必须要严格按照过滤设备的清洗和杀菌标准程序来执行操作,不允许啤酒在过滤过程中出现污染。

(2)过滤机纸板的安装　纸板安装应注意区分啤酒的流入面和流出面,纸板粗糙面为流入面。在用水充分润湿纸板的情况下进行安装。新纸板在首次使用前建议进行一次杀菌,冲洗时间不小于 15 min,流速为正常过滤速度的 1.5～2 倍。目的是使纸板充分浸润并适度膨胀,排出纸板内的空气,达到良好的吸附效果。为防止上过滤纸板时漏酒,应检查一下过滤机胶圈是否完好,如有破损应及时更换。为防止硌坏纸板,应检查过滤框及隔板之间是否错位及过滤框上筛板是否有突出部位,如有,应修整后再使用。

(3)过滤机使用后要严格消毒和灭菌　当过滤结束后,用较钝的铲刮掉滤饼,但不能损伤纸板,然后将纸板用柔和水流彻底冲洗干净。再生时,先使用冷水洗涤约 5 min,再用 45℃左右的温水洗涤约 5 min,最后用 70～80℃、压力为 0.05～0.1 MPa 的热水浸泡约 10 min。以过滤方向进行冲洗,直到排出液清亮为止。在整个纸板板框过滤机的清洗、纸板再生和灭菌过程中水流不能反冲。

(4)过滤机板框外部纸板边缘部位的长霉现象及解决措施　由于过滤操作间需频繁使用高温热水和蒸汽等杀菌介质,空间环境湿度较高,霉菌和其他微生物极易生长繁殖。板框外部的纸板长期暴露在空气中且难以进行有效的清洗杀菌,经常在安装后不久即出现长霉现象,颜色发暗变黑,既影响外观也不利于酒液卫生。解决此问题一方面要加强过滤间的通风和环境灭菌工作(以二氧化氯或甲醛溶液熏蒸)。另一方面,可配制 75%的酒精溶液在每次纸板使用后喷洒板框部位,对外露纸板进行杀菌,效果很好。通过试验跟踪,在掌握合适杀菌液浓度的前提下,对纸板使用较低浓度的氯化剂化学灭菌也是可以的。但由于没有使用酒精杀菌液安全,同时考虑到氯化剂会破坏纸板的活性过滤结构以及制造时加入的湿密剂,不提倡使用二氧化氯或过氧化氢杀菌。

实训建议

一、实训时间与分组安排

(1)本实训任务宜安排 4～6 学时的集中时间,在企业技术员和教师的指导下,由学生独立完成或由 3～5 人一组合作进行。

(2)为了让学生了解到更多的过滤分离设备,同时能提供更多的实训案例进行过滤分离效果优劣的分析比较、提高学生的学习能力,在学生组数比较多的情况下,也可由 2～3 个小组使用明流式过滤机、暗流式过滤机等其他离心分离设备开展过滤分离。

二、实践操作内容的安排

（1）实践操作前组织学生接受食品安全卫生操作知识和职业道德培训，熟悉车间卫生管理制度与相关操作规程。

（2）建议在生产实训前，组织学生按照分组任务要求，观摩由企业生产技术员完成的至少一批次的生产全程。回校后组织讨论，解决学生在生产过程中仍不清楚的关键难题。

（3）实训中纸板板框过滤机的杀菌、过滤后的清洗和再生是关键工序，在企业技术员和教师的指导下，尽可能由学生自己完成操作，以培养和提高学生独立工作能力。

（4）对本实训中耗时的部分内容（如啤酒制麦、糖化、发酵、陈酿等），应结合其他实验实训开展，或由老师事前代为完成。

理论链接

一、板框过滤机明流式过滤和暗流式过滤

过滤阶段悬浮液从通道进入滤框，滤液在压力下穿过滤框两边的滤布、沿滤布与滤板凹凸表面之间形成的沟道流下，既可单独由每块滤板上设置的出液旋塞排出，称为明流式；也可汇总后排出，称为暗流式。明流式过滤可以随时观察每块滤板中滤液的流动情况。如某滤布有破裂，流出的滤液必显混浊，应当立即关闭其旋塞，使该块滤板停止工作。暗流式过滤不可能个别地观察每块滤板中滤液的流出情况。暗流式的密闭性好，滤液与空气接触少，氧化程度轻，在葡萄酒过滤中较多采用。

二、板框过滤机滤布的种类

板框过滤机滤布的分类方法通常有三种：按滤布的材质分类，按滤布的纱线构成分类，按滤布的织法分类。滤布的过滤性能不仅与构成滤布纤维的材质有关，而且与滤布的纱线构成方式和滤布的织法也有关。根据滤布的应用情况，主要分为以下几种：

（1）棉滤布　棉滤布的耐热性、耐磨性、抗拉强度较好。由于纤维短、润湿时膨润度好，所以棉滤布截留粒子的性能好。遇到热的稀酸和冷的浓酸时，棉滤布耐磨性和抗拉强度降低；遇到强碱时，棉滤布耐磨件和抗拉强度也会降低。棉滤布易腐败、霉变，使用温度不超过100℃。棉滤布不适用于过滤强酸、强碱性料液，但由于棉布价廉，所以使用仍较普遍。

（2）尼龙滤布　尼龙又称锦纶，属于脂肪族聚酰胺类化纤。尼龙的耐磨性、抗拉强度、伸长率和弹性都很好。尼龙滤布的使用温度可达100℃，耐碱性也好，仅次于四氟化碳纤维。但尼龙滤布不耐酸，遇浓硫酸、浓盐酸会发生化学反应而溶解；易被氧化剂氧化，在遇到高温或高浓度氧化剂时，氧化速度很快。尼龙滤布能溶解于苯酚类或浓甲酸等有机溶剂。

（3）涤纶滤布　涤纶属于聚酯类化纤，学名为聚对苯二甲酸乙二酯。涤纶的抗拉强度、耐磨损性、尺寸稳定性都很好，特别适用于转鼓真空过滤机、带式压榨过滤机。它的化学稳定性不太好，但耐氧化剂和还原剂的腐蚀；耐酸性也较好，但不耐浓硫酸和磷酸；遇高温、高浓度的碱时会发生化学反应而使聚酯溶解；遇苯酚类的溶剂，随着浓度和温度的提高呈膨润状；在高温下的湿空气中会水解，所以使用温度较其他合成纤维低，约为80℃。

（4）丙纶滤布　丙纶是聚烯烃类化纤，学名为聚丙烯。丙纶的耐热性、耐磨性、抗拉性都

好，耐酸、碱腐蚀，是过滤高温酸、碱性物料最适合的滤布。由于其难溶于有机溶剂，所以还普遍应用于溶剂、油漆、染料、矿物油等的过滤。使用温度可达 90℃。

（5）维纶滤布　维纶是聚乙烯醇类化纤，学名为聚乙烯醇缩甲醛。维纶的抗拉强度和耐磨性较好，耐碱性能也很好，遇浓硫酸、浓盐酸呈膨润状或分解，不溶于动、植物油及矿物油，遇热吡啶、苯酚呈膨润状或分解。使用温度可至 100℃。

（6）棉、羊毛及人造丝滤布　羊毛滤布比棉滤布的耐酸性略好，可用于稀薄酸性悬浮液或高黏性悬浮液的过滤，不耐碱、易堵塞。人造丝滤布的抗拉性能和耐磨性比棉布差，耐碱性比棉滤布差，但其他化学特性和棉滤布差不多，可用于含粗颗粒悬浮液的压榨过滤。羊毛及合成纤维毛毡常用于制药、涂料、精油、食品、饮料、染料等工业部门的过滤。

（7）无纺布　无纺布的抗拉性能和耐磨性能均比同种纤维织成的滤布要差。无纺布有不规则的孔隙结构，孔隙较大，过滤机理接近深层过滤，当悬浮液浓度较高时，会发生架桥，对粒子的截留效果好，所以应用较广泛。无纺布普遍用于各种化学工业，特别适用于黏性大的液体、冷却油、植物油、饮料的过滤。

技术拓展

一、利用板框过滤机过滤澄清荔枝果酒

将发酵结束后的荔枝果酒，用蛋清粉与皂土制备成的下胶液在室温 18～20℃条件下进行下胶澄清处理后，进行－4～2.5℃的冷处理，然后用 800 目左右的维纶布板框式过滤机趁冷过滤即得澄清度较高的荔枝果酒。

二、利用暗流式板框过滤机澄清白葡萄酒

将发酵结束的白葡萄酒液，采用明胶和皂土进行加胶澄清后，再利用暗流式板框过滤机过滤酒液。具体操作方法：按压紧按钮或将手动阀扳至进程档，缓慢调节溢流阀，将压力调至 15～20 MPa，并将过滤机丝杆手柄螺母锁紧。按停止按钮或将手动阀控制在中间位置，并按停泵按钮。在过滤阶段，打开滤板出口阀门，启动进料泵并渐渐开启进料阀门，调节回料阀门，视过滤速度压力逐渐加大，但一般不得大于出厂标牌上标定的压力。过滤阶段酒体悬浮液从通道进入滤框，滤液在压力下穿过滤框两边的滤布、沿滤布与滤板凹凸表面之间形成的沟道流下，穿过滤布、滤饼和另一侧的滤布后排出，流向滤液贮罐，即得澄清度较高的白葡萄酒。

二维码 2-4　任务 2-2
学习思考参考答案

学习思考

1. 啤酒过滤的目的是什么？
2. 简述利用纸板板框过滤机过滤澄清啤酒的流程。
3. 简述纸板板框过滤机的灭菌方法。

任务 2-3　利用硅藻土过滤机过滤澄清果酒

任务设计

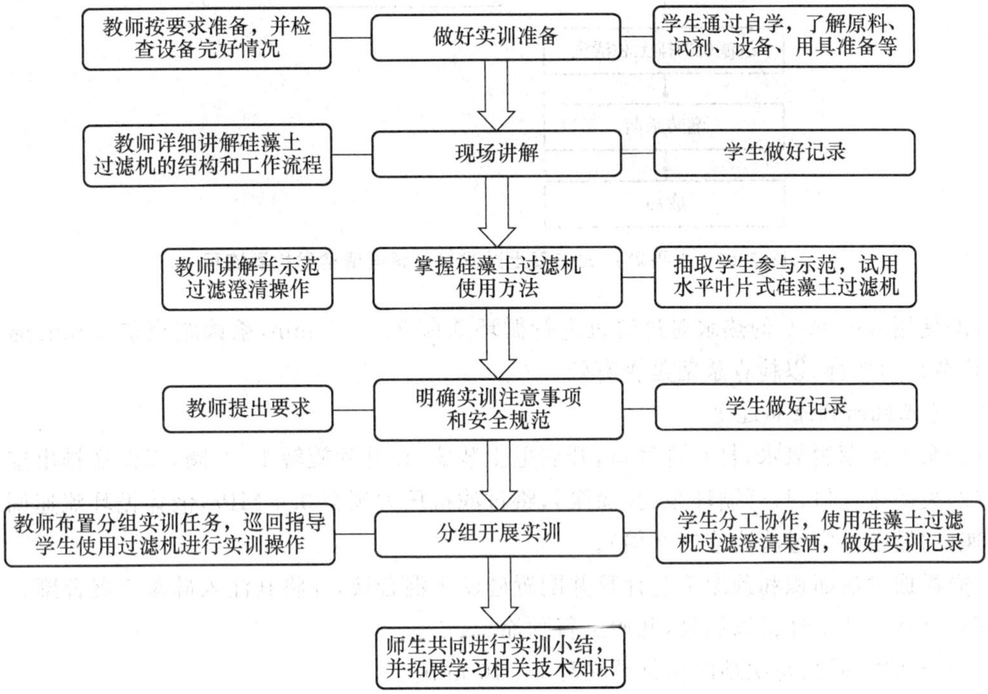

图 2-17　利用硅藻土过滤机过滤澄清果酒任务设计

实践操作

二维码 2-5　利用水平圆盘式硅藻土过滤机过滤果酒

一、原料与试剂准备

经后发酵的猕猴桃酒，硅藻土，2%～3%的 NaOH 溶液，1% HNO_3 溶液。

二、设备与用具准备

水平叶片式硅藻土过滤机、发酵罐、加压连续式杀菌机、果酒灌装机等。

三、操作方法

(一)操作流程

水平叶片式硅藻土过滤机过滤澄清猕猴桃酒流程见图 2-18。

(二)操作要点

1. 过滤机的杀菌

(1)使用水进行循环清洗 5～10 min。

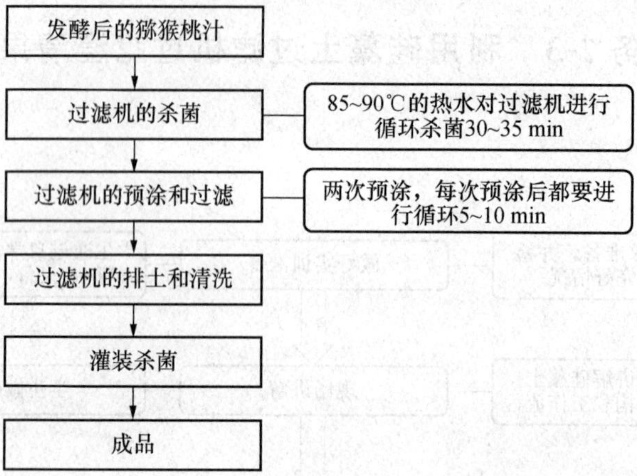

图 2-18　水平叶片式硅藻土过滤机过滤澄清猕猴桃酒流程

(2)使用 85～90℃的热水对过滤机进行循环杀菌 30～35 min，杀菌结束前 5 min 通知微生物检测部门取样，以检查杀菌是否有效。

2. 过滤机的预涂和过滤

(1)泵入无菌脱氧水，打开排气口，开启甩土装置，让叶片旋转 1～2 圈，以彻底排出空气。

(2)关闭排气口，打开循环泵(预涂泵)，将过滤机压力调至 0.4 MPa，液体循环流速调至预涂流速(约设备标定过滤流速的 2 倍)。

(3)根据过滤面积和预涂工艺计算并配置硅藻土混合液，并将其注入硅藻土混合罐。

(4)打开硅藻土计量添加泵，开始进行预涂。

(5)分两次预涂，每次预涂后都要循环 5～10 min。

(6)泵入待过滤的酒液，缓慢地将过滤机内的无菌脱氧水排出，此时要注意“酒头”的产生以及回收。

(7)“顶水”结束后，将酒液的循环流速调至预涂流速，开始进行循环以降低酒液的浊度，同时打开硅藻土计量添加泵进行连续补料。

(8)当酒液的浊度达到生产要求时，将流速降至过滤流速，转换阀门开始进行过滤。

(9)过滤过程中，由于不断地追加硅藻土以及滤层通透性能的下降，过滤机进口和出口的压差会不断上升，当达到极限压差时停止过滤。

(10)使用过无菌脱氧水将过滤机内部的残余酒液顶出，此时要注意“酒尾”的产生以及回收。

3. 过滤机的排土和清洗

(1)缓慢地将过滤机内的压力卸掉，打开硅藻土排放口，开启甩土装置，让叶片旋转起来，这时硅藻土以泥状的形式排出。

(2)打开过滤机侧面，以水平方向对旋转中的叶片进行喷淋以彻底清除叶片表面的硅藻土。

(3)硅藻土彻底排放后，关闭甩土装置；让过滤机充满水后进行正反冲洗，直至没有泡沫产生为止。

(4)使用质量分数为 2%～3%、温度为 75～80℃的 NaOH 溶液循环清洗 25～30 min。

(5)用水循环冲洗 5～10 min，直至将残碱冲洗干净。

(6)使用质量分数为 1%左右的 HNO_3 溶液清洗 20～25 min。

(7)用水循环冲洗干净。

4. 灌装、杀菌

澄清后的猕猴桃酒用果酒灌装机灌装并密封，然后进入加压连续式杀菌机进行杀菌并冷却，最终得到成品猕猴桃酒。

四、结果分析

(一)外观观察

对水平叶片式硅藻土过滤机过滤澄清的猕猴桃酒进行透光度检测，将猕猴桃酒倒入洁净透明的玻璃杯内，置于光线良好的地方迎光观察，记录过滤分离实验结果，并对过滤分离后猕猴桃酒的透光度进行检验分析。

(二)检测分析

利用分光光度法测定澄清后的猕猴桃酒的透光率，以蒸馏水作空白，在 680 nm 波长处，用 1 cm 比色杯测定透光率。

五、注意事项

(1)过滤机进行严格的清洗和杀菌　果酒过滤作为果酒生产过程中的“后修饰”工序确实使果酒的感官性状得到了很大的提高，但同时也增加了果酒污染的风险。因此，在对果酒进行过滤以前，必须要严格按照过滤设备的清洗和杀菌标准程序来执行操作，不允许果酒在过滤过程中出现污染。

(2)过滤设备及相关连接件和管路的彻底排空　在对过滤设备进行预涂以前，必须将设备及连接件和管路内的空气彻底排出，这一点毋庸置疑。如果过滤设备中存在空气，那么在预涂的过程中，这些气体就会吸附在支撑材料的表面形成气泡，硅藻土很难被涂上，从而导致“漏涂”的现象发生。此外，这些气体也会使酒液的吸氧量有所增加。

(3)预涂压力和预涂流速的稳定　预涂压力和预涂流速的稳定对过滤层的均匀性影响很大。如果压力和流速忽高忽低，就会导致预涂后的过滤层出现厚薄不一的现象，那么在过滤时酒液的浊度就难以达标。如今，通过自动化控制技术，预涂压力和预涂流速的稳定已经能够得到保证了。

(4)预涂过程中的故障　作为预涂操作者，在整个预涂过程中，要特别注意观察硅藻土的添加情况以及硅藻土混合罐的液位。如果出现了硅藻土计量添加泵堵塞的故障，应立即关闭计量添加泵，待故障排除后再开机。

实训建议

一、实训时间与分组安排

(1)本实训任务宜安排 6～8 学时的集中时间，在企业技术员和教师的指导下，由学生独立完成或由 3～5 人一组合作进行。

(2)为了让学生了解到更多的硅藻土过滤机设备，同时能提供更多的实训案例进行过滤分离效果优劣的分析比较、提高学生的学习能力，在学生组数比较多的情况下，也可由 2～3 个小组使用板框式硅藻土过滤机、水平叶片式硅藻土过滤机、烛式硅藻土过滤机等其他过滤分离设备开展过滤分离。

二、实践操作内容的安排

(1)实践操作前组织学生接受食品安全卫生操作知识和职业道德培训,熟悉车间卫生管理制度与相关操作规程。

(2)建议在生产实训前,组织学生按照分组任务要求,观摩由企业生产技术员完成的至少一批次的生产全程。回校后组织讨论,解决学生在生产过程中仍不清楚的关键难题。

(3)实训中硅藻土过滤机的杀菌、预涂和清洗是关键工序,在企业技术员和教师的指导下,尽可能由学生自己完成操作,以培养和提高学生独立工作能力。

(4)对本实训中耗时的部分内容(如猕猴桃的破碎榨汁、成分调整、前发酵和后发酵、陈酿等),应结合其他实验实训开展,或由老师事前代为完成。

理论链接

一、硅藻土过滤机过滤的原理

硅藻土过滤机是以硅藻土为主要介质,利用硅藻土颗粒的细微性和多孔性去除悬浮颗粒、胶体等杂质的过滤装置,其原理是在密闭不锈钢容器内,自下而上水平放置不锈钢过滤圆盘,圆盘的上层是不锈钢滤网,下层是不锈钢支撑板,中间是液体收集腔。过滤时,先进行硅藻土预涂,使盘上形成一层硅藻土涂层,待过滤液体在泵压力作用下通过预涂层而进入收集腔内,颗粒及大分子被截流在预涂层,进入收集腔内的澄清液体通过中心轴流出容器。

二、硅藻土过滤机的种类

依据过滤机的外形、支撑介质的不同,硅藻土过滤机分为板框式硅藻土过滤机,水平叶片式硅藻土过滤机,烛式硅藻土过滤机三种。其中板框式硅藻土过滤机支撑介质为支撑纸板;水平叶片式过滤机支撑介质为水平叶片式或垂直叶片式;烛式过滤机支撑介质为烛棒。

板框式硅藻土过滤机主要由许多过滤单元(滤框、滤板、支撑纸板)组成,并放置在两根相同高度的支撑杆上,两端由固定顶板、活动顶板组成。在固定顶板和活动顶板之间,许多滤板、支撑纸板、滤框交替排列。滤板是容纳清酒的空间,用于放置并撑起支撑纸板,滤框有一定宽度,用于容纳浑浊物和硅藻土,未过滤的酒首先进入滤框,经过硅藻土滤层和支撑性纸板,穿过滤板后成为清酒。每一对滤板、支撑纸板、滤框构成一个过滤单元,所以过滤机是由许多过滤单元组成的。

水平圆盘式硅藻土过滤机是20世纪80年代兴起的一种压滤机,过滤介质可选硅藻土、珍珠岩粉和活性炭,通过该水平圆盘式硅藻土过滤机的分离能使直径为1～3 μm的菌体及固体微粒100%截留,从而更好地保留原液的特性,其浊度值可达0.5 EBC以下,不仅内在质量更好,而且外观更符合要求。目前,该水平圆盘式硅藻土过滤机有0.4～20 m^2的过滤面积供用户选择,另外还有实验室设备供用户进行过滤试验。广泛应用于果酒、保健酒、葡萄酒、饮料、糖浆、酱油、醋、食品添加剂以及医药和化工等行业液态制品的澄清性过滤。

烛式硅藻土过滤机过滤层铺设在钢制的支撑环上,相对过滤面积较大,过滤效率高;过滤时,随硅藻土的滤层厚度不断增加,过滤面积随之增大,使过滤量较稳定;有较大的反向冲洗压力，能对每根烛形柱进行良好的清洗；操作简单，易实现自动化。烛式硅藻土过滤机缺点：硅藻土附着在垂直的圆柱表面上，受压力波动影响大，过滤过程不宜停顿；烛形柱净空高度要求高；无法用 CO_2 压空“酒头”“酒尾”。

技术扩展

利用硅藻土过滤机过滤澄清啤酒

采用粗硅藻土预涂，第一次预涂量 400～600 g/m^2，采用粗硅藻土或珍珠岩。添加 α-纤维素 100～300 g/m^2，有利于形成架桥及稳定的预涂层（使用前应用水先浸渍纤维使其分散开来）。第二次预涂要求预涂层的通透性和在过滤时添加硅藻土形成的滤层通透性相一致，并且均匀地分布在过滤机的整个筛板上，否则在过滤时压差上升幅度过大。第二次预涂量 500～600 g/m^2，采用粗细各一定比例混合的硅藻土。其他添加物：活性炭 50 g/m^2（可排除啤酒的酵母味）、硅胶 50 g/m^2。所添加的硅胶要求颗粒大小均匀，相当于细硅藻土，可相应减少细硅藻土的添加量。预涂完毕根据过滤机的结构调整流速：板框式硅藻土过滤机，300～350 L/(m^2·h)；水平叶片式硅藻土过滤机，500 L/(m^2·h)；烛式硅藻土过滤机，500 L/(m^2·h)。首先打开硅藻土计量添加泵，并检查是否堵塞，然后打开啤酒进口，并使压力调整为 0.2～0.3 MPa，注意不要发生压力撞击。循环直到流出液达到所要求的澄清度，将顶出的“酒头”收集在残酒罐中，然后清酒转入清酒罐。过滤快结束时，用脱氧水顶出残酒，并将残酒收集于残酒罐。当进出口的压差达到 0.4 MPa 或啤酒进口达到最大许可压力，或容纳滤层的空间被充满，或啤酒已经过滤完，或过滤啤酒的质量未达到要求时，意味着啤酒过滤结束，应排出废硅藻土、清洗过滤机。

学习思考

1. 简述利用水平叶片式硅藻土过滤机过滤澄清猕猴桃酒的流程。
2. 简述水平叶片式硅藻土过滤机的预涂和过滤的操作要点。
3. 简述水平叶片式硅藻土过滤机的排土和清洗的操作要点。

二维码 2-6　任务 2-3 学习思考参考答案

思政园地

典型案例：河北某大型啤酒厂生产的啤酒以不合格产品冒充合格产品。经监督抽检，该啤酒厂于 2018 年 3 月 1 日和 3 月 3 日生产的啤酒微生物指标超标，纸板板框式过滤机未按照规程要求使用，在使用前后没有彻底进行机器清洗、消毒导致产品的微生物指标超标。市场监督管理局责令该厂立即召回不合格产品，并根据《中华人民共和国产品质量法》规定，没收违法所得 3.52 万元、罚款 11.03 万元。

案例评析：食用被污染的啤酒，可能引起消费者胃肠道疾病或其他疾病，严重危害消费者的身体健康。根据啤酒酿造中微生物污染的来源不同，可将啤酒生产过程中的微生物污染分为两大类：一类称为主污染，另一类为二次污染。主污染是指由原料和酿造设备或容器等所引起的污染，包括麦汁、酵母、发酵罐、贮酒罐、酒瓶等的污染；二次污染是指啤酒在灌装、过滤过程中所产生的污染，案例中的纸板板框式过滤产生的污染属于二次污染。应该严格按照纸板板框式过滤机的操作规程，使用前后对机器都要进行彻底清洗、消毒，并定期评估，监测冲洗用水的微生物状态和温度，滤后啤酒灌装要及时，压盖后进行消毒杀菌。一定要注重食品质量安全，遵守6S（整理、整顿、清洁、清扫、素养、安全）管理要求，执行食品安全“四最严”要求（最严谨的标准、最严格的监管、最严厉的处罚、最严肃的问责），确保产品卫生，保障啤酒的质量安全。

自测练习

一、填空题

1. 常用的离心分离设备按照结构特点分为________、________、________等。

2. 根据离心分离的原理，离心分离的方法可分为三类，包括________、________、________。

3. 按过滤过程的推动力不同，过滤分离方法可分为________、________、________、________。

4. 离心分离设备种类很多，根据其转速的高低可分为________、________和________。

5. 过滤操作的过滤介质主要有________、________、________、________。

二、单项选择题

1. 以下对于硅藻土过滤机说法不正确的是（　　）。

A. 硅藻土过滤机是采用硅藻土作为助滤剂的一种过滤设备。

B. 硅藻土过滤机能够将果酒中细小的蛋白质、胶体悬浮物滤除，并可根据过滤液的性质及杂质的含量正确选择不同粒度的硅藻土，以达到要求的过滤效果。

C. 硅藻土过滤机有水平叶片式和垂直叶片式两种。一般结构都是由筒身、中空轴、滤板、滤网、检视瓶、压力表、放气阀等主要部件组成。

D. 在高速转动的离心机内悬浮颗粒得以分离，有自动排渣和间隙排渣两种模式。

2. 目前啤酒过滤中使用最普遍的是（　　）。

A. 离心分离法　　B. 硅藻土过滤机

C. 板式过滤机　　D. 膜式过滤机

3. 纸板过滤机的杀菌方法包括（　　）。

A. 用水对过滤纸板进行正、反向冲洗，以彻底排出过滤机内部的空气。

B. 使用80～90℃热水杀菌25～30 min或使用0.05 MPa的饱和蒸汽杀菌10～15 min。

C. 杀菌结束后，使用无菌的CO_2进行背压至0.1 MPa，冷却后方可使用。

D. 以上皆是。

三、名词解释

1. 过滤介质　　2. 差速离心法　　3. 密度梯度离心法

二维码2-7　项目2
自测练习参考答案

项目3

萃取技术在食品深加工中的应用

本项目学习目标

知识目标

二维码 3-1　项目 3 课程 PPT

- 了解萃取技术的分类、特点及应用。
- 了解萃取技术的基本原理和方法。
- 理解液-固萃取、液-液萃取、超临界流体萃取、双水相萃取的影响因素及溶剂和设备的选择。
- 熟悉液-固萃取、液-液萃取、超临界流体萃取、双水相萃取的原理和应用。
- 掌握液-固萃取、液-液萃取、超临界流体萃取、双水相萃取技术的特点和操作流程。

能力目标

- 能熟练进行液-固萃取、液-液萃取、超临界流体萃取、双水相萃取等基本操作。
- 能正确和顺利使用回流浸提器、旋转蒸发器、冷冻干燥机等仪器进行或辅助萃取操作。
- 能熟练设置超临界 CO_2 萃取仪的参数，并正确开机和进行萃取操作。
- 能正确说出乙酸乙酯回流提取番茄红素、酸化乙醇提取葡萄红素、双水相萃取猪心细胞色素 C、超临界流体萃取柑橘精油的工艺要点。
- 能够分析解决液-固萃取、液-液萃取、超临界流体萃取、双水相萃取过程中出现的问题。

素质目标

- 培养学生科学严谨、爱岗敬业、勤学好问、善于思考的精神。
- 树立正确的食品安全观念，能依法规范自己行为和习惯，具有较强的规范与安全操作意识。
- 在学习和实践的过程中融入团队合作和团队互助的意识及培养创新思维。

项目概述

从发酵液或其他生物反应液中除去不溶性固体物后，通常就进入了产物的提取阶段。萃取是分离液体混合物常用的单元操作，不仅可以使低含量组分达到富集和分离的目的，也可用于除去大量的干扰元素，使产物获得初步纯化。因此，萃取技术是发酵食品和其他生物工程生产中普遍采用的分离技术之一，在食品深加工中也是一个重要的提取方法和分离混合物的单元操作，具有传质速率快、生产周期短、便于连续操作、容易实现自动控制、分离效率高、生产能力大等一系列优点。

萃取技术适用于大规模生产，主要用于分离和提取已经存在于液相中的某种物质，在石油化工、湿法冶金、核工业、生化、食品、医药、轻工等领域被广泛使用。近年来，为适应生物大分子的萃取分离，溶剂萃取法和其他新型分离技术相结合，产生了一系列新型萃取技术，如双水相萃取、超临界流体萃取、反胶团萃取和液膜萃取等，可用于酶、蛋白质、多肽、核酸等生物大分子的提取。

本项目主要学习萃取技术的概念、原理、分类及萃取方法，以及液-固萃取、液-液萃取、超临界流体萃取、双水相萃取的原理、影响因素、溶剂和设备的选择等技术知识，并通过实践操作分别学习利用乙酸乙酯回流提取番茄红素、酸化乙醇提取葡萄红素、双水相萃取猪心细胞色素C、超临界流体萃取柑橘精油等分离纯化工艺及其结果观测分析，以熟悉萃取技术在食品深加工中的具体应用。

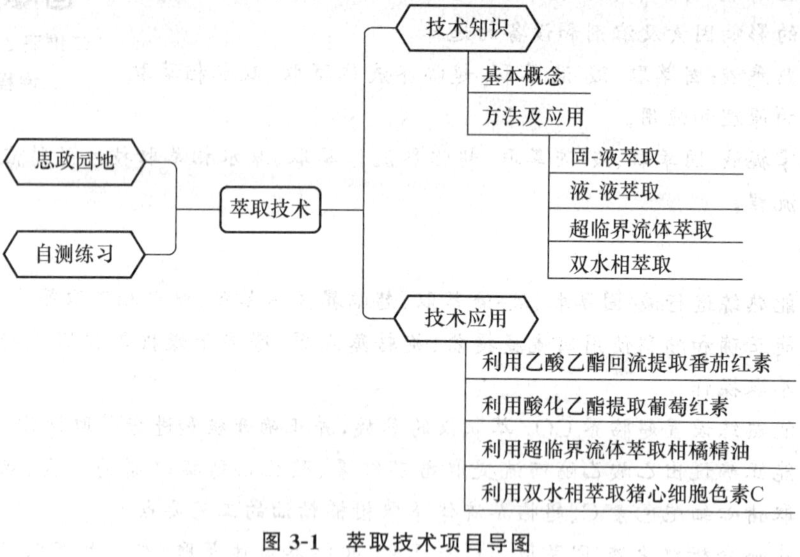

图 3-1　萃取技术项目导图

技术知识

一、萃取的基本概念

（一）萃取

利用物质在互不混溶的两相之间分配系数的不同而使溶质得到纯化或浓缩的技术称为萃

取。例如，在 pH 4.0 时，柠檬酸在庚酮中比在水中溶解度大，因而可以用庚酮与柠檬酸的发酵液充分接触，从而使柠檬酸被萃取浓集到庚酮中，达到分离提取柠檬酸的目的。

在萃取操作中，被提取的溶液称为料液，其中欲提取的物质称为溶质，其他部分则为原溶剂，加入的起萃取作用的组分称为萃取剂。选取萃取剂的基本条件是对料液中的溶质有尽可能大的溶解度，而与原溶剂则互不相溶或微溶。萃取剂加入料液中混合静置后分成两相：一相以萃取剂（含溶质）为主，称为萃取相；另一相以原溶剂为主，称为萃余相（图 3-2）。

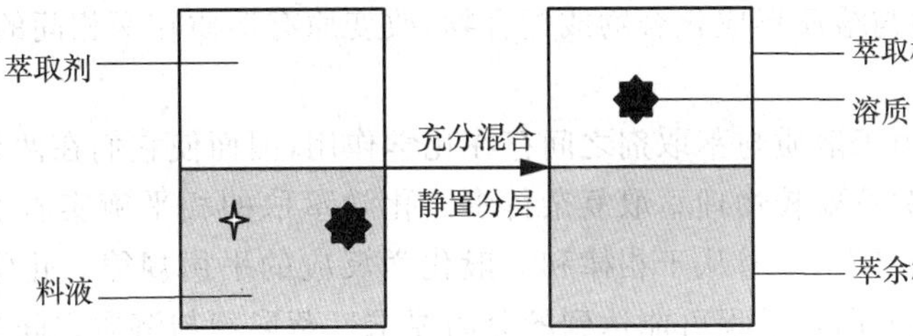

图 3-2　萃取操作示意图

萃取技术可以根据萃取原理的不同分成物理萃取、化学萃取、双水相萃取和超临界流体萃取等，每种方法都有各自的特点，适用于不同产品的分离纯化。

（二）反萃取

在萃取分离过程中，当完成萃取操作后，为进一步纯化目标产物或便于下一步分离操作的实施，往往需要将目标产物从萃取相转移到水相。这种调节水相条件，将目标产物从萃取相转入水相的萃取操作称为反萃取。一个完整的萃取过程中，常常在萃取和反萃取操作之间增加洗涤操作，如图 3-3 所示。洗涤操作的目的是除去与目标产物同时被萃取到萃取相中的杂质，提高反萃液中目标产物的纯度。经过萃取、洗涤和反萃取操作，大部分目标产物进入到反萃相（第二水相），而大部分杂质则残留在萃余相。

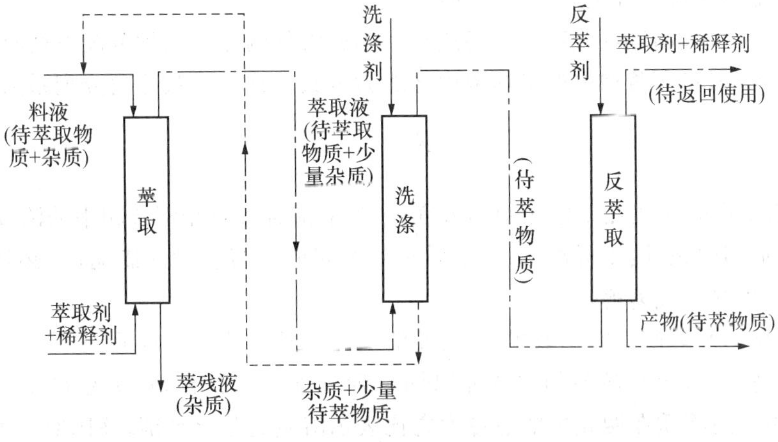

图 3-3　萃取、洗涤和反萃取操作过程示意图

（孙彦，生物分离工程，2005）

（三）物理萃取

物理萃取，就是通常所指的萃取，在操作过程并不造成被萃取物质化学成分的改变或发生化学反应，这是一个物理过程。其是利用物质在两种互不相溶（或微溶）的介质中溶解度或分配系数的不同，使溶质从一种介质内转移到另外一种介质中的方法。例如，利用庚酮萃取发酵液中的柠檬酸即属于物理萃取。物理萃取广泛应用于有机酸及天然植物中有效成分的提取过程中。

（四）化学萃取

化学萃取是在萃取过程中伴有化学反应，即在溶质与萃取剂之间存在化学作用。利用特殊的萃取剂选择性地与溶质形成化合物或配合物，改变原有溶质在两相间的分配系数，从而达到萃取分离的目的。

在化学萃取中，由于溶质与萃取剂之间存在化学作用，因而使它们在两相中往往以多种化学态存在，其相平衡关系要较物理萃取复杂得多。化学萃取的相平衡实质上是溶质在两相中的不同化学态之间的平衡，它遵从于相律和一般化学反应的平衡规律。化学萃取的相平衡决定着萃取过程的传质方向与过程可能达到的分离要求。萃取剂与溶质之间的化学反应包括离子交换和络合反应等。例如，利用季铵盐（如氯化三辛基甲铵，记作 R^+Cl^-）为萃取剂萃取氨基酸时，阴离子氨基酸（A^-）通过与萃取剂在水相和萃取相间发生下述离子交换反应而进入萃取相：

$$R^+Cl^- + A^- = R^+A^- + Cl^-$$

化学萃取中通常用煤油、己烷、四氯化碳和苯等有机溶剂溶解萃取剂，改善萃取相的物理性质，此时的有机溶剂称为稀释剂。化学萃取可用于氨基酸、抗生素和有机酸等生物产物的分离回收。

二、萃取分离的基本原理

萃取是一种扩散分离操作，不同物质在两相中分配平衡的差异是实现萃取分离的主要因素。溶质的分配平衡可用分配定律来描述。

分配定律是指在恒温恒压条件下，溶质在互不相溶的两相中达到分配平衡时，如果其在两相中分子量相等，则其在两相中的平衡浓度之比为常数。这一常数称为分配系数，以 K 表示。

$$K = \frac{y}{x}$$

式中：y 为平衡时溶质在萃取相中的浓度；x 为平衡时溶质在萃余相中的浓度。

分配定律适用的条件：①稀溶液；②溶质对溶剂间的互溶度没有影响；③必须是同一种分子类型，即不发生缔合或离解。

对部分常见的发酵产物的萃取操作，实验测定的 k 值如表 3-1 所示。

但在多数情况下，溶质在各相中并非以同一种分子形态存在，特别是在化学萃取中。因此，萃取过程中常用溶质在两相中的总浓度之比表示溶质的分配平衡，该比值称为分配比。

在生物活性物质的制备过程中，料液中的溶质并非是单一的组分，除了所需的产物 A 外，还存在有杂质 B，萃取时难免会把杂质一同带到萃取相中，为了定量表示某种萃取剂分离两种溶质的难易程度，引入了分离因数的概念，常用 β 表示。分离因数定义为：在同一萃取体系中，两种溶质在同样条件下分配系数的比值。

表 3-1　部分发酵产物在萃取系统中的 *K* 值(辛秀兰,生物分离与纯化技术,2008)

溶质类型	溶质名称	萃取剂/溶剂	分配系数 *K*	备注
氨基酸	甘氨酸	正丁醇/水	0.01	操作温度为25℃
	丙氨酸		0.02	
	赖氨酸		0.02	
	谷氨酸		0.07	
	α-氨基丁酸		0.02	
	α-氨基己酸		0.3	
酶	葡萄糖异构酶	PEG(1550)/磷酸钾	3	4℃
	富马酸酶	PEG(1550)/磷酸钾	0.2	4℃
	过氧化氢酶	PEG/粗葡聚糖	3	4℃

$$\beta=\frac{K_{A}}{K_{B}}$$

分离因数 β 越大,A、B 的分离效果越好,即产物与杂质越容易分离。

三、萃取分离方法及其应用

萃取技术根据参与溶质分配的两相状态的不同而分成液-固萃取(又称浸取)、液-液萃取和超临界流体萃取。以液体为萃取剂时,如果含有目标产物的原料也为液体,则称此操作为液-液萃取;如果含有目标产物的原料为固体,则称此操作为液-固萃取或浸取。以超临界流体为萃取剂时,含有目标产物的原料可以是液体,也可以是固体,此操作称为超临界流体萃取。另外,在液-液萃取中,根据萃取剂的种类和形式的不同又分为有机溶剂萃取(简称溶剂萃取)、双水相萃取、液膜萃取和反胶团萃取等。每种萃取方法各有特点,适用于不同种类的食品及生物产品的分离纯化(表 3-2)。

表 3-2　几种萃取方法的比较(杨昌鹏等,生物分离技术,2007)

萃取方法		原理	应用
液-固萃取		属于用液体提取固体原料中有用成分的扩散分离操作	多用于提取存在于胞内的有效成分
液-液萃取	溶剂萃取	利用溶质在两个互不混溶的液相(通常为水相和有机溶剂相)中溶解度和分配性质上的差异进行的分离操作	可用于有机酸、氨基酸、维生素等生物小分子的分离纯化
	双水相萃取	利用物质在互不相溶的两水相间分配系数的差异进行的分离操作	主要用于蛋白质、酶,特别是胞内蛋白的提取纯化
	反胶团萃取	利用表面活性剂在有机相中形成的反胶团,从而在有机相中形成分散的亲水微环境,使生物分子在有机相(萃取相)内存在于反胶团的亲水微环境中	适用于氨基酸、肽和蛋白质等生物分子的分离纯化,特别是蛋白质类生物大分子的分离
	液膜萃取	液膜能将与之不互溶的液体分开,使其中一侧液体中的溶质选择性地透过液膜进入另一侧,实现溶质之间的分离	适用于金属离子、烃类、有机酸、氨基酸和抗生素的分离及废水处理,在酶的包埋固定化和生物医学方面的应用也前景广阔
超临界流体萃取		利用超临界流体作为萃取剂,对物质进行溶解和分离	适用于脂肪酸、植物碱、醚类、酮类、甘油酯、芳香成分等物质的萃取分离

(一)液-固萃取(浸取)

用某种溶剂把有用物质从固体原料中提取到溶液中的过程称为液-固萃取,也称浸取或浸出,多用于提取存在于细胞内的有效成分。日常生活中,人们泡茶、泡药酒、煎中药等就是浸取的具体应用。生物分离中也经常用浸取法从细胞或生物体中提取目标产物或除去有害成分。例如,从咖啡豆中脱咖啡因,从草莓中提取花色苷、色素,从大豆中提取胰蛋白酶抑制剂和卵磷脂等。

1. 影响液-固萃取的因素

(1)固体物质的颗粒度　根据扩散理论,固体颗粒度越小,固、液两相接触界面越大,扩散速率越大,传质速率越高,浸出效果越好;另外固体颗粒度太小,会使液体的流动阻力增大,也会使无用或有害物质浸出量增大,给下一步的分离纯化造成困难。

(2)溶剂的用量及浸取次数　浸取溶剂用量大,溶质的浸取率高;但溶剂消耗量大,进一步分离难度增加,使生产成本提高。根据少量多次原则,在定量溶剂条件下,多次提取可以提高浸取的效率,一般第一次提取时所用溶剂的量要超过溶质全部溶解所需要的量。不同的固体物质所用的溶剂用量和浸取次数都需要实验确定。

(3)溶剂的 pH　根据需要调整萃取剂的 pH,有利于某些有效成分的提取,如用酸性物质提取生物碱、用碱性物质提取皂苷等。

(4)温度　提高浸取操作温度增大了溶质的溶解度,降低了溶液的黏度,有利于传质的进行。但温度过高,一些无效成分浸出,增加了分离提纯的难度;如溶质是易挥发、易分解的,会造成目标产物损失。

(5)浸取的时间　一般来说浸取时间越长,扩散越充分,有利于浸取。但当扩散达到平衡后,延长浸取时间不起作用,并且长时间浸取使杂质大量溶出,有些苷类易被杂质中的酶分解。若以水作溶剂时,长期浸泡易霉变,影响浸取液的质量。

(6)搅拌　搅拌强度越大,越有利于扩散的进行。因此在浸取设备中应增加搅拌、强制循环等措施,提高液体流动性,以提高浸取效率。

(7)浸取压力　当固体物料组织密实,较难被浸取溶剂浸润时,可采用提高浸取压力的方法,促进浸润过程的进行,可提高固体物料组织内充满溶剂的速度,缩短浸取时间。同时,在较高压力下的渗透,还可能将固体物料组织内的某些细胞壁破坏,利于溶质的浸出。一旦固体物料被完全浸透而充满溶剂后,加大压力对浸出速率的影响将迅速减弱。

2. 液-固萃取溶剂与设备的选择

(1)液-固萃取溶剂的选择　为了高效、快速地从固体中将目的产物浸取出来,同时尽可能将不需要的物质留在固体中,选择适合的浸取溶剂是至关重要的。溶剂的选择最主要的依据是“相似相溶”原理。选择的原则一般是采用对目标产物溶解度大且选择性高的溶剂以节省溶剂用量;与溶质之间有足够大的沸点差,以便于采取蒸馏方法回收利用;溶质在溶剂中的扩散系数大,且黏度小;价廉易得,无毒,腐蚀性小等。如果产品与食品有关,还要求溶剂不影响食品风味,更不能有致癌的性质。常用的浸取溶剂主要有水、乙醇、丙酮、乙醚、氯仿、乙酸乙酯等。

(2)液-固萃取设备的选择　液-固萃取操作主要包括不溶性固体中所含的溶质在溶剂中溶解的过程和分离残渣与浸取液的过程。在后一个过程中,不溶性固体与浸取液往往不能分离完全。因此,为了回收浸取后残渣中吸附的溶质,通常还需进行反复洗涤。

液-固萃取设备按其操作方式可分为间歇式、半连续式和连续式。按固体原料的处理方法，可分为固定床、移动床和分散接触式。按溶剂和固体原料接触的方式，可分为多级接触型和微分接触型。

在选择设备时，要根据所处理的固体原料的形状、颗粒大小、物理性质、处理难易及加工费用等因素来考虑。处理量大时，一般考虑用连续式。在浸取中，为了避免固体原料的移动，可采用几个固定床，使浸取液连续取出。也可采用半连续式或间歇式。

溶剂的用量是由过程条件及溶剂回收与否等条件决定的。根据处理固体和液体量的比，采用不同的操作过程和设备来进行固液分离。粗大颗粒固体可由固定床或移动床设备的渗滤器进行浸取。应用具有假底的开口槽或密封槽，将需要浸取的固体装入容器中至一定的高度，然后用溶剂进行渗滤、浸渍和间歇排泄的方法来处理。槽内应该尽可能装入大小均匀的颗粒，这样才有最大的孔隙率，使溶剂流动通过床层时的压力降低、沟流少。

在槽的底部安装有多孔板或木格子，在这上面装固体原料。根据处理的固体、溶剂的性质和处理能力的不同而采用不同结构的浸取槽。浸取槽可由金属、水泥、木材、内衬沥青、铅板、耐酸砖等制成方形或圆形。当固体颗粒微小时，可放上滤布。当溶剂靠重力流动通过床层的压降过高时，或为了避免溶剂的蒸发损失，或希望在溶剂沸点以上操作时，可以采用密封的渗滤器。溶剂可以用泵来循环通过各槽。

典型的旋转木马式逆流接触浸取器（图 3-4），称作 Rotocel 浸取器。圆盘料槽在圆周角方向上用隔板分成数个小槽，分别盛装固体原料。圆盘顺时针方向旋转，浸取液喷洒入靠近卸料口的小槽，从该小槽流出的浸取液又喷洒在逆时针方向的下一个小槽上，以此类推。浸取剂和原料连续输入，浸取液（含目标产物）和萃余物料连续排出，实现连续逆流接触浸取。图 3-5 为双螺旋浸取器，其水平部分的螺旋输送器为浸取部分，而倾斜部分的螺旋输送器是用于洗涤、脱水和排出浸取过的固体。

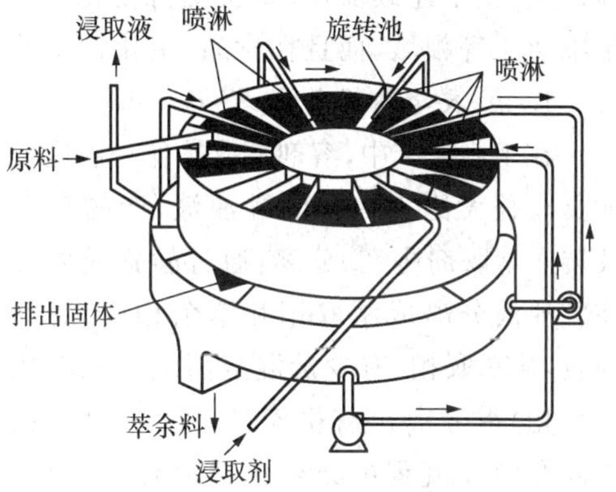

图 3-4　Rotocel 浸取器

（孙彦，生物分离工程，2005）

3. 液-固萃取的应用

液-固萃取在制药、食品、生物等许多领域有着广泛的应用。表 3-3 列出了液-固萃取的一些应用实例。

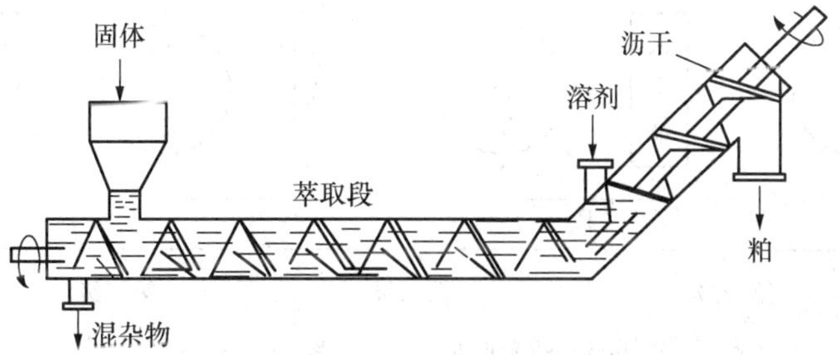

图 3-5　螺旋式浸取器

（欧阳平凯，生物分离原理及技术，2019）

表 3-3 液-固萃取应用实例

产物	固体	溶质	溶剂
豆油	大豆	豆油	己烷
香料	丁香、胡椒等	香料成分	80%乙醇
蔗糖	甘蔗、甜菜	蔗糖	水
B族维生素	碎米	B族维生素	乙醇-水
中草药汁	中草药材	药用成分	水

(二)液-液萃取

在液体混合物(原料液)中加入一种与其基本不相混溶的液体作为溶剂,构成第二相,利用原料液中各组分在两个液相中的溶解度不同而使原料液混合物得以分离,这种液体混合物的分离方式叫液-液萃取,也称溶剂萃取。经典的液-液萃取指的是有机溶剂的萃取。液-液萃取法比化学沉淀法分离程度高;比离子交换法选择性好、传质快;比蒸馏法能耗低;生产能力大、周期短、便于连续操作、易实现自动化控制。液-液萃取不仅广泛应用于石油化工、湿法冶金、精细化工等领域,而且在食品、生化物质的分离和纯化中也是一种重要的手段。

1. 液-液萃取操作方式

在工业生产中,溶剂萃取操作一般应包括下面三个过程。①混合:料液和萃取剂充分混合形成具有很大比表面积的乳浊液,产物自料液转入萃取剂中;②分离:通过静置或离心使乳浊液分离成萃取相和萃余相;③溶剂回收:从萃取相(有少量混溶情况下也需从萃余相)中分离出有机溶剂,并加以回收。因此在萃取流程中必须包括混合器(如搅拌罐)、分离器(如碟片式离心机)和回收器(如蒸馏塔)。这些设备的合理组合就构成了萃取操作流程。

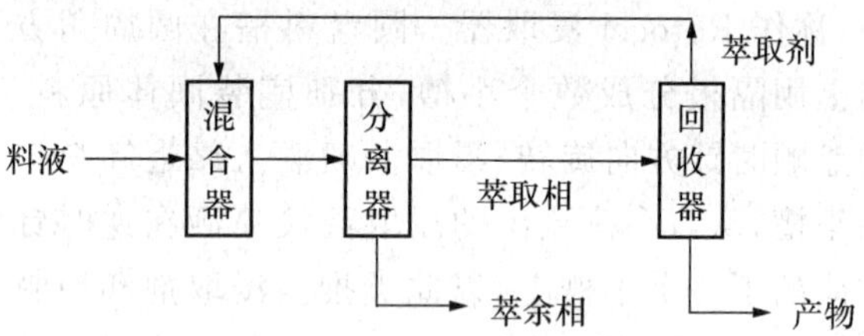

图 3-6 单级萃取示意图
(顾觉奋,分离纯化工艺原理,2000)

溶剂萃取操作流程可分为分批和连续、单级(图 3-6)和多级萃取流程,多级萃取又可分为多级错流萃取流程(图 3-7)和多级逆流萃取流程(图 3-8),以及两者结合进行操作的流程。表 3-4 对几种常用的溶剂萃取操作方式进行了比较。

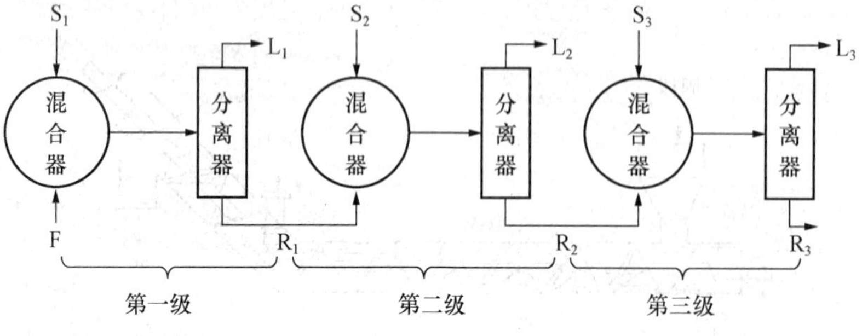

F. 料液 S. 萃取剂 L. 萃取相 R. 萃余相

图 3-7 多级错流萃取示意图
(顾觉奋,分离纯化工艺原理,2000)

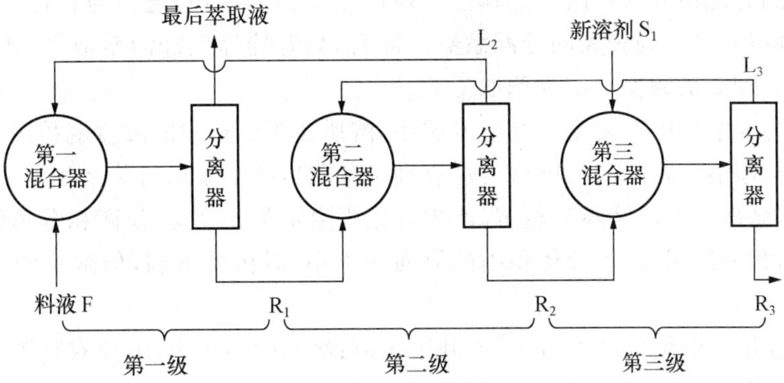

L. 萃取相　R. 萃余相

图 3-8　多级逆流萃取示意图

(顾觉奋,分离纯化工艺原理,2000)

表 3-4　几种常用的溶剂萃取操作方式比较(杨昌鹏,生物分离技术,2007)

溶剂萃取操作方式	操作方法	特点	所用设备
单级萃取	只用一个混合器和一个分离器,料液和溶剂先经混合器混合,达到平衡后,用分离器分离得到萃取液和萃余液	流程简单,但不能对料液进行较完全的分离,萃取液浓度不高,萃余液中仍含有较多的溶质	实验室中常用分液漏斗进行,较大规模的萃取装置可使用混合罐
多级错流萃取	将多个混合-分离器单元串联起来,各个混合器中分别通入新鲜萃取剂,而料液从第一级通入,逐次进入下一级混合器	每级都加萃取剂,溶剂消耗量大,萃取液平均浓度较低,但萃取较完全	采用各类混合-分离器单元串联
多级逆流萃取	将多个混合-分离器单元串联起来,分别在左右两端的混合器中连续通入料液和萃取液,使料液和萃取液逆流接触	萃取剂消耗量少,萃取液平均浓度较高	主要有两类:①由单级混合-澄清器串连成多级萃取设备;②多级筛板塔
微分萃取	轻相和重相连续不断地逆流通过萃取器,在两相的接触中,溶质从一相转移至另一相中	两液相连续相向流过设备,没有沉降分离时间,溶质在两相间的分配一般未达到平衡,适用于两液相密度差较大的情况	喷洒、填充、转盘萃取塔以及离心萃取机
分馏萃取	两种不相混溶的液流(轻溶剂和重溶剂),逆流通过一个接触器,而溶质从接触器中心附近进入	具有萃取和洗涤两个功能,可显著提高萃取相中目标产物纯度	分馏萃取的设备与单一溶质萃取时的设备类似

2. 影响液-液萃取的因素

(1)萃取剂对液-液萃取的影响　根据萃取原理,萃取剂对溶剂萃取的影响主要体现在以下几个方面。

①萃取剂的选择性　根据目标产物及与其共存杂质的性质选择合适的有机溶剂,可使目

标产物有较大的分配系数和较高的选择性。根据相似相溶原理，选择与目标产物极性相近的有机溶剂为萃取剂，可达到较大的分配系数。同时，只有选择性好的萃取剂，才能利用不同溶质在两相中的分配平衡的差异实现萃取分离。

②萃取剂与原溶剂的互溶度　互溶度越小，溶质在萃取相中的浓度就越高。

③萃取剂与原溶剂之间的密度差　这有利于萃取后的萃取相与萃余相分层。同时界面溶剂的张力过小，分散后的液滴不易凝聚，产生乳化现象不利于分层，使两相分离困难；溶剂的界面张力过大，两相分散困难，单位体积内的界面面积小，对传质不利，但细小的液滴易凝聚，对分离有利。

④溶剂的黏度　溶剂的黏度过大，不利于传质；溶剂的黏度小，不仅有利于传质，而且有利于两相的混合与分离，还可节省操作和输送过程的能量。

(2)温度对液-液萃取的影响　温度升高，溶解度增加，但温度过高，两相互溶度增大，可能导致萃取分离不能进行；温度降低，溶解度减小，但温度过低，溶剂黏度增大，不利于传质，因此要选择适宜的操作温度，以有利于目标产物的回收和纯化。由于生物产物在较高温度下不稳定，萃取操作一般在室温或较低温度下进行。

(3)原溶剂 pH 对液-液萃取的影响　pH 对弱酸碱的分配系数、萃取的选择性以及产物的稳定性有显著影响。通过调节原溶剂的 pH 可控制溶质的分配行为，提高萃取剂的选择性，同样可以通过调节 pH 来实现反萃取操作。

(4)盐析作用对液-液萃取的影响　无机盐类如硫酸铵、氯化钠等在水相中，一般可降低溶质在水中的溶解度，使溶质向有机相中转移，如萃取维生素 B_{12} 时添加 $(NH_4)_2SO_4$。但盐析剂的添加要适量，用量过多时可能促使杂质也转入有机相。

3. 液-液萃取溶剂与设备的选择

(1)液-液萃取溶剂的选择　根据上述影响因素，选择液-液萃取的溶剂对溶质的分配系数要大，对原溶剂的分配系数要小，分离因数 β 值大，萃取剂的选择性就好；萃取剂与原溶剂的互溶度要小；萃取剂与原溶剂之间要有密度差，界面溶剂的张力要适中，一般情况下，倾向于选择界面张力较大的溶剂；根据需要加入稀释剂，降低溶剂的黏度。

在选择萃取剂时还应满足下列要求：萃取剂不与目标产物发生化学反应；有较高的化学稳定性，不易燃，不易爆，毒性低，对设备的腐蚀性小；价格低廉，来源方便；容易回收和利用。在萃取操作中，萃取剂的回收往往是费用最多的环节，回收萃取剂的难易程度直接影响萃取的经济效益。回收萃取剂的主要方法是蒸馏和蒸发。用蒸馏的方法回收萃取剂，萃取剂与溶质的相对挥发度要大，不形成恒沸物，且最好是含量低的组分是易挥发的，以便节约能源。用蒸发的方法回收萃取剂，萃取剂的沸点越小越易蒸发，以节省操作费用。

(2)液-固萃取设备的选择　液-液萃取操作是两液相间的传质过程。实现萃取操作的设备应符合以下两个基本要求：①必须使两相充分接触并伴有充分的湍动；②两相充分接触后，再使两相达到较完善的分离。萃取设备的类型很多，特点各异，必须根据具体对象、分离要求和客观实际条件来选用。液-液萃取设备按接触方式的不同，可分为逐级接触式和微分接触式两类。常用的液-液萃取设备如图 3-9 所示。设备选择的原则是在满足工艺条件和要求的前提下，从经济角度衡量，使成本趋于最低。以下列出几个可供选择的参考因素。

①工艺条件　中、小型生产，可用填料塔、脉冲塔；处理量较大时，可选用转盘塔、筛板塔、振动筛板塔；混合澄清器既适用于大处理量，也适用于小型生产。

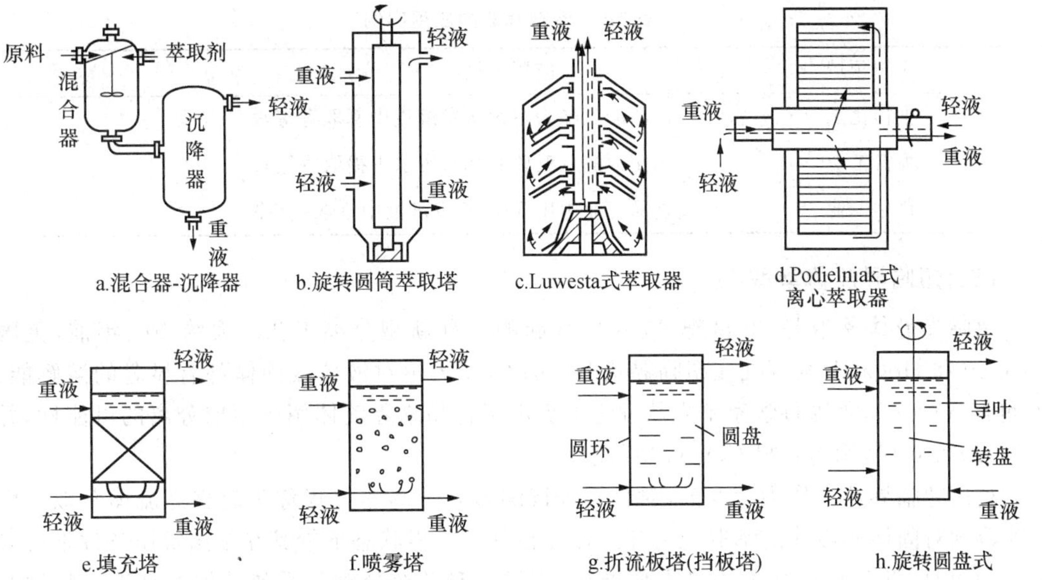

图 3-9　常用的液-液萃取装置

(欧阳平凯,生物分离原理及技术,2019)

当分离要求的理论级数不超过 3 级时,各种萃取设备均可选用;当需要的理论级数较多时,可选用筛板塔;更多时(如 10～20 级)可选用有外加能量的设备,如混合澄清器、脉冲塔、往复筛板塔、转盘塔等。

②物系的性质

a. 密度差较大、界面张力较小的物系,可选用无外加能量的设备;对界面张力较大或黏度较大的物系,可选用有外加能量的设备;对密度差很小,界面张力小,易于乳化的物系,可选用离心萃取设备。

b. 有较强腐蚀性的物系,可选用结构简单的填料塔、脉冲填料塔;对于放射性元素的提取,可选用混合澄清器、脉冲塔。

c. 含有固体悬浮物或容易生成沉淀的物系,容易引起堵塞,需要定期清洗,可选用混合澄清器、转盘塔,也可考虑选用往复筛板塔、脉冲塔,因为这些设备具有一定的自洗能力;对稳定性差、要求在设备内停留时间短的物系,可选用离心萃取器;对要求停留时间较长的物系,可选用混合澄清器。

③其他因素　在选用萃取设备时,还要考虑一些其他因素,如能源供应情况,在能源紧张地区应优先考虑节电,故尽量选用依靠重力流动的设备;当厂房面积受限制时,可选用塔式设备;当厂房高度受限制时,可选用混合澄清器等。

4. 液-液萃取的应用

溶剂萃取是分离液体混合物的重要单元操作之一,在石油化工、湿法冶金、精细化工等领域有着广泛的应用,在生物化工方面主要用于抗生素、氨基酸、有机酸等小分子物质的分离纯化,在食品工业中主要用于有机酸的分离与净化。表 3-5 列出了溶剂萃取法的一些应用实例。

表 3-5 溶剂萃取的应用实例

应用领域	应用实例
生物化工	以醋酸丁酯为溶剂从发酵液中萃取青霉素
香料工业	用正丙醇从亚硫酸纸浆废水中提取香兰素
食品工业	食品工业中用 TBP 从发酵液中萃取柠檬酸

(三)超临界流体萃取

超临界流体萃取是 20 世纪 70 年代兴起的一种新型分离工艺。大约 100 年前,英国的 Hannay 和 Hogarth 发现处在超临界状态下的 CO_2 无论对液体或固体都有显著的溶解能力。20 世纪 50 年代,美国科学家率先从理论上提出了将超临界流体用于萃取分离的可能性,并于 20 世纪 70 年代,用超临界 CO_2 成功萃取乙醇。

利用超临界流体作为萃取剂,对物质进行溶解和分离的过程称为超临界流体萃取。由于一种溶剂对固体和液体的萃取能力和选择性在其超临界状态下较其在常温常压条件下可获得极大的提高,并且此分离方法具有低能耗、无污染和适合处理易受热分解的高沸点物质等特性,使其在化学工业、能源、食品和医药等工业中得到广泛的应用。

1. 超临界流体的概念与性质

任何一种纯净物质根据温度和压力的不同,能呈现出液体、气体、固体三种相态。*p*-*T* 相图中,三相呈平衡态共存的点叫三相点。通过提高温度和压力来观察状态的变化则会发现,如果达到特定的温度和压力,会出现液体与气体界面消失的现象,该点被称为临界点(图 3-10)。不同的物质其临界点所要求的压力和温度各不相同。在临界点时的温度和压力分别称为临界温度和临界压力。在临界点附近,会出现流体的密度、黏度、溶解度、热容量、介电常数等所有流体的物性发生急剧变化的现象。图 3-10 中斜线所示范围内物质处于超临界状态。温度及压力均处于临界点以上的非凝缩性高密度流体叫超临界流体。

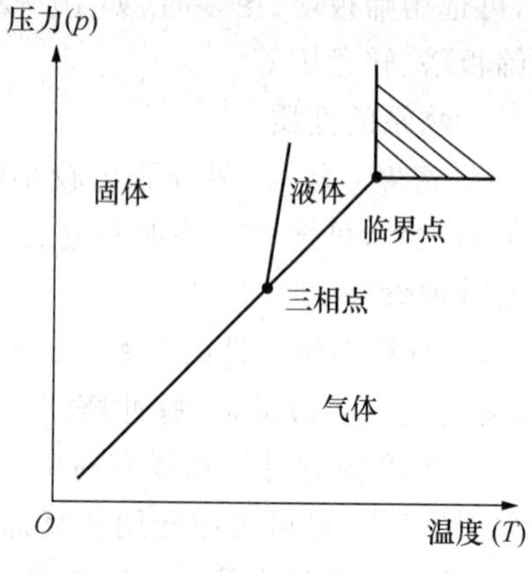

图 3-10 临界点附近的 *p*-*T* 相图

(孙彦,生物分离工程,2005)

超临界流体兼具液体性质与气体性质。表 3-6 列举了气体、超临界流体和液体的密度、黏度以及扩散系数三种性质。其密度接近于液体,这使其具有与液体溶剂相当的萃取能力;超临界流体的黏度和扩散系数又与气体相近似,而溶剂的低黏度和高扩散系数的性质是有利于传质的。由于超临界流体也能溶解于液相,从而也降低了与之相平衡的液相黏度和表面张力,并且提高了平衡液相的扩散系数。超临界流体的这些性质都有利于萃取,特别是有利于基于传质的分离过程。

超临界萃取的基本想法就是利用超临界流体的特殊性质,使之在高压条件下与待分离的固体或液体混合物相接触,萃取出目的产物,然后通过降压或升温的办法降低超临界流体的密度,从而使萃取物得到分离。

表 3-6　气体、超临界流体和液体性质的比较

相态	性质		
	密度/(g/cm³)	扩散系数/(cm²/s)	黏度/(mPa·s)
气体(G)	10^{-3}	10^{-1}	$10^{-3}\sim10^{2}$
超临界流体(SCF)	0.7	10^{-3}	10^{-2}
液体(L)	1.0	10^{-5}	10^{-1}

注:超临界流体是指在 32℃和 13.7 MPa 时的二氧化碳。

可作为超临界流体的物质很多,如 CO_2、N_2O、SF_6、C_2H_6、GH_{16}、NH_3 等,用作萃取剂的超临界流体应具备以下条件:①化学性质稳定,对设备没有腐蚀性,不与萃取物发生反应;②临界温度应接近常温或操作温度,不宜太高或太低;③操作温度应低于被萃取溶质的分解变质温度;④临界压力低,以节省动力费用;⑤对被萃取物的选择性高(容易得到纯产品);⑥纯度高,溶解性能好,以减少溶剂循环用量;⑦货源充足,价格便宜。如果用于食品和医药工业,还应考虑选择无毒的气体。

表 3-7 给出了一些常用流体的物理特征,其中二氧化碳的临界温度低(接近室温)、临界压力小,扩散系数为液体的 100 倍,因而具有惊人的溶解能力。其具有化学性质不活泼、无色无味无毒、安全性好、价格便宜、纯度高、容易获得等优点,特别适合天然产物有效成分的提取。

表 3-7　某些常用流体的物理特征

流体	临界温度 T_c/℃	临界压力 p_c/kPa	溶解度参数/$(cal/cm^3)^{1/2}$*
CO_2	31	73	10.9
N_2O	36	72	10.6
NH_3	132	112	13.2
CH_3OH	240	78	14.4
CCl_3F	29	38	7.8
C_2H_6	32	48	6.6
$CH_2=CH_2$	10	51	6.6

* 溶解度最大值。

2. 超临界流体萃取的方式

超临界流体萃取的过程是由萃取阶段和分离阶段组合而成的。在萃取阶段,超临界流体将所需组分从原料中提取出来。在分离阶段,通过改变温度或压力等参数,或用其他方法,使萃取组分从超临界流体中分离出来,并使萃取剂循环使用。

超临界萃取工艺过程主要由萃取槽和分离槽两个部分组成,常见的超临界流体萃取工艺有以下几种。

(1)等温法　即首先利用超临界流体萃取剂与物料在萃取槽中混合,萃取出溶质后,流经减压阀,降低萃取剂密度,使其溶解能力降低,其携带的溶质将释放在分离槽中,实现溶剂与溶质的分离;低密度溶剂将通过压缩机增压,重新恢复超临界状态,并实现循环利用。该方法无须改变操作温度,因此称为等温法(图 3-11a)。

(2)等压法　携带溶质的超临界流体经加热器加热后,温度上升、密度下降,其溶解度亦随之下降;原先溶解于超临界溶剂的溶质将从溶剂中析出,并留在分离槽中;热溶剂经换热器冷

却至临界温度以下经循环泵打入萃取槽(图 3-11b)。

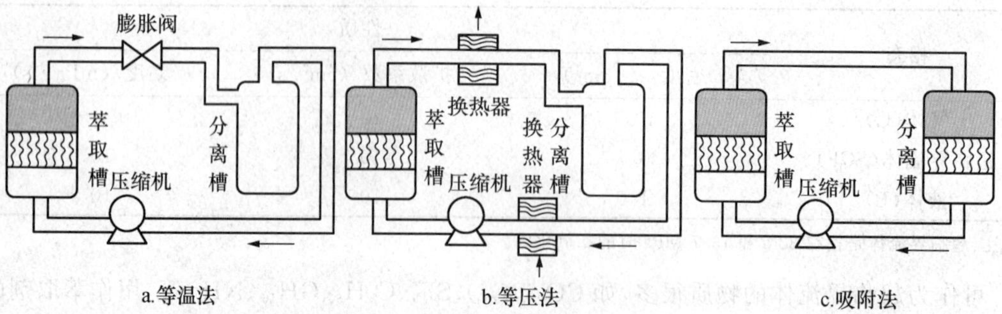

图 3-11 超临界流体萃取操作方式

(孙彦,生物分离工程,2005)

(3)吸附法　通过合理选择吸附剂,并填充于分离槽中;携带溶质的超临界流体流经分离槽时,溶质被吸附剂截留,溶剂经泵循环使用(图 3-11c)。该过程中,溶剂的压力、温度均不改变,因而能耗较低。但整个工艺的关键在于吸附剂的选择。

3. 超临界流体萃取的特点及其应用

(1)超临界流体萃取的特点　超临界流体萃取是经典萃取工艺的延伸和扩展,除具有产品纯度高、收率大、品质优外,还具有如下优点:①萃取剂的溶解能力易于通过调节温度和压力控制;②可在低温和无氧条件下操作,不破坏提取物中的活性组分,较适于热敏性物质的萃取;③可较快地达到平衡,萃取速率快,生产周期短;④溶剂可回收且简单方便,无溶剂残留;⑤萃取剂可重新使用,不产生"三废",不污染环境。

当然超临界流体萃取也有其不利的一面。其主要缺点是为了获得高压的超临界条件,设备投资很大。事实上,由于高昂的设备投资,超临界流体萃取工艺只有在精馏和液相萃取应用不利的情况下才予以考虑,但是对于高经济价值的产品还是应该考虑使用超临界流体萃取工艺。

(2)超临界流体萃取的应用　对于一些具有很高经济价值的生物活性物质的中、小规模生产,超临界流体萃取由于存在上述种种优点,是一项很有发展前途的分离工艺,它在食品工业、香料工业、医药工业、生物工业、化学工业等领域有着广泛的应用(表 3-8)。

表 3-8 超临界流体萃取的应用实例

工业类型	应用实例
食品工业	①脂质体的制备;②植物油(大豆、棕榈、花生、咖啡油、葡萄籽等)的萃取;③动物油(鱼油、肝油)的萃取;④食品(马铃薯片、无脂淀粉、油炸食品)的脱脂;⑤从茶、咖啡中脱除咖啡因,啤酒花的萃取等;⑥植物色素的提取;⑦天然香料、芳香成分的萃取,合成香料的分离、精制等;⑧含酒精饮料的软化;⑨油脂的脱色、脱臭;⑩各类食品蔬菜的杀菌(牛乳、肉馅)、除农药残留(鸡蛋、白菜)
生物工业	①从发酵液中去除生物稳定剂;②从水溶液中提取有机溶剂;③微生物的临界流体破碎过程;④工业废物的分解;⑤木质纤维材料的处理;⑥酶、维生素等的精制、回收

在食品工业中，超临界流体萃取技术广泛应用于香精与芳香成分的萃取。如在30 MPa、40℃条件下对柠檬果皮进行萃取，可得到0.9%的香精油，大大降低了常规提取中的挥发损失。在40～70℃、8.3～12.4 MPa条件下对柑橘香精油进行萃取分离，可去除大部分产生苦味的萜烯化合物。在70℃、8.3 MPa下，可得到柑橘风味浓厚的橘香精油。超临界CO_2萃取柑橘香精油的设备流程见图3-12。

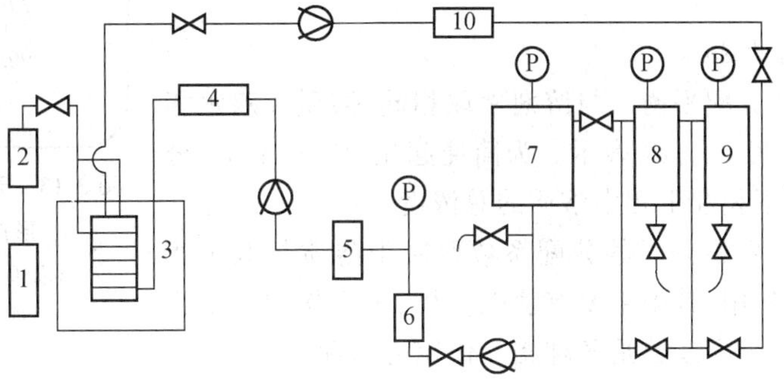

1. CO_2储罐 2. 高压泵 3. 萃取釜 4～6. 阀门 7～9. 分离釜 10. 回流阀

图3-12 超临界CO_2萃取柑橘香精油的设备流程示意图

（艾启俊，果品深加工新技术，2003）

在医药工业中，超临界流体萃取技术由于具有提取物中不存在有害健康的残留溶剂、操作条件温和以及生物活性物质不失活变性等优点而备受关注。目前，从动植物中提取有效药物成分仍是超临界萃取技术在医药工业中应用的重点，同时包括药用成分分析及粗品的浓缩精制等。用超临界萃取既可直接从单味中药材或复方中药材中提取不同部位的有效成分，也可直接提取中药浸膏以筛选有效成分，能大大提高筛选速度，可提取许多传统方法分离不出来的成分，利于新药开发。该法还具有抗氧化、灭菌等作用，有利于保证和提高产品质量。目前，超临界萃取技术可用来提取天然药物中的挥发油、黄酮类、香豆素类、苷类、萜类、生物碱等有效药物成分。

随着超临界萃取研究的不断深入以及应用领域的不断拓展，新型超临界流体技术如超临界流体色谱、超临界流体化学反应、超临界流体干燥、超临界流体沉析等技术的研究都取得了较大进展，显示了超临界流体萃取技术良好的应用前景。

（四）双水相萃取

双水相萃取法是利用物质在互不相溶的两水相间分配系数的差异来进行萃取的方法。很久以前，人们就已经发现把亲水性聚合物加入水中会形成两相。1955年，由Albertson首先提出了双水相萃取的概念。20世纪70年代以后，Kula、Hustedt和Johansson等发展了双水相萃取技术在生物分离过程中的应用，为蛋白质特别是胞内蛋白质的分离纯化开辟了新的途径。双水相体系的主要成因是聚合物之间的不相容性，即聚合物分子的空间阻碍作用使其相互间无法渗透，从而在一定条件下分为两相。一般认为，只要两种聚合物水溶液的水溶性有所差异，混合时就可发生相分离，并且水溶性差别越大，相分离倾向也就越大。葡聚糖(dextran)与聚乙二醇(PEG)按一定比例与水混合，溶液混浊，静置平衡后，分成互不相溶的两相，上相富含PEG，下相富含葡聚糖(图3-13)。明胶与琼脂或明胶与可溶性淀粉的水溶液混合，形成的胶体乳浊液可分成两相，上相含有大部分琼脂或可溶性淀粉，而大量的明胶则聚集于下相。

此外，某些聚合物的溶液在与某些无机盐等低分子量化合物的溶液混合时，只要浓度达到一定值，也会产生两相，这是由于盐析作用。最为常用的聚合物-低分子量化合物体系为PEG/磷酸钾、PEG/磷酸铵、PEG/硫酸钠、PEG/葡萄糖等。上相富含PEG，下相富含无机盐或葡萄糖。表3-9列出了一些典型的双水相系统的组成。

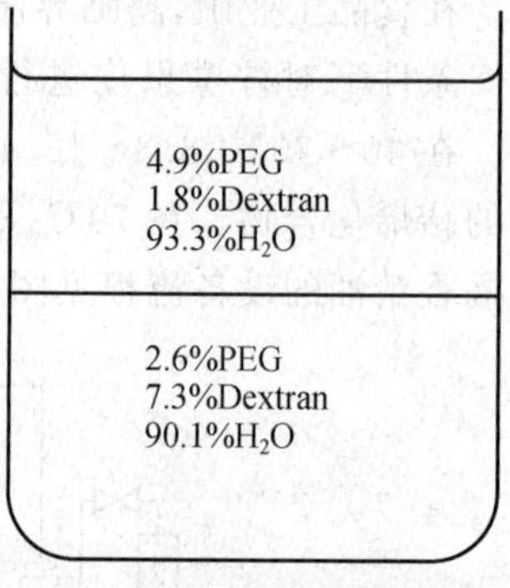

图3-13 葡聚糖与聚乙二醇形成的双水相

（欧阳平凯，生物分离原理及技术，2019）

1. 双水相系统的选择

（1）双水相中的分配平衡　与溶剂萃取相同，溶质在双水相中的分配系数也用$K=c_2/c_1$表示。为简便起见，用c_1和c_2分别表示平衡状态下下相和上相中溶质的总浓度。

大量研究表明，生物分子的分配系数取决于溶质与双水相系统间的各种相互作用，其中主要有静电作用、疏水作用和生物亲和作用等。因此，分配系数是各种相互作用力的和。

表3-9 几种典型的双水相系统的组成（杨昌鹏，生物分离技术，2007）

双水相系统	
聚合物1	聚合物2
聚丙二醇	甲基聚丙二醇 聚乙二醇 聚乙烯醇 聚乙烯吡咯烷酮 羟丙基葡聚糖 葡聚糖
聚乙二醇	聚乙烯醇 聚乙烯吡咯烷酮 葡聚糖 聚蔗糖
聚乙烯醇或 聚乙烯吡咯烷酮	甲基纤维素 羟丙基葡聚糖 葡聚糖
甲基纤维素	羟丙基葡聚糖 葡聚糖

双水相系统	
聚合物1	聚合物2或无机盐
乙基羟乙基纤维素	葡聚糖
羟丙基葡聚糖	葡聚糖
聚蔗糖	葡聚糖
聚丙二醇 甲氧基聚乙二醇 聚乙二醇 聚乙烯吡咯烷酮	磷酸钾
聚乙二醇	硫酸铵 硫酸镁 硫酸钠 甲酸钠 酒石酸钾钠

（2）双水相系统的选择　成功地利用双水相萃取技术分离提取目标产物的第一步是选择合适的双水相系统，选择的系统应能使目标产物的收率和纯化程度均达到较高的水平，并且易于利用静置沉降或离心沉降法进行分离。

根据目标蛋白质和共存杂质的表面疏水性、分子量、等电点和表面电荷等性质上的差别，综合利用静电作用、疏水作用和添加适当种类和浓度的盐，可选择性地萃取目标产物。若目标产物与杂蛋白的等电点不同，可调节系统pH，添加适当的盐，产生所希望的相间电位；若目标产物与杂蛋白的表面疏水性相差较大，可充分发挥盐析作用；提高成相系统的浓度，增大双水相系统的疏水性，也是选择性萃取的重要手段。另外，采用分子量较大的 PEG 可降低蛋白质的分配系数，使萃取到 PEG 相（上相）的蛋白质总量减少，从而提高目标蛋白质的选择性。例如，采用 6.3%PEG 6 000/10%KPi 系统，可从细胞匀浆液中将 β-半乳酸糖苷酶提纯 12 倍，而使用分子量较低的 PEG 时，萃取的选择性降低。此外，在磷酸盐存在下于 pH＞7 的范围内调节 pH 也可提高目标产物的萃取选择性。

2. 影响双水相萃取的因素

物质在双水相系统中的分配系数不是一个确定的量，它要受许多因素的影响。对于某一物质，只要选择合适的双水相体系，控制一定的条件，就可以得到合适的（较大的）分配系数，从而达到分离与纯化的目的。例如，可以用双水相萃取直接从细胞破碎匀浆液中萃取蛋白质，而无需将细胞碎片分离。改变体系的 pH 和电解质浓度可进行反萃取。

（1）聚合物及其分子量的影响　不同聚合物的水相系统显示出不同的疏水性，水溶液中聚合物的疏水性按下列次序递增：葡萄糖硫酸盐＜甲基葡萄糖＜葡萄糖＜羟丙基葡聚糖＜甲基纤维素＜聚乙烯醇＜聚乙二醇＜聚丙三醇。这种疏水性的差异对目的产物与相的相互作用是重要的。

同一聚合物的疏水性随分子量增加而增加，其大小的选择依赖于萃取过程的目的和方向，若想在上相获得较高的蛋白质收率，对于 PEG 聚合物，应降低它的平均分子量；相反，若想在下相获得较高的蛋白质收率，则应增加平均分子量。

（2）盐的种类和浓度　双水相萃取时，盐的种类对带电大分子的分配影响很大。例如，DNA 萃取时，离子组分微小的变化可使 DNA 从一相几乎完全转移到另一相。当盐的浓度很大时，由于强烈的盐析作用，蛋白质的溶解度达到极限，表观分配系数增大，此时分配系数与蛋白质浓度有关。离子强度对不同蛋白质的影响程度不同。利用这一特点，通过调节双水相系统的盐浓度，可有效地萃取分离不同的蛋白质。

（3）pH 的影响　体系的 pH 对被萃取物的分配有很大影响，这是由于体系的 pH 变化能明显地改变两相的电位差。例如，体系 pH 与蛋白质的等电点相差越大，蛋白质在两相中分配越不均匀。对于某些蛋白质，pH 很小的改变就会使分配系数改变 2～3 个数量级。

（4）温度的影响　分配系数对温度的变化不敏感，这是由于成相聚合物对蛋白质有稳定作用，所以室温操作活性收率依然很高，而且室温时系统的黏度较冷却时（4℃）低，有助于相的分离并节省了能源开支。

3. 双水相萃取的应用

由于形成双水相系统的两相均是水溶液，因此，双水相萃取技术特别适用于生物大分子和细胞粒子提取，如动植物细胞、微生物细胞、病毒、叶绿体、线粒体、细胞膜、蛋白质、核酸、多肽及氨基酸等，其中最重要的领域是胞内蛋白质的分离和纯化。

双水相萃取技术在生物工程下游技术中已经显示了良好的应用前景。表 3-10 为近年来双水相萃取技术在生物物质分离中的部分应用实例。

双水相系统萃取胞内酶时，PEG-Dextran 系统特别适用于从细胞匀浆液中除去核酸和细胞碎片。系统中加入 0.1 mol/L NaCl 可使核酸和细胞碎片转移到下相（Dextran 相），产物酶位于上相，分配系数为 0.1～1.0。选择适当的盐组分，经一步或多步萃取，可获得满意的分离效果。如果 NaCl 的浓度增大到 2～5 mol/L，几乎所有的蛋白质、酶都转移到上相，下相富含

表 3-10 双水相萃取技术在生物分离中的应用实例(杨昌鹏,生物分离技术,2007)

分离物质	实例	系统
蛋白质	从奶酪中分离 β-乳球蛋白	PEG/磷酸盐
	从转基因羊乳中纯化药物蛋白	PEG/硫酸铵
酶	从细胞培养液中提取脂肪酶	PEG/磷酸盐
	从发酵液中分离提取 α-淀粉酶和蛋白酶	PEG/硫酸铵
	从发酵液中分离提取葡萄糖苷酶	PEG/硫酸铵
	过氧化氢酶的分离	PEG/葡聚糖
核酸	DNA、RNA 的分离	PEG/葡聚糖
多糖	微生物牛乳糖的纯化	PEG/磷酸盐
	线性和环状低聚糖的分离	PEG/磷酸盐
色素	从猪心中提取细胞色素 C	PEG/硫酸铵
抗体	从禽卵黄中提取 IgG 抗体	PEG/磷酸盐
干扰素	β-干扰素的分离	PEG-磷酸酯/盐

核酸。将上相收集后透析,加入 PEG-硫酸铵双水相系统中进行第二步萃取,产物酶位于下相(硫酸铵相),进一步纯化即可获得所需的产品。

(五)其他萃取方法

1. 反胶团萃取

反胶团是表面活性剂在非极性有机溶剂中形成的一种聚集体。许多生物分子(如蛋白质)是亲水憎油的,一般仅微溶于有机溶剂,而且如果使蛋白质直接与有机溶剂相接触,往往会导致蛋白质的变性失活。因此,萃取过程中所用的溶剂必须既能溶解蛋白质又能与水分层,同时不破坏蛋白质的生物活性。反胶团萃取技术正是适应上述需要而出现的。

通常表面活性剂分子由亲水憎油的极性头和亲油憎水的非极性尾两部分组成。将表面活性剂溶于水中,并使其浓度超过临界胶团浓度时,表面活性剂就会在水溶液中聚集在一起而形成聚集体。通常情况下,这种聚集体是水溶液中的胶团,称为正常微团或正常胶团。在某些情况下,聚集体也可以为双脂层、脂质体等。在胶团中,表面活性剂的排列方式是极性头在外,与水接触,非极性尾在内,形成一个非极性的核。此核可以溶解非极性的物质。

若将表面活性剂溶于非极性的有机溶剂中,并使其浓度超过临界胶团浓度,便会在有机溶剂内形成聚集体,这种聚集体称为反胶团。正常胶团与反胶团的结构比较见图 3-14。在反胶团中,表面活性剂的非极性尾在外与非极性的有机溶剂接触,而极性头则排列在内形成一个极性核。此极性核具有溶解极性物质的能力,极性核溶解于水后,就形成了“水池”。当含有此种反胶团的有机溶剂与蛋白质的水溶液接触后,蛋白质就会溶于此“水池”。由于周围水层和极性头的保护,蛋白质不会与有机溶剂接触,从而不会造成失活(图 3-15)。

由于反胶团内存在微“水池”这一亲水微环境,其可溶解氨基酸、肽和蛋白质等生物分子。因此,反胶团萃取可用于氨基酸、肽和蛋白质等生物分子的分离纯化,特别是蛋白质类生物大分子的分离纯化。反胶团萃取具有成本低、溶剂可反复使用、萃取率和反萃取率都很高等突出的优点。而且由于构成反微团的表面活性剂往往具有溶解细胞的能力,因此可用于直接从整细胞中提取蛋白质和酶。可见,反胶团萃取技术为蛋白质的分离提取开辟了一条具有工业开

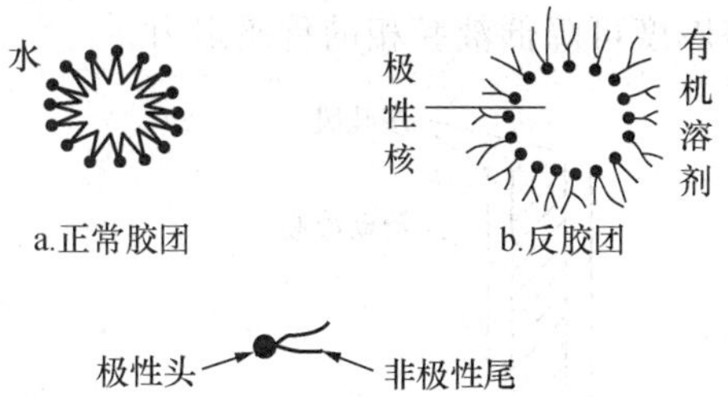

图 3-14　正常胶团和反胶团的结构比较图

（欧阳平凯，生物分离原理及技术，2019）

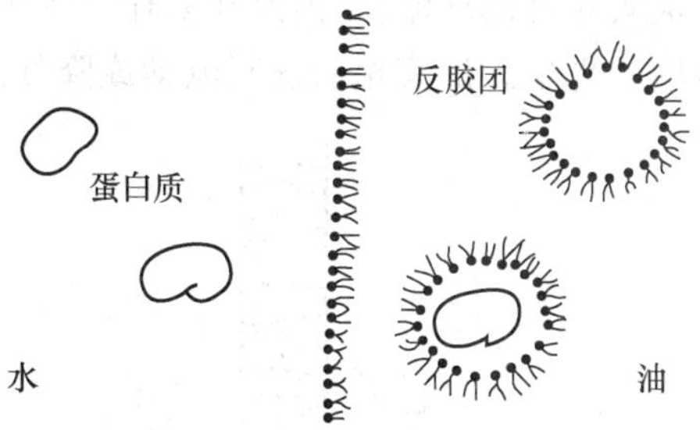

图 3-15　蛋白质在反胶团中的溶解示意图

发前景的新途径。

现在已知的可以通过反胶团溶于有机溶剂的蛋白质有：细胞色素 C、α-胰凝乳蛋白酶、胰蛋白酶、胃蛋白酶、磷脂酶 A_2、乙醇脱氢酶、核糖核酸酶、溶菌酶、过氧化氢酶、α-淀粉酶等。

2. 液膜萃取

液膜萃取法是一种以液膜为分离介质、以浓度差为推动力的分离方法，属于液-液系统的传质分离过程。液膜分离是将第三种液体展成膜状以便隔开两个液相，利用膜的选择通过性，使料液中的某些组分透过膜进入接受液，然后将三者分开，从而实现料液组分的分离。液膜是悬浮在液体中的很薄的一层乳液微粒，它能把两个组成不同而又互溶的溶液隔开，并通过渗透现象起到分离的作用。液膜分离实质上是三个液相所形成的两个界面上的传质分离过程，是萃取与反萃取的结合。

膜相通常是与内、外水相都互不相溶的油性物质，是由膜溶剂（水和有机溶剂）、表面活性剂、流动载体和膜增强剂制成的。溶剂构成膜基体；表面活性剂起乳化作用，它含有亲水基和疏水基，可以促进液膜传质速度并提高其选择性；流动载体能对欲提取的物质进行选择性迁移，对膜的选择性和通量起决定性作用；增强剂用于控制膜的稳定性和渗透性。

通常将含有被分离组分的料液作连续相，称为外相；接受被分离组分的液体，称内相；处于两者之间的成膜的液体称为膜相，三者组成液膜分离体系。

液膜根据其构型和操作方式不同可分为乳状液膜、支撑液膜和流动液膜。

（1）乳状液膜　首先将两个互不相溶相即内相（回收相）与膜相（液膜溶液）充分乳化制成乳液，再将此乳液在搅拌条件下分散于第三相（或称外相）中。根据成膜液体的不同，乳状液膜可分为（W/O）/W（水-油-水）和（O/W）/O（油-水-油）两种。在生物分离中主要应用（W/O）/W 型乳状液膜（图 3-16）。

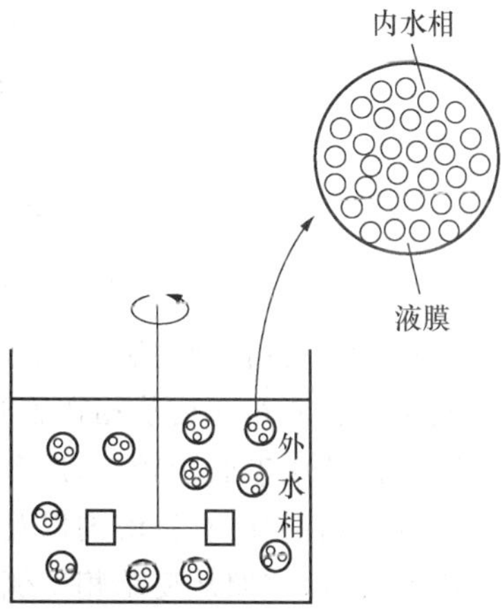

图 3-16　（W/O）/W 型乳状液膜

（杨昌鹏，生物分离技术，2007）

（2）支撑液膜　指在表面张力作用下，依靠聚合凝胶层中的化学反应或带电荷材料的静电作用，使成膜的液体含浸在多孔支撑体的微孔内而制得的液膜（图 3-17）。由于将液膜含浸在多孔支撑体上，因此，该液膜可以承受较大的压力，且具有更高的选择性。

（3）流动液膜　也是一种支撑液膜，是为弥补上述支撑液膜的膜相容易流失的缺点而提出的，其结构如图 3-18

所示。液膜相可循环流动，因此在操作过程中即使有所损失也很容易补充，不必停止萃取操作进行液膜的再生。液膜相的强制流动或降低流路厚度可降低液膜相的传质阻力。

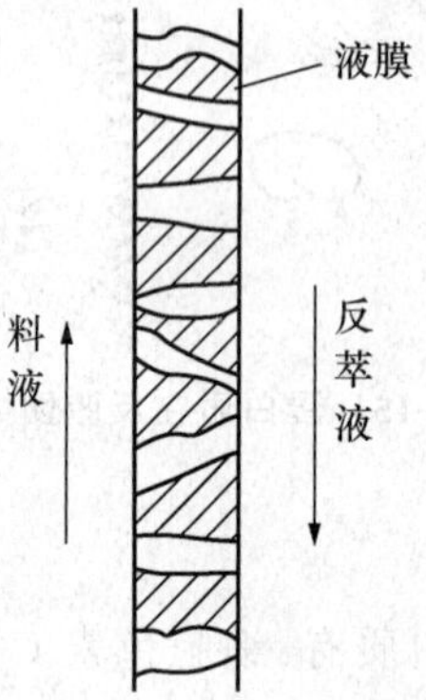

图 3-17 支撑液膜

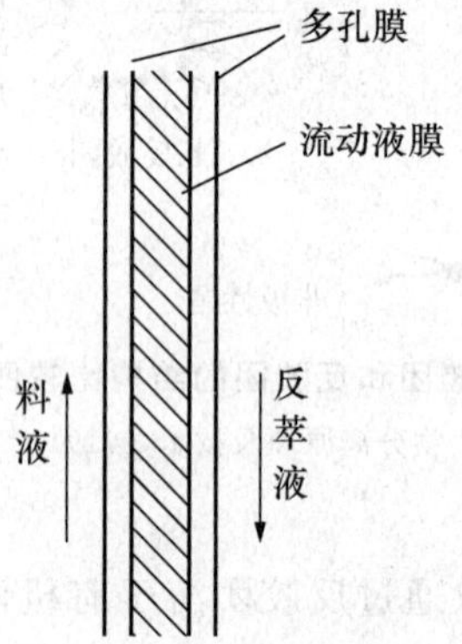

图 3-18 流动液膜

同一般的溶剂萃取一样，利用乳状液膜的萃取设备主要有搅拌槽型（混合-澄清器）和微分塔型两类。搅拌槽型萃取设备结构简单，操作方便。如图 3-19 所示，乳状液膜萃取过程中，W/O 乳化液以一定流速加入搅拌萃取槽，从萃取槽流出的（W/O）/W 液体经澄清器使水乳分离，（W/O）乳化液破乳后油水分离，得到含目标产物的水溶液和油相。油相可重复用于 W/O 乳化液的制备，其在操作过程中的损失部分通过外加油相补充。

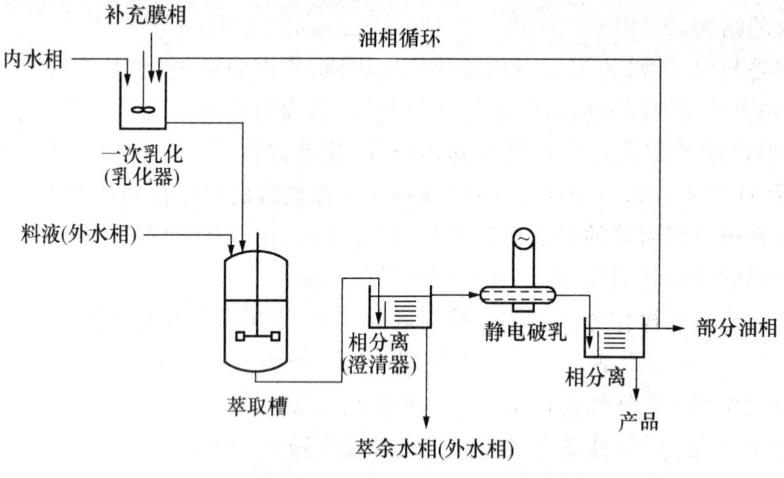

图 3-19 利用搅拌槽的乳状液膜连续萃取过程

油型支撑液膜通过将多孔高分子膜浸泡在有机溶剂（根据需要选择，有机溶剂中溶有流动载体）中制备。各种微滤膜可用于制造支撑液膜组件，图 3-20 为常见的三种膜组件示意图。萃取操作中料液相和反萃相在膜两侧逆流流动，实现目标产物的分离。螺旋卷绕式和中空纤维式膜组件的比表面积较大，适合于较大规模的液膜分离。为了使支撑液膜萃取操作长期稳定地进行，液膜相的有机溶剂以及流动载体必须为非水溶性。即便如此，在操作中难免有部分液膜相流失，需定期从反萃相一侧加以补充。

液膜萃取法在分离过程中没有相变化，不需要使液体沸腾，也不需要使气体液化，因而是一种低能耗、低成本的分离技术。由于其在常温下进行，对那些需避免高温分离、分级、

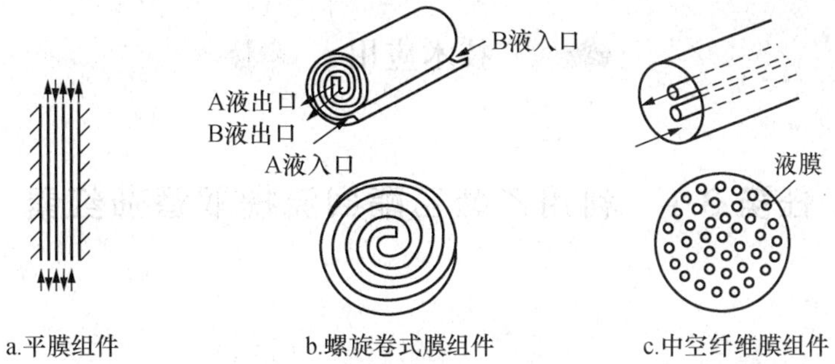

图 3-20　常见的支撑液膜组件

浓缩与富集的物质，如果汁、药品等，显示出其独特的优点，且分离装置简单、操作容易、制造方便。

3. 超声波与微波提取

(1)超声波萃取　超声波萃取技术是基于超声波在液体连续介质中传播时特有的“空化效应”的作用结果。第一，波动(包括超源与波源的振动)在连续介质中传播时，在其波阵面上将引起介质质点的运动，波源在介质中达到的每一点都将引起相邻质点的震动和成为新的波源。这种波源引起的波动使其传播路径上的每一个质点都将获得加速度和动能。超声波可使介质质点加速度达重力加速度的千倍以上。介质质点在超声波作用下，将每秒数万次的高频振荡和每秒大于 100 m 的巨大速度和动能作用于溶液分子内，迅速使溶液分子被激活，增加溶剂穿透力，从而加速目标成分进入溶剂。第二，超声波在液体介质中产生特有的“空化效应”，不断产生无数内部压力达上千个标准大气压的微气穴，并不断“微爆”，产生微观上的强冲击波，作用在固-液或液-液分子上，使介质中的空气被“轰击”逸出，并促使介质细胞破裂和变形加速介质分子中的物质逸出。另外，超声波在介质中传播时的物理特性引发的机械振动、微射流、微声流等多级效应皆促使有效成分在溶液中扩散。

适用于超声波萃取技术的萃取剂范围广，水、甲醇、乙醇等都是常用的萃取剂，具有操作简便，萃取效率高等优点。超声波可对微生物或植物细胞进行破碎，并对其有效成分进行萃取。

(2)微波萃取　微波萃取指使用适合的溶剂在微波反应器中从天然药用植物、矿物、动物组织中提取各种化学成分的技术和方法。微波萃取一般是和传统的溶剂提取法相结合的一种萃取方法，利用不同结构的化合物吸收微波能力的差异，使得细胞内的某些成分被微波选择性加热，导致细胞结构发生变化，从而提高有效成分的溶出程度和速度。

微波的作用：使细胞内水分汽化；使一些蛋白质和酶失活；提高溶剂的活性。其对不同的植物细胞或组织有不同的作用，对细胞内产物的释放也有一定的选择性。因此，应根据产物的特性及其在细胞内所处的位置的不同，选择不同的处理方式。应用微波可以从污染土壤中提取有机化合物，还可以辅助从植物原料、食物等中提取多种类型的化合物。

技术应用

任务 3-1 利用乙酸乙酯回流提取番茄红素

任务设计

任务设计与实施步骤见图 3-21。

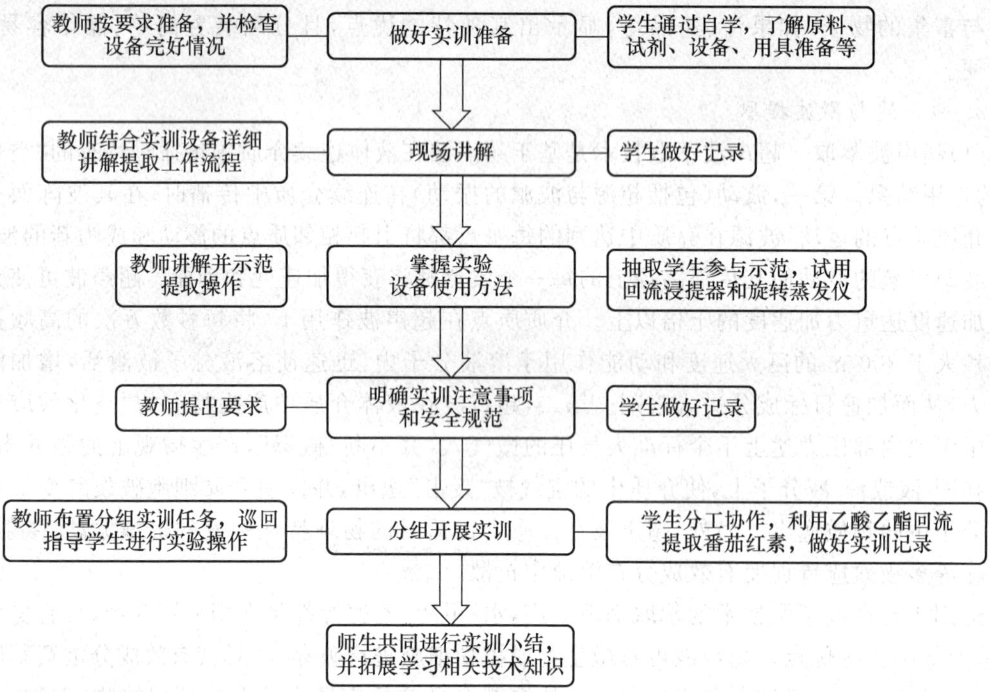

图 3-21 乙酸乙酯回流提取番茄红素任务设计

二维码 3-2 番茄红素的制备

实践操作

一、原料与试剂准备

(一)原料

成熟番茄果或番茄果干粉。

(二)试剂

乙酸乙酯、石油醚、二氯甲烷等。

二、设备与用具准备

打浆机、高速离心器、回流浸提器、旋转蒸发仪、过滤器等。

三、操作方法

(一)操作流程

乙酸乙酯回流提取番茄红素操作流程见图 3-22。

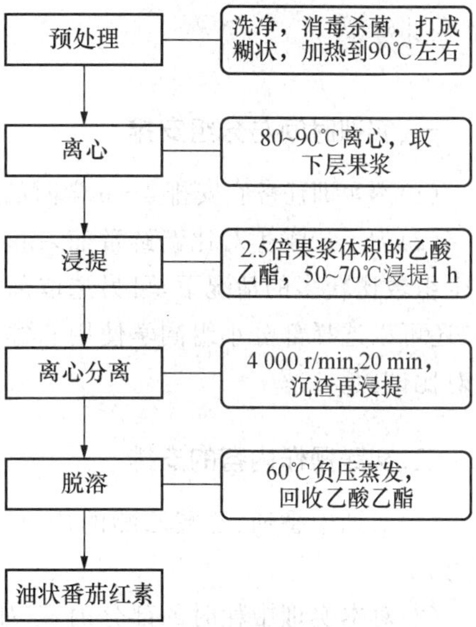

图 3-22　乙酸乙酯回流提取番茄红素流程图

(二)操作要点

(1)预处理　成熟的红色番茄果原料，去掉杂物和变质烂果，再用水洗去泥沙和污物，并进行消毒杀菌。将干净的番茄果移入制糊器中，开动搅拌机，把番茄果打碎成糊状，再加热至 90℃左右，以利于分离。

(2)离心　将加热后的番茄果糊状物送入高速离心机中，于 80～90℃离心分离。离心分离的上层果汁供综合利用，下层果浆用作浸提番茄红素的原料。

(3)浸提　把番茄果浆送入浸提器中，加入 2.5 倍果浆体积的乙酸乙酯，于 50～70℃下搅拌浸提 1 h。

(4)离心分离　将浸提液离心分离，按同样操作，把离心分离沉渣再浸提 1 次。两次离心分离液合并得番茄红素浸提液；第二次离心分离的沉渣供综合利用。

(5)脱溶　将番茄红素浸提液输进浓缩装置内，在负压下于 60℃左右蒸发脱溶；蒸发出来的乙酸乙酯溶剂，回收供循环使用。浸提液脱溶后，可得到含 5%以上番茄红素的油状体产品。

四、结果分析

(一)外观观察

对脱溶后的油状体进行颜色和澄清度观察，记录分离实验结果。

(二)检测分析

取脱溶后的一定量的番茄红素油状体于 100 mL 容量瓶中，以石油醚为溶剂，加入 2 mL 的二氯甲烷助溶，用分光光度计在波长 520 nm 下检测其吸光度，通过吸光系数来计算番茄红素的浓度。

$$\omega=\frac{A\cdot d}{3\ 078\ m}$$

式中：A 为滤液的吸光度；m 为样品的质量(g)；3 078 为 1%番茄红素在含 2%二氯甲烷的正己烷中的消光系数；d 为稀释倍数。

五、注意事项

(1)实验虽选用低毒的乙酸乙酯作为提取剂，但是仍然需要在通风橱内进行。

(2)番茄红素提取过程中应尽量减少溶液与高价金属离子和氧气的接触，避免在光照或高温下长时间处理。

实训建议

一、实训时间与分组安排

(1)本实训任务宜安排 4～6 学时的集中时间,由学生独立完成或由 2～3 人一组合作进行。

(2)为了让学生对比新鲜番茄果和番茄果干粉提取的效果,提高学生选取方法的能力,在学生组数比较多的情况下,可另选取部分小组同学使用不离心的番茄浆或番茄果干粉进行实验,还可以选择部分小组同学使用乙醇、丙酮提取番茄红素或者对乙酸乙酯的用量和提取温度做对比试验。

二、实践操作内容的安排

(1)实训中番茄、乙酸乙酯的用量可由学生自己设计、计算,以培养和提高学生独立工作能力。

(2)对本实训中耗时的部分内容(如消毒杀菌、浸提等),应结合其他实验实训开展,或由老师事前代为完成。

(3)如需用到番茄果干粉,可由老师和学生提前在课余时间准备。

理论链接

一、番茄红素的性质

番茄红素是从番茄等植物中提取出的一种天然色素,因从番茄中首次制得,故取名番茄红素。目前已发现,在自然界中还有西瓜、柿子、草莓、南瓜、红萝卜、葡萄、柚、番石榴、灯笼大红辣椒等植物及金鱼等动物中也含有番茄红素,其中以番茄中含量最高。番茄红素属类胡萝卜素中的一种,按国际纯粹和应用化学联合会(IUPAC)命名规则,称番茄红素为 Ψ-胡萝卜素,番茄红素分子式为 $C_{40}H_{56}$。

番茄红素是一种不饱和的脂肪烃,在一定条件下仍可被氧化分解,如番茄红素耐日光性差,其溶液经日照 12 h,颜色会完全遭到破坏,若在 Fe^{2+} 和 Cu^{2+} 的催化下,颜色消失更快。番茄红素在 50℃以下稳定性较好,50℃以上 3 h,吸光度和色度下降。番茄红素的耐酸性优于耐碱性,在 pH=5 左右稳定性最佳。番茄红素可溶于油脂。

二、番茄红素的保健功效

番茄红素既是一种天然食用色素,也是一种很好的天然抗氧化剂。番茄红素食后易分散于血液中,与 LDL 结合后,会有更强的抗氧功效,在防治心脑血管疾病、肝硬化、高血压、高血脂、高胆固醇以及活化免疫细胞和延缓衰老等方面有重要作用。

三、提取番茄红素的原理

番茄红素可溶于乙酸乙酯、丙酮、氯仿等多种有机溶剂,用一种或由几种混合溶剂浸提番茄果浆,番茄红素便被溶于溶剂中,分离不溶物之后,可得到番茄红素提取液。提取液经蒸发脱溶,即可得番茄红素产品。

技术拓展

一、利用乙醇溶液回流提取荔枝皮中多酚化合物

称取在 60℃烘干的洁净荔枝皮样品 5.0 g，加入 150 mL 95%乙醇溶液，水浴加热并回流 1 h，过滤后即得多酚化合物。采用 Folin-Denis 法测定荔枝皮中总多酚的含量。

二、利用超声回流法提取金银花中的绿原酸

取金银花进行粉碎，过 20 目筛。在三口烧瓶中加入 30 g 金银花粉末以及体积分数为 70%的乙醇溶剂（溶剂质量为金银花粉末质量的 10 倍），密封，调节 pH 至 6，浸泡 4 h。安装超声回流设备，60℃下提取 1.5 h，过滤，离心即得绿原酸液体。

二维码 3-3　任务 3-1
学习思考参考答案

学习思考

1. 为什么要采用回流浸提法提取番茄红色素？
2. 提取番茄红色素的适宜有机溶剂有哪些？
3. 提取番茄红色素前为何要进行离心？
4. 影响番茄红素提取的因素主要有哪些？

任务 3-2　利用酸化乙醇提取葡萄红素

任务设计

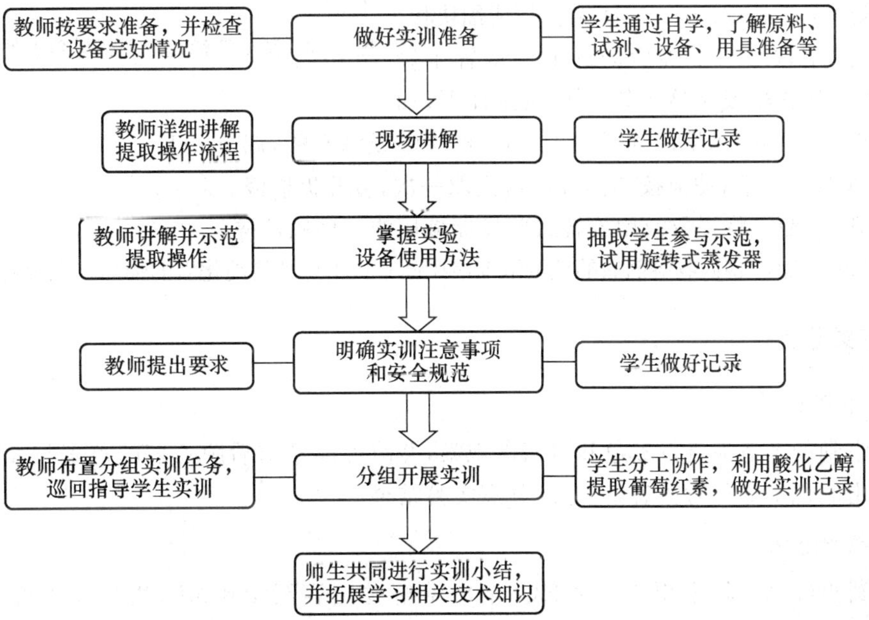

图 3-23　酸化乙醇提取葡萄红素任务设计

实践操作

一、原料与试剂准备

(一)材料

新鲜红葡萄或黑葡萄。

(二)试剂

95%乙醇或无水乙醇、2 mol/L HCl、2 mol/L NaOH、大孔吸附树脂。

二、设备与用具准备

烧杯、玻璃棒、pH 试纸、旋转式蒸发器。

三、操作方法

(一)操作流程

酸化乙醇提取葡萄红色素的操作流程见图 3-24。

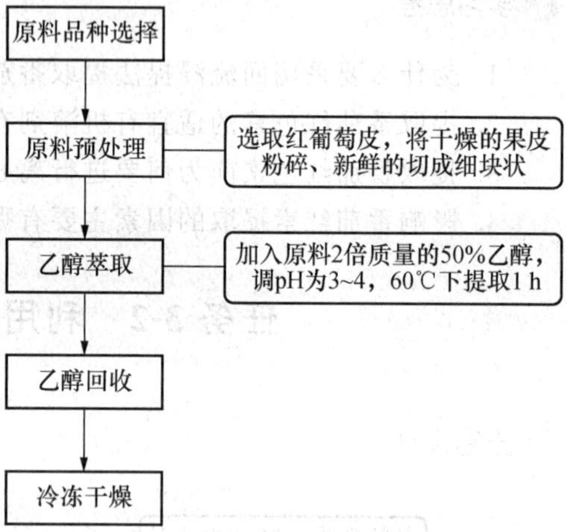

图 3-24 酸化乙醇提取葡萄红色素的操作流程

(二)操作要点

(1)原料品种选择　不同品种的葡萄红色素含量不同，组成不同，其性质也不相同，在以葡萄皮为原料提取色素时应根据品种调整工艺参数，以达到最佳效果。

(2)预处理　将干燥的红葡萄皮粉碎并过 40 目筛或使用新鲜红葡萄皮(20～30 g)，将其切成细块状。

(3)乙醇萃取　将处理后的红葡萄皮置于烧杯(生产上用陶瓷缸或不锈钢锅)中，在搅拌下，加 2 倍重量的 50%乙醇水溶液和适量的 50%柠檬酸或酒石酸，调节 pH 至 3～4，60℃下搅拌提取 1 h，过滤收集滤液；滤渣按相同方法再提取一次，合并提取液。

(4)回收乙醇　将提取液用旋转式蒸发器减压浓缩回收乙醇。

(5)冷冻干燥　将回收溶剂后的色素浓缩液用冻干机干燥即得纯化后的葡萄红色素粉末成品。

四、结果分析

(一)外观观察

对收集到的上清液进行颜色和澄清度观察，并将乙醇萃取后脱乙醇的色素与大孔树脂吸附后解析出的色素进行对比观察，记录分离实验结果。

(二)检测分析

将葡萄皮红色素粉末用 1%的 HCl 溶液溶解并定容至 100 mL，用分光光度计在波长 530 nm 下检测葡萄红色素的吸光度值，根据此波长下色价与色素提取液吸光度值成正比，计算葡萄皮红色素的色价：色价=(吸光度×10)/样品重(g)。

五、注意事项

（1）实验中乙醇浓度不宜太高，浓度太高时提取率反而会下降。

（2）在强酸条件下，长时间加热提取容易发生花色苷的部分水解，因此体系酸度不应太高。

实训建议

一、实训时间与分组安排

（1）本实训任务宜安排4学时的集中时间，由学生独立完成或由2～3人一组合作进行。

（2）为了让学生对比不同条件下的提取效果，提高学生选取方法的能力，在学生组数比较多的情况下，可让不同小组的同学选用不同浓度乙醇或在不同pH下进行提取，并对比实验结果。

二、实践操作内容的安排

（1）实训中乙醇浓度、pH可由学生自己设计、计算，以培养和提高学生独立工作能力。

（2）萃取剂乙醇也可用丙酮代替，或两者同时使用做对比实验。

（3）进一步的分离纯化可选用大孔树脂，相关方法将在项目6中介绍，两部分实训可配合进行。

理论链接

一、葡萄红素的性质与应用

葡萄红素（grape red pigment）是一类花青素类天然色素，其主要成分包括：锦葵色素-3-葡糖啶、丁香啶、二甲翠雀素、甲基花青素和翠雀素等。

葡萄红素是食品色素中最为人们熟知的花青素类天然色素之一。这种花青素类色素的颜色会随溶液pH的变化而变化，在酸性条件下呈稳定的鲜红色、中性时呈紫色、碱性时呈蓝色。全世界的葡萄产量非常之大，约占世界水果产量的1/4。庞大的葡萄饮料及制酒工业产生了大量废弃的带色残渣，因此，从葡萄皮中提取食用色素受到了人们的重视。国内外已将葡萄红色素广泛地应用于果酒、果酱、酸性饮料中。我国葡萄资源丰富，酿酒榨汁后的葡萄皮是葡萄红素的良好原料。因此，综合利用废弃的葡萄皮，不但可以变废为宝，而且可以获得很好的经济效益。

二、葡萄红素提取的原理

葡萄红色素易溶于水，可溶于乙醇、丙二醇、甲醇，不溶于氯仿和己烷。该色素在酸性条件下，对热比较稳定。因此，利用pH 3～4的酸化乙醇在60℃左右的条件下能有效地萃取葡萄红色素。

技术拓展

一、利用超声波辅助提取金樱子中黄酮类化合物

将一定量去核金樱子粉末置于50 mL烧杯中，按1∶20的比例加入60%乙醇，超声功率

600 W,在 70℃下超声提取 3 次,每次 60 min,提取后用离心机以 4 500 r/min 离心 10 min,收集上清液,即为黄酮类化合物。

二、利用石油醚提取红辣椒中红色素

准确称取一定量的辣椒粉,以 1∶10 的比例加入石油醚作为溶剂提取 2 h 后,将提取液减压浓缩得到辣椒红色素粗产品。在提取出来的辣椒红色素提取液中再加入一半体积的石油醚作为溶剂进行二次萃取 2 h,用旋转蒸发器对石油醚层减压浓缩得辣椒红色素精品。

二维码 3-4 任务 3-2 学习思考参考答案

学习思考

1. 在提取葡萄红色素时添加适量的柠檬酸有何作用?
2. 不同浓度的乙醇解析液对色素的洗脱效果有何不同?
3. 影响葡萄红色素提取的因素主要有哪些?

思政园地

典型案例:"苏丹红一号"是一种红色染料,用于为溶剂、油、蜡、汽油增色以及鞋、地板等的增光。有关研究表明,"苏丹红一号"具有致癌性,我国和欧盟都禁止其用于食品生产。2005 年 3 月 4 日,北京市有关部门从亨氏辣椒酱中检出"苏丹红一号"。2005 年 3 月 15 日,肯德基新奥尔良烤翅和新奥尔良烤鸡腿堡调料中发现了"苏丹红一号"成分。几天后,北京市有关部门在食品专项执法检查中再次发现,肯德基用在"香辣鸡腿堡""辣鸡翅""劲爆鸡米花"3 种产品上的"辣腌泡粉"中含有"苏丹红一号"。经调查,本次事件中,广州田洋食品有限公司一直使用"苏丹红一号"含量高达 98%的工业色素"油溶黄"生产"辣椒红一号"食品添加剂,而此食品添加剂正是此次苏丹红事件的源头。据广州田洋食品有限公司、广州市食品研究所服务公司的法人代表谭伟棠交代,公司早前生产的食品着色剂因着色效果差,且不稳定,一直卖得并不好。之后他与工人们四处寻找着色剂的"祖传秘方",力求改变产品的劣势。经过一番努力,他终于在民间寻到了所谓的"秘方",并对"秘方"进行改进。通过调配,研制出了着色效果好、稳定性强的着色剂。

案例评析:"苏丹红"具有致癌性,早在 1995 年就被确认为致癌物,全球多数国家都禁止将其用于食品生产。发生了"苏丹红"作为添加剂,被用于人们的食品中的事件,确实让人不寒而栗!国家对在食品中添加"苏丹红"明令禁止,但当时却没有明确的检测标准,需要在检测手段和检测标准上更加完善。但是在食品中不允许用工业颜料做颜色添加剂,这是常识性的知识,如果对不能放入到食品中的成千上万种物质都要进行检验,这在操作上是不现实的。因此,更重要的是规范企业生产经营行为,从源头上杜绝类似事件的发生。特别是对于一些市场监管力度还不够大、法律约束力量还不够强的领域,更需要职业道德的力量来建立起一道软性的约束。从学生时代起就必须树立正确的食品安全观念,充满社会责任感,把人民的生命安全和身体健康始终放在第一位。

任务 3-3　利用双水相萃取猪心细胞色素 C

任务设计

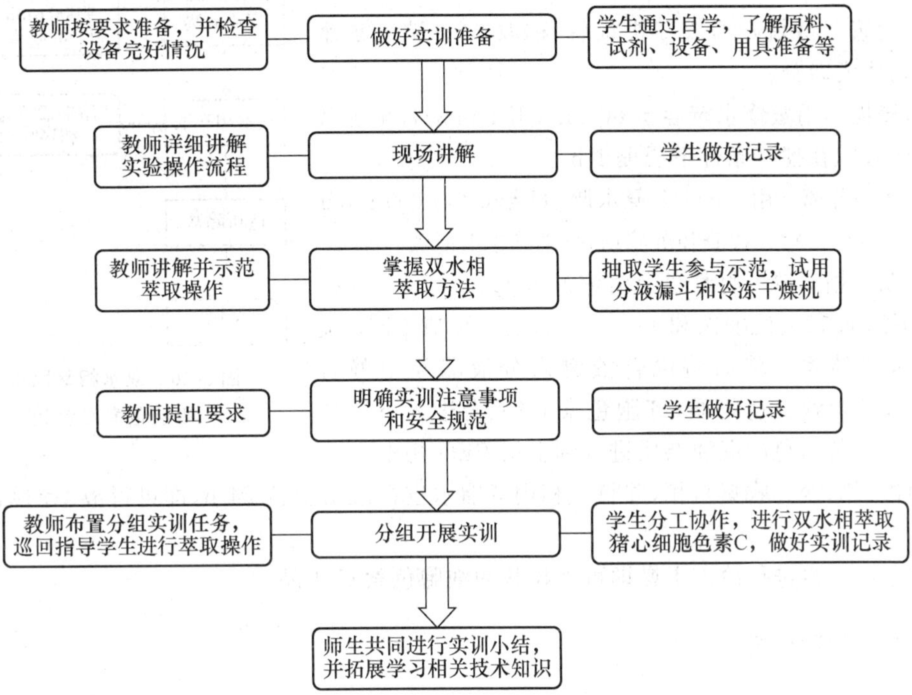

图 3-25　双水相萃取猪心细胞色素 C 任务设计

实践操作

一、原料与试剂准备

(一)材料

新鲜猪心。

(二)试剂

聚乙二醇(PEG6000)、1 mol/L 稀硫酸溶液、2 mol/L 氨水溶液。

二维码 3-5　实验型离心机的使用

二、设备与用具准备

打浆机、刀、砧板、电子天平、磁力搅拌器、离心机、冷冻干燥机、烧杯、量筒、滴管、分液漏斗、酸度计、透析袋。

三、操作方法

（一）操作流程

双水相萃取猪心细胞色素 C 流程见图 3-26。

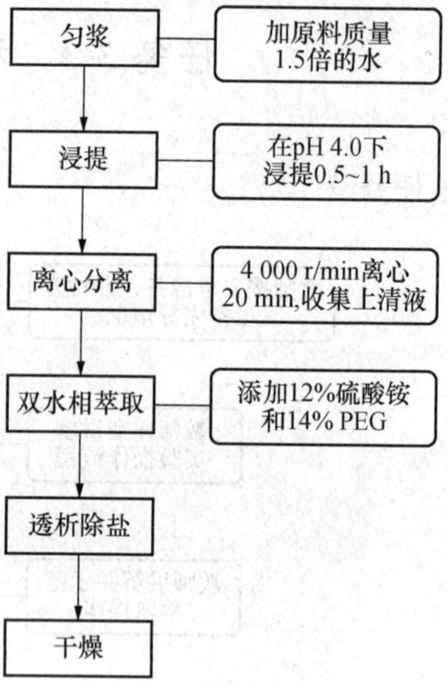

图 3-26　双水相萃取猪心细胞色素 C 流程

（二）操作要点

（1）匀浆　将猪心切成细块状后，称取 20 g 猪心加水 30 mL 匀浆成肉糜。

（2）浸提　用蒸馏水定容至 80 mL，用 1 mol/L 稀硫酸调 pH 至 4.0，在搅拌条件下浸提 1 h。

（3）离心分离　用 2 mol/L 氨水调 pH 至 6.0，4 000 r/min 离心 20 min，弃去猪心残渣和沉淀物，收集红色上清液。

（4）双水相萃取　将红色上清液调 pH 至 7.2 后，在搅拌条件下添加 12%硫酸铵和 14% PEG，使之形成 PEG/硫酸盐双水相体系。然后将混合液倒入分液漏斗中静置 0.5～1 h，可看到红色物质（细胞色素 C）完全进入下层硫酸铵相中，呈黄白色的混浊杂质进入到上层 PEG 相中。

（5）透析除盐　收集盐相，并将盐相用蒸馏水进行透析除盐 24 h，即可得液态的细胞色素 C 粗品。

（6）干燥　再进行冷冻干燥即可得粉状的细胞色素 C 粗品。

四、结果观测分析

（一）外观观察

观察双水相的上层和下层两相的颜色，记录观测结果。

（二）检测分析

将粉状的细胞色素 C 粗品溶于水（或直接用透析除盐后液态的细胞色素 C 粗品），适当稀释后加少许连二亚硫酸钠作还原剂，用分光光度计在波长 520 nm 下测定其吸光度值，与标准品的吸光度值比较定量。

五、注意事项

购买的猪心一定要新鲜，并要剔除白色的脂肪。

实训建议

一、实训时间与分组安排

（1）本实训任务宜安排 6 学时的集中时间，由 2～3 人一组合作进行。

（2）为了让学生对比不同硫酸铵和 PEG 浓度比的提取效果，提高学生选取方法的能力，在学生组数比较多的情况下，可让不同小组的同学选用不同浓度比，可先绘制 PEG-硫酸铵双水相体系相图，根据相图选择不同浓度进行提取，并对比试验结果。

二、实践操作内容的安排

(1)实训中可由学生先绘制PEG-硫酸铵双水相体系相图，并设计、计算、选取浓度，以培养和提高学生独立工作能力。

(2)透析除盐耗时较长，可待第二天再做处理或省略该步骤。

理论链接

一、细胞色素C的性质与应用

细胞色素C作为细胞呼吸激活剂，是生物氧化过程中的电子传递体，在酶存在的情况下，其对组织的氧化、还原有迅速的酶促作用。通常外源性细胞色素C不能进入健康细胞，但在缺氧时，细胞膜的通透性增加，细胞色素C便有可能进入细胞及线粒体内，增强细胞氧化，能提高氧的利用，用于治疗组织缺氧引起的疾病，如一氧化碳中毒、安眠药中毒、新生儿窒息、严重休克缺氧、麻醉及肺部疾病引起的呼吸困难、高山缺氧、脑缺氧、心脏疾病引起的缺氧等。我国过去多从猪心中提取细胞色素C，而国外多以牛心、马心为原料。

二、双水相萃取猪心细胞色素C的优势

双水相萃取与水-有机相萃取的原理相似，都是依靠物质在两相间的选择性分配，但萃取体系的性质不同。当物质进入双水相体系后，由于表面性质、电荷作用和各种力(如氢键和离子键等)的存在和环境的影响，使其在上、下相中的浓度不同。分配系数K等于物质在两相的浓度比，各种物质的K值不同。例如，酶、蛋白质等生物大分子的分配系数大致为0.1～10，而小分子盐的分配系数在1.0左右，因而双水相体系对生物物质的分配具有很大的选择性。

双水相萃取技术在生物工程下游技术中已经显示了良好的应用前景。从猪心中提取制备细胞色素C的方法有很多，如分子筛色谱法、疏水色谱法、反胶团法等，有些可以获得高品质的细胞色素C产品。分子筛色谱法和疏水色谱法纯化工艺并不复杂，细胞色素C的质量回收率高，纯度好，但一般耗时长、成本较高，多适合于实验室或小规模的生产。而反胶团法因为食品粗提液中各种蛋白质同时存在，很难适用于以食品为原料的细胞色素C的粗制。

技术拓展

一、利用双水相萃取技术提取超氧化物歧化酶(SOD)

植物原材料经过蒸馏水洗涤后，切成小块，放入多功能粉碎机粉碎，所得匀浆液经双层纱布过滤两次，合并滤液并离心10 min(4 000 r/min，室温)，取上清液并在60℃水浴下热变性15 min，冷冻离心10 min(8 000 r/min，4℃)，取上清液，用透析袋动态浓缩除杂，即得植物SOD粗提液。准确量取一定量PEG溶液置于试管中，加入磷酸盐溶液，混合至试管开始出现混浊为止，离心分离或静置2 h分离成相即可得到PEG-磷酸盐双水相体系，用移液枪向刻度试管中加入一定量的PEG溶液和磷酸盐溶液，再加入2 mL植物SOD粗提液，然后加双蒸水至10 g，充分混合，静置待上下分相，检测下相SOD活性。

二、利用双水相萃取技术纯化糖化酶

向干燥的离心管中按比例加入 PEG(分子量为 20 000,体积分数为 28%)、$(NH_4)_2SO_4$ 溶液(体积分数为 20%),先用玻璃棒搅匀,再在混合器上混匀,加入 2 mL 粗酶液,在混合器上混合,调 pH 至 6.0,静置 15 min,离心 10 min(2 000 r/min)。此方法回收率很高,可达到 96.1%。

三、利用双水相萃取技术提取大豆中的苯丙氨酸

大豆用 6 mol/L 盐酸水解,水解时间为 14 h、液固比为 4:1,得含有氨基酸大豆蛋白质水解液,备用。以 0.2 mol/L Na_2SO_4 为基液,配制 0.2 mol/L 十六烷基三甲基溴化铵(CTAB)溶液和十二烷基硫酸钠(SDS)溶液,调整 CTAB 溶液和 SDS 溶液物质的量的比在 0.238~0.256,形成双水相体系。加入大豆水解液,静置在 40℃恒温水浴中 30 min,萃取率可达 95%左右。

二维码 3-6　任务 3-3 学习思考参考答案

学习思考

1. 影响双水相萃取的因素有哪些?

2. 双水相萃取、透析后得到的液态细胞色素 C 是否比浸提、离心时得到的红色上清液纯净?

3. 改变硫酸铵和 PEG 的添加量是否会影响双水相萃取的分离效果?

任务 3-4　利用超临界流体萃取柑橘精油

任务设计

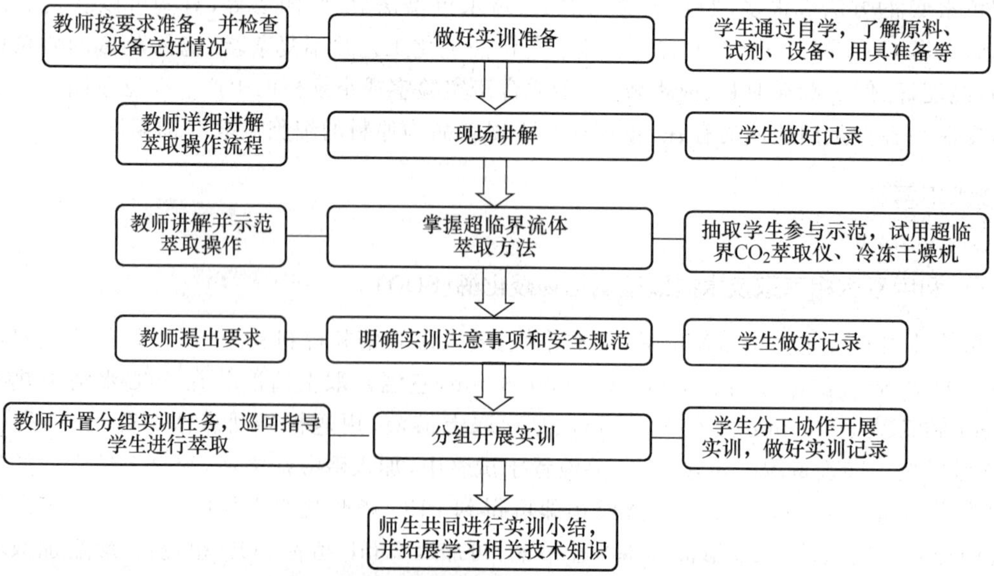

图 3-27　超临界流体萃取柑橘精油任务设计

实践操作

一、原料与试剂准备

(一)材料

新鲜柑橘。

(二)试剂

食用级 CO_2,纯度 99.9%。

二、设备与用具准备

超临界 CO_2 萃取仪、冷冻干燥机、粉碎机、电子天平。

三、操作方法

(一)操作流程

超临界流体萃取柑橘精油流程见图 3-28。

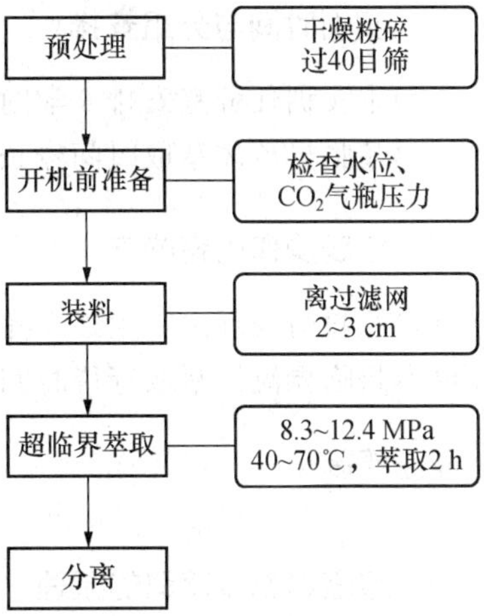

图 3-28　超临界流体萃取柑橘精油流程

(二)操作要点

(1)原料预处理　将柑橘皮干燥粉碎并过 40 目筛。

(2)开机前准备　检查电源接线是否正常,检查冷冻箱水、各加热箱水是否足够(离箱盖 2～3 cm,高温时水分蒸发快),检查 CO_2 气瓶压力保证气压在 5～6 MPa,检查各管路接头及连接部位是否牢靠。

(3)装料　萃取原料装入料筒,原料不应装得太满,离过滤网 2～3 cm。

(4)超临界萃取　设定萃取器温度为 40～70℃,当萃取罐压力达到所需压力(8.3～12.4 MPa)时,保持稳定。此时,已经达到萃取所需要的条件,开始萃取并计时。

(5)分离　萃取后 15 min 内(或更长时间),一般收集 2 次萃取物(含有杂质)。无杂质后,每隔一段时间(20～30 min)打开下部阀门,收集萃取物。直至到达实验所需要的萃取时间(约 2 h)。

四、结果观测分析

(一)外观观察

观察判断萃取物的外观、颜色、澄清度、香味等,并记录结果。

(二)检测分析

收集的萃取物进行称重,计算萃取率:

$$萃取率(mg/g)=\frac{精馏柱中收集的精油质量(mg)}{样品质量(g)}$$

五、注意事项

(1)此装置为高压流动装置,高压运转时不得离开岗位,如发生异常情况要立即停机关闭总电源并检查。

(2)实验过程中,注意反应器压力及温度,如有突发情况,应关闭总电源、打开放空阀。

(3)实验过程中,反应釜一直加热,注意操作时不得碰到高温区,以免烫伤。

(4)任何时候不得将导电液体流到有电气元件的地方及加热炉中。

实训建议

一、实训时间与分组安排

(1)本实训任务宜安排 6 学时的集中时间,8～10 人一组,全班分成几大组分批进行。

(2)超临界流体萃取时间较长,且在高压下运转,建议全程由教师指导完成。

二、实践操作内容的安排

(1)原料前处理由学生独立完成,教师指导并进行开机前准备。

(2)超临界流体萃取等待时间较长,但不能离人,可分批看守。

理论链接

一、超临界流体萃取的原理

超临界流体萃取的基本做法就是利用超临界流体的特殊性质,使之在高压条件下与待分离的固体或液体混合物相接触,萃取出目的产物。当然,对应各压力范围所得到的萃取物不可能是单一的,但可以控制条件得到最佳比例的混合成分,然后借助减压、升温的方法使超临界流体变成普通气体,被萃取物质则完全或基本析出,从而达到分离提纯的目的,所以超临界 CO_2 流体萃取过程是由萃取和分离过程组合而成的。

超临界流体萃取的效果受压力、温度、流体密度、溶剂比、颗粒度和夹带剂等因素的影响。当温度恒定时,提高压力可以增大溶剂的溶解能力和超临界流体的密度,从而提高超临界流体的萃取容量;当萃取压力较高时,温度的提高有利于提高其挥发度和扩散系数,但会减小超临界流体萃取容量,过高还会使热敏性物质降解。流体密度大,溶解能力大,但传质系数小。低溶剂比时,经一定时间萃取后残留量大;非常高的溶剂比时,萃取后固体中的残留趋于低限,但不经济。萃取速率随固体物料颗粒尺寸的减少而增加;另外,可添加第三种组分(夹带剂)来提高溶剂的溶解能力,其可改变分子间的作用力,影响溶质在超临界流体中的溶解度和选择性。

二、超临界流体萃取的优缺点

在传统的分离方法中,溶剂萃取是利用溶剂和各溶质间的亲和性(表现在溶解度)的差异来实现分离的;蒸馏是利用溶液中各组分的挥发度(蒸汽压)的不同来实现分离的。而超临界 CO_2 萃取则是通过调节 CO_2 的压力和温度来控制溶解度和蒸汽压这 2 个参数进行分离的,故超临界 CO_2 萃取综合了溶剂萃取和蒸馏的两种功能和特点。因此,超临界 CO_2 萃取具有传统普通流体萃取方法所不具有的优势:通过调节压力和温度而方便地改变溶剂的性质,控制其选择性;适当地选择提取条件和溶剂,能在接近常温下操作,对热敏性物质可适用;因黏度小、扩散系数大,提取速度较快;溶质和溶剂的分离彻底而且容易。超临界流体萃取也有其不利的一面。其主要缺点是:为了获得高压的超临界条件,设备投资很大。

三、超临界 CO_2 萃取装置

超临界萃取装置可以分为研究分析型和制备生产型,前者主要应用于少量物质的分析,或为生产提供依据;后者主要应用于批量或大量产品生产。

超临界萃取装置从功能上大体可分为八部分:萃取剂供应系统、低温系统、高压系统、萃取系统、分离系统、改性剂供应系统、循环系统和计算机控制系统。具体包括二氧化碳注入泵、萃取器、分离器、压缩机、二氧化碳贮罐、冷水机等设备。由于萃取过程在高压下进行,所以对设备以及整个管路系统的耐压性能要求较高,生产过程实现微机自动监控,可以大大提高系统的安全可靠性,并降低运行成本。

技术拓展

一、利用超临界流体萃取葡萄籽油

精确称取粉碎度 40 目的葡萄籽粉,采用低温吸湿回潮法将含水量调整至 4.5%,在萃取压力 28 MPa、温度 35℃、CO_2 流速为 8～9 L/min 的条件下进行动态萃取,萃取约 80 min,溶有葡萄籽油的超临界 CO_2 经减压、升温后与葡萄籽油分离,萃取结束后,精确称量萃取物,并用索氏提取器测定葡萄籽粉中含油量,然后计算葡萄籽油的萃取率。

二、利用超临界流体萃取咖啡豆中的咖啡因

将浸泡过的咖啡豆置于萃取釜中,萃取时 CO_2 循环通过,操作温度为 70～90℃,压强为 16～20 MPa,密度为 0.4～0.65 g/cm^3。咖啡豆中的咖啡因逐渐被 CO_2 提取出来,带有咖啡因的 CO_2 用水洗涤,咖啡因转入水相,CO_2 循环使用。水经脱气后,可用蒸馏的方法回收咖啡因。在分离阶段也可用活性炭吸附取代水洗。

学习思考

1. 影响超临界 CO_2 萃取柑橘精油得率的因素有哪些?
2. 萃取结束后,超临界 CO_2 是通过什么方式与柑橘精油分离的?

二维码 3-7　任务 3-4
学习思考参考答案

思政园地

典型案例:2015 年 10 月,屠呦呦获得诺贝尔生理学或医学奖,诺贝尔奖委员会对屠呦呦及青蒿素的贡献做出了高度评价:屠呦呦发现了青蒿素,能极大地降低疟疾患者的死亡率。为人类提供了强有力的新武器,以对抗每年困扰着亿万人的疾病,这在提升人类健康和减轻患者痛苦方面的作用是不可估量的。屠呦呦是第一位获得诺贝尔科学奖项的中国本土科学家、第一位获得诺贝尔生理学或医学奖的华人科学家。屠呦呦最早提出用乙醚提取青蒿,对研发青蒿素起到关键作用,从而创制出新型抗疟药——青蒿素和双氢青蒿

素。她的成功不是偶然，20 世纪 70 年代中国的科研条件比较差，为供应足够的青蒿有效部位提取物用于临床，他们曾用水缸作为提取容器。由于缺乏通风设备，又接触大量有机溶剂，导致一些科研人员的身体健康受到了影响。为了尽快上临床，在动物安全性评价的基础上，屠呦呦和科研团队成员服用青蒿有效部位提取物，以确保临床病人的安全。当青蒿素片剂临床试用效果不理想时，经过努力坚持，深入探究原因，最终解决了问题，分离得到抗疟有效单体化合物的结晶——青蒿素。如今基于青蒿素类的复方药物仍是世界卫生组织推荐的抗疟一线用药，用以治疗约 70% 的疟疾患者，挽救了全球特别是发展中国家数百万人的生命。

中共中央授予屠呦呦"全国优秀共产党员"称号时，85 岁的屠呦呦说："我要按照共产党员的标准严格要求自己，多考虑党和国家的需求。"她说："我希望年轻人多考虑党和国家的需求，把中国的优势、把自己传统的东西跟现代科学结合起来，多做创新性贡献。这是我最大的愿望。"

案例评析：屠呦呦没有辜负党和国家对她的信任，她默默耕耘、无私奉献，挽救了全世界数百万人的生命，她的精神激励着我们，告诉我们要有爱国之心、奉献之情。她的团队在整个研发过程中吃苦耐劳、爱岗敬业，在困境中坚持不懈，最终取得成功。

青蒿素的研发既饱含着屠呦呦等一批科研工作者的心血汗水，也离不开全国上下一盘棋的协作支撑。作为一名共产党员，屠呦呦从未想过把功劳据为己有，她在各个场合反复表示，"荣誉属于集体"。这种团队合作精神也非常值得我们学习。

自测练习

一、填空题

1. 多级逆流萃取中，萃余相在最后一级与__________相接触，使其所含__________减少到最低程度，同时在各级中分别与平衡浓度更高的物料接触，有利于__________的进行。

2. 萃取操作中选择溶剂的主要原则：__________、__________和__________。

3. 双水相萃取酶，目前研究和应用较多的是__________系统，__________主要分配在上相，__________在下相或界面上。

4. 从 A 和 B 组分完全互溶的溶液中，用溶剂 S 萃取其中的 A 组分，如果选择性系数 $\beta=$__________，将不能进行萃取分离。

二、单项选择题

1. 萃取是利用各组分间的(　　)差异来分离液体混合物的。

A. 挥发度　　B. 离散度　　C. 溶解度　　D. 密度

2. 下列不属于液-液萃取的是(　　)。

A. 双水相萃取法　　B. 溶剂萃取法　　C. 反胶束萃取法　　D. 浸渍法

3. 处理量较小的萃取设备是(　　)。

A. 筛板塔　　B. 转盘塔　　C. 混合澄清器　　D. 填料塔

4. 萃取剂的选择性系数越大，说明该萃取操作越(　　)。

A. 容易　　B. 不变　　C. 困难　　D. 无法判断

5. 在萃取操作中用于评价溶剂选择性好坏的参数是(　　)。

A. 溶解度　　B. 分配系数　　C. 选择性系数　　D. 挥发度

6. 能获得含溶质浓度很低的萃余相，但得不到含溶质浓度很高的萃取相的是(　　)。

A. 单级萃取流程　　B. 多级错流萃取流程

C. 多级逆流萃取流程　　D. 多级错流或逆流萃取流程

7. 下列不属于多级逆流接触萃取特点的是(　　)。

A. 连续操作　　B. 平均推动力大　　C. 分离效率高　　D. 溶剂用量大

8. 有四种萃取剂，对溶质 A 和稀释剂 B 表现出下列特征，则最合适的萃取剂应选择(　　)。

A. 同时大量溶解 A 和 B　　B. 对 A 和 B 的溶解度都很小

C. 大量溶解 A，少量溶解 B　　D. 大量溶解 B，少量溶解 A

9. 下列不属于超临界萃取特点的是(　　)。

A. 萃取和分离分步进行　　B. 分离效果好

C. 传质速率快　　D. 无环境污染

三、名词解释

1. 超临界流体　　2. 双水相萃取

四、判断题

1. 含 A、B 两种成分的混合液，只有当分配系数大于 1 时，才能用萃取操作进行分离。(　　)

2. 均相混合液中有热敏性组分，采用萃取方法可避免物料受热破坏。(　　)

3. 超临界 CO_2 萃取主要用来萃取热敏水溶性物质。(　　)

4. 萃取剂必须对混合液中欲萃取出来的溶质 A 有显著的溶解能力，而对其他组分则完全不溶或溶解能力很小。(　　)

五、计算题

单级萃取操作中，需从 1 L 发酵液中萃取 A 物质，其中 A 物质的浓度为 0.50 mol/L，主要杂质 B 的浓度也为 0.50 mol/L。用 1 L 乙酸乙酯萃取 A 物质，萃取平衡后，乙酸乙酯中 A 物质浓度为 0.45 mol/L，B 的浓度为 0.05 mol/L。此条件下 A、B 的分配系数及分离因素为多少？A 物质的提取率为多少？

二维码 3-8　项目 3 自测练习参考答案

项目 4

沉析分离技术在食品深加工中的应用

本项目学习目标

知识目标

- 了解沉析分离的基本原理及分类。
- 熟悉盐析、有机溶剂沉析、等电点沉析、有机聚合物沉析的原理、特点及主要应用。
- 熟悉沉析剂种类及主要性能。
- 掌握盐析、有机溶剂沉析、等电点沉析分离技术的影响因素。

二维码 4-1　项目 4 课程 PPT

能力目标

- 能熟练使用硫酸铵盐析法分离酶蛋白。
- 能利用有机聚合物沉析法制备果胶等多糖类物质。
- 能熟练使用等电点沉析法分离蛋白质。
- 能够分析解决沉析分离蛋白质过程中出现的问题。

素质目标

- 培养实验室安全操作意识和有机溶剂使用安全意识。
- 具有食品质量安全和安全生产的社会责任感和诚信守法意识，恪守职业道德。
- 正确履行岗位职能，具有有效沟通和统筹能力。
- 具有团队合作精神和一定的创新思维意识。

项目概述

沉析分离技术又称沉淀分离技术，是食品加工业中最常用一种分离方法，是向待分离溶液中加入沉析剂而降低某种溶质的溶解度或者使其和溶液中的某些物质形成不溶性盐或复合物而沉淀或结晶析出的分离方法。沉析分离具有简单、经济和浓缩倍数高等优点，广泛应用于生化物质的分离和提取，如大豆分离蛋白的提取、味精的提取、酶的提取、茶多酚的提取等；或去除混杂在液体中的杂质、污染物等澄清方面，如果汁生产中的澄清处理，食品工业的污水处理等。

沉析分离技术可以分为盐析法、有机溶剂沉析、等电点沉析、有机聚合物沉析、聚电解质沉析、高价金属离子沉析和选择性变性沉析等。

本项目主要学习沉析分离技术的基本原理、种类，硫酸铵盐析、等电点沉析、有机溶剂沉析、有机聚合物沉析基本操作方法；盐析、有机溶剂沉析分离技术的影响因素和应用等知识；通过实践操作分别学习利用硫酸铵、乙醇、单宁等沉析剂通过沉析分离方法制备菠萝蛋白酶、牛乳酪蛋白、柑橘果胶及下胶澄清葡萄果酒等，以熟悉沉析分离技术在食品深加工中的具体应用。

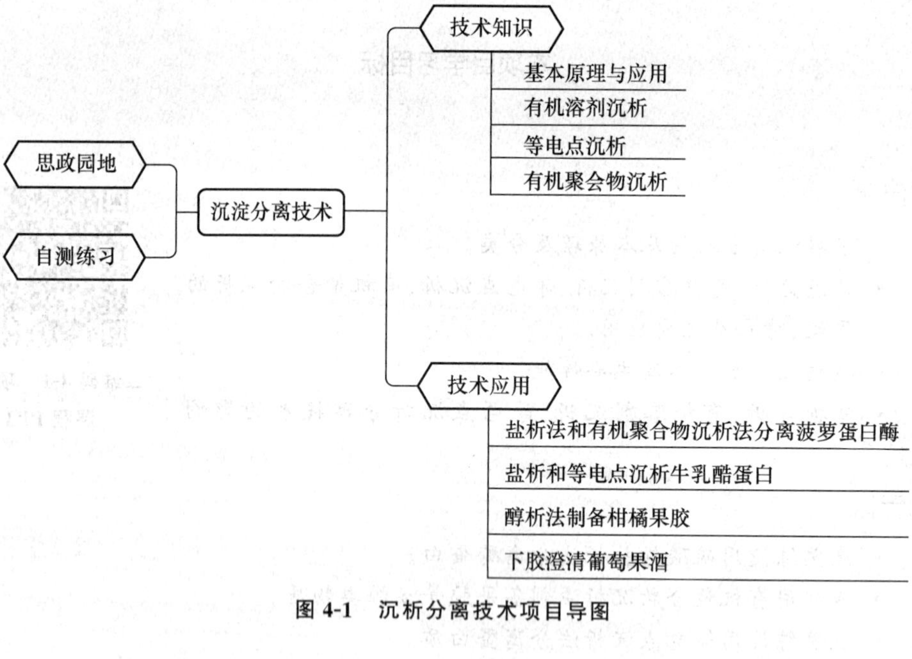

图 4-1　沉析分离技术项目导图

技术知识

沉析分离技术是经典的分离技术，其目的：一是通过沉析操作使目标物溶液达到浓缩和去除杂质。当目标物是以固相形态回收时，经固-液分离可除去溶液中的杂质；若目标物是以液相形态回收时，经固-液分离可使杂质以沉淀形式去除。二是通过沉淀操作可使已纯化的产品由液态转变为固态，利于保存和进一步的加工处理。目前，沉析分离技术已广泛应用于实验室和工业化规模的蛋白质、酶、核酸、多糖等生物大分子物质和黄酮、生物碱、皂苷等生物小分子物质的制备、回收、浓缩和纯化等方面。

因生物活性物质制备的特殊性，采用沉析法时，不但要考虑所选沉析剂或沉析操作条件是否会破坏生物活性物质结构，还要考虑沉析剂是否容易去除；在食品深加工中应用此项技术时，还应考虑沉析剂是否对人体有害，因此选择适合的沉析方法十分重要。

一、盐析

盐析是利用不同物质在高盐浓度溶液中溶解度不同，向溶液中加入一定量的中性盐，使原溶解的物质沉淀析出的分离技术。在生物活性物质制备工艺中，很多物质都可以用盐析法进行分离，如蛋白质、多肽、多糖和核酸等。但是由于盐析的共沉作用，限制了其只能与其他提纯方法交替使用。盐析法在蛋白质分离方面应用最广泛，其突出优点是成本低、不需特殊设备、操作简单、安全、应用范围广、对许多生物活性物质具有稳定作用，但由于分辨率不高，主要应用在生物物质的粗提阶段。

(一)盐析原理

很多生物物质的分子表面具有很多亲水基团和疏水基团，根据这些基团是否带有电荷又分为极性基团和非极性基团，在溶液中，各种分子、离子之间的相互作用决定了生物分子的溶解度。现以蛋白质盐析为例说明盐析原理。

蛋白质等大分子物质水溶液是一种稳定的亲水胶体溶液，无外界因素影响时，呈稳定的分散状态，其原因主要有两个：一是在蛋白质分子表面分布着各种亲水基团，如$—COOH$、$—NH_2$、$—OH$，这些基团与极性水分子相互作用形成水化膜，包围在蛋白质分子周围，形成1~100 nm厚的亲水胶体，削弱了蛋白质分子间的作用力。蛋白质分子表面的亲水基团越多，水化膜越厚，蛋白质分子的溶解度也越大。二是蛋白质为两性物质，在一定的pH下表面带有一定的电荷，因同种电荷相互排斥，使蛋白质分子彼此分离。蛋白质在水溶液中的溶解度是由蛋白质周围形成水化膜的程度及蛋白质分子表面所带的电荷情况共同决定的。当向蛋白质溶液中加入高浓度中性盐时，大量盐离子自身的水合作用降低了自由水的浓度，使蛋白质分子表面的水化膜减弱甚至消失，暴露出疏水基团，因疏水基团的相互作用，使蛋白质沉淀析出；同时，高浓度的中性盐溶液中存在大量的带电盐离子，它们能中和蛋白质分子表面的电荷，使蛋白质分子间的静电排斥作用减弱乃至消失，导致蛋白质溶解度降低，使蛋白质分子之间发生相互聚集而沉淀析出，如图4-2所示。

综上所述，盐析机理可归纳为如下两点：①中性盐离子与蛋白质分子争夺水分子，破坏了蛋白质表面的水化膜，导致蛋白质溶解度下降；②中性盐离子电荷中和蛋白质表面电荷，使蛋白质分子间排斥作用减弱而发生聚集，使蛋白质溶解度下降。

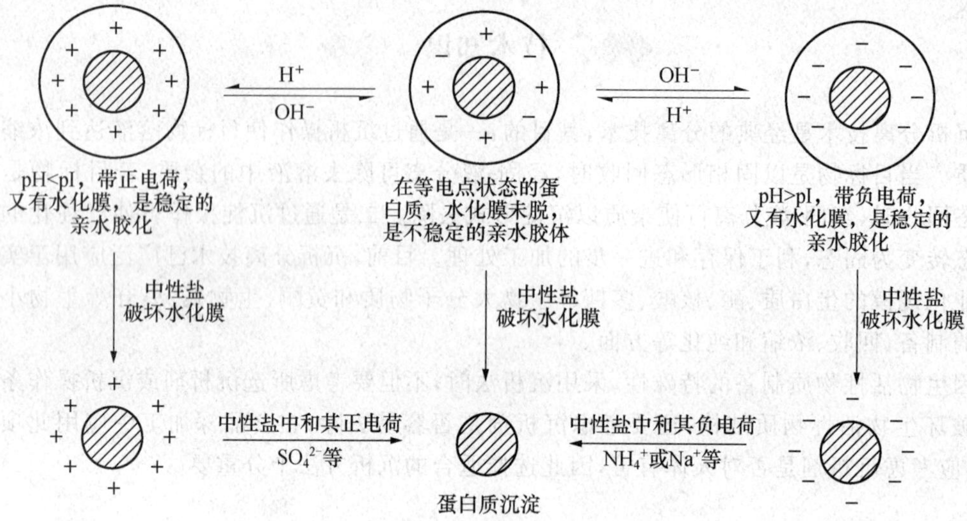

图 4-2　盐析机理示意图

(二)盐析常用盐的选择

1. 选择原则

盐析所用无机盐的选择应考虑以下几点。

(1)较强的盐析作用　在相同的离子强度下，不同中性盐对同种蛋白质的盐析效果也不同。一般来说，阴离子盐析效果比阳离子显著，且含高价阴离子的无机盐比含低价阴离子的无机盐盐析效果好。常见阴离子盐析效果顺序为：$PO_4^{3-} > SO_4^{2-} > F^- > IO_3^- > H_2PO_4^- > CH_3COO^- > Cl^- > ClO_3^- > Br^- > NO_3^- > ClO_4^- > I^- > CNS^-$。常见阳离子盐析效果顺序为：$Ti^{3+} > Al^{3+} > H^+ > Ba^{2+} > Sr^{2+} > Ca^{2+} > Mg^{2+} > Cs^+ > Rb^+ > NH_4^+ > K^+ > Na^+ > Li^+$。

(2)有足够大的溶解度　且溶解度受温度的影响尽可能小。这样便于获得高浓度的盐溶液，尤其是在较低的温度下操作时，不至于造成盐结晶析出，影响盐析效果。

(3)具有生物学惰性　不影响蛋白质等生物大分子的活性，且最好不引入干扰分离或测定的杂质。

(4)价格低廉，来源丰富。

2. 常用盐的种类及选择

盐析常用的无机盐主要有硫酸铵、硫酸镁、硫酸钠、磷酸二氢钠等。

(1)硫酸铵　实际应用中以硫酸铵最常用，无论是在实验室还是在实际生产中，主要由于硫酸铵具有以下优点：①离子强度大，盐析效应强。②溶解度大且受温度影响小，在低温时仍有极高的溶解度，是其他中性盐所不具备的。在 0℃时的溶解度远高于其他中性盐。③具有稳定蛋白质结构的作用，不易使蛋白质变性。某些蛋白质在 2～3 mol/L 的硫酸铵溶液中可保存数年。④价格低廉，易得，废液不污染环境。但是硫酸铵在 pH＞8.0 的碱性环境中会释放出氨，腐蚀性较强，因此，盐析后要将硫酸铵通过透析、超滤、层析等方法从产品中除去。

(2)硫酸钠　无腐蚀性，但低温下溶解度较低，低于 40℃不易溶解，因此只适用于热稳定性较好的蛋白质的沉析分离。

(3)磷酸盐　缓冲能力强，也常用于盐析，但溶解度较低，价格较昂贵，易与某些金属离子生成沉淀，使用上不及硫酸铵广泛。

（三）影响盐析的因素

1. 盐离子浓度

离子强度对生物物质溶解度起着决定性的作用。一般来说，离子强度越大，生物物质溶解度越低，但需要注意的是，在低盐浓度时，盐离子的存在会增加生物物质表面电荷，增强水合作用，使其溶解度升高，称盐溶现象。只有当中性盐浓度达一定值后，蛋白质等生物物质溶解度才会随中性盐浓度的升高不断降低，即对特定蛋白质，一定操作条件下需要达到一定的中性盐浓度范围，蛋白质才能沉淀析出。通过测定一系列盐溶液浓度下蛋白质的溶解度，可以绘制出蛋白质盐析分布曲线（图4-3）。

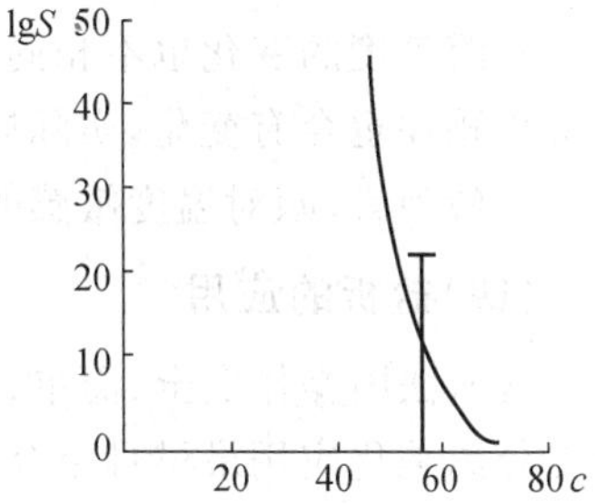

S—蛋白质溶解度；c—盐溶液的浓度

图4-3　蛋白质盐析分布曲线

2. 生物物质的浓度

中性盐沉淀蛋白质等大分子生物物质时，溶液中生物物质的实际浓度对分离的效果影响较大。在相同盐析条件下，该生物物质浓度越大，越易沉淀，所需中性盐相对饱和度也越低，但杂质的共沉作用也越明显，使得分辨率下降；反之，若该生物物质浓度较小，共沉作用也小，分辨率提高，分离纯化效果较好，但所需中性盐的相对饱和度大，样品回收率较低。因此，盐析时若要得到较好的盐析效果，需将生物物质浓度控制在一定范围内，通常将其体积分数控制在2.5%～3.0%为宜，相当于质量浓度为25～30 mg/mL。

3. 生物物质的性质

不同蛋白质等生物物质的结构和性质不同，盐析时所需中性盐的浓度（离子强度）也不同。如血浆中的蛋白质，以纤维蛋白原最易析出，硫酸铵的相对饱和度只需达到20%；当相对饱和度增加到28%～33%时，优球蛋白析出；当相对饱和度再增加至33%～50%时，拟球蛋白析出；相对饱和度大于50%时，白蛋白析出，因此可以通过改变中性盐浓度，使溶液中不同蛋白质分步析出，即分级沉淀蛋白质。

通常盐析所用中性盐的浓度不以体积分数或物质的量浓度表示，而多用相对饱和度来表示，即把饱和时的中性盐浓度看作100%或1，如1 L水在25℃时溶入了767 g硫酸铵固体为100%饱和，溶入383.5 g硫酸铵则称半饱和（50%或0.5相对饱和度）。盐析中若使用饱和硫酸铵溶液进行盐析，如向1体积含蛋白质溶液中加入1体积饱和硫酸铵溶液，则相对饱和度为50%或0.50；向3体积的含蛋白质溶液中加1体积饱和硫酸铵溶液时，相对饱和度为25%或0.25。本书中后续提及相对饱合度时，皆与此处含义相同。

4. pH

一般说来，蛋白质等生物物质所带净电荷越多，溶解度就越大，反之则越小，在等电点时，其溶解度最小。因此，调整溶液pH到生物物质等电点处，可提高盐析效率，但必须注意的是，在有盐离子存在时，生物物质的等电点与在纯水溶液中的等电点会有一定的偏差，需根据实际情况调整溶液pH，以保证盐析效果。同时也可根据需要，通过调整溶液pH调节不同生物物质的溶解度，即若要沉析某生物物质，应将溶液的pH调整到该生物物质的等电点附近，若希望某生物物质保留在溶液中不析出，则可调整溶液pH偏离该生物物质等电点。

5. 温度

大多数情况下，在纯水溶液或低离子强度的溶液中，物质的溶解度在一定的温度范围内随温度的升高而增加。但在高盐浓度下，多数蛋白质、肽、酶类物质的溶解度反而会随温度升高而降低。只有少数蛋白质如胃蛋白酶、大豆球蛋白在高盐浓度下的溶解度随温度上升而增加。也有如卵球蛋白等，其溶解度几乎不受温度影响。在蛋白质的分级沉析时，温度变化引起不同蛋白质溶解度的变化也不相同。因此，在不同温度下，逐渐增加盐浓度所引起的不同蛋白质分级沉析顺序也会有变化，实际操作中应注意。

一般而言，除对温度敏感的蛋白质应在低温（0～4℃）下操作外，均可在室温中进行。

(四)盐析的应用

盐析法因操作安全、简单、成本较低，对许多生物活性物质具有很好的稳定性，是蛋白质和酶类分离纯化应用最早且至今仍广泛使用的方法。但由于盐析过程中易产生共沉作用，单独使用时分辨率不高，但与其他分离方法配合使用可达到很好的分离效果。广泛应用于各类蛋白质、酶、多肽、多糖、核酸等物质的初始提取，再与多种精制方法如超滤、凝胶色谱、透析等相结合，去除无机盐，可制得高纯度产品。另外，在生产上也常常采用逐渐提高中性盐离子强度或改变溶液 pH 的分级盐析法对混合物质进行分离，分离效果较好，如硫酸铵盐析法分级分离大豆中的酸沉蛋白。

蛋白质等生物大分子在水中的溶解度与加入的中性盐的离子强度有如下关系（休格尔经验公式）：

$$\lg S=\beta-K_s \cdot I$$

式中：S 为蛋白质的溶解度（g/L）；I 为离子强度；β、K_s 均为常数。

上述公式是直线方程，但仅在一定的离子强度范围内适用。离子强度过低或过高，都不呈线性关系。式中 β 值的大小取决于溶质的性质，不可能直接测定，而是假定在 $I=0$ 时，用外推法求出直线延长线在坐标轴的纵轴上的截距，故 β 值带有经验性质。K_s 等于直线的斜率的负值。K_s 值越大，β 值越小，表示盐析能力越强。在一定的 pH 和温度下以改变离子强度（盐浓度）进行盐析，称作 K_s 分级盐析技术。在一定离子强度下仅改变 pH 和温度进行盐析，称作 β 分级盐析技术。

（1）K_s 分级盐析技术　多用于蛋白质等生物提取液的前期分离。在生产中，往往是向提取液中加入固体中性盐或其饱和溶液，以改变溶液的离子强度（温度及 pH 基本不变），使目的物或杂蛋白沉淀析出。该法的特点是溶解度变化剧烈且变化幅度大，易产生共沉现象，故沉析分辨率不高，粗提时常用这种分级盐析技术。

（2）β 分级盐析技术　多用在蛋白质等生物提取液分离后期阶段，溶质溶解度变化缓慢且变化幅度小，沉析分辨率比 K_s 分级盐析技术好。因不同蛋白质在一定 pH 和温度条件下产生盐析效应不同，所以在一定的盐浓度条件下，改变 pH 和温度，可以进行分级盐析。粗品的进一步分离或精制，特别是使蛋白质或酶结晶时，常用此法。

二、有机溶剂沉析

利用与水互溶的有机溶剂（如甲醇、乙醇、丙酮等）使蛋白质等在水中的溶解度显著下降而沉淀析出的方法，称为有机溶剂沉析。有机溶剂能使许多蛋白质、核酸、多糖和小分子生化物质发生沉淀，是最早使用的沉淀方法之一。

（一）有机溶剂沉析的原理

有机溶剂沉析的机理主要有两方面：

（1）通过加入亲水性有机溶剂，降低溶液的介电常数，使得溶质分子（如蛋白质分子）之间的静电引力增加，分子互相聚集形成沉淀并析出。

（2）水溶性有机溶剂的亲水性强，会抢夺原本与亲水溶质结合的自由水，使亲水溶质分子表面水化层被破坏，降低了分子的亲水性，导致溶质分子之间的相互作用增大，脱水发生凝聚，进而沉淀析出。

与盐析法相比，有机溶剂沉析法的优点是分辨率高；沉析溶剂如乙醇等沸点低，易挥发除去，成品中不会残留，产品纯净；沉淀物与母液间的密度相差较大，容易分离。

有机溶剂沉析法也有一些缺点，如易使蛋白质等生物大分子变性；溶剂使用量大，成本高；所用有机溶剂一般易燃易爆，贮存较困难或麻烦。

（二）有机沉析溶剂的选择

1. 选择原则

选择有机沉析溶剂时应考虑以下几方面因素：

（1）介电常数小，沉析作用较强。

（2）对生物分子的变性作用较小。

（3）无毒或较小毒性，挥发性适中，沸点过低虽有利于溶剂的去除和回收，但挥发损失较大，同时也会给劳动保护及安全生产带来困难。

（4）可与水无限混溶，但如氯仿、乙醚等一些与水部分混溶或微溶的有机溶剂也有使用，使用对象和方法不尽相同。

常用的有机沉析溶剂有乙醇、丙酮、甲醇、异丙醇、乙腈、二甲基甲酰胺等，其中乙醇（体积分数≥60%）、丙酮（体积分数40%～50%）最为常用。

乙醇具有介电常数较低、沸点适中、无毒且沉析作用强等优点，广泛用于蛋白质、核酸、多糖等生物大分子及核苷酸、氨基酸等的有机溶剂沉析分离。丙酮沉析作用大于乙醇，用丙酮代替乙醇作沉析剂一般可以减少用量，但因其沸点较低、挥发损失大、对肝脏有一定毒性、着火点低等缺点，应用上没有乙醇广泛。甲醇沉析作用与乙醇相当，且对蛋白质的变性作用比乙醇、丙酮都小，但甲醇口服有强毒，限制了其使用。其他溶剂如氯仿、二甲基甲酰胺、二甲基亚砜、2-甲基-2,4-戊二醇（MPD）、乙腈等也可作沉析剂，但远不如乙醇、丙酮、甲醇的使用普遍。甘氨酸的介电常数大，可作蛋白质等生物大分子溶液的稳定剂。常用有机溶剂的介电常数见表4-1。

表4-1 常用有机溶剂的介电常数

溶剂	介电常数	溶剂	介电常数
水	80	乙醚	4.3
20%乙醇	70	氯仿	4.8
40%乙醇	60	醋酸乙酯	6.0
60%乙醇	48	甲醇	33
100%乙醇	24	2.5 mol/L 尿素	84
丙酮	22	2.5 mol/L 甘氨酸	137

2. 沉析溶剂浓度的计算

在进行沉析操作时，为达到一定的有机溶剂浓度，需要加入的有机溶剂的浓度和体积可按下式计算：

$$V=V_0\frac{c_2-c_1}{c_3-c_2}$$

式中：V 为需加入有机溶剂的体积(L)；V_0 为原溶液体积(L)；c_1 为原溶液中有机溶剂的质量浓度(g/L)；c_2 为所要求达到的有机溶剂的质量浓度(g/L)；c_3 为加入的有机溶剂质量浓度(g/L)。

在上式计算中未考虑混溶后溶液体积的变化及溶剂挥发情况，计算值与实际值存在一定的差异。实际操作时常用溶液体积的倍数表示有机溶剂的使用，如加入 1 倍、2 倍、3 倍原溶液体积的有机溶剂进行沉析。

(三)影响有机溶剂沉析的因素

(1)样品浓度　与盐析相似，样品浓度过低，溶剂用量大，回收率低，易产生稀释变性，但共沉作用小，有利于提高分离效果；反之，样品浓度过高，虽然可以节省有机溶剂用量，降低了变性的危险，但共沉作用大，分离效果下降。因此，一般蛋白质样品溶液以 0.5%～2%的起始浓度较合适，黏多糖样品溶液以 1%～2%的起始浓度为宜。

(2)pH　溶液 pH 对有机溶剂的沉析效果影响很大，适宜 pH 可增强沉析效果，提高产品收率，提高分辨率。有机溶剂沉析时应尽可能选择样品溶解度最低的 pH，如酶、蛋白质、氨基酸等大多为两性电解质，常选在等电点附近，以提高沉析分辨率(图 4-4)，但应注意少数生物分子在等电点附近不稳定，会影响其活性；同时尽量避免目标物与杂质带相反荷而加剧共沉现象的发生。

在一定的有机溶剂浓度下，改变 pH，可以进行有选择的分段沉淀，用于分离不同组分。

(3)离子强度　较低离子强度的环境往往有利于沉析，甚至还有防止蛋白质变性，减少水和溶剂相互溶解及稳定介质 pH 的作用。一般来说，中性盐浓度以 0.01～0.05 mol/L 为宜，常用中性盐有乙钠、乙酸铵、氯化钠等。但在中性盐浓度较高时(0.2 mol/L 以上)往往增加有机溶剂的用量才能使沉淀析出，并可能使部分盐在加入有机溶剂后析出。因此，一般离子强度通常不应超过 5%，既能使沉析迅速形成，又对蛋白质或酶起一定的保护作用，防止变性。

由盐析法沉析得到的蛋白质或酶，如需进一步用有机溶剂沉淀法纯化，一定要先透析除盐。

(4)温度　有机溶剂与水混合时产生放热反应使得溶液温度升高，大多数生物大分子如蛋白质、酶和核酸在有机溶剂中对温度特别敏感。为防止生物大分子在较高温度时发生变性，尽可能地保存目标物生物活性，应尽量控制在低温下进行，且低温对于提高沉淀效果也比较有利。

有机溶剂使用前可预先冷却至较低温度，一般 0℃以下，操作时需在冰盐浴中进行。加入有机溶剂必须缓慢，并不断搅拌以避免局部浓度过高而影响分离效果。如图 4-5 所示，在一定温度范围内，酶活力随温度升高逐渐升高，但在某一温度之后酶活力则随温度升高而急剧下降。综合而言，温度越低，酶的活力及回收率都较高，且可以减少有机溶剂的挥发。

(5)金属离子　当溶液中有一些金属离子如 Zn^{2+}、Ca^{2+} 存在时，可与某些呈阴离子状态的生物分子形成复合物从而降低生物大分子溶质的溶解度，不但不影响目标物的生物活性，还可减少有机溶剂的用量，称为金属离子助沉作用，在工业上有实用价值。0.005～0.02 mol/L 的 Zn^{2+} 可将有机溶剂用量减少 1/3～1/2，使用时要避免能与这些金属离子形成难溶盐的阴离子(如磷酸

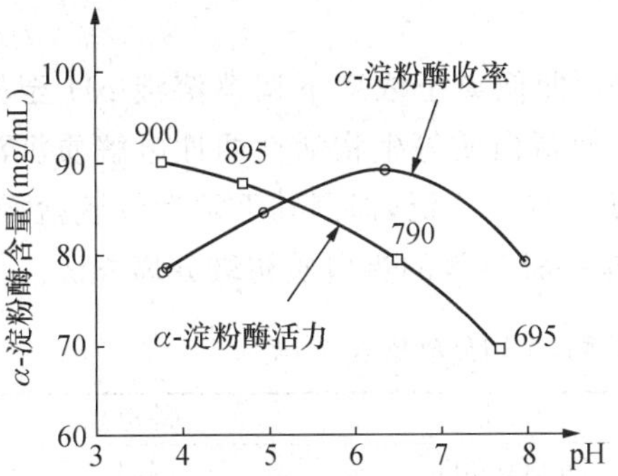

图 4-4　有机溶剂沉淀时 pH 对淀粉酶的影响

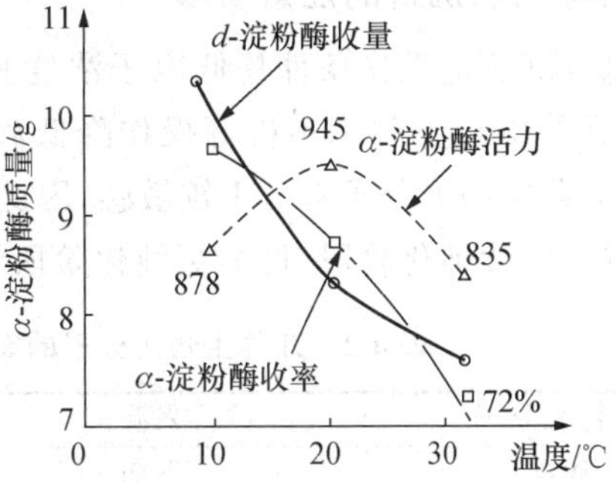

图 4-5　有机溶剂沉淀时温度对淀粉酶的影响

（付晓玲，生物分离与纯化技术，2012）

根）的存在。实际操作时往往先加溶媒沉析除去杂蛋白，再加 Zn^{2+} 沉析目标物。

一般来说，待分离组分的相对分子质量越小，有机溶剂的用量越多。不同浓度的有机溶剂能使溶质中不同的组分先后沉淀，因而能起到分步沉淀的效果。

（四）有机溶剂沉析的应用

有机溶剂沉析的分辨能力比盐析法高，即一种生物分子或其他溶质只在一个比较窄的有机溶剂浓度范围内沉析，沉析不用脱盐过滤，常用于蛋白质、酶、多糖和核酸等生物大分子的沉析分离。

使用时先要选择合适的有机溶剂，然后注意调控样品的浓度、温度、pH 和离子强度，使之达到最佳的分离效果。沉析所得的固体样品，若不立即溶解进行下一步的分离操作，应尽可能地将沉析物抽干，降低样品中有机溶剂含量；如若必要，可透析除掉有机溶剂，以免影响样品的生物活性。同时，为避免引起某些具有生物活性的大分子变性失活，有机溶剂沉析操作应在低温下进行。

三、等电点沉析

等电点沉析法是利用两性电解质分子在等电点时溶解度最低的特性，通过调整样液 pH，以达到某一物质的等电点，使其溶解度下降，从溶液中沉淀析出而实现分离的技术。不同的两性电解质具有不同的等电点。

（一）等电点沉析原理

蛋白质等两性电解质可在溶液中进行两性电离。因其离子化侧链存在，蛋白质等在一定 pH 的溶液中带有一定的静电荷。当在某一特定 pH 的溶液中，该蛋白质极性基团解离的正负离子数相等，此时蛋白质所带静电荷为零，分子间排斥电位降低，引力增大，蛋白质等分子相互聚集，沉淀析出，此时溶液的 pH 即为该蛋白质的等电点（pI）。

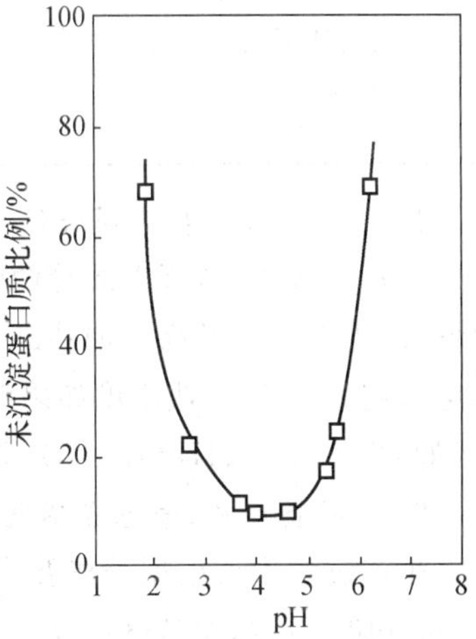

图 4-6　大豆蛋白溶解度与 pH 的关系

（付晓玲，生物分离与纯化技术，2012）

利用两性电解质在等电点时溶解度最低（图 4-6）、易沉淀析出及不同的两性电解质具有不同的等电点（表 4-2）的特性，可对酶、蛋白质、氨基酸、核酸等两性生物大分子进行初步的沉析分离，且在等电点时很多物理性质如黏度、渗透压等都变小，利于过滤操作。

(二)等电点沉析的注意事项

等电点沉析的操作条件是低离子浓度且 pH＝pI,即低离子浓度下调整溶液 pH 至等电点,或者在等电点下利用透析等操作降低离子强度,使蛋白质等生物活性两性电解质沉淀析出,但因多数生物大分子对 pH 较敏感,因此不如盐析法使用广泛,但因其无须后续脱盐操作,可直接进行后续纯化阶段,可缩短纯化阶段的时间,是一种有效的蛋白质初级分离方法。

表 4-2　几种生物大分子的等电点(杨昌鹏,生物分离技术,2007)

生物大分子	来源	分子量	等电点
病毒	番茄	76 000 000	4.11
酪蛋白	牛奶	375 000	4.60
细胞色素	牛心	15 600	9.7
明胶	猪皮	10^4～10^5	4.80～4.85
血红蛋白	马血	66 700	6.79～6.83
胰岛素	猪胰脏	40 900	5.30～5.35
乳白蛋白	牛奶	17 400	5.1
乳球蛋白	牛奶	41 800	4.5～5.5
肌浆蛋白	肌肉	150 000	6.2～6.4
肌红蛋白	肌肉	17 200	5.1
肌球蛋白	肌肉	1 000 000	6.2～6.6
卵白蛋白	鸡蛋	43 800	4.84～4.90
胃蛋白酶	猪肚	25 500	2.75～3.00
精蛋白	鲑鱼	5 600	12.0～12.4
人血白蛋白	马血	70 000	4.88
血清球蛋白	马血	167 000	5.4～5.5
胰蛋白酶	胰液	34 000	5.0～8.0
脲酶	刀豆	480 000	5.0～5.1

1. 同一蛋白质在不同条件下,等电点会改变

在盐溶液中,若蛋白质等两性物质结合了较多阳离子(如 Ca^{2+}、Mg^{2+}、Zn^{2+} 等),正电荷相对增多,等电点会升高。如胰岛素在纯水中等电点为 5.3,在含一定浓度锌盐的水-丙酮溶液中等电点约为 6.0,锌盐浓度如果改变,等电点也会改变;若蛋白质等两性物质结合较多的阴离子(如 Cl^-、SO_4^{2-}、HPO_4^{2-} 等),则因负电荷相对增多,等电点会降低。

2. 不同蛋白质,等电点不同

生产过程中可根据分离要求,除去目标物之外的杂蛋白,若目标物是等电点较高的蛋白质,可先除去目标物等电点以下的杂蛋白,如细胞色素 C 等电点为 10.7,在细胞色素 C 的提取纯化过程中,调 pH 至 6.0 除去酸性杂蛋白,再将 pH 调至 7.5～8.0 除去碱性杂蛋白。

3. 盐溶作用

很多生物大分子在等电点附近有很明显的盐溶作用,因此无论单独使用或与有机溶剂沉析合用,都必须控制好溶液的离子强度,降低或避免盐溶现象的影响。

4. 溶液 pH 调节

生产中应尽量避免直接使用强酸或强碱调节 pH,以免局部过酸或过碱引起活性蛋白或酶变性失活。调节 pH 应选用与原溶液中的盐或即将加入的盐相适应的酸、碱。如溶液中存

在硫酸铵，则可选用硫酸或氨水调 pH；溶液含有氯化钠时，则选用盐酸和氢氧化钠调节溶液 pH。总之，以尽量不增加离子种类为原则。

5. 可与其他沉析方法合用

多数蛋白质的等电点十分接近，且在等电点时各种蛋白质仍保持一定的溶解度，使沉淀不完全；也有的两性物质在等电点时很难沉淀析出，单独使用等电点沉析法时分离效果不理想，实际生产中常与有机溶剂沉析、盐析并用以提高沉淀效果。但应注意溶液 pH 应满足目标物的稳定性要求。

（三）等电点沉析的应用

等电点沉析法一般只适用于疏水性较大的蛋白质如酪蛋白，等电点时溶解度很低，而对亲水性很强的两性物质如明胶，因在水溶液中溶解度很大，即使在等电点，仍不易产生沉淀。在生化产品分离纯化中，常利用两性物质如氨基酸、蛋白质、多肽、酶、核酸等具有不同的等电点来进行产品的初步分离纯化，不但可用于目标物提纯，也可用于去除杂蛋白及其他杂质。

四、有机聚合物沉析

有机聚合物沉析是利用生物大分子与某些有机聚合物形成沉淀析出的分离技术。有机聚合物是 20 世纪 60 年代发展起来的一类沉淀剂，最早应用在血纤维蛋白原和免疫球蛋白以及一些细菌与病毒的沉淀分离，近年来被广泛应用于核酸和酶的分离纯化。

（一）有机聚合物的种类

有机聚合物包括非离子型聚合物、离子型表面活性剂聚合物和离子型聚合物等。

1. 非离子型聚合物

非离子型聚合物沉析剂包括各种不同分子量的聚乙二醇（PEG）、壬苯乙烯化氧（NPEO）、聚乙烯吡咯烷酮（PVP）、葡聚糖、右旋糖酐硫酸酯等。其中，应用最多的是 PEG，其亲水性强，可溶于多种有机溶剂，热稳定性好，分子量范围广。分子量为 2 000～6 000 的 PEG，因分子量低，聚合物无毒，在沉析生物大分子中被优先使用。分子量超过 20 000 的 PEG，其黏性较大而很少被使用。

2. 离子型表面活性剂聚合物

常用的离子型表面活性剂聚合物沉析剂有阳离子型表面活性剂，如十六烷基三甲基季胺溴化物（CTAB）、十六烷基氯化吡啶（CPC）；阴离子型表面活性剂，如十二烷基磺酸钠（SDS）。

3. 离子型聚合物

常用的离子型多聚物沉析剂有核酸、鱼精蛋白以及人工合成的含有重复离子化基团的水溶性的聚电解质，如聚丙烯酸、聚乙烯亚胺、羧甲基纤维素和离子型多糖（如肝素）等。

（二）有机聚合物沉析原理

有机聚合物不同，其沉析的机理也不相同。

1. 非离子型聚合物沉析机理

目前，使用最广泛的非离子性聚合物 PEG 的沉淀机理还都仅仅是假设，没有得到充分证实，其可能的机制包括：①聚合物与生物大分子发生共沉淀作用；②聚合物较强的亲水性，降低了生物大分子水化作用使其脱水而发生沉淀；③聚合物与生物大分子之间以氢键相互作用形成复合物，因重力作用而沉淀析出；④空间位置排斥，使溶液中生物大分子被迫聚集在一起而发生沉淀。

PEG的沉淀效果主要与其浓度和分子量有关，同时还受离子强度、溶液pH和温度等因素的影响。在一定pH下，盐浓度越高，所需PEG浓度越低。溶液的pH越接近目标物等电点，则PEG浓度越低。在一定浓度范围内，高分子量的PEG沉淀的效率高。此外，蛋白质相对分子量越高，沉析时加入的PEG用量越少。常用PEG浓度为20%，浓度过高会增加溶液的黏度，使沉淀物分离困难。

PEG沉析法的主要优点：①操作条件温和，室温条件下即可，不易引起生物大分子变性；②沉淀效能高，使用少量的PEG可沉淀相当多的生物大分子；③沉淀颗粒往往比较大，容易收集产物。但经PEG沉淀分离蛋白质，所得沉淀中含有大量的PEG需除去，可用方法有吸附法、乙醇沉淀法及盐析法等。吸附法是将沉淀物溶于磷酸缓冲液，用DEAE-纤维素离子交换剂吸附蛋白质，PEG因不被吸附而除去，然后再用0.1 mol/L氯化钾溶液洗脱蛋白质，最后经透析脱盐制得成品。乙醇沉淀法是将沉淀物溶于磷酸缓冲液后，用20%的乙醇沉淀蛋白质，离心后PEG存在于上清液中而与蛋白分离。盐析法是将沉淀物溶于磷酸缓冲液后，用35%的硫酸铵沉淀蛋白质，PEG则留在上清液中。

2. 离子型表面活性剂沉析机理

离子型表面活性剂具有的阴(阳)离子与生物大分子上的阳(阴)离子可以形成络合物，此络合物不溶于低离子强度的水溶液，当溶液离子强度增加到一定值时，络合物则逐渐解离，最后溶解，其作用的选择性很强。

3. 离子型聚合物沉析机理

离子型聚合物可与蛋白质等生物大分子以类似盐键的方式相结合，形成沉淀析出，其作用效果与蛋白质分子所带净电荷、离子型聚合物的大小及电荷密度有关。

(三)有机聚合物沉析的应用

有机聚合物沉析技术发展初期主要用于沉淀分离血纤维蛋白酶、免疫球蛋白以及一些细菌和病毒，近年来在核酸和酶的分离纯化中使用已经相当普遍。

非离子聚合物沉淀生物大分子和微粒的方法一般有两种：

(1)选用两种水溶性非离子聚合物组成液-液两相系统(即双水相系统)，利用生物大分子或微粒在此两相系统中的不等量分配，达到分离目的。此方法是利用不同生物分子和微粒表面结构不同，在溶液体系中分配系数不同，再加上离子强度、pH和温度等因素的影响，达到分离效果。

(2)选用一种非离子型聚合物，使生物大分子或微粒在溶液中因被排斥而相互凝集并沉淀析出。操作时，需要先离心除去粗大的悬浮颗粒，调整到适宜的pH和温度，然后加入中性盐和聚合物至一定浓度，低温贮存一段时间，可形成沉淀。

离子型表面活性剂聚合物沉析黏多糖时，除乙醇使用较多外，十六烷基三甲基季胺溴化物(CTAB)、十六烷基氯化吡啶(CPC)等是分离黏多糖的有效沉析剂，尤其是CTAB能从很稀的溶液中通过选择性沉析回收黏多糖，沉析效应较强。十二烷基磺酸钠(SDS)多用于分离膜蛋白或核蛋白。

离子型聚合物如鱼精蛋白(多聚阳离子)可作用于酸性蛋白质，核酸(多聚阴离子)多作用于碱性蛋白质。此技术应用时，需先调整溶液pH，使蛋白质与离子型聚合物所带电荷不同。

五、其他沉析技术

除上述沉析技术外，经常使用的沉析技术还有有机酸成盐沉析、金属离子沉析及选择变性沉析等。

1. 有机酸沉析

含氮有机酸（如苦味酸和鞣酸等）能够与有机分子的碱性功能团形成复合物而沉淀析出。常用的有机酸有单宁、雷凡诺、三氯乙酸等。

（1）单宁　即鞣酸，广泛存在于植物界，其为多元酸类化合物，分子上有羧基和多个羟基。由于蛋白质分子中有许多氨基、亚氨基和羧基等，可使蛋白质分子与单宁分子间形成较多的氢键而络合在一起，从而生成巨大的复合颗粒并沉析。有时也将单宁沉析归为有机聚合物沉析（复合沉析）。

单宁沉析蛋白质的能力与蛋白质种类、环境 pH 及单宁本身的来源（种类）和浓度有关。由于单宁与蛋白质的结合相对比较牢固，用一般方法不易将它们分开。故多采用竞争结合法，即选用比蛋白质更强的结合剂与单宁结合，使蛋白质游离释放出来。这类竞争性结合剂有聚乙烯吡咯烷酮（PVP），它与单宁形成氢键的能力很强。此外还有聚乙二醇、聚氧化乙烯及山梨糖醇甘油酸酯等也可用来从单宁复合物中分离蛋白质。

（2）雷凡诺　2-乙氧基-6，9-二氨基吖啶乳酸盐，是一种吖啶染料，其沉析作用主要也是通过形成盐的复合物而沉淀析出。此种染料对提纯血浆中 γ-球蛋白有较好效果。实际应用时以 0.4% 的雷凡诺溶液加到血浆中，调 pH 至 7.6～7.8，除 γ-球蛋白外，可将血浆中其他蛋白质沉析下来。然后将沉析物溶解，再以 5% NaCl 将雷凡诺沉析除去（也可通过活性炭柱或马铃薯淀粉柱吸附除去）。溶液中的 γ-球蛋白可用 25% 乙醇或加等体积饱和硫酸铵溶液沉析回收。使用雷凡诺沉析蛋白质，不影响蛋白质活性，并可通过调整 pH，分级沉析不同蛋白质组分。但蛋白质的等电点在 3.5 以下或 9.0 以上时，雷凡诺无作用。而核酸大分子却可在较低 pH 时（pH＝2.4 左右），被雷凡诺沉析。

（3）三氯乙酸（TCA）　沉析蛋白质迅速而完全。一般会引起变性，但在低温下短时间作用可使有些较稳定的蛋白质或酶保持原有的活力，如用 2.5% TCA 处理胰蛋白酶、抑肽酶或细胞色素 C 提取液，可以除去大量杂蛋白而不影响酶活性。该技术用于目的物比较稳定且分离杂蛋白相对困难的场合。

有机酸与蛋白质形成盐复合物沉析时，常发生不可逆的沉析反应。应用该技术制备蛋白质时，需采取较温和的条件，有时还需加入一定的稳定剂，以防止蛋白质变性。

2. 金属离子沉析

许多生物活性物质（如蛋白质、核酸、多肽、抗生素和有机酸等）能与金属离子形成难溶性的复合物而沉析。根据相互间作用的机制不同，可把用于沉析的金属离子分为三大类：第一类是能够与羧基、含氮化合物和含氮杂环化合物结合的金属离子，如 Mn^{2+}、Fe^{2+}、Co^{2+}、Ni^{2+}、Cu^{2+}、Zn^{2+}、Cd^{2+}；第二类是能够与羧基结合，但不能与含氮化合物结合的金属离子，如 Ca^{2+}、Ba^{2+}、Mg^{2+}、Pb^{2+} 等；第三类是能够与巯基结合的金属离子，如 Hg^{2+}、Ag^{2+}、Pb^{2+}。若目的物与金属离子沉析，可将得到的复合物分解，并采用离子交换法或金属螯合剂如 EDTA 等将金属离子除去。

金属离子沉析生物活性物质已有广泛的应用，如锌盐可用于沉淀杆菌肽和胰岛素等，$CaCO_3$ 用来沉析乳酸、枸橼酸、人血清蛋白等。此外，该技术还能用来除去杂质，如微生物细胞中含大量核酸，使料液黏度提高，影响后续纯化操作，需预先除去核酸。因此在胞内产物提取时，用锰盐选择性地沉析核酸而将其除去。如从大肠杆菌中小规模连续分离 β-糖苷酶时，在细胞匀浆液中加入 0.05 mol/L 的 Mn^{2+}，可除去 30%～40%核酸，而在这一步操作中酶无损失。除沉析核酸外，还可采用 $BaSO_4$ 除去枸橼酸产品中的重金属；用 $MgSO_4$ 除去 DNA 和其他核酸等。但在金属离子沉析过程中，有时复合物的分解较困难，并容易促使蛋白质变性，应注意选择适当的操作条件。

3. 选择变性沉析

选择变性沉析法是利用蛋白质、酶与核酸等生物大分子对某些物理或化学因素敏感性不同，而有选择地使之变性沉析，以达到目的物与杂蛋白分离的技术。常用的有选择性热变性、选择性酸碱变性和选择性变性剂等。

(1)选择性热变性　利用生物大分子对热的稳定性不同，加热破坏某些组分，而保存另一些组分。该技术最为简便，不需消耗任何试剂，但分离效率较低，通常用于生物大分子的初期分离纯化。

(2)选择性酸碱变性　利用蛋白质和酶等在不同 pH 条件下的稳定性不同而使杂蛋白变性沉析。

(3)选择性变性剂　利用不同蛋白质和酶等对表面活性剂、重金属盐、有机溶剂、卤代烷等敏感性不同，在分离纯化过程中使那些敏感性强的杂蛋白变性沉析，而目标物仍留在溶液中。应用该技术时通常都在低温下进行，以避免目的物失活。

技术应用

任务 4-1　利用硫酸铵盐析法和单宁沉淀法分离菠萝蛋白酶

任务设计

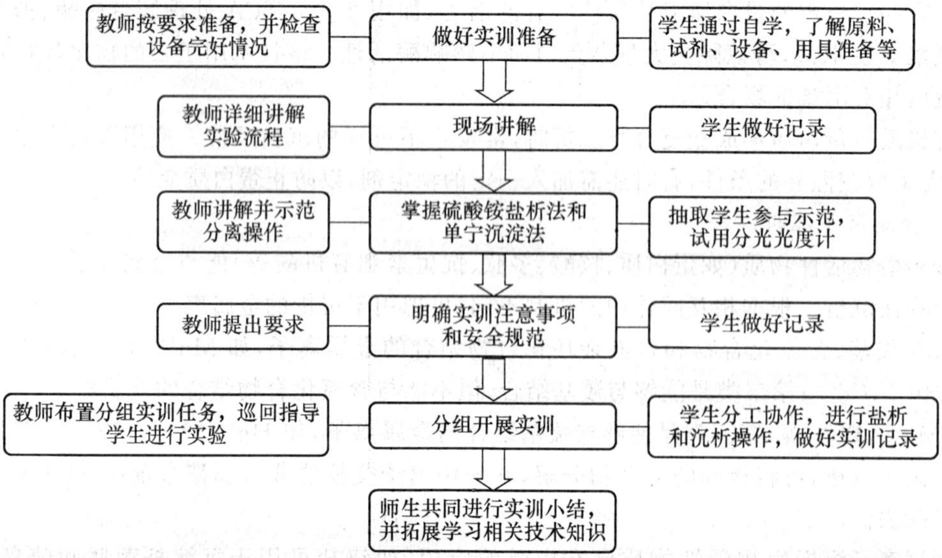

图 4-7　利用硫酸铵盐析法和单宁沉淀法分离菠萝蛋白酶任务设计

实践操作

一、原料与试剂准备

(一)材料

鲜菠萝 1 500 g。

(二)试剂

0.5%、0.1%EDTA-Na(二乙胺四乙酸钠);0.5%乙酸锌溶液;0.06%、0.1%抗坏血酸溶液;单宁粉剂(别名鞣酸);1.5%氯化钠溶液;0.5%硫代硫酸钠溶液;1% *L*-半胱氨酸溶液;0.1 mol/L pH 7.8 磷酸缓冲液;0.01 mol/L pH 7.8 磷酸缓冲液。

(1)1% *L*-半胱氨酸溶液的配制　称取 *L*-半胱氨酸 0.1 g,加水 10 mL,加 1 mol/L 盐酸溶液 6~8 滴使之溶解;用 6 mol/L 的氢氧化钠溶液中和至 pH 3~4。

(2)盐析粗提液配制

①0.1 mol/L pH 7.8 磷酸缓冲液配制:称取 65.166 g $Na_2HPO_4 \cdot 2H_2O$(或 131.108 g $Na_2HPO_4 \cdot 12H_2O$)、5.305 g $NaH_2PO_4 \cdot 2H_2O$,加蒸馏水溶解,定容至 4 000 mL。

②0.01 mol/L pH 7.8 磷酸缓冲液配制:称取 6.517 g $Na_2HPO_4 \cdot 2H_2O$(或 13.111 g $Na_2HPO_4 \cdot 12H_2O$)、0.531 g $NaH_2PO_4 \cdot 2H_2O$,加蒸馏水溶解,定容至 4 000 mL。

(3)蛋白标准溶液　标准溶液准确称取 100 mg 牛血清白蛋白,溶于 100 mL 蒸馏水中,即为 1 000 μg/mL 的原液。

(4)染液　称取 0.1 g 考马斯亮蓝 G250 溶于 50 mL 90%乙醇溶液中,再加入 100 mL 85%的磷酸,最后用蒸馏水定容至 1 000 mL。此溶液在室温下可保存一个月。

二、设备与用具准备

恒温水浴锅、电磁搅拌器、酸度计、可见紫外分光光度计(配石英比色杯和玻璃比色杯)、冰箱、高速离心机、台式天平(离心平衡用)、榨汁机、大烧杯(≥500 mL)、磁力搅拌器、恒温水浴锅、搪瓷桶、pH 计、离心机、容量瓶、水浴锅、布氏漏斗、不锈钢锅、冰箱、干燥器、透析袋(截留分子量 8 000~14 000)。

透析袋的处理:新买的透析袋裁剪成所需大小,在沸蒸馏水中煮 30 min,取出后用蒸馏水漂洗干净,即可使用。

三、操作方法

(一)操作流程

利用硫酸铵盐析法和单宁沉淀法分离菠萝蛋白酶操作流程如图 4-8 和图 4-9 所示。

(二)操作要点

1. 硫酸铵盐析法

(1)去杂取汁　称取菠萝皮 120 g,将菠萝皮在清水中洗净,沥干,切成小段后置于超高速搅拌机中,加入约 60 mL 预冷的 0.1 mol/L pH 7.8 PBS,持续搅拌 10~15 min 至粉碎,搅拌完成后用 4 层纱布过滤,滤液在 4℃下离心 6 min(3 000 r/min),取上清液备用。

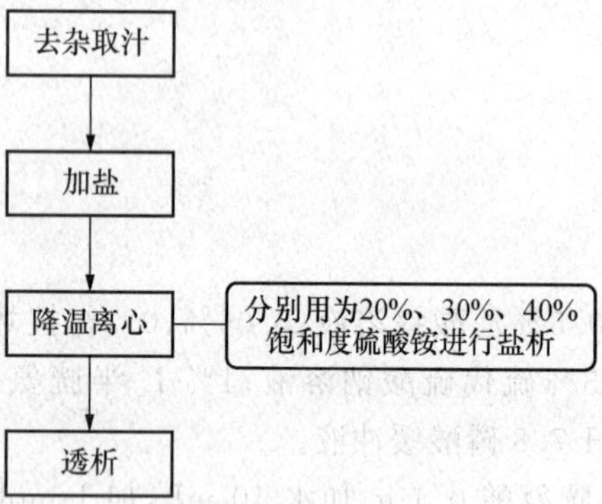

图 4-8 硫酸铵盐析法分离菠萝蛋白酶操作流程

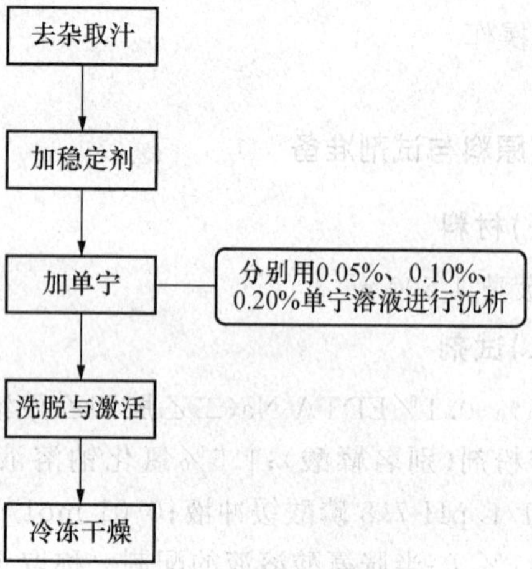

图 4-9 单宁沉析法提取菠萝蛋白酶操作流程

(2)加盐　按 20%、40%、60%硫酸铵相对饱和度计算在上述酶提取液中需添加的固体硫酸铵量(见本任务理论链接部分)。称取固体硫酸铵于研钵中,研磨呈粉末,缓慢分次向酶提取液中添加固体硫酸铵,边加边搅拌,使溶液最终硫酸铵相对饱和度为 20%、40%、60%,放置于冰水混合物(4℃)中 30 min,酶蛋白沉淀析出,观察沉淀析出速度及沉淀量。

(3)降温离心　处理液 4℃下离心 10 min(4 000 r/min),收集沉淀,即得粗酶。

(4)透析　粗酶中加入 0.1 mol/L pH 7.8 PBS 约 15 mL 至完全溶解,得硫酸铵-酶混合液。将混合液装入 2.5 cm×8 cm 透析袋,置于 500 mL 烧杯中,在磁力搅拌器搅拌下用蒸馏水透析,15 min 换水 1 次,换水 3～4 次,直至透析完全,得菠萝蛋白酶浓缩液。

检查 SO_4^{2-} 是否除净的方法:取 2 mL $BaCl_2$ 溶液于试管中,滴加 2～3 滴透析外液,若出现白色沉淀,表示 SO_4^{2-} 未除净;若无沉淀出现,表示透析完全。

2. 单宁沉析法

(1)去杂取汁　取鲜菠萝 1 500 g,去刺、洗净,用压榨机压出汁液,取 1 000 g 鲜菠萝汁,加 5%苯甲酸钠溶液 10 mL 搅匀(用于防腐),3 000 r/min 离心 20 min,除去杂质,上清液备用。

(2)加稳定剂　上清液移入搪瓷桶中,边搅拌边加入 0.5%EDTA-Na 80 mL、0.1%的抗坏血酸溶液 60 mL。

(3)加单宁　上述清液分装于 4 个 250 mL 烧杯中,每个 100 mL,分别加 0.05 g、0.10 g、0.20 g 单宁粉剂,边加边拌约 15 min,在 4℃下静置 1 h,观察沉淀析出速度及沉淀量,3 000 r/min 离心 15 min,弃去上清液,分别收集沉析物(酶复合物)。

(4)洗脱与激活

①将沉析物分别倒入烧杯中,依次加 0.5%乙酸锌溶液 5 mL,搅拌均匀,静止 5 min;加 0.06%抗坏血酸溶液 7 mL,搅匀,静止 10 min;加 1.5%氯化钠溶液 5 mL,搅匀,静止 10 min;最后再加 0.5%EDTA 溶液 5 mL,搅匀,静止 5 min;3 500 r/min 离心 10 min,弃去上清液,得菠萝蛋白酶沉析物。

②把上述沉析物倒入烧杯中,加 0.5%硫代硫酸钠溶液 5 mL,搅匀,静止 5 min;加 1%*L*-半胱氨酸溶液 3 mL,搅匀,3 500 r/min 离心 10 min,弃去上清液,得菠萝蛋白酶湿品。

(5)冷冻干燥　将菠萝蛋白酶湿品放入冰箱中，于－15℃冷冻10～15 h，解冻后3 000 r/min离心10 min，沉淀放入装有氯化钙或五氧化二磷的干燥器中干燥5～10 h，取出后研磨成粉末，得菠萝蛋白酶纯品，低温(2～10℃)保存。

3. 蛋白含量测定

将酶液或纯品稀释至适宜浓度，用考马斯亮蓝G250法测定溶液中可溶性蛋白的含量。

(1)标准曲线的绘制　取6支试管并分别编号，按表4-3加入试剂。准确吸取各管中溶液0.1 mL，加入5 mL考马斯亮蓝溶液，摇匀，静置2 min，测定溶液在595 nm的吸光度，绘制标准曲线。

表4-3　标准曲线绘制

试管编号	1	2	3	4	5	6
牛血清白蛋白/mL	0	0.2	0.4	0.6	0.8	1.0
蒸馏水/mL	1.0	0.8	0.6	0.4	0.2	0
蛋白质浓度/(μg/mL)	0	200	400	600	800	1 000

(2)样品的测定　准确吸取样品溶液0.1 mL放入具塞刻度试管中，与步骤(1)操作相同，测得样品在595 nm的吸光度。

四、结果分析

(一)沉析过程观察

(1)观察不同相对饱和度硫酸铵盐析实验中沉淀析出的速度和沉淀量，记录上清液和沉淀的状态和质量。

(2)观察不同浓度单宁沉析实验中沉淀析出的速度和沉淀量，记录上清液和沉淀的状态和质量。

(二)菠萝蛋白酶回收量计算

由标准曲线查出相应的蛋白酶提取液浓度(μg/mL)，按如下公式计算出蛋白酶回收量，填入表4-4，对比结果，找出适宜的实验条件。

$$\text{蛋白酶回收量}(\mu g/g)=\frac{\text{蛋白提取液浓度}(\mu g/mL)\times\text{定容体积}(mL)}{\text{样品重量}(g)}$$

表4-4　菠萝蛋白酶分离纯化表

提取方法	盐析法(硫酸铵相对饱和度)			单宁沉析法(单宁体积分数)		
沉析剂浓度	20%	40%	60%	0.05%	0.1%	0.15%
蛋白酶回收量/(μg/g)						

五、注意事项

(1)原料要选取70%～80%成熟度的新鲜菠萝。

(2)提取操作中避免热、酸、碱、重金属盐、紫外线等对产物的影响，防止酶变性。

(3)在整个操作中注意温度的变化以及体系的pH变化，要经常用试纸检测溶液的pH，要使之保持稳定。

(4)缓冲液的配制应准确。

(5)加硫酸铵溶液的速度要慢一些,搅拌的速度应适中。

(6)加完硫酸铵溶液后要静置一段时间,至少 20～30 min,使沉淀完全。

(7)高速离心前一定要配平好离心管。

(8)注意透析袋是否破裂,透析时间长时要置于4℃下进行。

实训建议

一、实训时间与分组安排

(1)本实训任务宜安排 6～8 学时的集中时间,由学生独立完成或由 2～3 人一组合作进行,对本实训中耗时长的部分内容(如冷冻干燥),要和绘制标准曲线等内容穿插开展,合理安排时间。

(2)为让学生充分对比学习,本实训可适当调整或增加硫酸相对饱和度和单宁溶液的浓度梯度,加强学生对基础方法的熟练度。

二、实践操作内容的安排

(1)实训中使用的各种试剂溶液的配置及透析袋的处理尽可能由学生自己完成,以培养和提高学生实践操作能力。

(2)本实训为两种方法对同一目标产物分离效果的对比试验,操作步骤较多,在实训开始前学生要制订详细的任务计划,以保证实训任务顺利完成。

理论链接

一、菠萝蛋白酶的性质与应用

菠萝蛋白酶(Bromelain,EC3.4.22.3)简称菠萝酶,1891 年 Mercaro 于菠萝汁中首先发现,是一组复合的半胱氨酸巯基蛋白水解酶,是由巯基蛋白酶和非蛋白酶组分构成的复杂复合物,因含有一个不稳定的游离巯基,所以菠萝蛋白酶极易被氧化而使其酶活下降。菠萝蛋白酶的分子量大约为 33 000,等电点 9.55,最适 pH 在 7.1 左右,在偏酸环境中酶活下降较快,碱性环境能延缓失活。菠萝蛋白酶在 55～65℃最稳定。金属盐离子中 NaCl、KCl 对其酶活的影响不是很大;维生素 C、半胱氨酸、硫代硫酸钠、2-巯基乙醇是菠萝蛋白酶的稳定剂;EDTA 能通过螯合对酶活有影响的金属离子而保护菠萝蛋白酶;有机溶剂中,甲醇、乙醇、乙二醇对其酶活的抑制性较强。在食品工业中菠萝蛋白酶作为一种食品添加剂,能分解蛋白质、肽、酯和酰胺等,可用于肉质嫩化、水解蛋白、啤酒澄清、干酪生产等。

二、菠萝蛋白酶的常用制备方法

菠萝蛋白酶属于糖蛋白,工业生产中菠萝蛋白酶的制备途径主要是从菠萝的下脚料中提取,制备方法有高岭土吸附法、单宁沉淀法、盐析法和超滤法等。

高岭土吸附法制得的菠萝蛋白酶虽然纯度较高,酶活力在 410×10^6 IU/g 以上,但工艺流程长，原料消耗多，酶活总回收率低，对环境有污染。单宁沉淀法比高岭土法简单，原料消耗少，酶活回收率较低，产品酶活力在$(315\times10^6)\sim(410\times10^6)$ IU/g，也会对环境造成污染。盐析法获得的菠萝蛋白酶活性较低，纯度不高。超滤法提取菠萝蛋白酶操作步骤简单，且具有无相变、低温、能耗少、活力损失小、操作简单等特点，能有效分离提取菠萝蛋白酶。其用于菠萝蛋白酶的浓缩和分离，不仅能保护酶活性，降低生产成本，使用的有机溶剂可回收再生产，基本上没有废物排放，且超滤透过液还可用作饮料添加剂，可达到清洁生产的要求。另外，超滤法得到的菠萝蛋白酶质量好、纯度高。

三、硫酸铵盐析操作

1. 盐的处理

硫酸铵盐析法要求盐纯度较高。生产时，为降低成本可选用化学纯硫酸铵，在使用前可通过化学法将重金属除去（如通入 H_2S 后过滤），再重结晶备用。

2. 加盐的方法及添加量计算

(1)直接加盐法　在工业生产中，当溶液体积较大或需要达到较高的硫酸铵相对饱和度时，可采用此法。操作时，先在低温下将固体硫酸铵研成细小颗粒后加入溶液中，缓慢均匀、少量多次地边搅拌边加入，以避免出现局部浓度过高而造成杂蛋白沉淀。为达到所需相对饱和度，固体硫酸铵的加入量可通过查表（表 4-5，表 4-6）或下列公式计算得到。

$$m=c\times\frac{S_2-S_1}{1-BS_2}$$

式中：m 为 1 L 溶液所需加入的固体硫酸铵的质量(g)；S_1 为待盐析溶液的原始硫酸铵饱和度；S_2 为要求达到的硫酸铵相对饱和度；c 为饱和溶液中的盐浓度(g/L)，0℃时为 515 g/L，20℃时为 513 g/L；B 为常数，0℃时为 0.27，20℃时为 0.29。

表 4-5　调整硫酸铵溶液相对饱和度计算表(0℃)

硫酸铵初浓度(相对饱和度)/%	硫酸铵终浓度(相对饱和度)/%																
	20	25	30	35	40	45	50	55	60	65	70	75	80	85	90	95	100
	每 1 L 溶液加固体硫酸铵的质量/g																
0	106	134	164	194	226	258	291	326	361	398	436	476	516	559	603	650	697
5	79	108	137	166	197	229	262	296	331	368	405	444	484	526	570	615	662
10	53	81	109	139	169	200	233	266	301	337	374	412	452	493	536	581	627
15	26	54	82	111	141	172	204	237	271	306	343	381	420	460	503	547	592
20	0	27	55	83	113	143	175	207	241	276	312	349	387	427	469	512	557
25		0	27	56	84	115	146	179	211	245	280	317	355	395	436	478	522
30			0	28	56	86	117	148	181	214	249	285	323	362	402	445	488
35				0	28	57	87	118	151	184	218	254	291	329	369	410	453
40					0	29	58	89	120	153	187	222	258	296	335	376	418
45						0	29	59	90	123	156	190	226	263	302	342	383
50							0	30	60	92	125	159	194	230	268	308	348
55								0	30	61	93	127	161	197	235	273	313

续表 4-5

硫酸铵初浓度(相对饱和度)/%	硫酸铵终浓度(相对饱和度)/%																
	20	25	30	35	40	45	50	55	60	65	70	75	80	85	90	95	100
	每 1 L 溶液加固体硫酸铵的质量/g																
60									0	31	62	95	129	164	201	231	279
65										0	31	63	97	132	168	205	244
70											0	32	65	99	134	171	209
75												0	32	66	101	137	174
80													0	33	67	103	139
85														0	34	68	105
90															0	34	70
95																0	35
100																	0

注:此表为在 0℃下,硫酸铵溶液由初浓度调到终浓度时,每升溶液所加固体硫酸铵的质量。

表 4-6 调整硫酸铵溶液相对饱和度计算表(25℃)

硫酸铵初浓度(相对饱和度)/%	硫酸铵终浓度(相对饱和度)/%																
	10	20	25	30	33	35	40	45	50	55	60	65	70	75	80	90	100
	每 1 L 溶液加固体硫酸铵的质量/g																
0	56	114	144	176	196	209	243	277	313	351	390	430	472	516	561	662	767
10		57	86	118	137	150	183	216	251	288	326	365	406	449	494	592	694
20			29	59	78	91	123	155	189	225	262	300	340	380	424	520	619
25				30	49	61	93	125	158	193	230	267	307	348	390	485	583
30					19	30	62	94	127	162	198	235	273	314	356	449	546
33						12	43	74	107	142	177	214	252	292	333	426	522
35							31	63	94	129	164	200	238	278	319	411	506
40								31	63	97	132	168	205	245	285	375	469
45									32	65	99	134	171	210	250	339	431
50										33	66	101	137	176	214	302	392
55											33	67	103	141	179	264	353
60												34	69	105	143	227	314
65													34	70	107	190	275
70														35	72	153	237
75															36	115	198
80																77	157
90																	79

注:此表为在 25℃下,硫酸铵溶液由初浓度调到终浓度时,每升溶液所加固体硫酸铵的质量。

(2)加饱和溶液法　在实验室和小规模生产中,处理溶液体积不大或硫酸铵浓度不需太高时,可采用此方式。此方法可防止溶液局部浓度过高,但溶液会被稀释,增加了样液处理体积,不利于下一步分离纯化。

为达到一定的相对饱和度，所需加入的饱和硫酸铵溶液的体积由以下公式计算。

$$V = V_0 \frac{S_2 - S_1}{1 - S_2}$$

式中：V 为需要加入的饱和硫酸铵溶液的体积；V_0 为待盐析溶液的体积；S_1 为待盐析溶液的原始硫酸铵相对饱和度；S_2 为要求达到的硫酸铵相对饱和度。

饱和硫酸铵溶液应达到真正饱和，配制时可加入过量硫酸铵，溶液加热至 50℃左右，保温数分钟，趁热过滤除去不溶物，在 0～25℃下平衡 1～2 h，有固体析出，即达到真正饱和。浓硫酸铵溶液的 pH 常在 4.5～5.5，使用前可根据需要用氨水或硫酸调整其 pH，然后边搅拌边缓慢向溶液中加入饱和硫酸铵溶液。

饱和硫酸铵溶液加入样品溶液后，总体积并不等于两者之和，这会影响到硫酸铵溶液的相对饱和度，但此变化对盐析效果影响很小，可忽略。

3. 盐析操作注意事项

(1)盐析操作后一般应放置 30 min 以上，待沉淀完全后再进行固-液分离，过早的分离会影响收率。一般低浓度硫酸铵可采用离心分离，高浓度硫酸铵常用过滤方法，因为高浓度硫酸铵密度太大，要使蛋白质完全沉降下来需要较高的离心速率和较长的离心时间。

(2)经过一次分级得到的盐析沉淀，能否进行第二次盐析要靠试验确定。

(3)盐析操作时加入盐的纯度、用量、加入方法、搅拌的速度、温度及 pH 等参数应严格控制。

(4)盐析时生物分子浓度要合适，应充分考虑共沉及稀释后收率、盐量和固-液分离等问题。

(5)盐析过程中，搅拌必须是温和且有规则的。搅拌太快会引起蛋白质起泡，发生变性。

(6)为了平衡硫酸铵溶解时产生的轻微酸化作用，沉淀反应应在缓冲溶液中进行。

4. 盐析后的脱盐处理

常用的脱盐处理有透析法、超滤法和凝胶过滤法。这里简单介绍一下透析技术。

广义地说，透析也是一种膜分离技术。用于透析的膜是一种半透膜，具有让小分子和水扩散而不断地通过，直到膜内外浓度达到平衡，而大分子不能透过膜而被截留在膜内侧的特性。细胞膜、羊皮纸、火棉胶、玻璃纸等都属于半透膜。用于透析的膜，必须具有如下特点：

(1)只允许小分子溶质和溶剂通过，大分子不能通过；

(2)具有化学惰性，与溶质不起化学作用，在水、盐、稀酸、碱中不溶解；

(3)有一定的机械强度和良好的再生性能。

透析的方法比较简单。实验室少量样品可放入透析袋内，并留出一半左右的体积，然后扎紧袋口，悬挂于盛有纯净溶剂的大容器内，即可透析。透析过程中通过搅拌和不断补充新鲜溶剂，可提高透析效果。

四、考马斯亮蓝 G250 染色法测定蛋白质含量

考马斯亮蓝 G250 测定蛋白质含量属于染料结合法的一种。考马斯亮蓝 G250 在游离状态下呈红色，当与蛋白质结合后变为青色，前者最大光吸收在 465 nm，后者在 595 nm。在一定蛋白质浓度范围内(0～1 000 μg/mL)，蛋白质-色素结合物在波长 595 nm 处的光吸收与蛋白质含量成正比，故可用于定量测定蛋白质。蛋白质和考马斯亮蓝 G250 结合在 2 min 左右

的时间内达到平衡，完成反应十分迅速，其结合物在室温下 1 h 内保持稳定。该反应灵敏度高，可测微克级蛋白质含量。大量的去污剂对测定有严重的干扰，少量可通过对照消除。由于此法简便迅速、干扰物质少，灵敏度高，现已广泛用于蛋白质含量的测定。

技术拓展

一、盐析法在卵磷脂提纯中的应用

利用无机盐和卵磷脂可生成沉淀，把其从有机溶剂中分离出来，进而除去蛋白质、脂肪等杂质，再用适当的溶剂萃取出无机盐和其他磷脂杂，可提高卵磷脂的纯度。具体做法是将大豆卵磷脂(SPC)粗品溶于适量无水乙醇中，滴加 60% $ZnCl_2$ 水溶液，得到乳白色沉淀，分离出沉淀加入氯仿，再用 30% 乙醇萃取除去 $ZnCl_2$，有机层蒸去氯仿，用乙醚、丙酮清洗沉淀 10 次，蒸去乙醚，得大豆卵磷脂，产率 65.5%，纯度为 82.1%。

二、盐析法分离乳铁蛋白

新鲜的初乳经脱脂、除酪蛋白后形成酸乳清，再加入半饱和 $(NH_4)_2SO_4$ 沉淀 20 min，4℃下 10 000 r/min 离心 30 min 除去球蛋白，取上清液调 pH 8.5，加入 85% 相对饱和度的 $(NH_4)_2SO_4$，沉淀 20 min，离心(离心条件同上)收集沉淀，用蒸馏水溶解即可得到较纯的乳铁蛋白。采用两次 $(NH_4)_2SO_4$ 沉淀，一次乙醇沉淀分离纯化乳铁蛋白，最终纯度达 45% 左右。该法比目前的离子交换层析、超滤法简单，易于操作，成本低廉，适用于保健品和食品添加剂等产物纯度要求不高的情况。

三、硫酸锌盐析法沉淀柠檬皮果胶

将新鲜柠檬洗净后，剥柠檬皮，撕成小块，沸水中煮沸 5 min 灭酶，然后用清水漂洗，重复漂洗直至水的颜色接近无色，60℃干燥，粉碎。取 25 g 经预处理的柠檬皮粉末，加入一定量蒸馏水，然后用 1 mol/L 的稀盐酸调节溶液 pH 为 2.0，在 90℃下提取 90 min，趁热离心，收集上清液。取一定量果胶萃取液用氨水调节 pH 至 4.0～6.0，加入一定量硫酸锌饱和溶液，然后在 30～70℃下搅拌 30～150 min，离心弃去上层清液。滤饼用 50 mL 左右酸化乙醇搅拌洗涤 2 次，再用 75% 乙醇洗涤 2～3 次，抽滤，于 50℃烘干即得果胶成品。硫酸锌用量为干柠檬皮质量的 0.3 倍，盐析 pH 为 5.0，盐析温度为 45℃，盐析时间为 120 min，通过上述条件得到较好性状的浅黄颗粒状产品，果胶提取率为 18.72%，此工艺稳定可靠，产品纯度符合国家标准要求，盐析法提取果胶能有效地克服醇沉淀法生产果胶的诸多不足，具有低消耗、低污染等优点，应用前景广阔。

二维码 4-2 任务 4-1
学习思考参考答案

学习思考

1. 如何防止酶在分离纯化过程中变性失活？
2. 蛋白质的沉淀有哪些方法？哪些方法会使蛋白质变性？哪些不会？
3. 本实验中硫酸铵盐析为什么要选择 20%～40% 的相对饱和度？

任务 4-2　利用盐析和等电点沉析法分离牛奶酪蛋白

任务设计

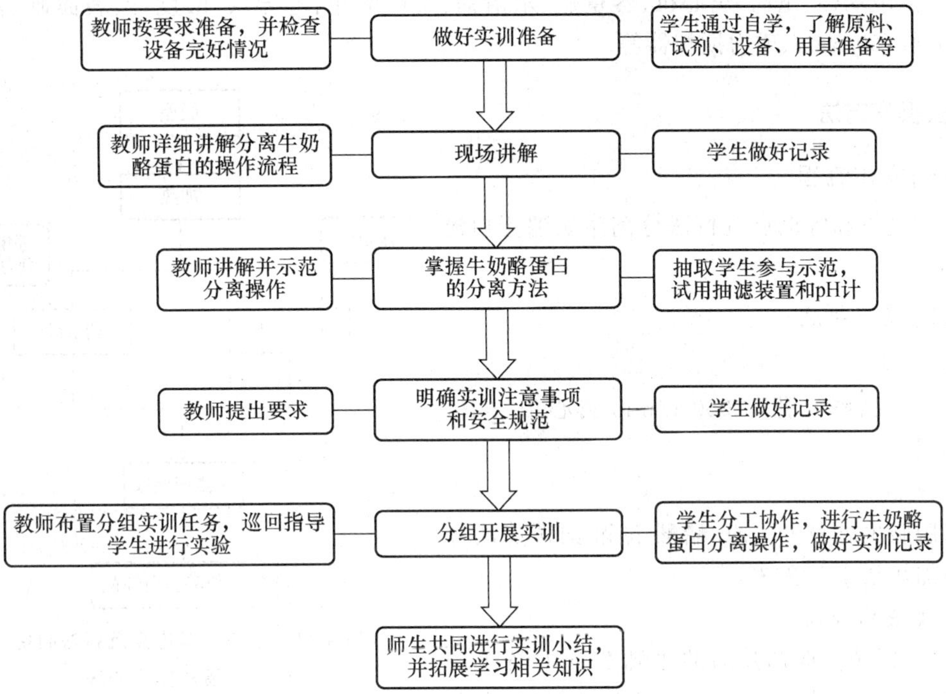

图 4-10　利用盐析和等电点沉析法分离牛奶酪蛋白任务设计

实践操作

一、原料与试剂准备

（一）材料

新鲜牛乳 80 mL。

（二）试剂

醋酸钠、醋酸、95％乙醇、乙醚、无水硫酸钠粉末、蒸馏水、浓盐酸。

0.1 mol/L 盐酸溶液、0.1 mol/L 氢氧化钠溶液、乙醇-乙醚混合液、0.2 mol/L、pH 4.7 的醋酸-醋酸钠缓冲液。

0.2 mol/L、pH 4.7 的醋酸-醋酸钠缓冲液配制方法如下：

(1)配制 A 液和 B 液

A 液(0.2 mol/L 醋酸钠溶液)：称取分析纯醋酸钠($NaAc \cdot 3H_2O$)27.22 g，溶于蒸馏水中，定容至 1 000 mL。

B液(0.2 mol/L醋酸溶液):称取分析纯冰醋酸(含量大于99.8%)12.0 g,溶于蒸馏水中,定容至1 000 mL。

(2)取A液885 mL和B液615 mL混合即得pH 4.7的醋酸-醋酸钠缓冲液1 500 mL。

二、设备与用具准备

烧杯、玻璃棒、量筒、离心机、容量瓶、水浴锅、布氏漏斗、电导仪、酸度计、表面皿、玻璃试管、离心管(50 mL)、磁力搅拌器等。

三、操作方法

(一)操作流程

利用盐析和等电点沉析法分离牛奶酪蛋白流程见图4-11。

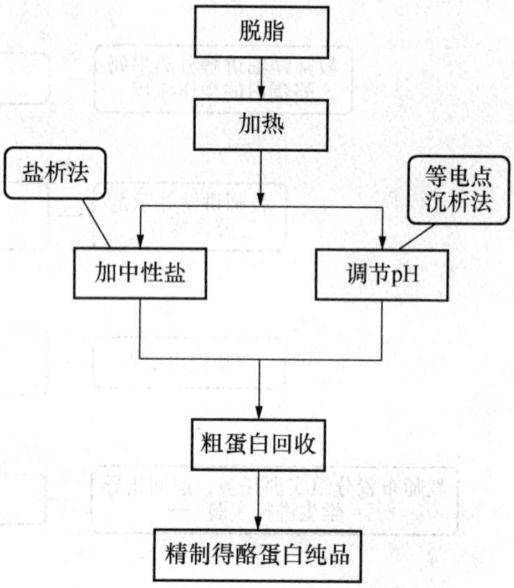

图4-11 盐析和等电点沉析法制备牛乳酪蛋白操作流程

(二)操作要点

1. 脱脂

80 mL新鲜牛乳,3 000 r/min离心10 min,除去脂层。

2. 加热

将脱脂牛乳及60 mL醋酸-醋酸钠缓冲液分别水浴加热至40℃左右。

3. 酪蛋白分离

(1)盐析法 取加热后的牛乳20 mL置于烧杯中,搅拌下缓慢加入4 g无水硫酸钠粉末,再继续搅拌10 min,静置。

(2)等电点沉析法 取加热后的牛乳20 mL置于烧杯中,在搅拌下慢慢加入40℃醋酸缓冲液20 mL,调pH至4.8,混合液冷却至室温。

4. 粗蛋白回收

冷却后混合液3 500 r/min离心15 min,弃去上清液,得酪蛋白粗品。

5. 精制酪蛋白纯品

水洗酪蛋白粗品3次,3 500 r/min离心5 min,弃去上清液。沉淀中加入30 mL乙醇,搅拌片刻。将全部的悬浊液转移至布氏漏斗中抽滤;再用乙醇-乙醚混合液洗沉淀2次;最后用乙醚洗沉淀2次,抽干。

四、结果分析

(一)干燥称量

将两种方法抽滤后得到的沉淀分别摊开在表面皿上,风干得酪蛋白纯品,分别称重。

(二)对两种方法的收率进行分析

(1)鲜牛乳中酪蛋白含量计算：

$$\text{酪蛋白含量(g/100 mL)} = \frac{\text{酪蛋白纯品重量(g)}}{\text{乳样体积(mL)}} \times \frac{100\ \text{mL}}{\text{乳样体积(mL)}}$$

(2)酪蛋白收率计算：

$$\text{酪蛋白收率(\%)} = \frac{\text{测得含量(g/100 mL)}}{\text{理论含量(g/100 mL)}} \times 100\%$$

式中：酪蛋白理论含量按 3.5 g/100 mL 牛乳计算。

请将计算结果填入表 4-7 并对两种方法的收率进行对比分析，给出结论。

表 4-7　利用盐析和等电点沉析法分离牛奶酪蛋白结果记录

分离方法	酪蛋白粗品/g	酪蛋白纯品/g	酪蛋白含量/(g/100 mL)	酪蛋白收率/%
盐析法				
等电点沉析法				

五、注意事项

(1)醋酸-醋酸钠缓冲液的配制应规范，pH 应用酸度计测定，保证达到酪蛋白的等电点，也可采用电导仪检测加入醋酸-醋酸钠缓冲液的牛乳是否处于等电点。

(2)离心前温度一定要降至室温。

(3)盐析时沉淀析出需要一定时间，注意操作时保证沉析时间充足。

(4)离心管中装入样品后必须严格配平，否则可能损坏离心机。

实训建议

一、实训时间与分组安排

(1)本实训任务宜安排 4 学时的集中时间，由学生独立完成或由 2～3 人一组合作进行。

(2)为了让学生熟练掌握盐析操作方法，本实验可根据课时情况，适当增加其他盐析剂(如硫酸铵)，通过对不同方法及相同方法提取酪蛋白的收率进行对比，分析方泆的优缺点，提高学生的方法选择能力。

二、实践操作内容的安排

(1)实训中使用的各种试剂尽可能由学生自行配制，以培养和提高学生化学试剂配制的基本实验能力。

(2)实训中需要的试剂可安排学生在课前完成配制，以保证实训时间充足。

(3)强化酸度计和电导仪使用训练，要求学生规范操作，加强对仪器设备安全使用和正确维护习惯的培养。

理论链接

一、牛乳酪蛋白的性质与应用

酪蛋白是牛乳中的最主要的蛋白质，含量约为 2.6 g/100 mL，占牛乳中蛋白质总量的80%，常温下，在水中可溶解 0.8%～1.2%，溶于稀碱和浓酸中，当浸入水中能吸收水分而迅速膨胀。酪蛋白具有磷酸化作用和两性特征，在牛乳中以酪蛋白酸钙-磷酸钙复合胶束的形式存在，胶束中含有 92%的蛋白质，剩余 8%为以磷酸钙为主的无机组分。牛乳在 pH 6.6～6.7下，酪蛋白胶束带负电荷，可吸引牛乳中带正电荷的离子聚集于胶束表面，构成扩散双电层，有着良好的稳定性。目前其主要作为食品原料或微生物培养基使用，利用蛋白质酶促水解技术制得的酪蛋白磷酸肽具有防止矿物质流失、预防龋齿，防治骨质疏松与佝偻病，促进动物体外受精，调节血压，治疗缺铁性贫血、缺镁性神经炎等多种生理功效，尤其是酪蛋白促进常量元素(Ca、Mg)与微量元素(Fe、Zn、Cu、Cr、Ni、Co、Mn、Se)高效吸收的功能特性使其具有“矿物质载体”的美誉。

利用等电点时溶解度最低的原理，将牛乳的 pH 调到 4.7(酪蛋白的等电点)或加入一定量的中性盐，酪蛋白就会沉淀析出，再用乙醇和乙醚洗涤沉淀，除去脂类杂质，便可制得酪蛋白纯品。

二、等电点沉析牛奶酪蛋白的原理

蛋白质、酶、氨基酸、核酸等两性生物大分子在其等电点的溶液中，因分子表面的净电荷为零，导致蛋白质表面双电层和水化膜的削弱或破坏，分子间引力增加，此时溶解度最低，易发生沉淀，尤其是疏水性较强的蛋白质，此作用更明显，可用于分离。

牛乳酪蛋白是一种含磷钙的结合蛋白，对酸敏感，在 pH 4.7 左右会沉淀析出，可通过加入缓冲液，将 pH 调至 4.7 或加入硫酸钠，利用等电点沉析或盐析法将酪蛋白从牛乳中沉析出来。再利用酪蛋白不溶于乙醇等有机溶剂的性质，通过乙醇和乙醚洗涤，从酪蛋白粗制品中除去脂类杂质，得酪蛋白纯品。

三、盐析法和等电点沉析法的优缺点

1. 盐析法的优缺点

许多生物物质的制备过程中可以用盐析法进行沉淀分离，如蛋白质、多肽、多糖、核酸等。盐析法在蛋白质的分离中应用最为广泛，不仅是蛋白质初级纯化的常用手段，在某些情况下还可以用于蛋白质的高度纯化。但是利用盐析沉淀得到的目标产物中含盐量较高，一般需要通过透析法、超滤法、电渗析法和葡萄糖凝胶过滤法等进行脱盐处理，才能进行后续的分离操作，而且因为共沉淀的影响，盐析法的分辨率不高，但由于盐析法成本低、操作简单安全，对许多生物活性物质有稳定作用，因此在生物物质的分离纯化中仍然广泛应用。

2. 等电点沉析法的优缺点

氨基酸、核苷酸和许多同时具有酸性和碱性基团的生物小分子及蛋白质、核酸等生物大分子都是两性电解质，在其等电点时，溶解度最低，因此控制溶液 pH 为目标物质的等电点，可使其沉淀析出而分离出来，且不需要后续操作。但此法在分离蛋白质时只适用于疏水性较大的蛋白质如酪蛋白，亲水性较强的蛋白质如明胶在水溶液中溶解度较大，即使调节溶液在其等电点，仍不易产生沉淀。另外，如果单靠调节 pH 至等电点的方法进行分离，不能将大多数蛋白质除去，而且还可能会引起其他物质的变性，若目标蛋白等电点很低，也可能会引起目标蛋白变性，因此，等电点沉析法没有盐析法使用广泛。通常将盐析沉淀法与等电点沉淀法和其他的沉淀方法一起使用，可提高分离能力。

技术拓展

一、等电点沉析法分离大豆分离蛋白

大豆蛋白质在 pH＝4.5 左右达到等电点，此时溶解度最低，可形成沉淀析出，利用此性质来提取大豆分离蛋白，使大豆分离蛋白从提取液中聚沉下来，与其他可溶性物质分离。大豆分离蛋白在较低 pH(pH＝2.5)时，已沉淀的蛋白质几乎会全部重新溶解，因此必须严格控制 pH，才能达到满意的效果。在分离中，大量的含磷化合物的存在是影响蛋白质提取的较大因素，最好除去植酸，可用透析法，也可以根据蛋白质和植酸的溶解度的差异性将其除去。

主要技术特点：大豆分离蛋白的一般工艺是用 50℃温水萃取并离心，把豆渣用 50℃温水和 NaOH 调整到 pH＝9 进行二次萃取。离心分离，把分离出的豆浆进行酸沉，同时搅拌(60 r/min)，加入 2%消泡剂和温水，加入适量 Na_2SO_3 调至 pH＝7 左右，高速搅拌(120 r/min)并加入 3.5%HCl 调至 pH＝4.5，此时蛋白质在等电点开始沉淀，并经过凝乳分离、均质、中和、杀菌干燥等一系列工艺可得到成品。

二、等电点沉析在大蒜细胞溶质中 SOD 的提取和纯化中的应用

超氧化物歧化酶(SOD)是一种具有抗氧化、抗衰老、抗辐射和消炎作用的药用酶。它可催化超氧负离子(O^{2-})进行歧化反应，生成氧和过氧化氢。大蒜蒜瓣和悬浮培养的大蒜细胞中含有较丰富的 SOD。

主要技术特点：大蒜经浸提、过滤、离心后取上清液即得 SOD 粗酶液，然后热变性除去杂蛋白，SOD 在 pH 4～9 时活力较好，而其他杂蛋白在 pH 3～4 时达到等电点形成沉淀，可用等电点之间的差异分离 SOD 与杂蛋白，其他蛋白质用 12 000 r/min 离心 20 min 即可大部分除去，然后用离子交换法进行纯化即得成品。

学习思考

1. 为何用醋酸-醋酸钠缓冲液来调节酪蛋白的等电点？可否改用酸或碱？

2. 用等电点沉析法从牛奶中提取酪蛋白为什么把温度控制在 40℃？

3. 提取酪蛋白的时候，洗涤顺序是 95%的乙醇、1∶1 的乙醇-乙醚、乙醚，这个顺序是否可以改变？为什么？

二维码 4-3　任务 4-2
学习思考参考答案

任务 4-3 利用醇析法制备柑橘果胶

任务设计

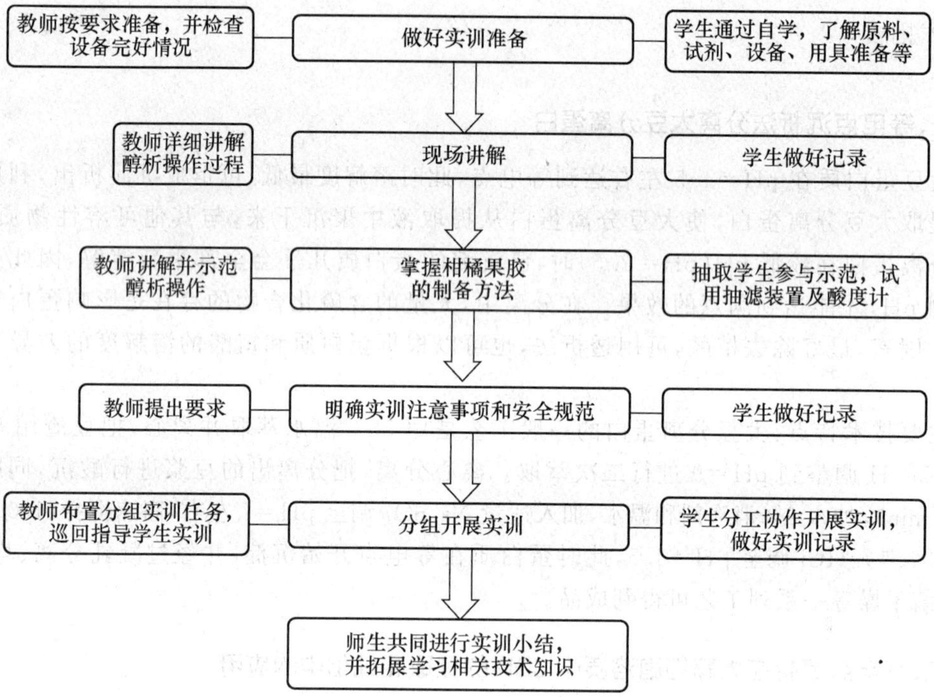

图 4-12 利用醇析法制备柑橘果胶任务设计

实践操作

一、原料与试剂准备

(一)材料

新鲜橘皮或干橘皮。

(二)试剂

95%乙醇、无水乙醇、0.2 mol/L 盐酸溶液、6 mol/L 氨水、活性炭。

二维码 4-4 柑橘果胶的制备

二、设备与用具准备

恒温水浴、布氏漏斗、玻璃棒、尼龙布或纱布、表面皿、精密 pH 试纸、烧杯、电子天平、小刀、抽滤瓶、真空泵等。

三、操作方法

(一)操作流程

乙醇沉析法制备柑橘果胶操作流程见图 4-13。

(二)操作要点

(1)杀酶　称取新鲜柑橘皮 50 g(干品为 20 g),清水漂洗干净(以去除泥土、杂质和农药化肥),放于 250 mL 烧杯中,加水 200 mL,水浴加热至 90℃保温 5～10 min 杀酶。

(2)漂洗　柑橘皮用水冲洗后切成 1 cm^3 左右的小块后放入 250 mL 烧杯中,用 50℃左右的热水漂洗 10 次左右,直至水为无色,果皮无异味为止。每次漂洗都要把果皮用尼龙布挤干,再进行下一次漂洗。

(3)酸法萃取　将处理过的果皮块放入烧杯中,加入酸化水(约 50 mL 0.2 mol/L 盐酸加入 250 mL 水)至恰好浸没果皮为度,再次用盐酸调节溶液 pH 至 2.0～2.5。80～85℃恒温水浴,保温 40 min,保温期间需不断地搅动,趁热过滤,若果皮渣过滤困难,可先用四层纱布粗滤一次,再用垫有尼龙布(100 目)的布氏漏斗抽滤,收集滤液。

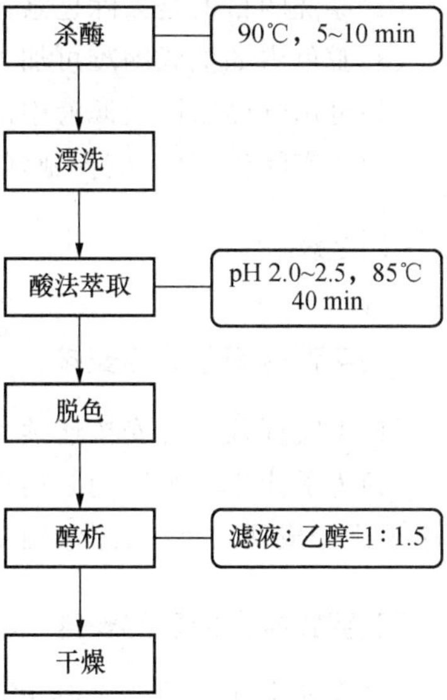

图 4-13　乙醇沉析法制备柑橘果胶操作流程

(4)脱色　滤液中加入 0.5%～1%的活性炭,加热至 80℃,脱色 20 min,趁热抽滤(如橘皮漂洗得干净,滤液清澈,可不脱色)。

(5)醇析　滤液冷却后,用 6 mol/L 氨水调 pH 至 3～4,在不断搅拌下缓缓地加入 95%乙醇溶液,加入乙醇的量为原滤液体积的 1.5 倍。加入乙醇过程中可看到絮状果胶物质析出,静置 20 min 后让果胶沉淀完全,用尼龙布(100 目)过滤制得湿果胶。

(6)干燥　将湿果胶转移到 100 mL 烧杯中,加入 30～50 mL 无水乙醇洗涤湿果胶,再用尼龙布过滤、挤压。将脱水的果胶置于已称中的表面皿中摊开,水浴加热或在烘箱中 40～50℃烘干。将烘干的果胶磨碎过筛,制得干果胶。

四、结果分析

(一)样品称重

将制得的干果胶连同表面皿一起称重,记录数值。

(二)计算提取率

果胶提取率按下式计算:

$$D_P = \frac{B}{E} \times 100\%$$

式中:D_P 为果胶提取率(%);B 为提取的干果胶质量(g);E 为原料质量(g)。

(三)提取率分析

柑橘皮中果胶含量为果皮干重的 30%左右,对比实验结果,总结影响果胶提取率的因素,对照实验过程试分析提取率或低或高的原因。

五、注意事项

(1)杀酶步骤中水浴温度必须为 90℃,以将果皮中果胶酶灭活,防止果胶发生酶解。

(2)漂洗的目的是去除色素,以免影响果胶的色泽和质量,因此漂洗必须彻底。

(3)脱色中如抽滤困难可加入2%～4%的硅藻土作助滤剂。

(4)可用分馏法回收滤液中的乙醇。

(5)在实际生产中,应控制好提取温度、时间和pH等条件,以提高果胶收率和质量。

实训建议

一、实训时间与分组安排

(1)本实训任务宜安排连续4～6学时,由2人或4人组成一组合作完成。

(2)为了让学生了解到原料形式对实验结果的影响,训练学生对比研究思维,可将所有实训小组别分成两大组,自愿选用新鲜橘皮或干橘皮为提取原料,对比提取率。

二、实践操作内容的安排

(1)实训中使用的0.2 mol/L盐酸溶液、6 mol/L氨水等溶液应尽可能由学生完成计算和配制,以培养和提高学生试剂配制的基本能力。

(2)对本实训中的关键步骤需要进行拍照和记录,也包括最终提取得到的湿果胶和干果胶,这一方面可以考查学生是否清楚掌握醇析法制备柑橘果胶的关键步骤;另一方面为学生进行试验结果分析提供过程依据。

(3)试验完毕后进行提取率对比,共同分析提取率或高或低的原因,培养学生的竞争学习意识,提高反思能力。

理论链接

一、果胶的性质及其应用

1825年,法国人Bracennot首次从胡萝卜肉质根中提取出能够形成凝胶一种物质,将其命名为"Pectin",中文译为"果胶"。它是一种亲水性植物胶,天然果胶以原果胶、果胶、果胶酸的形态广泛分布于植物的果实、根、茎、叶中,为多糖类高分子化合物,是细胞壁中组成成分的一种,伴纤维素存在。在柑橘、柠檬、柚子等果皮中约含有30%的果胶,是最丰富的来源。自果胶第一次被提取出以后,人们一直不断研究其性质、结构、功能与应用。

果胶是由半乳糖醛酸组成的多糖混合物,含有许多甲基化的果胶酸,具有水溶性,工业上可分离的果胶的分子量为5万～30万。在适宜条件下其溶液能形成凝胶和部分发生甲基氧化,其主要成分是部分甲基化的α-1,4-D聚半乳糖醛酸。果胶因具有良好的凝胶、增稠、稳定等性能,在食品上用作胶凝剂、增稠剂、稳定剂、悬浮剂、乳化剂、增香增效剂,并可用于化妆品,对保护皮肤、防止紫外线辐射、治疗创口、美容养颜都有一定的作用。

二、醇析法沉淀果胶的原理

工业生产中常用果汁生产的副产品柑橘皮、苹果渣作为生产果胶的原料,提取路线采用传统的无机酸提取法(酸萃取法),其原理是利用果胶在稀酸溶液中能水解的特性,将果皮中的原果胶质水解成溶性果胶,从而使果胶转到水相中,生成可溶于水的果胶。提取液经过滤或离心后，得到的是粗果胶液，再利用果胶不溶于醇类等有机溶剂的特点，加入一定量乙醇到果胶水溶液中，就可使果胶从溶液中沉淀出来。一般将果胶提取液浓缩，再添加 60% 的异丙基或乙醇，果胶便沉淀出来，离心得到果胶沉淀物，再用更高浓度的异丙醇或乙醇洗涤沉淀数次，经干燥、粉碎即可得到商品果胶。

三、有机溶剂沉析特点

(1) 优点　分辨率高，即一定浓度的有机沉淀剂只沉淀分离某一种或某一类溶质组分；溶剂容易分离，并可回收使用；产品洁净，沉淀后所得产品不需脱盐，残留的沉淀剂通过挥发而易于去除。

(2) 缺点　容易使蛋白质等某些具有生物活性的生物大分子失活；需在低温下操作；成本高。

技术拓展

一、利用醇析法制备香蕉果胶

把清洗好的鲜香蕉皮放入含 0.4% 的亚硫酸氢钠、0.3% 柠檬酸、0.4% 的氯化钠溶液中浸泡 15 min，在 80～90℃ 下灭酶 20～30 min。将灭酶后的香蕉皮捣碎匀浆并过滤，用 40℃ 水洗涤 2～3 次，洗去香蕉皮中部分可溶性糖及色素类物质。加入一定体积的蒸馏水，用亚硫酸调整 pH 并在一定温度下水解。滤液用氨水调节 pH 至 3.5。将果胶液在 50～70℃ 下真空浓缩至固形物达 5%～10%，冷却至室温，加入一定体积的蒸馏水，用亚硫酸调整 pH 并在一定温度下水解。滤液再用氨水调节 pH 至 3.5。将果胶液在 50～70℃ 真空浓缩至固形物达 5%～10%，冷却至室温，加入至少一倍体积的无水乙醇。果胶成絮状沉淀析出，静置 1 h，抽滤，真空冷冻干燥即得成品。

二、利用醇析法制备银耳多糖

称取银耳子实体 20 g 加水 800 mL，沸水浴加热搅拌 8 h，3 000 r/min 离心 20 min 去残渣，上清液用硅藻土助滤，水洗，合并洗滤液于 80℃ 水浴条件浓缩至糖浆状。浓缩液放入烧杯中加入等体积 5% 三氯乙酸-正丁醇溶液，摇匀，离心（3 000 r/min）15 min 后用滴管吸去正丁醇层和中层变性蛋白，下层清液备用。将下层清液用 2 mol/L 的氢氧化钠溶液调 pH 至 7，加 1% 活性炭 80℃ 加热 15 min 脱色，抽滤，滤液扎袋，流水透析 12 h，透析液 80℃ 水浴浓缩至原体积 1/3，抽滤。滤液加 3 倍量 95% 乙醇，搅拌均匀后，3 000 r/min 离心 15 min。沉淀用无水乙醇洗涤 2 次，乙醚洗涤 1 次，50℃ 以下真空干燥得银耳多糖粗品。取粗品 1 g，溶于 100 mL 水中，溶解后离心除去不溶物。滤液加 2% CTAB（溴化十六烷基三甲铵）至沉淀完全。摇匀，静止 2 h 后，3 000 r/min 离心 15 min，沉淀用 80℃ 热水洗涤 3 次，加 100 mL 2 mol/L 氯化钠溶液 60℃ 解离 4 h，3 000 r/min 离心 15 min，上清液扎袋流水透析 10 h。透析液 80℃ 浓缩，加 3 倍量 95% 乙醇搅匀，3 000 r/min 离心 15 min，沉淀用无水乙醇、乙醚洗涤，50℃ 以下真空干燥，得精品银耳多糖。

三、利用醇析法制备枸杞多糖

取一定量的枸杞放在烘箱中烘干(温度 80℃,时间 24 h)。将烘干后枸杞果实处理细碎,因枸杞中含有大量糖分,不能用粉碎机进行粉碎,可用剪刀将枸杞剪成细粒。将精确称取的枸杞细粒 5.000 0 g 置于干净干燥的 250 mL 圆底烧瓶其中,加入 80%的乙醇 80 mL,80℃水浴加热回流 1 h,然后抽滤,残渣用 80%乙醇 15 mL 洗涤 2 次,然后改用蒸馏水回流一定时间,残渣用 15 mL 蒸馏水洗涤 2 次即得比较纯净的多糖。

二维码 4-5 任务 4-3 学习思考参考答案

学习思考

1. 从橘皮中提取果胶时,为什么要加热使酶失活?

2. 从果皮中提取果胶时,为什么要严格控制酸度? pH 过大或者 pH 过小有何影响?

3. 沉淀果胶除用乙醇外,还可用哪些沉析剂?

思政园地

典型案例:2005 年,某实验室工作人员利用石油醚回流提纯样品,引起火灾。事后分析原因,因所使用的石油醚是沸点在 30~60℃的低沸点溶剂,又因夏天连续高温,用于冷却的自来水的温度已经达到了 33℃,石油醚未能冷却而大量挥发,当与空气混合达到一定比例,遇火星即可发生爆炸。2009 年 2 月 27 日晚,中国科学院化学研究所一实验室起火,室内部分器材被烧毁,起火原因是一个以乙醇作为循环液体的小型冷却装置的塑料管老化,泄漏出的乙醇引起火灾,该实验室所在实验室顶楼、通风橱烧毁,失火面积约 3 m^2。2012 年,某高校实验室,同学将含有乙醇的物料放入鼓风干燥箱中烘干,引起鼓风干燥箱爆炸着火。此外,因有机溶剂存放不当、废液处理不当等引起火灾的事件,也时有发生。

案例评析:以上案例给人们敲响了警钟,近年来,各机构、企业、学校等凡是用到有机溶剂的部门都加强了对有机溶剂使用的安全知识培训,相关部门加强了对使用部门的监管和检查工作,同时各使用部门根据各自不同情况分别制定了相关的《有机溶剂使用管理办法》《有机溶剂使用的安全措施》等,并强调对生产环节中可能使用的有机溶剂,必须做好密闭化管理,存在有机溶剂的工作场所,应当定期检测空气中各种有机溶剂的浓度,使其符合国家职业卫生标准。有机溶剂是一大类在生活和生产中广泛应用的有机化合物,对皮肤、呼吸道黏膜、眼结膜等具有一定的刺激作用,接触高浓度有机溶剂可以导致中毒性脑病,患者通常表现为头晕、头痛、不同程度的意识障碍乃至昏迷。因此,加强有机溶剂安全使用宣教工作,建立健全卫生管理制度和操作规程,建立健全职业卫生档案和劳动者健康档案等非常重要。

在食品深加工过程中,如利用有机溶剂沉析蛋白质的过程也会用到大量的乙醇、甲醇、丙酮等有机溶剂,这些溶剂有很强的挥发性,使用时一定注意通风,另外它们的燃点也比较低,容易发生火灾等,在实验室学习过程中培养安全操作习惯非常重要,务必杜绝安全隐患,保证实验安全。

任务 4-4　下胶法澄清葡萄酒

任务设计

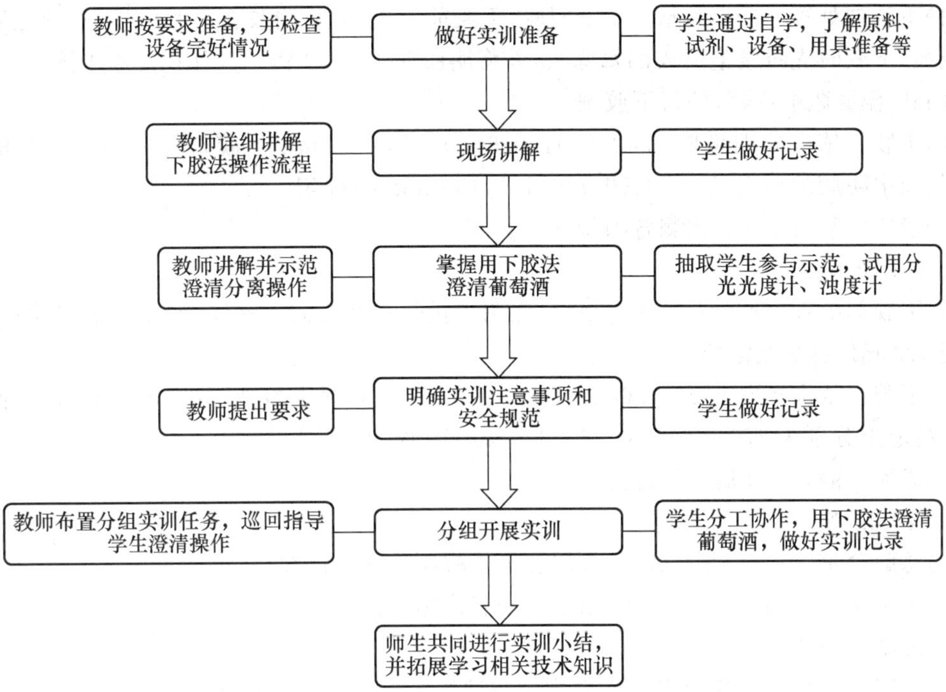

图 4-14　下胶法澄清葡萄酒任务设计实施图

实践操作

一、原料与试剂准备

酿制葡萄酒、蛋清粉、皂土、明胶。

二、设备与用具准备

分光光度计、浊度计、250 mL 具塞刻度量筒、恒温水浴锅、圆底烧瓶、100 mL 容量瓶、冷凝管等。

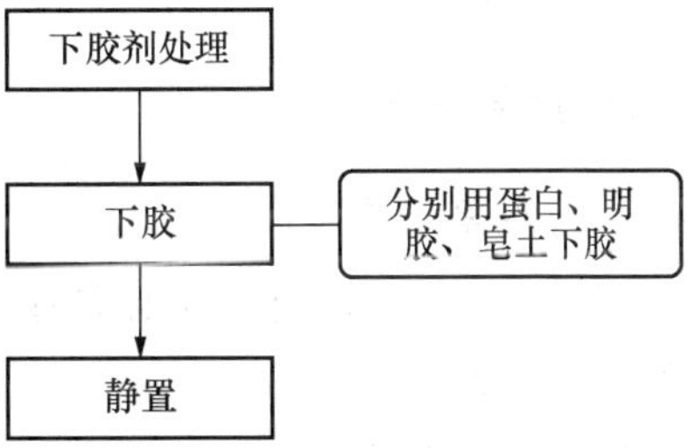

图 4-15　下胶法澄清葡萄酒操作流程

三、操作方法

(一)操作流程

下胶法澄清葡萄酒任务操作流程见图 4-15。

(二)操作要点

1. 蛋白下胶澄清

(1)下胶剂处理　准确称取 5.5 g 蛋白粉，先将蛋白调成浆状，再用加有少量碳酸钠的水稀释,后转移入 100 mL 容量瓶中定容即得下胶剂。

(2)下胶　依次分别量取 0.36、0.42、0.48、0.54、0.60 mL 下胶剂加入装有酒样的量筒中,使量筒中蛋白的加入量为 60、70、80、90、100 mg/L,摇匀。

(3)静置　静置 7 d 后检测各项指标。

2. 明胶下胶澄清

(1)下胶剂处理　准确称取 5.5 g 明胶,下胶前一天,先将明胶在冷水中浸泡,使之膨胀并除去杂质,下胶时先将浸泡明胶的水除去,并将明胶在 15～20 倍于其体积的水中溶解,后转移至 100 mL 容量瓶中定容,即得下胶剂。

(2)下胶　依次分别量取 0.42、0.54、0.66、0.78、0.90 mL 下胶剂加入盛有酒样的量筒中,使量筒中明胶的加入量为 70、90、110、130、150 mg/L,摇匀。

(3)静置　静置 7 d 后检测各项指标。

3. 皂土下胶澄清

(1)下胶剂处理　准确称 9.9 g 皂土,先用少量热水使膨润土膨胀,并逐渐加水搅拌,然后转移至 100 mL 容量瓶定容。

(2)下胶　依次量取 0.90、1.00、1.10、1.20、1.30 mL 皂土溶液,分别加入量筒中,使试管中加入的皂土分别为 270、300、330、360、390 mg/L,摇匀。

(3)静置　静置 7 d 后进行过滤。

4. 指标检测

(1)总酚含量　福林-肖卡试剂法,用五倍子酸制作标准曲线。

(2)单宁含量　福林-丹尼斯法,用单宁酸制作标准曲线。

(3)浊度　用浊度计测定。

(4)色度　取少量酒样测定 pH,并配制与酒样 pH 相同的缓冲溶液;取过滤好的酒样 1 份和 9 份缓冲液,混合均匀,倒入 1 cm 的比色皿中,分别在波长 420 nm、520 nm 和 620 nm 下测其吸光度,以蒸馏水进行空白调零,将三个值相加即为该红葡萄酒的色度。

(5)色调　取少量酒样测定 pH,并配制与酒样 pH 相同的缓冲溶液;取过滤好的酒样 1 份和 9 份缓冲液,混合均匀,倒入 1 cm 的比色皿中,分别在波长 420 nm、520 nm 下测其吸光度,以蒸馏水进行空白调零,两值之比即为该红葡萄酒的色调。

(6)澄清度　取酒样于波长 680 nm 处测定透光率,以蒸馏水进行空白调零。

四、结果分析

(一)观察记录

下胶后观察絮凝物出现所需时间,每天观察酒泥高度、紧实度、表面形状和葡萄酒的澄清情况并填入表 4-8 中。

(二)指标检测

将经过三种下胶剂下胶澄清后测得的总酚含量、单宁含量、浊度、色度、色调、澄清度分别填入表 4-9、表 4-10、表 4-11,综合选择出最佳下胶剂的最佳用量。

表 4-8　下胶澄清试验记录表

下胶时间/d	絮凝物出现所需时间	酒泥高度	紧实度	表面形状	澄清度
1					
2					
3					
4					
5					
6					
7					

表 4-9　蛋白下胶澄清后滤液指标检测记录表

检测指标	蛋白加入量/(mg/L)				
	60	70	80	90	100
总酚含量					
单宁含量					
浊度					
色度					
色调					
澄清度					

表 4-10　明胶下胶澄清后滤液指标检测记录表

检测指标	明胶加入量/(mg/L)				
	70	90	11	130	150
总酚含量					
单宁含量					
浊度					
色度					
色调					
澄清度					

表 4-11　皂土下胶澄清后滤液指标检测记录表

检测指标	皂土加入量/(mg/L)				
	270	300	330	360	390
总酚含量					
单宁含量					
浊度					
色度					
色调					
澄清度					

五、注意事项

(1)选择低温、气压较高的天气进行下胶。

(2)葡萄酒必须已经完成酒精发酵,否则 CO_2 的释放会影响下胶的效果。

(3)葡萄酒必须已经完成苹果酸-乳酸发酵,下胶会除去乳酸菌,从而抑制苹果酸-乳酸发酵。

(4)葡萄酒必须无病害,可在下胶前加入 50 mg/L 的 SO_2,以杀死病原微生物。

实训建议

一、实训时间与分组安排

(1)本实训任务宜安排 6 学时,但不要连续,下胶操作建议安排 2 学时,指标检测安排 4 学时,中间间隔 7~8 d,由 4~6 人一组合作完成。

(2)下胶之后需要静置 7 d,在静置过程中需要每天固定观察,并记录絮凝物出现时间、酒泥高度、紧实度、表面形状和葡萄酒的澄清等指标,各小组安排好时间,尽可能进行集体观察并记录,有助于学生掌握下胶后酒液的变化和澄清效果的关系。

二、实践操作内容的安排

(1)某些指标检测方法参照相关国家标准进行,学生需提前查阅标准文献并制定检测任务书,以培养学生利用标准的能力。

(2)指标检测过程中需要的各种试剂的配制,尽可能由学生自行完成,以加强和提高学生试剂配制的基本能力。

(3)对本实训中下胶情况的观察需要进行拍照和记录,并进行最终数据的整理、总结和汇报,以提高学生数据处理能力。

理论链接

一、果酒浑浊的原因

刚结束发酵的酒称为新酒,因为新酒里含有悬浮状态的酵母、细菌、凝聚的蛋白质、单宁物质、黏液质以及浆果组织的碎片等,所以新酒在较长的时间里是浑浊的。健康的新酒,长期保持在平静的状态,并且定期从沉淀物上部分离清酒(换桶),经 3~5 年,酒可以自然澄清下来,获得稳定的透明度,传统的酿酒工艺即是用长期贮存的办法以达到澄清和陈酿的目的。新酒的酸度越高,澄清越好越快,有残糖的酒和带皮发酵的酒,沉淀既慢又不完全。用有病害的水果酿制的酒,受黏液质和酶的影响,澄清困难,甚至长期处于浑浊状态。

二、果酒下胶澄清原理及影响因素

葡萄酒中的单宁和色素属于不稳定胶体,在葡萄酒装瓶后可能会发生化学反应,从而使酒液变得浑浊。在葡萄酒中加入亲水胶体,使之与葡萄酒中的胶体物质和丹宁、蛋白质以及金属复合物、某些色素、果胶质等发生絮凝反应，将这些不稳定的物质除去，达到澄清果酒的目的。

影响澄清的因素很多，包括温度、黏度、pH、处理步骤、计量、容器、搅拌器、混合时间等。下胶时应主要注意以下几点：

(1)澄清剂用量　需要预先进行实验确定不同条件下的澄清剂用量。为了便于观察和计算，一般取10支量筒分别盛一定量果汁或果酒，加入不同量的澄清剂，充分搅拌后，静置48 h即可判断澄清效果，为了避免澄清剂加入过量，不是以澄清最快为标准，而是选取澄清剂加入量最少且效果好为标准。在正式操作时，外界环境条件应与预备实验时保持一致。

(2)澄清操作　确定澄清剂的用量后，先取出20～30 L果汁或果酒溶解澄清剂，在一个小容器里将其充分搅拌溶解。然后缓慢加入果汁或果酒桶中，同时利用泵或搅拌机仔细搅拌，直到生成的泡沫散落为止，然后静置分离。在生产中，有些专门的容器内部会安装特殊的搅拌器。

(3)处理步骤　澄清处理一般遵守如下顺序：果胶酶与淀粉酶处理—酒精试验与碘试验—皂土—明胶—硅溶胶，对澄清剂进行预处理后(皂土的膨润、明胶的溶解)，就可在连续搅拌情况下，直接将它们按顺序加入，混合很重要，但不要把形成的絮状物打散。

(4)外界因素的影响　最好的天气条件是大气压力不很高，不刮风，天气晴朗，温度不高于20℃，不低于8℃，温度过低，形成的絮状体不下沉，温度高会使澄清剂的絮凝性能下降，呈溶解状态，当有温度变化时，酒容易发生浑浊。

三、下胶材料及其选择、搭配

1. 下胶材料

(1)皂土/膨润土　皂土是铝的自然硅酸盐，白色、乳白色或淡黄色粉末或颗粒，具有吸附蛋白质和色素的作用。一般用量为0.4～1 g/L，使用方法是逐渐将膨润土加入少量热水(50℃)中并搅拌，使之成乳状并膨胀，然后再加到葡萄酒中。

(2)明胶　用于处理葡萄酒的明胶一般为片状，无色透明或略带黄色，无味，不含杂质。其能够吸附丹宁和色素，减少葡萄酒的粗糙感，可用于葡萄酒的下胶和脱色。使用前，需先做下胶试验，确定明胶用量。使用明胶时，需在下胶前一天，将其浸泡在冷水中，使之膨胀并除去杂质。若需要可在葡萄酒中加入单宁，明胶的沉淀作用是在单宁含量较高的情况下发生的。下胶时，应将浸泡明胶的水除去，并将明胶在10～15倍体积的水中溶解后，再倒入需处理的葡萄酒中。处理白葡萄酒时，最好与膨润土混合处理，避免单宁过低影响澄清效果。

(3)鱼胶　鱼胶是由鱼鳔制成的，呈无色透明或略带黄色的薄片状、蠕虫状或条状。鱼胶絮块密度小，形成的酒脚体积大，下沉速度慢并结于容器内壁，絮块会堵塞过滤机。因此，下胶后必须进行两次分离。一般用量为20～50 mg/L。使用时先用冷水进行膨胀，变得不透明后再使用；鱼胶不能加热，会产生杂质。

(4)蛋白　白色细末状，由鲜鸡蛋清干燥后获得，在水中溶解不完全，但溶于碱液。在溶液中，蛋白可与单宁形成沉淀，1 g蛋白可沉淀2 g单宁。一般用量为60～100 mg/L，使用时将蛋白调成浆状，再加少量碳酸钠和水进行稀释，然后注入葡萄酒。需要注意的是，蛋白是红葡萄酒的优良下胶物质，但不能用于白葡萄酒。

(5)鲜鸡蛋清　鲜鸡蛋清与蛋白的下胶效果相同。一般用量为每1 000 L葡萄酒20个蛋清，使用方法是将鸡蛋清调匀，并逐渐加水，最好在每个蛋清中加入 1 g NaCl。

(6)酪蛋白　酪蛋白是牛乳提取物，淡黄色或白色粉末。不溶于水而溶于碱液，在酸性溶液中产生沉淀。一般澄清时用量为 150～300 mg/L，用于澄清、脱色、除异味、沉淀部分铁、增加清爽口感。以酪蛋白与碳酸钾的混合物形式进行使用，配制方法是将 1 kg 酪蛋白在含 50 g 碳酸钠的 10 L 水中水浴加热溶解，再用水稀释至 2%～3%，配制后需立即使用。由于酪蛋白的沉淀是酸的作用，所以不会下胶过量，是白葡萄酒最好的下胶材料之一。

2. 下胶材料的选择

下胶材料的选择以澄清效果最好、絮凝沉淀速度最快、酒脚最少为原则。一般来说，红葡萄酒中含有大量单宁物质，因单宁有利于下胶物质的沉淀，所以大多数下胶物质均可使用，尤以明胶为好。而白葡萄酒下胶较难，必须进行下胶试验。常用下胶物质与矿物质结合使用，以避免下胶过量。

3. 下胶材料的搭配

表 4-12　常用下胶材料搭配

白葡萄酒		红葡萄酒	
下胶材料	用量/(mg/L)	下胶材料	用量/(mg/L)
鱼胶	10～25	明胶	60～150
酪蛋白	100～1 000	蛋白	60～100
膨润土	250～500 或更多	膨润土	250～400

技术拓展

一、沙棘发酵果酒下胶澄清

以壳聚糖和皂土混合使用澄清果酒的效果优于单独使用的效果，最佳用量为壳聚糖醋酸胶体 0.05 g/L 和皂土 10.0 g/L，处理时间 3～4 d，果酒透光率最高可达 78.9%。

二、山楂酒下胶澄清

下胶前先将明胶用冷水浸泡 1 d，使其膨胀除去杂质，而后置于 10～12 倍的 50℃ 的热水中溶解，再要根据所确定的用量缓缓加入干红山楂原酒中，搅匀，下胶温度 15～18℃，用量 100～150 mg/L，隔氧 1 周后分离过滤。如需对山楂酒进行调配以改善酒的品质可在澄清处理前进行，以提高酒质和保证酒的长期稳定。

二维码 4-6　任务 4-4
学习思考参考答案

学习思考

1. 果酒澄清处理中若下胶过量会给酒体带来什么影响？应如何处理？

2. 为什么鱼胶适合在白葡萄酒的下胶澄清中使用？

思政园地

典型案例：2012年4月9日，央视主持人赵普在微博上爆料称，老酸奶很可能是破皮鞋制成。他称，这才是2012年“3·15”晚会重点，可惜没播。经调查发现，不仅老酸奶，多种果粒酸奶、谷物酸奶，甚至普通酸牛奶中，几乎都含有明胶、琼脂、卡拉胶、果胶等食品增稠剂。

明胶的品质主要取决于原料。通常来说，合格的明胶是从动物鲜皮、骨料内提胶，经6道提胶工序后，对提取的明胶进行蒸发、干燥，最后根据多项控制指标进行混合形成成品。但为了降低成本，获得更多利润，国内很多厂家用皮革厂经过鞣制加工后的蓝矾皮的皮革屑、边角料、烂皮革等作为生产原料。某品牌乳业企业相关负责人曾称，市场上的酸奶分为凝固型和搅拌型，老酸奶属于凝固型，两者在奶源、菌种和发酵时间和生产工艺方面都有不同。不过所遵循的国家标准都一样。老酸奶里面适当添加明胶等食品添加剂，是为了保持其口感和外观，是国家允许使用的。

案例评析：明胶是由动物皮肤、骨、韧带、肌腱及其他结缔组织中含有的胶原蛋白经过部分水解后得到的蛋白质。我国对应用在食品行业的明胶有严格的安全标准，不仅对食用明胶的理化性质和重金属限量做出了明确要求，还规定其制作的原料必须要使用新鲜、经过严格检疫、未经任何化学处理的动物骨骼或原皮加工，且操作过程必须用全封闭的流水线进行烘干和粉碎，以保障食用明胶的安全可靠。食用明胶可在巴氏灭菌乳、乳粉、婴幼儿配方食品、葡萄酒等食品中根据需要作为增稠剂、胶凝剂、稳定剂、乳化剂、发泡剂、澄清剂等使用。

在食品加工过程中，食用明胶的使用只要在标准限量内是不会影响健康的，但是用废皮革制成的明胶不能用于食品加工。工业明胶是一种从动物的结缔或表皮组织中的胶原部分水解出来的蛋白质，其含有的重金属铬会破坏人体骨骼以及造血干细胞，长期食用会导致骨质疏松，严重的会患上癌症。明胶在各类果酒下胶澄清中作为主要的澄清剂，其安全问题直接关系到消费者的健康。因此，对食品加工原料的卫生、安全等方面，生产企业必须严格把关，确保安全。

自测练习

一、填空题

1. 常用的蛋白质沉析方法有__________、__________和__________。

2. 影响盐析的因素有__________、__________、__________和__________。

3. 非离子型聚合物沉淀剂应用最多的是__________，其通过__________作用，使生物大分子产生沉淀。

4. 凝乳酶催化牛乳酪蛋白的沉淀属于__________沉淀分离法。

5. 变性沉淀分离法除利用热使生物分子变性沉淀以外，还可加入__________、__________、__________、__________和__________等引起生物分子变性而产生沉淀。

二、单项选择题

1. 盐析法沉淀蛋白质的原理是(　　)。

A. 降低蛋白质溶液的介电常数　　B. 中和电荷，破坏水膜

C. 与蛋白质结合成不溶性蛋白　　D. 调节蛋白质溶液pH至等电点

2. 使蛋白质盐析可加入(　　)试剂。

A. 氯化钠　　B. 硫酸　　C. 硝酸汞　　D. 硫酸铵

3. 有机溶剂沉淀法中可使用的有机溶剂为(　　)。

A. 乙酸乙酯　　B. 正丁醇　　C. 苯　　D. 丙酮

4. 有机溶剂为什么能够沉淀蛋白质?(　　)

A. 介电常数大　　B. 介电常数小　　C. 中和电荷　　D. 与蛋白质相互反应

5. 在蛋白质盐析时,有关蛋白质溶液的浓度,下列说法正确的是(　　)。

A. 浓度提高,盐加量减少,收率降低,故常需适当降低浓度

B. 浓度过高会导致沉淀中杂质增多,发生共沉淀作用

C. 一般认为5.5%~7.0%的蛋白质浓度较适宜

D. 浓度对盐析效果基本无影响

6. 若两性物质结合了较多阳离子,则等电点会(　　)。

A. 升高　　B. 降低　　C. 不变　　D. 以上均有可能

7. 生物活性物质与金属离子形成难溶性的复合物沉析,然后使用(　　)去除金属离子。

A. SDS　　B. CTAB　　C. EDTA　　D. CPC

8. 制备菠萝蛋白酶实验中,加入1%的单宁于鲜菠萝汁中产生沉淀,沉淀原理属于(　　)。

A. 盐析　　B. 有机溶剂沉淀　　C. 变性沉淀　　D. 生成盐类复合物沉淀

9. 腐竹的生产是利用(　　)实现大豆蛋白的分离的。

A. 盐析　　B. 有机溶剂沉淀　　C. 变性沉淀　　D. 等电点沉淀

10. 在PEG沉淀技术中,PEG分子量和浓度对沉淀蛋白质的影响有(　　)。

A. 分子量在2 000~6 000之间,相对分子量低,沉淀效果好

B. 分子量>6 000时,相对分子量低,沉淀效果好

C. 浓度越高,沉淀效果越好

D. 浓度超过20%,会使溶液黏度增大,造成沉淀的回收困难

三、名词解释

1. 盐析　　2. 盐溶　　3. K_s分级盐析法　　4. β分级盐析法

四、判断题

1. 有机溶剂沉淀选择性比盐析高。(　　)

2. 非离子型聚合物沉淀分离法选择性不及有机溶剂沉淀法。(　　)

3. "碱提酸沉"法分离大豆蛋白是基于变性沉淀分离法的理论。(　　)

4. 丙酮介电常数较低,沉淀作用大于乙醇,所以在沉淀时选用丙酮较好。(　　)

5. 蛋白质类生物大分子的盐析最好在高温下进行,因为高温会增加盐溶解度。(　　)

6. 盐析法一般可在室温下进行,有机溶剂沉淀则需在低温下进行。(　　)

五、简答题

1. 简述有机溶剂沉淀的原理。

2. 沉淀分离中有机溶剂的选择主要应考虑哪些因素?

3. 根据溶解度不同,蛋白质有哪几种分离纯化方法?

4. 简述味精生产和柠檬酸生产中从发酵液中分离产品的方法。

二维码4-7　项目4
自测练习参考答案

项目5

膜分离技术在食品深加工中的应用

本项目学习目标

知识目标

- 了解并掌握膜分离的分类及分离特点。
- 掌握透析、反渗透、微滤和超滤分离技术的原理及操作要点。
- 掌握透析、反渗透、微滤和超滤膜技术典型的工业应用实例。

二维码 5-1　项目 5 课程 PPT

能力目标

- 能根据目标物的特点来选择合适的膜技术进行物质分离。
- 能正确并熟练进行透析袋的预处理、脱盐等操作。
- 能正确说出膜分离技术处理啤酒、果蔬汁和食用水的工艺要点及注意事项。
- 能够分析并解决膜分离纯化物质过程中出现的问题。

素质目标

- 熟悉企业文化，适应企业现代管理要求。
- 具有无菌和生物安全意识与习惯，养成爱护仪器设备、保持工作与学习场所干净整洁的良好习惯。
- 具有良好的沟通能力和团队合作互助的精神及一定的创新思维意识。

项目概述

膜分离技术(membrane separation technology,MST)是指利用天然或人工合成的、具有选择透过性的薄膜,以外界能量或化学位差为推动力,对双组分或多组分体系进行分离、分级、提纯或富集的过程。膜分离技术作为分离、浓缩、提纯及净化技术,具有分离效率高、操作方便、环境安全、节能等优点,广泛应用于果蔬汁浓缩、活性成分的提纯等深加工操作。

本项目主要学习膜分离的基本原理、分类及其应用,透析、反渗透、微滤和超滤的主要特点和主要用途,并通过实践操作学习透析脱盐、微滤澄清啤酒、反渗透制备纯水的分离纯化工艺及其结果观测分析等任务,熟悉膜分离技术在食品深加工中的具体应用。

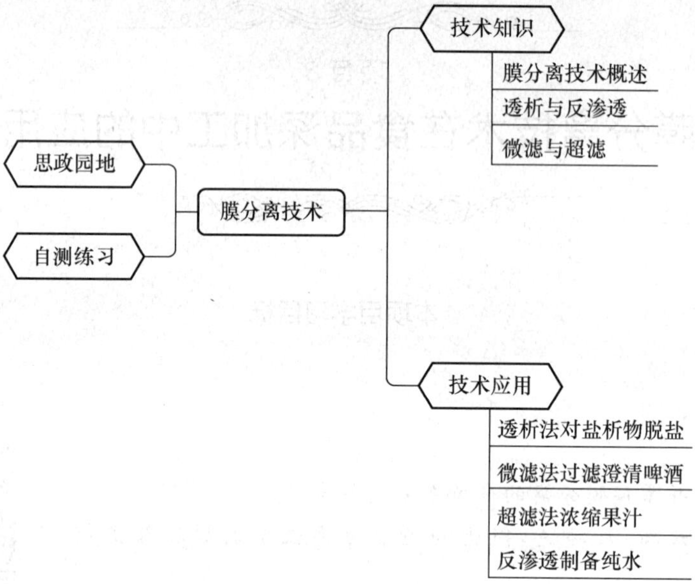

图 5-1 膜分离技术项目导图

技术知识

一、膜分离技术概述

(一)膜分离技术的概念与分类

1. 膜分离技术的概念

膜分离技术是一种借助外界能量或化学位的推动，以选择性透过膜为分离介质，对多组分气体或液体成分进行分离、分级和富集的技术。分离膜多数是固体(目前大部分膜材料是有机高分子)，也可以是液体(液膜)。它们的共同之处是对被其分离的体系具有选择性透过的能力。其可用于液相和气相体系，对于液相的分离体系，可以是水溶液体系、水溶胶体系和非水溶液体系等。

2. 膜分离技术的特点

与传统分离技术相比，膜分离技术具有下列优点：

(1)处理效率高，设备易于放大。

(2)可在室温或低温下操作，适用于对热敏感的物质如蛋白质、酶、药品、果汁等的分离、浓缩与富集。

(3)化学与机械强度最小，有利于保持产物活性。

(4)膜分离过程不发生相变化，能耗低。

(5)选择性好，在分离浓缩的同时能达到部分纯化的目的。

(6)选择合适的膜与操作参数，可达到较高的回收率。

(7)膜分离系统可密闭循环，有利于防止外来污染。

(8)不外加化学物质，透过液(酸、碱或盐溶液)可循环使用，降低了成本，并减少了对环境的污染。

膜分离过程的主要缺点是：浓差极化和膜污染、膜寿命短、放大因子呈线性。

一般来说，在下述场合膜分离具有明显的技术优势：①由理化性质相近的化合物构成的混合物；②由结构或位置异构体构成的混合物；③含有热敏组分的混合物。当利用常规分离方法不能经济、合理进行分离时往往可以考虑使用膜分离过程。另外，膜分离过程可以和常规的分离过程相耦合作为一个单元来运用，这样可以大幅度地提高过程效率，例如，渗透蒸发与精馏过程耦合可以有效地用于恒沸点混合物的分离。

3. 膜分离技术的分类

膜分离过程的实质近似于筛分、渗透等过程，是根据滤膜孔径的大小使物质透过或被膜截留，从而达到物质分离的目的。按分离粒子或分子大小可分为微滤(MF)、超滤(UF)、纳滤(NF)、反渗透(RO)、透析(DS)和电渗析(ED)6种。此外，还有气体膜分离技术和渗透气化技术等。

(1)电渗析　是利用离子交换膜和直流电场的作用，从水溶液和其他不带电组分中分离带电离子组分的一种电化学分离过程。主要用于海水淡化、纯水制备和废水处理。在分析上可用于无机盐溶液的浓缩或脱盐，以及溶解的电离物质和中性物质的分离。

(2)透析　是利用半透膜两侧溶质浓度差为传质推动力以及小分子物质的扩散作用，从溶液中分离出小分子物质而截留大分子物质的过程。透析法在临床上常用于肾衰竭患者的血液透析,生物分离上主要用于大分子溶液的脱盐。

(3)微滤　是利用孔径0.02～10 μm的多孔膜,以压力差为推动力,截留超过孔径的大分子的膜分离过程。微滤被认为是目前所有膜技术中应用最广、经济价值最大的技术,主要用于悬浮物分离、制药行业的无菌过滤等。

(4)超滤　是应用孔径为0.001～0.02 μm的超滤膜,和微滤一样,也是以压力差为推动力,截流超过孔径的大分子的膜分离过程。超滤一般需要在溶液侧加压,使溶剂透过膜。超滤主要用于浓缩、分级、大分子溶液的净化等。

(5)反渗透　是利用反渗透膜选择性地只能透过溶剂(通常是水)的性质,对溶液施加压力,克服溶剂的渗透压,使溶剂通过反渗透膜而从溶液中分离出来的过程。海水和苦咸水的淡化是其最主要的应用领域。

(6)纳滤　是20世纪80年代继反渗透后开发出来的,一种介于反渗透和超滤之间的膜分离过程。纳滤膜的表层孔径处于纳米级范围,且在过程中截留率大于90%的最小分子约为1 nm,因此称为纳滤膜。国外对纳滤技术的研究和应用较早,目前该技术较成熟,主要用于脱盐、浓缩、给排水处理等方面。

(7)气体膜分离　是利用气体组分在膜内溶解和扩散性能的不同,即渗透速率的不同来实现分离的技术,目前高分子气体分离膜已用于氢的分离、空气中氧与氮的分离等,具有很好的发展前景。

(8)渗透汽化　也称渗透蒸发,它是利用膜对液体混合物中组分的溶解和扩散性能的不同来实现其分离的新型膜分离技术。

几种主要的膜分离的基本特征如表5-1所列。其他膜分离技术还有膜蒸馏、膜萃取、膜分相、支撑液膜和亲和膜分离等,均是新近发展起来的膜分离技术,少量已在工业上应用,但大都处于研究开发阶段。

表5-1　膜过程的分类及其基本特征(王湛等,膜分离技术基础,2006)

过程	透过组分	截留组分	透过组分在料液中含量	推动力	传递机理
微滤(MF)	溶液、气体	0.02～10 μm粒子	大量溶剂及少量小分子溶质和大分子溶质	压力差约100 kPa	筛分
超滤(UF)	小分子溶液	1～20 nm大分子溶质	大量溶剂、少量小分子溶质	压力差100～1 000 kPa	筛分
纳滤(NF)	溶剂、低价小分子溶质	1 nm以上溶质	大量溶剂,低价小分子溶质	压力差500～1 500 kPa	溶解-扩散、Donna效应
反渗透(RO)	溶剂,可被电渗析截留组分	0.1～1 nm小分子溶质	大量溶剂	压力差1 000～10 000 kPa	优先吸附、毛细管流动、溶解-扩散
渗析(D)	小分子溶质或较小的溶质	>0.02 μm截留、血液透析中>0.005 μm截留	较小组分或溶剂	浓度差	筛分、微孔膜内的受阻扩散

续表 5-1

过程	透过组分	截留组分	透过组分在料液中含量	推动力	传递机理
电渗析(ED)	小离子组分	同名离子、大离子和水	少量离子组分、少量水	电化学势，电渗透	反离子经离子交换膜的迁移
气体分离(GS)	气体、较小组分或膜中易溶组分	较大组分(除非膜中溶解度高)	气体混合物中需要的和不需要的成分都有	压力差 1 000～10 000 kPa，浓度差(分压差)	溶解-扩散、分子筛分、努森扩散
渗透汽化(PVAP)	膜中易溶组分或易挥发组分	不易溶解组分或较大，较难挥发物	少量组分	分压差，浓度差	溶解-扩散

(二)膜分离技术的应用简介

在生物化工中，膜分离技术常被用于分离、浓缩、分级与纯化生物产品等过程中，概括起来主要有以下几方面的应用：

(1)无菌水及空气的制备。

(2)细胞培养基的除菌。

(3)发酵或培养液中细胞的收集或除去。

(4)细胞破碎后碎片的除去。

(5)目标产物部分纯化后的浓缩或洗滤除去小分子溶质。

(6)最终产品的浓缩和洗滤除盐。

(7)制备用于调制生物产品和清洗产品容器的无热原水。

膜分离在食品加工上的应用见表 5-2。

表 5-2 膜分离技术在食品加工中的应用(杨昌鹏，生物分离技术，2007)

操作单元	主题工业	应用范围
微滤(MF)	饮料	果蔬汁饮料冷除菌消毒
	水果、蔬菜	果蔬汁的澄清、浓缩，马铃薯淀粉加工中回收蛋白质
超滤(UF)	饮料	果酒的澄清、提纯
	添加剂	天然色素和食品添加剂的分离和浓缩，甜菜汁的脱色和纯化
反渗透(RO)	水果、蔬菜	果蔬汁的浓缩、糖的浓缩、洗涤用水的处理和再生
	糖、甜味剂	糖的浓缩、水的回收和处理、糖浆液的预浓缩
电渗析(ED)	糖、甜味剂	糖液除盐、从发酵液中提取柠檬酸

二、透析与反渗透

(一)透析与反渗透的原理

1. 透析的原理

透析方法自 Thomas Graham 于 1861 年发明至今已有 100 多年，已成为生物化学实验室最简便、最常用的分离纯化技术之一。在生物大分子的制备过程中，除盐、除少量有机溶剂、除去生物小分子杂质和浓缩样品等都要用到透析技术。

如图 5-2 所示，利用具有一定孔径大小、高分子溶质不能透过的亲水膜（袋），将含有高分子溶质和其他小分子溶质的溶液（左侧）与纯水或缓冲液（右侧）分隔，由于膜两侧的溶质浓度不同，在浓度差的作用下，左侧高透析膜分子溶液中的小分子溶质（例如无机盐）透向右侧，右侧的水透向左侧，这就是透析。透析操作中，通常将纯水或缓冲液称为透析液，所用亲水膜称为透析膜。由于透析过程是以浓度差为传质推动力，因此，在透析过程中，必须经常更换透析液才能使扩散不断进行，直至符合要求。

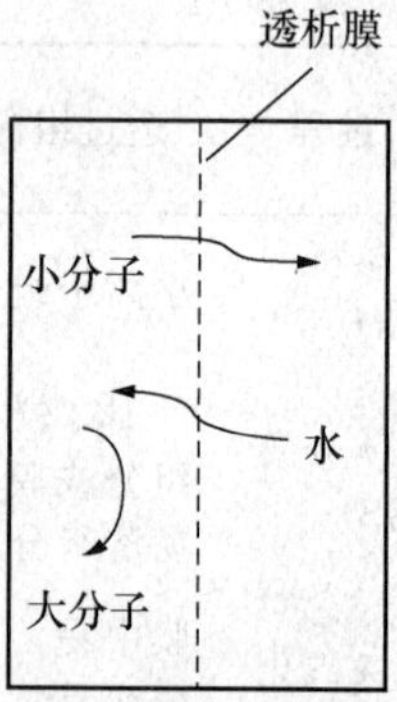

图 5-2 透析原理示意图

2. 反渗透（RO）的原理

反渗透是一项新型的膜分离技术。1953 年，美国 C. E. Reid 教授在佛罗里达大学首先发现醋酸纤维素类具有良好的半透性。目前反渗透已成为海水和苦咸水淡化最经济的技术，已成为超纯水和纯水制备的优选技术。另外，反渗透在各种料液的分离、纯化和浓缩，锅炉水的软化，废液的再生回用以及对微生物、细菌和病毒进行分离控制等方面都发挥着应有的作用。

反渗透基本原理是利用反渗透膜选择性的透过作用，以膜两侧静压差为推动力，克服溶剂的渗透压，使溶剂通过反渗透膜而实现对液体混合物进行分离的膜过程。如图 5-3 所示，用半透膜将纯溶剂（通常是水）与溶液隔开，溶剂分子会从纯溶剂侧经半透膜渗透到溶液侧，这种现象称为渗透。由于溶质分子不能通过半透膜向溶剂侧渗透，故溶液侧的压强上升。渗透一直进行到溶液侧的压强高到足以使溶剂分子不再渗透为止，此时即达平衡。平衡时膜两侧的压差称为渗透压（$\Delta \Pi$）。如果在溶液侧施加大于渗透压的压强（Δp），则溶剂分子将从溶液侧向溶剂侧渗透，这一过程与渗透方向相反，故称为反渗透。

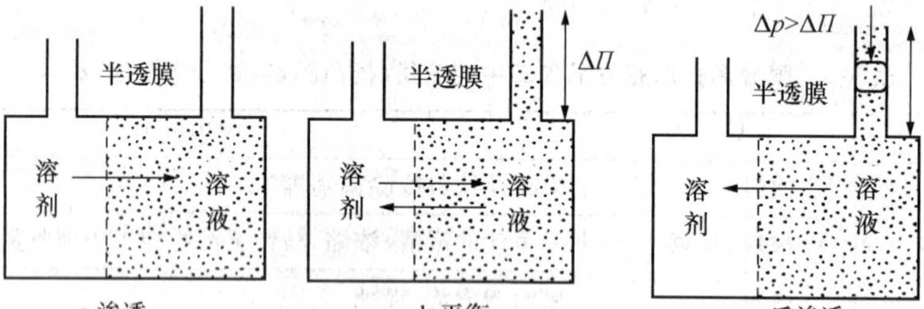

图 5-3 反渗透的原理

反渗透过程必须满足两个条件：一是有一种高选择性和高透过率（一般是透水）的选择性透过膜；二是操作压力必须高于溶液的渗透压。反渗透同微滤、超滤一样均属于压力驱动型膜分离技术。其操作压差一般为 1～10 MPa，截留组分为分子量小于 500 的小分子。

（二）透析膜与反渗透膜

1. 透析膜

透析膜一般是孔径 5～10 nm 的亲水膜。用于透析的半透膜应具备下列条件：①在溶剂中能膨胀形成分子筛状多孔薄膜，只允许小分子溶质通过，而阻止大分子（如蛋白质）通过；②化学惰性；③在水、盐溶液、稀酸或稀碱溶液中稳定；④有一定的机械强度和良好的再生性能。

可以充当透析膜的材料很多，如禽类的嗉囊、兽类的膀胱、羊皮纸、玻璃纸（赛璐玢）、硝化纤维等。人工制作透析膜多以纤维素的衍生物作为材料。目前，最常用的是赛璐玢透析膜，有平膜和管状膜两种，后者使用十分方便，其扁平宽度为23～50 mm不等。

新购的透析膜含有增塑剂（也是防干裂剂）、甘油、硫化物以及重金属离子，使用前必须除去。方法是分别用蒸馏水、0.01 mol/L醋酸或稀EDTA溶液浸泡，洗后再用。要求严格时，则应先将玻璃纸放在50%的乙醇溶液中用水浴煮1 h，再依次换50%的乙醇溶液、10 mmol/L碳酸氢钠溶液、1 mmol/L EDTA溶液、蒸馏水各泡洗2次。最后，在4℃蒸馏水中保存备用。存放时间长的要放在0.02%叠氮化钠（NaN_3）或加适量氯仿的蒸馏水中防腐保存。用过或用溶液处理过的透析膜一定要湿保存，否则一旦干燥便会开裂，不能再使用。

2. 反渗透膜

反渗透膜按操作压力分类分为高压反渗透膜、中低压反渗透膜、超低压反渗透膜。按材料分类分为醋酸纤维素类、芳香聚酰胺类、聚哌嗪酰胺类、聚酰胺酰肼、聚苯并咪唑酮等反渗透膜。按形态结构分类分为非对称和复合反渗透膜两类。

高压反渗透膜：操作压力为2.8～4.2 MPa，主要用于海水淡化，三醋酸纤维素中空纤维反渗透膜、直链全芳族聚酰胺中空纤维膜、交联全芳族聚酰胺卷式复合膜、芳基-烷基聚醚脲卷式复合膜、交联聚醚复合膜都属于此类。

低压反渗透膜：操作压力为1.4～2.0 MPa。低压反渗透膜多为复合膜，其皮层材质为芳香聚酰胺、聚乙烯醇等，主要用于低含盐量的苦咸水脱盐，电子、制药工业的高纯水生产，食品工业废水的处理，饮料用水的生产等，如NTR-739HR、BW-30、SU-700等属于此类。

超低压反渗透膜又称为疏松反渗透膜，是纳滤膜的一种，操作压力在1.5 MPa以下。

非对称反渗透膜的通量一般较小，但是脱盐率较高，如20世纪70年代中期Toray公司、Monsanto公司、Du Pont等公司开发的芳香聚酰胺中空纤维反渗透膜基本上属于此类。70年代Saltonstall等以乙酸含量为39.8%的二醋酸纤维素与乙酸含量44.2%的三醋酸纤维素共混制备出来的醋酸纤维素反渗透膜也属于非对称结构的反渗透膜，其通量也不是很高。自从Candotte于1972年以聚醚酰亚胺（PEI）与2,4-二异氰酸酯（TDI）交联首次制备出高脱盐、高通量的复合反渗透膜以来，复合反渗透膜在市场上才占据了绝对优势，目前哌嗪与2,4,6-三甲基苯磺酰氯（TMC）、间苯二胺与2,4,6-三甲基苯磺酰氯交联制备复合反渗透膜的技术已经比较成熟。

（三）透析与反渗透的操作与应用

1. 透析的操作与应用

透析操作时，透析袋一端用橡皮筋或线绳扎紧，也可以使用特制的透析袋夹夹紧，由另一端灌满水，用手指稍加压，检查不漏，方可装入待透析液（图5-4a）。通常要留1/3～1/2的空间，以防透析过程中，透析的小分子质量较大时，袋外的水和缓冲液过量进入袋内将袋胀破。透析的容器要大一些，可以使用大烧杯、塑料桶等。小量体积溶液的透析，可在袋内放一截两头烧圆的玻璃棒或两端封口的玻璃管，以使透析袋沉入液面以下。

为了加快透析速度，除多次更换透析液外，还可以使用各种透析装置（图5-4）。

对透析结果的判断，可采用物理或化学方法直接检测半透膜外小分子的浓度。如被透析的小分子是硫酸铵，可用氯化钡检测；若是氯化钠，可用硝酸银检测；氢离子或氢氧根离子用酸度计检测；肽类物质可以用紫外分光光度计检测等。

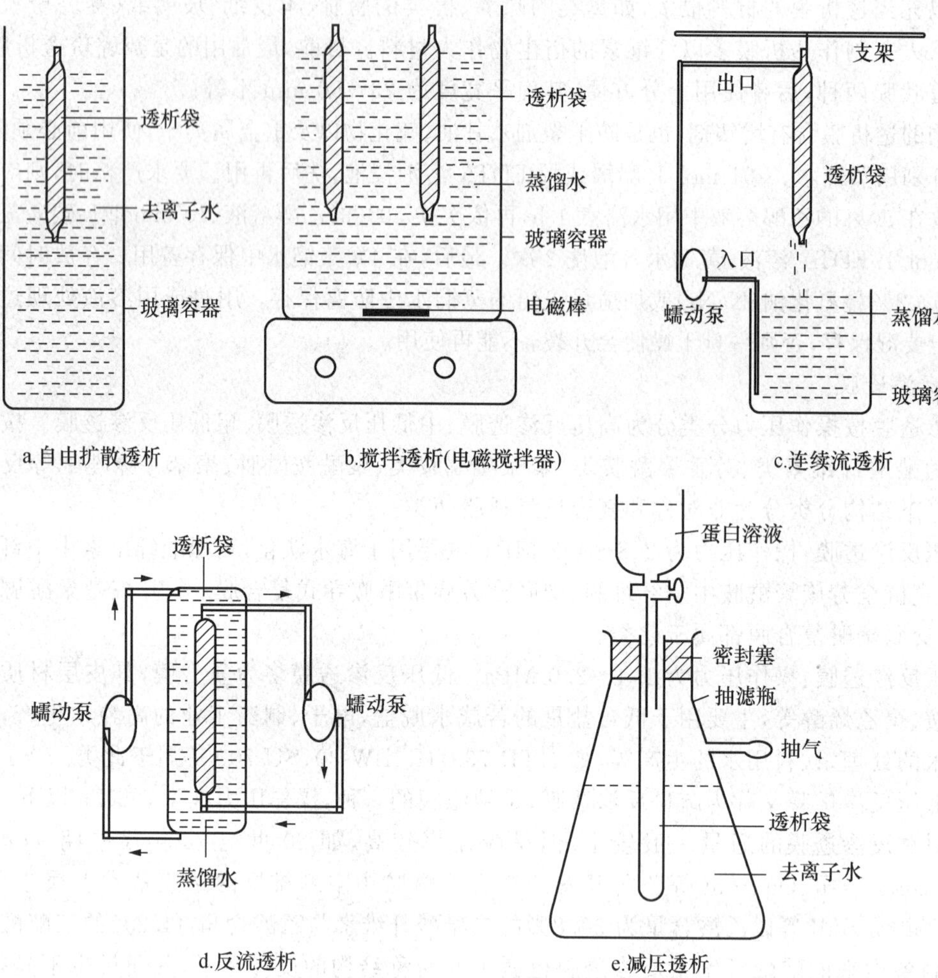

图 5-4 几种简易透析装置

(陈来同,生物化学产品制备技术,2004)

透析法设备简单,操作方便,能彻底脱盐。但透析时间较长,若不更换透析水或缓冲液时,只扩散到膜内外平衡为止;透析结束时,透析袋内的保留液体积较大,浓度较低;由于透析过程以浓度差为传质推动力,膜的透过通量很小,不适于大规模生物分离过程,而在实验室中应用较多。

2. 反渗透的操作与应用

在实际生产中,对溶液的分离有不同的质量要求。例如,对纯水制备,质量要求着眼于透过液是否符合标准;而对废液的处理,则需考虑透过液是否可达到排放标准、浓缩液有无回用价值两个方面。一方面,可以通过组件的不同配置方式来满足不同要求;另一方面,膜元件的使用寿命也与膜组件的排列组合有重要的关系。如果排列组合不合理,则将造成某一段内的膜元件的水通量过大,并导致此处膜元件的污染速度加快和膜元件被频繁清洗,甚至这些膜元件很快就不能再使用而需要更换,造成经济损失。对大规模的水处理系统,这种代价将是很高的。

在膜分离工艺流程中常常会遇到“段”与“级”的概念。所谓“段”,指膜组件的浓缩液不经泵而自动流到下一组膜组件处理。流经 n 组膜组件，即称为 n 段。所谓"级"，指膜组件的浓缩液再经泵送到下一组膜组件进行处理。料液经 n 次膜组件处理，即称为 n 级。

(1)膜组件的排列组合　以水净化处理为例，组件的一级配置有以下几种。

一级一段连续式：图 5-5 所示为典型的一级一段连续式工艺流程。在组件中，经膜分离的透过水和浓缩液被连续引出系统，这种方式下水的回收率不高，在工业中较少采用。

一级一段循环式：如图 5-6 所示，为提高回收率，将部分浓缩液返回进料液贮槽与原有的进料液混合后，再次通过组件进行分离。因为浓缩液中溶质浓度比原进料液要高，所以透过液的水质有所下降。

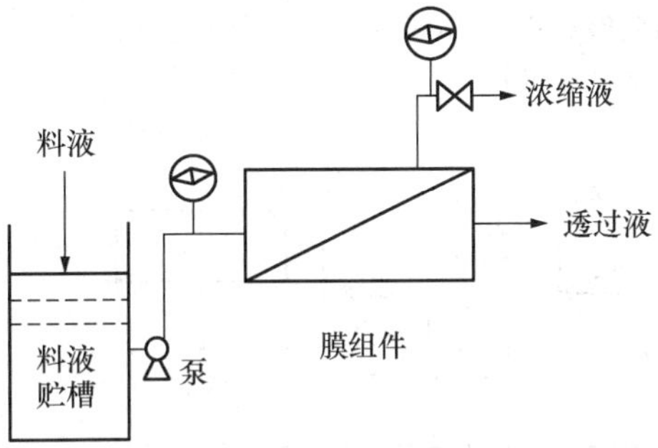

图 5-5　一级一段连续式

(王湛，膜分离技术基础，2006)

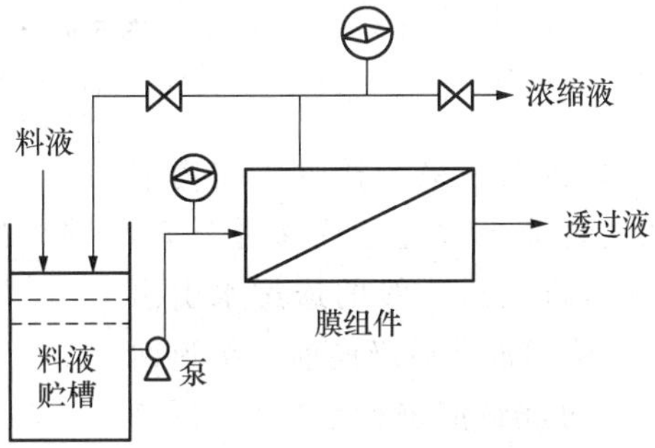

图 5-6　一级一段循环式

(王湛，膜分离技术基础，2006)

一级多段连续式：这种方式适合大处理量的场合，它能达到较高的水回收率。最简单的一级多段连续式如图 5-7 所示，即将第一段的浓缩液作为第二段的进料液，再把第二段的浓缩液作为下一段的进料液，而各段的透过水连续排出。这种方式水的回收率高，浓缩液的量减少，而浓缩液中的溶质浓度较高。

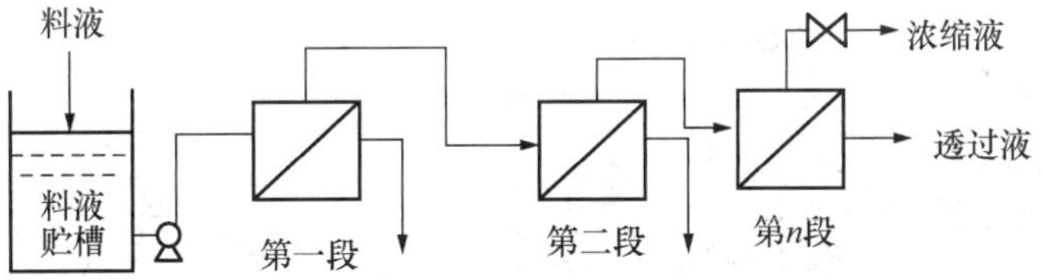

图 5-7　一级多段连续式

(王湛，膜分离技术基础，2006)

一级多段循环式：如图 5-8 所示，这种方式能获得高浓度的浓缩液。它是将第二段的透过水重新返回第一段作进料液，再进行分离。因为第二段的进料液浓度较第一段高，因而第二段的透过水水质较第一段差。浓缩液经多段分离后，浓度得到很大提高，因此它适用于以浓缩为主要目的的分离。

多段锥形排列：为使反渗透装置达到给定的回收率，同时保持水在装置内的每个组件中处于大致相同的流动状态，就必须遵照流体在每个膜组件内的流速相等原则，将装置内的膜组件进行多段锥形排列，段内并联和段间串联，以减少浓差极化。

在锥形排列方式中，浓缩液经过多段流动后压力损失较大，会导致生产效率下降，所以常用增设高压泵来防止压力过低。

组件的多级多段配置有连续式(图 5-9)与循环式(图 5-10)之分。还有多级多段循环式的

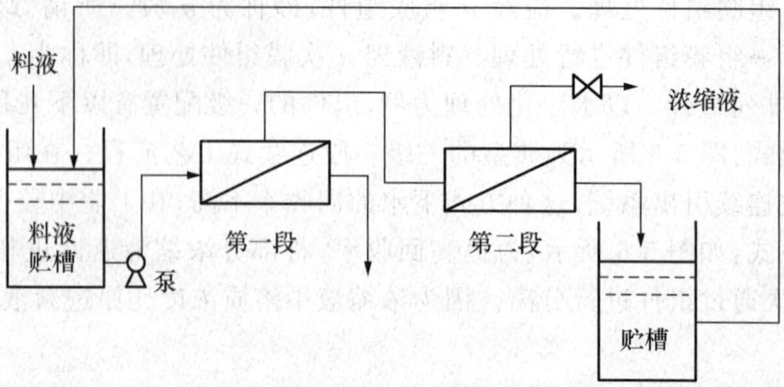

图 5-8 一级多段循环式

（王湛，膜分离技术基础，2006）

流程，它是将第一级的透过水作为下一级的进料液再次进行反渗透分离，如此延续，将最后一级的透过水引出系统。而浓缩液从后级向前一级返回与前一级的进料液进行混合后，再进行分离。这种方式既提高了水的回收率，又提高了透过水的水质。但是由于泵的增加，能耗加大。对某些分离，如海水淡化来说，由于一级脱盐淡化需要有很高的操作压力和高脱盐性能的膜，因此在技术上有很高的要求，采用多级多段循环式分离，可以降低操作压力，设备要求较低，同时对膜的脱盐性能要求也可相对降低，因而有较高的实用价值。

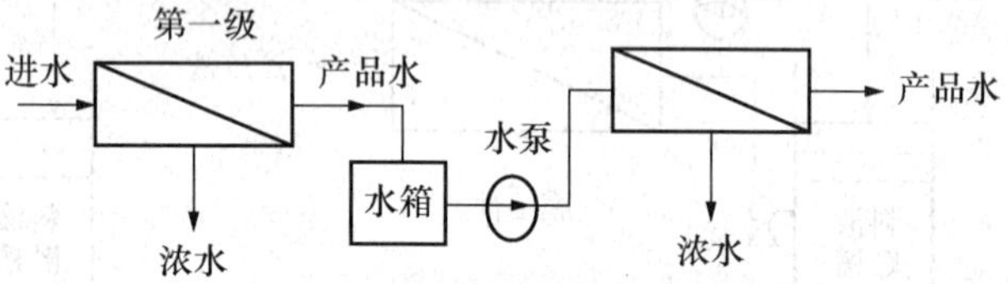

图 5-9 二级二段处理（每级各一段）

（王湛，膜分离技术基础，2006）

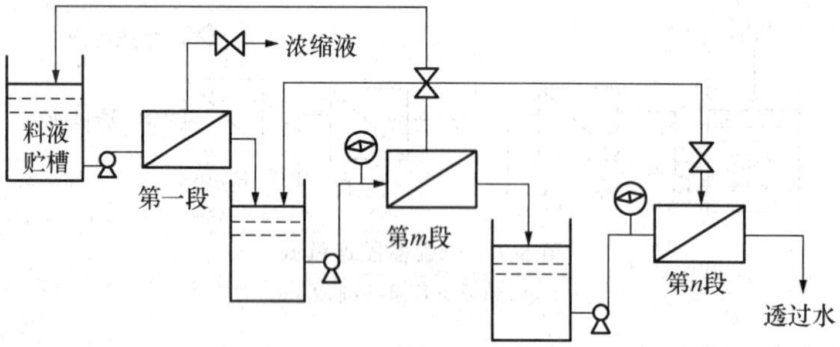

图 5-10 二级五段处理（第一级三段，第二级二段）

（王湛，膜分离技术基础，2006）

（2）膜组件的排列组合方式的确定　在反渗透系统设计中，如果没有别的运行经验，则必须遵循设计导则中规定的透水量值。实践经验证明，要使反渗透装置成功运行，一是尽可能提高预处理水平，使给水符合反渗透给水的要求；二是安装足够数量的膜元件（组件），并合理排列，使每个膜元件有合理的透水量。

实际上，膜元件（组件）的透水量与水的回收率之间有必然的联系。回收率提高，必然增大透水量。在设计中，单个膜元件（组件）的透水量可用于测算整个系统所需的膜元件（组件）的数量，膜元件（组件）允许回收率（或最大回收率）则用于计算膜组件的合理排列。

反渗透技术主要是大规模应用于苦咸水和海水淡化，此外被大量地用于纯水制备及生活用水处理，以及难用其他方法分离的混合物，例如合成或天然聚合物。反渗透过程适用于制造受热易分解的产品以及化学上不稳定的产品，例如生物制品、药品以及食品等。在这些制品的生产中，若采用传统的净化与分离方法，常常会导致产品的损失或味道的破坏。随着反渗透膜的高度功能化和反渗透应用技术的开发，反渗透已从海水淡化逐渐应用到食品、医药、化工等部门的分离、精制、浓缩等方面。

三、微滤与超滤

（一）微滤与超滤的原理

1. 微滤

利用筛分原理，截留直径为 0.02～10 μm 的粒子的膜分离技术叫作微滤，又称为微孔过滤。微孔滤膜具有明显的孔道结构，主要用于截留高分子溶质或固体微粒。在静压差的作用下，小于膜孔径的粒子通过滤膜，大于膜孔径的粒子则被阻拦在滤膜面上，使粒子大小不同的组分得以分离。

微滤过程中膜两侧的渗透压差可忽略不计，由于膜孔径较大，操作压力比超滤更小，一般为 0.05～0.5 MPa。微滤的操作形式可采用常规过滤和错流过滤。一般当料液中固体物含量低于 0.1%时通常采用常规过滤；固体物含量在 0.1%～0.5%的料液则需要进行预处理或采用错流过滤；固体物含量高于 0.5%的料液通常采用错流过滤。

常用的微孔滤膜是醋酸纤维素和硝酸纤维素等混合组成的。其他商业化膜有再生纤维素膜、聚氯乙烯膜、聚酰胺膜和陶瓷膜等。

微滤是所有膜过程中应用最普遍的一项技术。一般用于从气相或液相物质中截留分离微粒、细菌、污染物等。工业上主要用于无菌液体、超纯水的生产和空气过滤；生物分离中，广泛用于菌体的分离和浓缩。

2. 超滤

超滤即超过滤，其自 20 世纪 20 年代问世，20 世纪 60 年代以来发展迅速，很快由实验室规模的分离手段发展成重要的工业单元操作技术。超滤现已成为一种重要的生物分离技术，广泛用于含有各种小分子溶质的溶液中的各种生物大分子（如蛋白质、酶、核酸等）的浓缩、分离和纯化。

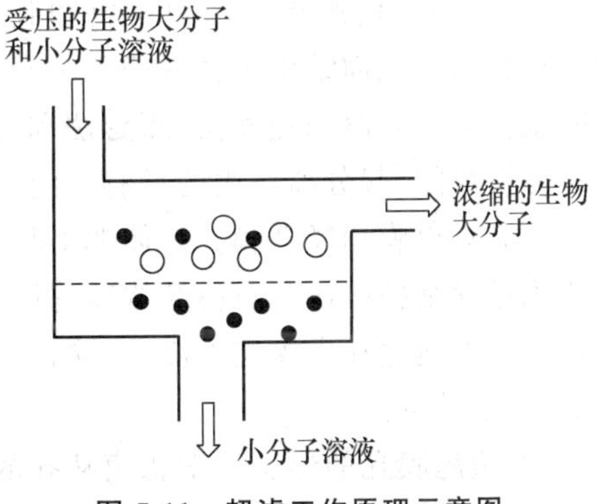

图 5-11　超滤工作原理示意图

超滤是最常用的膜分离技术，其分离原理见图 5-11。利用有选择通透性的微孔膜，在液压作用下，小溶质分子随溶剂透过膜转移到膜的另一侧，而大分子溶质（酶）则被截留下来，因此大、小溶质分子得以分离。也就是说，超滤是借助超滤膜对溶质在分子水平上进行物理筛分的分离技术。超滤时的操作压力一般控制在 0.1～1 MPa，压力可由压缩气体或压力泵来维持。

超滤技术的优点：操作简便，成本低廉，不需增加任何化学试剂，尤其是超滤技术的实验条件温和，与蒸发、冷冻干燥相比没有相的变化，而且不引起温度、pH 的变化，因而可以防止生物大分子的变性、失活和自溶。在生物大分子的制备技术中，超滤主要用于生物大分子的脱盐、脱水和浓缩等。超滤法也有一定的局限性，它不能直接得到干粉制剂。对于蛋白质溶液，一般只能得到质量分数为10%～50%的产物。

微滤、超滤都是以压力为推动力，遵从筛分机理（立体阻碍）的筛孔分离过程。从分离原理上来说，微滤与超滤存在着许多共同的性质，因此，在对膜分离过程及机理的研究中，人们常常将其作为同一类研究对象考虑。微滤、超滤的分离过程一般要经历如下几个阶段：

（1）过滤初始阶段，小粒子大量渗入清洁的膜孔中，其中一些由于各种力的作用被吸附于膜孔内，减小了膜孔的有效直径，这个阶段膜的内部污染占优势，大的粒子则被截留在膜表面，开始形成疏松多孔的滤饼层。

（2）当膜孔内吸附趋于饱和时，在表层的大粒子被带走，取而代之的是小粒子，这样初始阶段在膜表面构成疏松多孔滤饼层的大粒子，逐步被小粒子取代，滤饼层逐渐被压实，膜的外部污染逐渐占据优势。

（3）滤饼层厚度不断增加，膜内部小粒子的比例逐渐增加，更小的粒子渗入已形成的滤饼层孔中。此时，小粒子已不能到达膜孔，并最终在膜表面形成凝胶滤饼层，膜通量趋于稳定。

（二）滤膜

1. 微滤膜

常用的微滤膜是醋酸纤维素和硝酸纤维素等混合组成的。其他商业化膜有再生纤维素膜、聚氯乙烯膜、聚酰胺膜和陶瓷膜等。

微滤是所有膜过程中应用最普遍的一项技术。一般用于从气相或液相物质中截留分离微粒、细菌、污染物等。工业上主要用于无菌液体、超纯水的生产和空气过滤；生物分离中，广泛用于菌体的分离和浓缩。

决定膜分离效果的是膜的物理结构、孔的形态和大小。微滤膜从结构上可分为对称膜和非对称膜，按照孔的形态可以分为直孔型微滤膜和曲孔型微滤膜。

（1）微滤膜的结构　因膜材料和制备工艺不同，微滤膜在结构上有对称膜和非对称膜之分。具有对称截面结构的微滤膜称为对称微滤膜，对称膜在截面结构和膜材质上都是均匀的。一般制备方法有溶剂蒸发法、压延法和烧结法等；非对称膜截面结构明显呈现出不对称性，其表面为极薄的、起分离作用的具有一定孔径的皮层，而多孔的支撑层位于皮层之下。非对称膜有一体非对称膜和复合膜。一体非对称膜多为高分子膜，皮层和支撑层是同一种材料，可通过相转化过程制备一体非对称结构微滤膜。复合膜皮层和支撑层则由不同的材料组成，高分子复合膜可以通过在支撑层上浇铸、涂敷等方法形成超薄皮层，非对称的陶瓷微滤膜则可通过溶胶-凝胶法制备。

（2）微滤膜孔的形态　微滤膜从孔的形态上，可以分为直孔型和曲孔型微滤膜。直孔型微滤膜是一种理想状态的微滤膜，此类膜一般具有理想的圆柱形孔，对大于其孔径的物质起到过滤作用；曲孔结构的微滤膜，内部孔结构错综复杂，互相交织在一起形成了一个立体网状结构，在溶液经过时，截留、吸附、架桥、深层过滤同时起作用，因此曲孔型微滤膜可以去除粒径小于其表观孔径的微粒。

（3）微滤膜材料　微滤膜材料分为高分子材料和无机材料两大类。高分子材料主要有纤维素类、聚砜类、聚酰胺类、聚烯烃、聚酯类、含氟类等；无机材料主要有陶瓷、金属、微孔玻璃、分子筛等。已用于微孔膜的高分子材料有纤维素、聚碳酸酯、聚酰胺、聚砜、聚醚砜、聚酰亚胺、聚乙烯、聚丙烯、聚氯乙烯、聚偏氟乙烯等。已用于制备微孔膜的无机材料有不锈钢、陶瓷、分子筛、微孔玻璃等。膜材料是决定膜性能和膜孔结构的关键因素之一，不同材质的微孔膜化学稳定性、热稳定性、机械性能及适用范围不同。高分子材料按亲水性能又可分为亲水性材料和疏水性材料。表 5-3 列出了几种主要膜材料的基本性能。

表 5-3　几种主要膜材料的基本性能（杨座国，膜科学技术过程与原理，2009）

膜材料	pH	耐温性能/℃	耐氯性能	耐溶剂性能	膜组件
醋酸纤维素	3.5～7.0	75	良好	差	平板，管式
聚砜	1～13	150	良好	中	平板，管式，中空纤维
聚酰胺	7～12	100	差	中	平板，管式，中空纤维
聚丙烯腈	2～12	50	中	中	平板，管式，中空纤维
聚氯乙烯	2～12	40	中	中	平板，管式，中空纤维
聚四氟乙烯	0～14	260	优异	优异	平板，中空纤维
聚丙烯	0～14	200	优异	优异	平板，中空纤维
聚酯	0～14	130	优异	优异	平板
陶瓷	0～14	800 以上	优异	优异	平板，管式，中空纤维
不锈钢	0～14	400 以上	差	优异	平板，管式
多孔玻璃	0～7	600	优异	优异	平板，中空纤维
分子筛	4～7	400	优异	优异	平板，管式
再生纤维素	3.5～7.0	35	良好	好	平板，管式
聚砜酰胺	2～10	125	较差	好	平板

2. 超滤膜

超滤技术的关键是超滤膜。为了提高滤液的透过速度，膜表面单位面积上能穿过某种分子的“孔穴”应该多，而孔径的长度应该小。这样就产生了流速和膜强度之间的矛盾。

(1)超滤膜的构造　超滤膜有各种不同的类型和规格，可根据工作的需要来选用。早期的膜多为对称膜，即膜截面的膜厚方向上孔道结构均匀。对称膜的传质阻力大，透过通量低，并且容易污染，清洗困难。20 世纪 60 年代开发的不对称膜解决了上述对称膜的弊端，从而开创了膜分离技术发展的新篇章。不对称膜主要由起膜分离作用的表面活性层(0.1～1 μm)和起支撑强化作用的惰性层(100～200 μm)构成。活性层决定了膜的选择性，而惰性层增加了机械强度。由于惰性层孔径很大，对透过流体阻力很小；起分离作用的表面活性层很薄，孔径微细，因此透过通量大、膜孔不易堵塞、容易清洗。

常用的超滤膜一般是由乙酸纤维或硝酸纤维或两者的混合物制成。近年来，为适应制药和食品工业上灭菌的需要，发展了非纤维型的各向异性膜，例如聚砜膜、聚砜酰胺膜和聚丙烯腈膜等。这种膜在 pH 1～14 都是稳定的，且能在 90℃下正常工作。超滤膜通常是比较稳定的，若使用恰当，能连续用 1～2 年。若暂时不用，可浸在 1%甲醛溶液或 0.2%叠氮化钠(NaN_3)中保存。

(2)超滤膜的特性　超滤膜的基本性能指标主要有:孔道特征、水通量、截留率和截留分子量、抗压能力、pH 适用范围、对热和溶剂的稳定性等。

孔道特征包括孔径、孔径分布和孔隙率,是膜的重要性质。膜的孔径有最大孔径和平均孔径,它们都在一定程度上反映了孔的大小,但各有其局限性。孔径分布是指膜中一定大小的孔的体积占整个孔体积的比例。由此可以判别膜的好坏,即孔径分布窄的膜比孔径分布宽的膜要好。孔隙率是指整个膜中孔所占的体积分数。

超滤膜的孔径、孔径分布和孔隙率可通过电子显微镜直接观察测定。

水通量为每单位时间内通过单位膜面积的水体积流量,也叫透水率,即水透过膜的速率。对于一个特定的膜来说,水通量的大小取决于膜的物理特性(如厚度、化学成分、孔隙率)和系统的条件(如温度、膜两侧的压力差、接触的溶液的盐浓度及料液平行通过膜表面的速度)。在实际使用中,如处理的为蛋白质溶液,则由于膜面污染,水通量会很快降低。污染程度和膜材料很有关系,所以膜的选择应通过实验决定。

截留率(用 R 表示)是指膜对一定分子量的物质截留的程度。

$$R=1-\frac{c_p}{c_b}$$

式中:c_p 和 c_b 分别为在某一瞬间透过液和截留液的浓度。

如 $R=1$,则 $c_p=0$,表示溶质全部被截留;如 $R=0$,则 $c_p=c_b$,表示溶质能自由透过膜。用已知分子量的各种物质进行实验,测定其截留率,得到的截留率与分子量之间的关系称为截断曲线(图 5-12)。较好的膜应该有陡直的截断曲线,可使不同分子量的溶质完全分离;相反,倾斜的截断曲线会导致分离不完全。

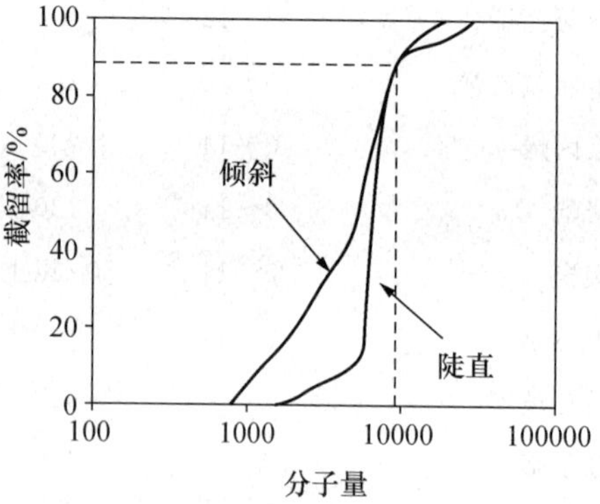

图 5-12　截断曲线

(俞俊棠,新编生物工艺学,2003)

截留分子量(MWCO)定义为一定截留率(通常为 90%或 95%)下的膜能截留的溶质分子量。显然,截留率越高、截留分子量的范围越窄的膜越好。截留率不仅与溶质分子的大小有关,还和分子的形状、膜的吸附作用、其他高分子溶质的影响等因素有关。

(三)微滤与超滤装置

1. 微滤和超滤膜组件

在工业化规模生产中,膜过滤装置由膜组件构成。由膜、固定膜的支撑体、间隔物以及收纳这些部件的容器构成的一个单元称为膜组件或膜装置。膜组件的结构根据膜的形式而异。目前,市售商品膜组件主要有管式、平板式、螺旋卷式和中空纤维(毛细管)式 4 种,其中管式和中空纤维式膜组件根据操作方式不同,又分为内压式和外压式。4 种膜组件的性能比较见表 5-4。

(1)管式膜组件　管式膜组件是将膜固定在内径 10～25 mm,长约 3 m 的圆管状多孔支撑体上构成的,10～20 根管式膜并联(图 5-13a),或用管线串联,收纳在筒状容器内即构成管式膜组件。管式膜组件的内径较大,结构简单,适合于处理悬浮物含量较高的料液,分离操作完成后的清洗比较容易,单根管子容易调换。但是管式膜组件单位体积的过滤表面积(即比表面积)在各种膜组件中最小,保留体积大。

表 5-4　4 种膜组件的性能比较(陈来同,生物化学产品制备技术,2004)

类型	优点	缺点
管式	易清洗、无死角,适宜于处理含固体较多的料液,单根管子可以调换	保留体积大,单位体积中所含膜面积较小,压力降大
中空纤维式	保留体积小,单位体积中所含膜面积大,可以逆洗,操作压力较低(<2.53×10^5 Pa),动力消耗较低	料液需要预处理,单根纤维损坏时,需调换整个膜件
螺旋卷式	单位体积中所含膜面积大,更换新膜容易	料液需要预处理,压力降大,易污染,清洗困难
平板式	保留体积小,能量消耗介于管式和螺旋卷式之间	死体积大

(2)平板式膜组件　平板式膜组件与板式换热器或加压叶滤机相似,由多枚圆形或长方形平板膜以 1 mm 左右的间隔重叠加工而成,膜间衬设多孔薄膜,供料液或滤液流动(图 5-13b)。平板式膜组件比管式膜组件比表面积大得多,保留体积小,操作费用低。但死体积较大,易漏,高固含量会堵塞进料液通道,拆卸比清洁管道更费时间。在实验室中,经常使用将一张平板膜固定在容器底部的搅拌槽式过滤器。

(3)螺旋卷式膜组件　将两张平板膜固定在多孔性滤液隔网上(隔网为滤液流路),两端密封。两张膜的上下分别衬设一张料液隔网(为料液流路),卷绕在空心管上,空心管用于滤液的回收(图 5-13c)。

螺旋卷式膜组件的比表面积大,结构简单,价格较便宜,更换新膜容易。但缺点是处理悬浮物浓度较高的料液时容易发生堵塞现象,难清洗,液流不易控制。

(4)中空纤维(毛细管)式膜组件　中空纤维或毛细管膜组件由数百至数百万根中空纤维

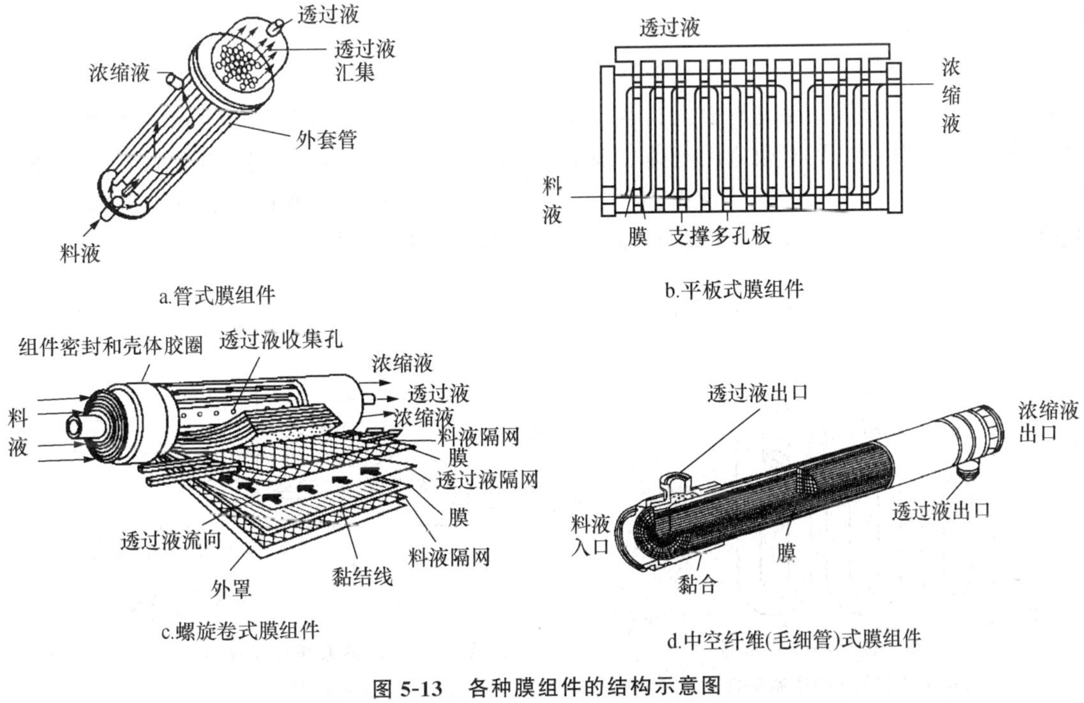

图 5-13　各种膜组件的结构示意图

膜固定在圆筒形容器内构成(图 5-13d)。严格地讲,内径为 0.04～0.08 mm 的膜称中空纤维膜,而内径为 0.25～2.5 mm 的膜称毛细管膜。由于两种膜组件的结构基本相同,故一般将这两种膜装置统称为中空纤维膜组件。毛细管膜的耐压能力在 1.0 MPa 以下,主要用于超滤和微滤;中空纤维膜的耐压能力较强,常用于反渗透。中空纤维(毛细管)式膜组件单位体积中所含过滤面积大,保留体积小,可以逆流操作,压力较低,设备投资低。但由于中空纤维膜组件由许多极细的中空纤维构成,采用外压式操作(料液走壳方)时,流动容易形成沟流效应,凝胶吸附层的控制比较困难;采用内压式操作(料液走腔内)时,为防止堵塞,需对料液进行预处理,除去其中的微粒;单根纤维损坏时,需调换整个组件。

在各种膜组件中,膜的装填密度可达每立方米数百到上百万。为了满足不同生产能力的要求,在生产中可使用几个至数百个膜组件。对流体提供压力与流量则必须用泵来完成。目前,在超滤中常用的是离心泵和旋涡泵,对某些具有生理活性物质的超滤分离,为了防止叶轮高速旋转所造成的失活常选用蠕动泵。

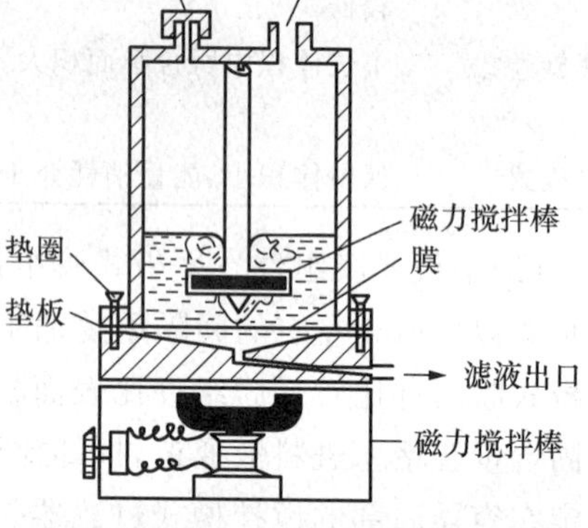

图 5-14　搅拌式超滤器

2. 微滤和超滤器

(1)搅拌式超滤器　内装磁力搅拌棒(图 5-14),用以加速膜面大分子的扩散作用,保持流速。单位时间内透过液体量与有效膜面积成正比,工作压力为 303.9～5 065 kPa。它适合于实验室处理少量浓度小的酶液。

(2)小棒超滤器　棒心为多孔高聚物支持物,外裹各种规格的超滤膜,使用时将其插入待分离液中,开动连接的真空系统即可进行超滤(图 5-15)。它适合于处理少量浓度小的大分子样液,一次可以同时处理多个样品。

(3)浅道系统超滤装置　这类超滤器使液体通过螺旋形浅道,向与膜平行的方向流动。浅道底部有膜,由于液体在超滤膜表面高速流动,浓差极化不显著。而且液体与膜的接触面积也大于一般搅拌型装置,故有很好的滤速。浅道系统超滤原理见图 5-16,超滤后被截留的大分子溶液从浅道末端流出,通过蠕动泵再循环,最后质量分数达 40%。该装置适合于酶等大分子混合物的分离以及细菌、病毒、热原的滤除,也用于酶液的浓缩、脱盐。

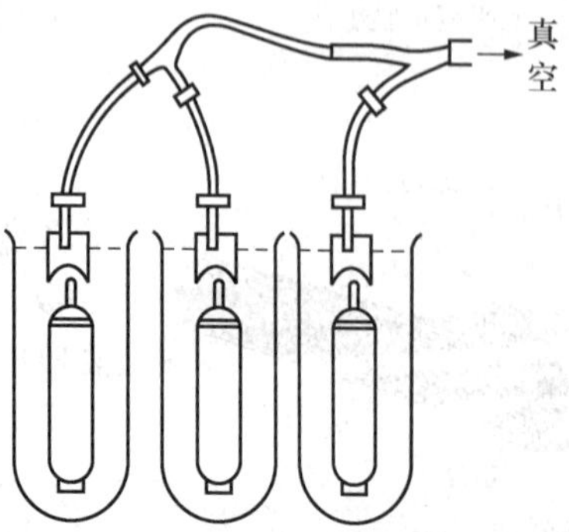

图 5-15　小棒超滤器

(陈来同,生物化学产品制备技术,2004)

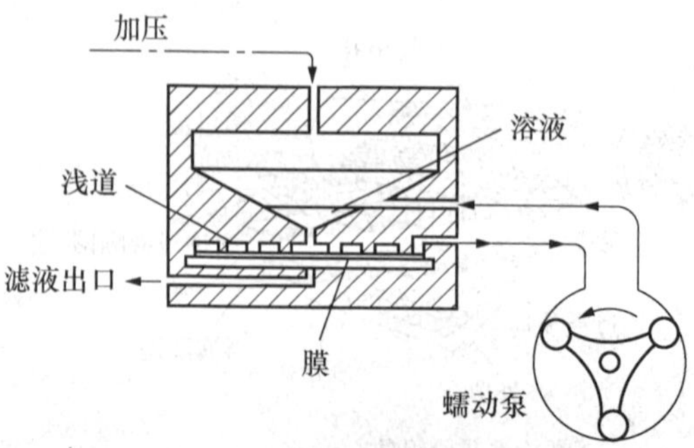

图 5-16　浅道系统超滤装置

(陈来同,生物化学产品制备技术,2004)

(4)中空纤维式　该超滤器的过滤介质是具有与超滤膜类似结构的中空纤维丝,每根纤维丝即为一个微型管状超滤器。中空纤维丝很细,它能承受很高压力而不需任何支撑物,使得设备结构大大简化。中空纤维的内径一般为0.2 mm,表面积与体积的比率极大,所以滤速很高,适用于大生产操作(图5-17)。中空纤维系统超滤器分外流型和内流型两种(图5-18)。

图5-17　中空纤维膜分离器(工业用)

四、微滤与超滤的操作与应用

(一)微滤的操作与应用

1. 微滤的操作

一般认为微滤的机理与常规过滤基本相同,但由于被截留的粒子很小,已不再是不可压缩的刚性粒子,因而与常规过滤相比又有不同。

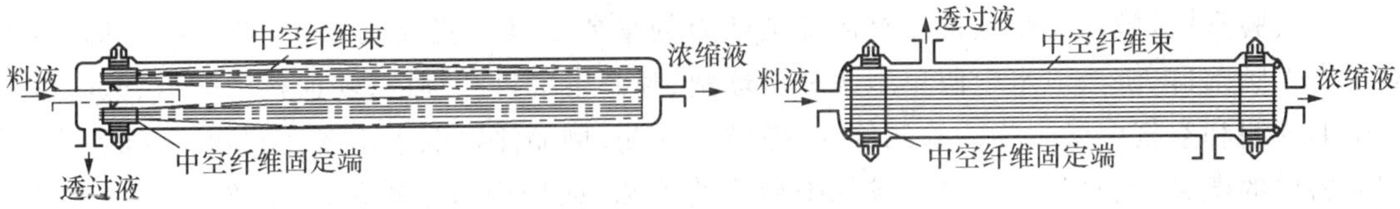

图5-18　中空纤维式超滤装置

(欧阳平凯,生物分离原理及技术,2019)

常规过滤一般是深床过滤,在过滤介质上形成的粒子层称为滤饼层,这层粒子层常常起到真正的过滤介质作用,然而它也造成较大的过滤阻力。当粒子不再是刚性的不可压缩粒子时,这一阻力显得特别重要。

微滤也可以采用类似于传统过滤的模式,称为死端过滤或并流过滤。更多见的是采用切向过滤,这样膜表面上的粒子层很薄,大大减少了过滤阻力。此时的微滤更确切地说属于增浓过程。一般当物料的固体物含量低于0.1%时常用死端式过滤,固体物含量在0.1%~0.5%时需要将物料做预处理,而固体物含量高于0.5%时应当用错流过滤。

作为微滤推动力的压强差比常规过滤大,故一般微滤不用真空过滤。微滤常用的压强差为0.1~0.3 MPa,压强差虽高于常规过滤,但与超滤、纳滤和反渗透相比则又低得多。

在微滤过程中,随着过滤的进行,膜孔逐渐被堵塞,导致滤液流量的下降,到一定程度时必须停下来进行清洗。因此,严格来讲微滤不能算是真正意义上的连续过程,而只是间歇过程。

微滤操作的温度上限原则上取决于膜和物料的耐热程度。在使用有机膜时,多数情况下是膜的耐热性起制约作用。在使用无机膜时,主要由物料的耐热性决定操作温度上限。

采用切向过滤时,由于料液的推动,膜表面上形成的粒子层的厚度有一定限度。如果在膜两侧的压差撤除后粒子层也随之消除,那么它是可逆的,多数情况下正是如此。也有时粒子层成为不可逆的,主要原因是膜孔被逐渐堵塞。此时必须停止操作,清洗膜,然后再继续过滤。可以用观察过滤通量随时间变化的方法,来判别粒子层是否是可逆的。

2. 微滤膜的特点

微滤膜具有下列特点：

(1)孔径均匀　平均孔径为 0.45 μm 的滤膜，其孔径变化范围在(0.45±0.02)μm。曲线越陡直，孔径分布越好，过滤精度越高。

(2)孔隙率高　孔数量为 107～1011 个/cm²，孔隙率高达 80%左右。膜的孔隙率越高，意味着过滤通量越大。一般说来，它比同等截留能力的滤纸至少快 40 倍。

(3)滤材薄　大部分微滤膜的厚度在 150 μm 左右，与深层过滤介质(如各种滤板)相比，只有它们的 1/10 厚，甚至更薄，所以贵重液体被过滤介质吸收的损失非常少。

基于上述特点，微滤膜主要用来对一些只含微量悬浮粒子的液体进行精密过滤澄清；或用来检测、分离某些液体中残存的微量不溶性物质，以及对气体进行类似的处理。简而言之，微滤膜主要用于分离流体中尺寸为 0.1～10 μm 的微生物和微粒子。微滤的最大市场是制药行业的过滤除菌，其次是电子工业集成电路生产所用水、气、试剂的过滤及超纯水生产的终端过滤。微滤膜在食品工业、石油化工、分析检测以及环保等领域获得了广泛应用。城市污水处理、反渗透脱盐以及废水处理与预处理是微滤技术的重要潜在应用市场。

在实验室中，微孔滤膜是检测有形微细杂质的重要工具。主要用于：①微生物检测，例如对水中大肠菌群、游泳池水中假单胞菌和链球菌、啤酒中酵母和细菌、软饮料中酵母、医药制品细菌的检测和空气中微生物的检测等；②微粒子检测，例如注射剂中不溶性异物、石棉粉尘、航空燃料中的微粒子、水中悬浮物和排气中粉尘的检测、锅炉用水中铁的分析、放射性尘埃的采样等。

微滤膜可根据孔径大小不同来收集各种不同大小粒子，可在细胞和细胞器的研究工作中实现绝对过滤，在生物化学方面的应用具有方法简单、使用方便、重复性好和快速等优点，因此，广泛用于绝对过滤收集沉淀、溶液的澄清、酶活性的测定、细菌生长过程中培养基的更换、转移研究、受体结合研究。除此之外，还在液闪测定、放射性示踪物的超净、电泳和微量化学分析等方面得到应用。

3. 微滤的应用

在工业上微滤主要有以下的应用：

(1)饮用水生产

①微滤技术在矿泉水生产过程中的应用　矿泉水的水源必须是排出的地下水，这些水在地下流动时溶入了某些无机盐。在矿泉水制造中，应用的膜技术有两种：一种是微滤，另一种是超滤。前者适用于胶体和微粒含量较少、浊度较低、水质稳定的矿泉水水源；后者适用于胶体、微粒含量多的矿泉水水源。

②微滤技术在纯净水生产中的应用　在纯净水生产中最重要的工作是灭菌，因为纯净水中不能含任何消毒剂、防腐剂，细菌在纯净水中不但能生存而且能大量繁殖，因此纯净水中的微生物最好达到“零”指标，即无菌的水、无菌的空气、无菌的瓶及瓶盖和无菌的操作。

由于水资源短缺，许多国家和城市都积极采取措施，将城市污水处理回收利用作为重要工作来抓。微滤作为水的深度处理技术得到广泛应用。

(2)电子工业高纯水的制备　在电子元件的生产中，纯水主要用于清洗和配制各种溶液，因而纯水的质量对于半导体器件、显像管及集成电路(SI)的成品率和产品质量有极大的影响。例如，目前生产的SI线条宽度和线条间的间距只有几微米或零点几微米，如果纯水不纯，水中的微粒吸附在硅片表面，就会形成针孔、小岛和缺陷，导致电路断线、短路和电器特性的改变。

(3)微滤技术在制药工业中的应用 主要涉及无菌空气的制备、药品原液及其制剂的除菌除杂、活性炭脱色液残留物的清除、制药生产废水的综合治理以及中药提取液的微细絮状物的过滤澄清分离等。

①无菌空气的制备 在生物发酵工艺过程中，经过除油、除水的压缩空气要达到绝对无菌的要求，一般必须经过多个过滤单元来完成。

②大输液的过滤净化 大输液的生产线由溶液制备、容器准备、受器准备和灌装、密封及热压消毒四条流水线组成。微滤膜用于前三条流水线，以有效地除去水、药液和空气中的微粒及细菌。

③中药提取液的微细絮状物的过滤、澄清、分离 当前中医中药提取法仍以水提取或醇提取为主。中药原药经醇或水提取后，提取液中除含有所需要的活性组分外，还含有蛋白质、氨基酸、单宁酸(鞣酸)、蜡质等许多杂质，这些杂质的存在不仅给成药带来苦、涩等不良口感，而且降低了中药的有效成分和疗效，并产生某些毒副作用。因此，对中药提取液进行深度分离是保证中药质量的关键步骤与技术问题。

(二)超滤的操作与应用

1. 错流过滤

传统的过滤操作主要用滤布作为过滤介质，采用终端过滤形式回收或除去悬浮物，料液流向与膜而垂直，膜表面的滤饼阻力大，透过通量很低(图5-19a)。由于新型膜材料和膜组件的研究开发，目前的超滤和微滤操作主要采用如图5-19b所示的错流过滤形式。错流过滤操作中，料液的流动方向与膜面平行，流动的剪切作用可大大减轻浓差极化现象或降低凝胶层厚度，使透过通量维持在较高水平。

2. 超滤的操作方式

常用的超滤系统均可采用间歇操作或连续操作的方法。

在间歇操作中，又可分为浓缩水或缓冲液模式和透析过滤模式两种(图5-20)。在浓缩模式中，料液一次加入储槽中，以泵进行循环，同时有透过液流出，料液逐渐浓缩，但贮槽由于浓差极化或膜污染等原因，通量随着浓缩的进行而降低，故欲使小分子达到一定程度的分离所需时间较长。透析过滤是在过程中不断加入水或缓冲液，其加入速度和通量相等，这样可保持较高的通量，但处理的量较大，影响操作所需时间。

在实际操作中，常常将两种模式结合起来，即开始时采用浓缩模式，当料液达到一定浓度时转变为透析过滤模式，可使整个膜分离过程所需时间缩短。间歇操作的优点是平均通量较高，所需膜面积较小，装置简单，成本也较低；主要缺点是需要较大的储槽，适用于规模较小、分批生产的制药和生物制品生产。

在连续操作中，又可分为单级和多级操作。图5-21为三级连续操作。料液由料液泵送入系统中，在每一级中各有一循环泵将液体进行循环，各级都有一定量的透过液流出，进入下一级的循环液浓度不同于料液浓度。由于第一级处理量大，所以膜面积也大，以后各级依次减小。在连续操作中，最后一级的循环液即为成品，故浓度较高，通量较低。

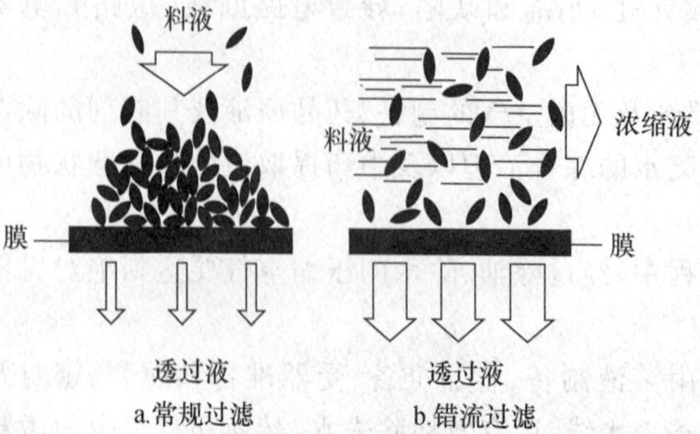

图 5-19 常规过滤与错流过滤示意图

（顾觉奋，分离纯化工艺原理，2001）

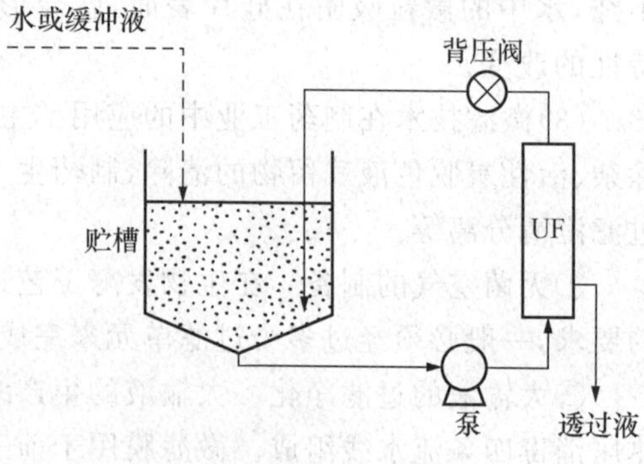

在浓缩模式中，不断加入水或缓冲液，如图中虚线所示，即为透析过滤模式

图 5-20 浓缩模式和透析过滤模式

（俞俊棠，新编生物工艺学，2003）

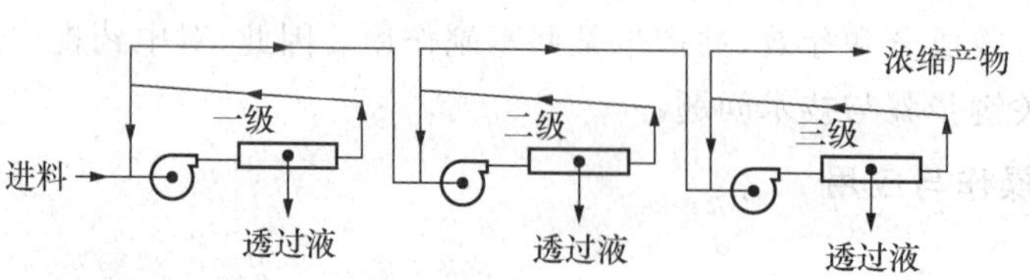

图 5-21 三级连续超滤操作

（陈来同，生物化学产品制备技术，2004）

连续操作的优点是产品在系统中停留时间较短，这对热敏或剪切力敏感的产品是有利的。它的主要缺点是需要在较高的浓度下操作，故通量较低。连续操作主要用于大规模连续生产，如奶制品工业生产中。

3. 超滤的应用

超滤技术在水处理、食品发酵、生物医药和环境工程等领域中得到了广泛的应用。具体来说，超滤的工业应用主要为：①浓缩与精制；②小分子溶质的分离；③大分子溶质的分级。

超滤技术作为一种标准技术用于浓缩牛乳和从乳清中回收乳清蛋白。通过超滤，可得到含蛋白质 10％的浓缩液，若将其通过喷雾干燥，可得到含蛋白质 65％的乳清粉，在面包食品中可代替脱脂奶粉。若将其进一步脱盐，则可得到蛋白质含量高于 80％的产品，可用于婴儿食品。而含乳糖的渗透液经浓缩干燥后可用作动物饲料。

在乳清超滤中，各种不同形式的组件均被采用。应注意的是乳清浓缩的极限在很大程度上取决于膜污染和乳清浓缩液黏度的增加。超滤用于食品工业最重要问题是每日的清洗和灭菌。

现在工业生产的 α-淀粉酶、蛋白酶、果胶酶、糖化酶和葡萄糖氧化酶等酶制剂的浓缩和精制过程，以及大豆蛋白质的精制、卵蛋白的浓缩和从动物血液中提取蛋白质时，都使用了超滤技术。

使用超滤或微滤技术澄清果汁时，只需部分脱除果胶，就可减少酶的用量，省去了皂土和明胶，不仅节约了原材料，同时还省工省时，果汁回收率也有提高，达 98％～99％。此外，经超滤处理的果汁质量也有提高，浊度仅 0.4～0.6 NTU（传统工艺为 1.5～3.0 NTU）。

超滤在高纯水制备过程中，主要用于去除胶体、微粒、细菌。用于高纯水制备的超滤组件多为中空纤维式。

超滤技术可应用的领域很广，凡涉及溶液大分子物质与小分子溶质的分离，大都可用超滤来完成。小分子溶质的分离，例如除盐及盐交换，可通过超滤来完成，也可通过超滤与透析相结合来完成。还可采用具有不同截留分子量的超滤膜来进行大分子溶质的分级，或者采用由不同截留分子量的超滤膜池构成的组合系统来进行。

技术应用

任务 5-1　利用透析法对蛋白质溶液脱盐

任务设计

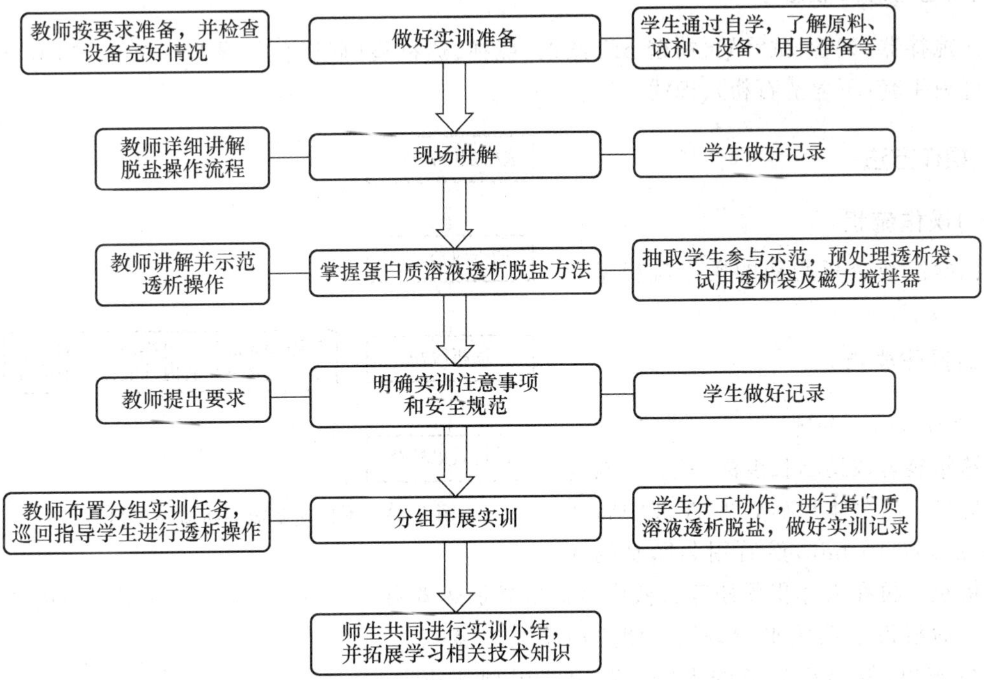

图 5-22　蛋白质溶液透析脱盐的任务设计

实践操作

二维码 5-2　透析操作流程

一、原料与试剂准备

(一)材料

新鲜鸡蛋。

(二)主要试剂

10%硝酸溶液、1%硝酸银溶液、10%氢氧化钠溶液、1%硫酸铜溶液、无水乙醇、甘油、叠氮钠。

(三)试剂配制

(1)蛋白质氯化钠溶液　取3个鸡蛋,去蛋黄后将蛋清合并,与700 mL水及300 mL饱和氯化钠溶液混合均匀后,用数层干纱布过滤后即得。

(2)透析袋处理液　A液[含2%$NaHCO_3$(W/V)、1 mmol/L EDTA,pH 8.0]:称取10 g $NaHCO_3$、186.6 mg EDTA,溶解于蒸馏水中,定容至500 mL,用精密pH试纸校正pH。

B液(1 mmol/L EDTA,pH 8.0):EDTA质量浓度为373.2 mg/L,用精密pH试纸校正pH。

(3)透析袋保存液　30%乙醇,或50%乙醇,或0.1%叠氮钠,或50%甘油。

(4)双缩脲试剂　配制0.1 g/mL氢氧化钠溶液,为双缩脲试剂A;配制0.01 g/mL硫酸铜溶液,为双缩脲试剂B;使用时,先向样品中加入1 mL试剂A,再加入3滴试剂B,观察显色情况。

二、设备与用具准备

电磁搅拌器、试管、试管架、精密pH试纸、烧杯、透析袋(截留分子量为8 000~14 000)、一次性塑料手套(不含滑石粉)、棉线。

三、操作方法

(一)操作流程

蛋白盐溶液透析脱盐的操作流程见图5-23。

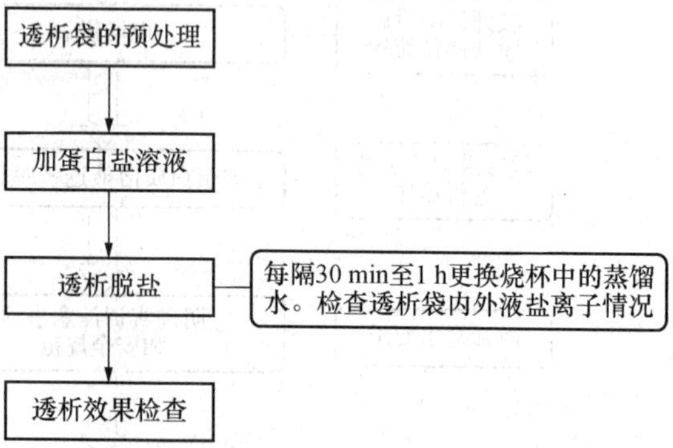

图5-23　蛋白质溶液透析脱盐的流程

(二)操作要点

1. 透析袋的预处理

将透析袋剪成适当长度的小段,一般为10 cm左右。在大体积预处理A液中将透析袋加热煮沸10 min,然后用蒸馏水彻底清洗透析袋。再在大体积预处理B液中将透析袋加热煮沸10 min,冷却后用蒸馏水将透析袋彻底清洗后浸没于蒸馏水中备用。使用前将袋内装满蒸馏水再排出,将透析袋清洗干净。若用即用型透析袋,使用前只需要用蒸馏水清洗干净即可。

2. 加蛋白盐溶液

洗净双手,戴上手套。用棉线将透析袋一端扎紧,将蛋白质-氯化钠溶液加入透析袋,再将另一端扎紧。

3. 透析脱盐

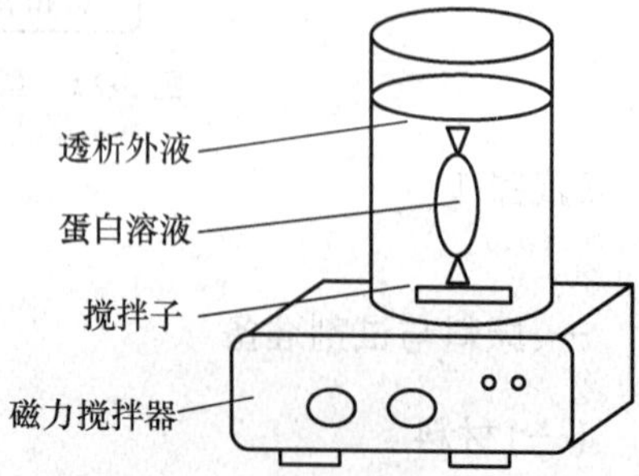

图5-24　蛋白盐溶液透析脱盐装置

蛋白盐溶液透析脱盐装置见图5-24,将透析袋放入盛有蒸馏水的烧杯中,将烧杯置于磁力搅拌器上,设定合适的转速不断搅动蒸馏水，每隔30～60 min更换烧杯中的蒸馏水。

4. 透析效果检查

(1)透析前检查　取蛋白溶液加入硝酸银试剂和双缩脲试剂，检查氯离子和蛋白质，观察出现的颜色并记录。

(2)透析效果检查　每次更换透析外液前，自烧杯中取水(透析外液)1～2 mL于试管中，加硝酸银溶液数滴，若试管中溶液由澄清变为浑浊，说明蛋白溶液里的盐分穿过透析袋膜到达透析外液，透析外液里有氯离子存在；若试管中溶液无浑浊现象，说明蛋白溶液里的盐分未通过透析袋，透析外液没有氯离子。另从烧杯中取1～2 mL水(透析外液)于试管中，接着向试管中加入双缩脲试剂，若试管中溶液由无色变为紫色，说明蛋白溶液里的蛋白质穿过透析袋膜到达透析外液，透析外液里有蛋白质分子存在；若试管中溶液未出现紫色现象，说明蛋白溶液里的蛋白质未通过透析袋，透析外液没有蛋白质。

不断更换烧杯中的蒸馏水(并用电磁搅拌器不断搅动蒸馏水)以加速透析过程。从烧杯中的水(透析外液)中检测不出氯离子时，停止透析并检查透析袋内容物是否有蛋白质或氯离子存在。

四、结果分析

(一)外观观察

蛋白溶液透析过程中，观察不同时期透析袋内蛋白溶液和透析袋外液是否出现变色、浑浊等现象，将观察到的现象记录在表5-5中，思考溶液出现该现象的原因。

表5-5　蛋白溶液透析脱盐记录表

样品	外观观察	检测分析	
		氯离子检测	双缩脲反应
透析袋外液			
透析袋内液			
结论			

(二)检测分析

透析前，取1～2 mL蛋白溶液加入硝酸银试剂和双缩脲试剂，观察蛋白溶液出现的现象并记录在表5-5中。在透析过程中，每隔一段时间更换透析外液，分别取2份1～2 mL透析外液和透析袋内液，一份加入硝酸银试剂，另一份加入双缩脲试剂，观察溶液出现的现象并记录在表5-5中，思考溶液出现该现象的原因。

五、注意事项

(1)透析袋使用前应检查是否破裂并进行预处理。在透析袋预处理操作过程中，必须确保透析袋始终浸没在预处理溶液内。

(2)将蛋白溶液放入透析袋内，两端要封闭(注意袋内不要留气泡)。透析袋装液时应预留1/3～1/2的空间，防止透析过程中，袋外的水或缓冲液进入透析袋内使其胀破；操作过程中一定要戴手套，防止手上的杂质污染样品。

(3)透析过程中,注意更换透析袋外的水,加快透析速度和效率。

实训建议

一、实训时间与分组安排

(1)本实训任务宜安排 4～6 学时的集中时间,由学生独立完成或由 2～3 人一组合作进行。

(2)为了让学生了解到更多的透析膜种类,同时能提供更多的实训案例进行透析脱盐分离效果优劣的分析比较、提高学生的方法能力,在学生组数比较多的情况下,也可由 2～3 个小组使用 MD31(100)、MD31(3 500)、MD34(25 000)、MD31(100 000)等其他型号透析袋开展透析脱盐分离。

二、实践操作内容的安排

(1)实训中使用的 2% $NaHCO_3$、1 mmol/L EDTA 等溶液尽可能由学生自己计算、自己配制,以培养和提高学生独立工作能力。

(2)对本实训中耗时的部分内容(如饱和氯化钠溶液的制备、透析过程等),应结合其他实验实训开展,或由老师提前准备。

理论链接

一、透析蛋白质盐溶液的透析原理

本实训所用的蛋白盐溶液中含有卵清蛋白、氯化钠等物质,选用的透析袋截留分子量为 8 000～14 000,卵清蛋白是大分子物质,无法穿过透析袋,而氯化钠是小分子物质,能穿过透析袋。因此,通过不断更换烧杯里的水使透析袋内外形成浓度差,以透析袋内外溶液的浓度差为传质推动力,透析袋内的氯化钠不断地穿过透析袋,直至透析袋里无氯化钠,即蛋白盐溶液脱盐完全。

二、影响透析的因素

浓度差是透析过程中的唯一推动力,透析膜是一种半透膜,它是根据溶质分子的大小和化学性质的不同而使溶质具有不同透过速度的选择性透过膜,因此影响透析速度的因素主要有:

(1)透析膜的种类　透析膜是透析装置的核心,透析膜一般为孔径 5～10 nm 的亲水膜。可通过透析膜的各种溶质的分子量大小,分子量越小,弥散速度越快,清除率越高,中分子量的物质弥散速度慢,而分子量 5 000 以上的物质不能通过一般材料的透析膜。

(2)跨膜间的压力差(跨膜压)　透析时透析袋内溶液侧压与袋外透析液侧压力之差即膜两侧压力梯度称为跨膜压,此压力是驱赶水分由透析袋侧到透析液侧的重要力量,跨膜压力差越大,超滤作用越强。

(3)透析时间　在一定范围内透析时间与透析效率成正比。

三、透析膜的材料与分类

常用于透析的膜按透材料不同，可分为未修饰的纤维素膜（cellulose）、改良纤维素膜（modified cellulose）、合成膜（synthetic membranes），其种类和特点见表5-6。

表5-6 透析膜材料的种类和特点

材料	膜种类	特点
未修饰的纤维素膜	铜仿膜（CU）	这类膜亲水性高，通透性好，可薄膜化，但其生物相容性差
改良纤维素膜	醋酸纤维素膜（CA） 双醋酸纤维素膜（CDA） 三醋酸纤维素膜（CTA） 血仿膜（hemophan）	这类膜对小分子毒素清除能力强，亲水性低，生物相容性有所提高
合成膜	聚砜膜（PS） 聚醚砜膜（PES） 聚丙烯腈膜（PAN） 聚酰胺膜（PA） 聚甲基丙烯酸甲酯（PMMA）	这类膜为非对称性疏水性膜，疏水性高，通透性好，截留分子量范围大，生物相容性好，是目前应用最为广泛的一类透析膜

四、透析的优缺点

优点：所需设备简单，操作方便，能彻底脱盐。对某些高浓度的蛋白质溶液而言，由于浓差极化的原因，应用超滤方法困难，这种情况下采取透析方法更为合适。特别是像用人工肾脏来处理浓度高且含有固形物的血液，透析法无疑更具有优越性。

缺点：透析时间较长。若不更换透析水或缓冲液时，只扩散到膜内外平衡为止；透析结束时，透析袋内的保留液体积较大，浓度较低；由于透析过程以浓度差为传质推动力，膜的透过通量很小，不适于大规模生物分离过程，而在实验室中应用较多。

五、透析袋的保存

先用生理盐水浸泡洗净，再用蒸馏水洗净。若暂时不使用，应将处理好的透析袋置于30%或50%乙醇中放于4℃冰箱并确保透析袋始终浸没在溶液内。使用前用蒸馏水将透析袋里外清洗干净。透析袋由再生纤维素构成，可以煮沸或消毒，但是保存过程中仍易滋生微生物。

若长时间不用，可以保存于0.1%叠氮钠（可防止微生物生长）或者1 mmol/L EDTA中，或者50%甘油中4℃保存。保存一段时间后取用透析袋必须戴手套。洗净晾干的透析袋弯折时易裂口，用时必须仔细检查，确保不漏液后方可重复使用。

技术拓展

一、利用透析法对山药多肽液脱盐

按 20%的底物质量分数，准确称取 100 g 新鲜山药，加入 400 mL 蒸馏水后打浆。然后在 90℃下热处理 30 min，冷却到酶解反应温度（45℃）后，调 pH 为 6。加入一定量蛋白酶（加酶量 3%），维持温度和 pH 不变。反应 6 h 后，沸水浴灭酶 10 min。冷却后 10 000 r/min 离心 15 min，取上清液，即得山药活性肽溶液。将山药活性肽溶液经 15%三氯乙酸按 1∶1 比例处理，除去多肽液中的大部分蛋白，通过截留分子量为 1 000 的透析袋透析，多肽液中分子量小于 1 000 的小分子物质被透析掉。

二、利用透析法对蚕丝蛋白脱盐

取 1 g 蚕丝加入 50 mL 的 Na_2CO_3 溶液中，煮沸 30 min 脱胶，脱胶后洗净烘干得精炼蚕丝。将精炼蚕丝加入 100 mL 沸腾的 40% $CaCl_2$ 中溶解一段时间，充分溶解后得丝素蛋白盐溶液并使之冷却。接着将丝素蛋白盐溶液缓慢倒入透析袋（截留分子量 8 000～20 000）进行活水脱盐，最后冻干得到丝素蛋白产品。

三、利用透析法对浒苔多糖溶液脱盐

称 50 g 浒苔，按 1∶60 的料液比加入 3 000 mL 蒸馏水，在 80℃条件下提取 150 min，过滤得提取液，浓缩至 6%得浓缩液，将浓缩液装入截留分子量为 7 000 的过滤膜，流水透析 8 h，取出溶液测定其多糖含量。

二维码 5-3　任务 5-1
学习思考参考答案

学习思考

1. 蛋白质盐溶液透析脱盐的原理是什么？
2. 如何检查透析袋内容物是否有蛋白质或氯离子存在？
3. 检验氯离子的存在时为什么要加 10% HNO_3 数滴？

任务 5-2　利用微膜分离技术生产无菌啤酒

任务设计

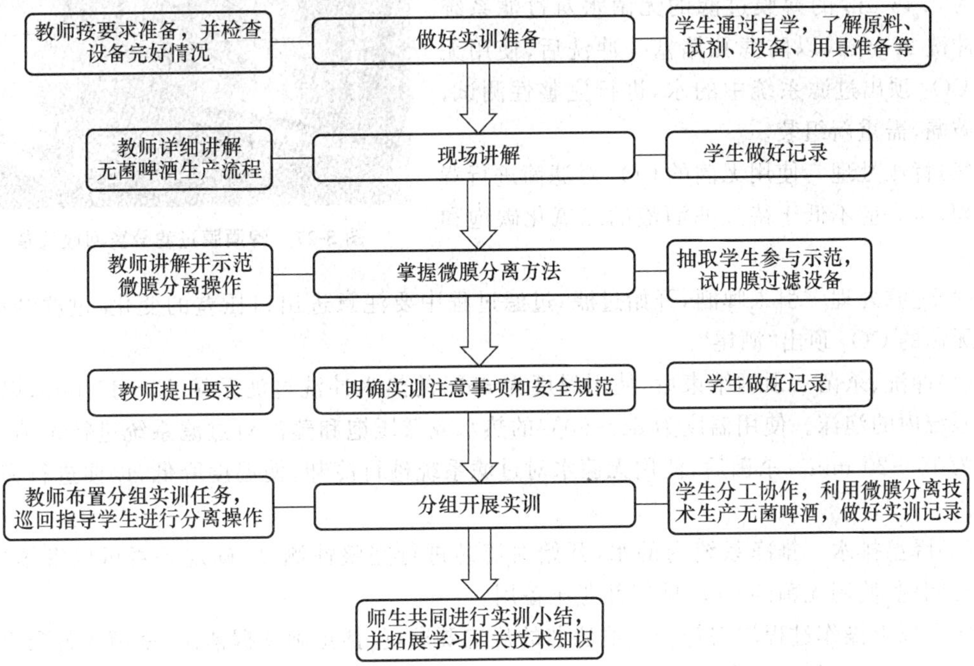

图 5-25　利用微膜分离技术生产无菌啤酒的任务设计

实践操作

一、原料与试剂准备

实验室制备啤酒、重铬酸钾、亚硝酰铁氰化钠、硫酸肼、六次甲基四胺、95%酒精。

二、设备与用具准备

滤布、吸管、锥形瓶、EBC 比色仪、浊度计、啤酒微膜过滤设备、电蒸汽机、CO_2 气瓶、分析天平。

三、操作方法

(一)操作流程

无菌啤酒膜过滤的操作流程见图 5-26。

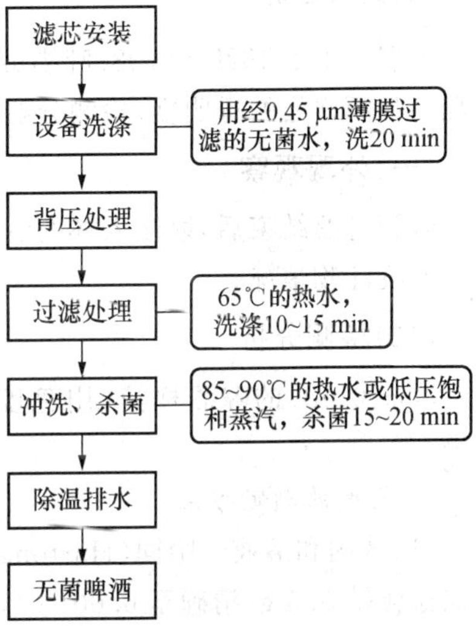

图 5-26　利用膜分离技术生产无菌啤酒的流程

(二)操作要点

(1)滤芯的安装　各种滤芯均安装于规格与之相适

应的立式密封滤筒内(图 5-27)。此滤筒用 316 不锈钢制作，筒的内外均经过电子抛光等处理。通过以上处理，可以达到卫生级设计要求；无死角；滤液流通顺畅；密封严密，耐压，能承受过滤的流速和压力；耐蒸汽和热水杀菌；容易装卸。

图 5-27 啤酒膜过滤分离回收设备

(2)设备洗涤　滤芯组装完毕后，先用已经过孔径为 0.45 μm 的薄膜过滤的无菌水对过滤系统进行冲洗 20 min，以防滤孔堵塞。冲洗后，使用无菌的 CO_2 顶出过滤系统中的水，进行完整性测试，如有破漏，需重新组装。

(3)背压处理　使用无菌的 CO_2 对滤筒进行背压处理，压力应不低于待过滤酒液的二氧化碳饱和压力。

(4)过滤处理　引入啤酒，开始过滤，过滤过程中要注意进出口压差的变化，过滤结束后，使用无菌的 CO_2 顶出“酒尾”。

(5)冲洗、杀菌　顶酒结束后，使用温度为 65℃的热水冲洗过滤系统 10～15 min，以彻底冲出系统内的泡沫。使用温度为 85～90℃的热水或低压饱和蒸汽对过滤系统进行杀菌，杀菌时间为 15～20 min。杀菌后，使用无菌水对过滤系统进行冷却，使温度降低，以便进行完整性测试。

(6)降温排水　排净系统内的水，开始对滤芯进行完整性测试，确定是否可以继续使用。若没有问题，使用无菌的 CO_2 排气并背压备用。

所有以上操作过程均需符合过滤滤芯的规定要求，包括正确掌握清洗、杀菌的各项温度指标；清洗用水和二氧化碳在使用之前均需进行无菌处理。膜过滤过程可以手动控制，也可以自动控制，从而保证了生产过程的安全性和连续性。

四、结果分析

根据 GB/T 4928—2008《啤酒分析方法》中的相关方法，分析检测过滤前后啤酒样品，外观观察啤酒样品的透明度，检测分析啤酒的色度和浊度，记录结果并分析原因。

(一)外观观察

微膜过滤结束后，取注入杯的酒样(或瓶装酒样)置于明亮处观察，记录酒的清亮程度、悬浮物及沉淀物情况。

(二)检测分析

取 500 mL 的啤酒样液，用色度计和浊度计分别测定啤酒的色度和浊度，并记录实验结果。

1. 色度的测定方法

(1)试剂和溶液　哈同(Hartong)基准溶液：称取重铬酸钾 0.1 g(精确至 0.001 g)和亚硝酰铁氰化钠 3.5 g(精确至 0.001 g)，用水溶解并定容至 1 000 mL，贮于棕色瓶中，于暗处放置 24 h 后使用。

(2)分析步骤

仪器校正:将哈同溶液注入 40 mm 比色皿中,用色度计测定。其标准色度应为 15 EBC;若使用 25 mm 比色皿,其标准色度为 9.4 EBC。仪器的校正应每月一次。

测定:将试样注入 25 mm 比色皿中,然后放到比色盒中,与标准色盘进行比较,当两者色调一致时直接读数。或使用自动数字显示色度计,自动显示、打印其结果。

结果计算:试样的色度按下式计算。如使用其他规格的比色皿,则需要换算成 25 mm 比色皿的数据,计算其结果。

$$S_1=\frac{S_2}{H}\times 25$$

式中:S_1 为试样的色度(EBC);S_2 为实测色度(EBC);H 为使用比色皿厚度(mm);25 为换算成标准比色皿的厚度(mm)。

测定浓色和黑色啤酒时,需要将酒样稀释至合适的倍数,然后将测定结果乘以稀释倍数。所得结果表示至一位小数。

2. 浊度的分析方法

(1)试剂和溶液　硫酸肼溶液(10 g/L):称取硫酸肼 1 g(精确至 0.001 g),加水溶解,并定容至 100 mL。静置 4 h 使其完全溶解。

六次甲基四胺溶液(100 g/L):称取六次甲基四胺 10 g(精确至 0.001 g),加水溶解,并定容至 100 mL。

富尔马肼标准浊度贮备液:吸取 25.0 mL 六次甲基四胺溶液于一个具塞锥形瓶中,边搅拌边用吸管加入 25.0 mL 硫酸肼溶液,摇匀,盖塞,于室温下放置 24 h 后使用。此溶液色度为 1 000 EBC,在 2 个月内可保持稳定。

富尔马肼标准浊度使用液:分别吸取标准浊度液 0 mL、0.20 mL、0.50 mL、1.00 mL 于 4 个 1 000 mL 容量瓶中,加重蒸水稀释至刻度,摇匀。该标准独度使用液的独度分别为 0 EBC、0.20 EBC、0.50 EBC、1.00 EBC。该溶液应在使用当天配制。

(2)分析步骤　按照仪器使用说明书安装与调试。用标准浊度使用液校正浊度计。取除气但未经过滤、温度在(20±0.1)℃的试样倒入浊度计的标准杯中,将其放入浊度计中测定,直接读数(该法为第一法,应在试样脱气后 5 min 内测定完毕)。或者将整瓶酒放入仪器中,旋转一周,取平均值(该法为第二法,预先在瓶盖上划一个十字,手工旋转四个 90°,读数,取四个读数的平均值报告其结果)。所得结果保留一位小数。

五、注意事项

(1)在膜过滤前,所有接触到啤酒的管道和设备在使用前都需要进行严格的灭菌处理。

(2)在膜过滤前,必须检查管道是否通畅,过滤膜是否存在堵塞等问题,避免使用过程中发生堵塞或者泄漏。

(3)啤酒在过滤过程中,应保持流速均匀、稳定,既不能过快,也不能太慢。流速可通过阀门开启的大小来调节。

(4)膜过滤设备的过滤膜,需要定期进行检查和更换。

(5)开启蒸汽机后,必须保持蒸汽压力在安全范围以内,接近安全值时要及时把蒸汽排出。开启蒸汽管道阀门时,应注意缓慢打开,避免产生较大压力。

(6)设备使用完毕后,要及时清理管道中的残留物,清洗干净过滤膜,避免产生污染。

实训建议

一、实训时间与分组安排

(1)本实训任务宜安排 6~8 学时的集中时间,由学生独立完成或由 2~3 人一组合作进行。

(2)为了让学生了解到更多的微滤膜孔径型号,同时能提供更多的实训案例进行微过滤分离效果优劣的分析比较、提高学生的方法能力,在学生组数比较多的情况下,也可由 4~5 个小组使用 0.2 μm、0.3 μm、0.4 μm、0.5 μm、0.6 μm 等其他型号微滤膜开展过滤实验。

二、实践操作内容的安排

(1)实训中使用的多种滤芯组合,尽可能由学生自己选择、自己搭配,以培养和提高学生独立工作能力。

(2)对本实训中耗时的部分内容(如啤酒的生产制备等),应结合其他实验实训开展,或由老师事前代为完成。

(3)啤酒灭菌需要前期准备,应该在实训课程前准备好,或由老师和学生在课后业余时间完成。

理论链接

一、微滤技术

微膜过滤法在鲜生啤酒生产中运用的比较普遍,其一方面可以改善啤酒的口味,使得透明度得到提升;另一方面能够去除杂质以及酵母、乳酸菌等微生物。

二、微滤分离设备

(1)膜过滤机　膜过滤机是最近使用最为广泛的一种用于啤酒无菌化处理的过滤方式,其通常作为啤酒过滤的终端设备(图 5-28)。膜过滤机主要以微孔膜作为过滤介质,多用于纯生啤酒的无菌化处理,从而提高啤酒的生物稳定性。膜过滤机除了用于啤酒处理外,还应用于水处理、气体无菌化处理等方面。

(2)错流过滤机　错流过滤机采用膜或微孔陶瓷材料作为过滤介质(图 5-29)。由于过滤介质的孔径很小以及动态过滤的特有优势,错流过滤机可以实现啤酒的一次性过滤,即,粗过滤、精过滤和无菌化处理一次性完成。

三、微滤优缺点

啤酒微滤技术突破了传统工艺的局限,有着优良的过滤效果。与传统的巴氏灭菌法相比,微滤法能够有效阻挡微生物的进入,起到良好的杀菌作用,从而保障了啤酒的质量。微滤技术主要存在有以下优缺点。

优点:①高效,简单实用;②集成度高,占地少;③应用范围广;④节能(多数无相变);⑤附

a.膜过滤机外观

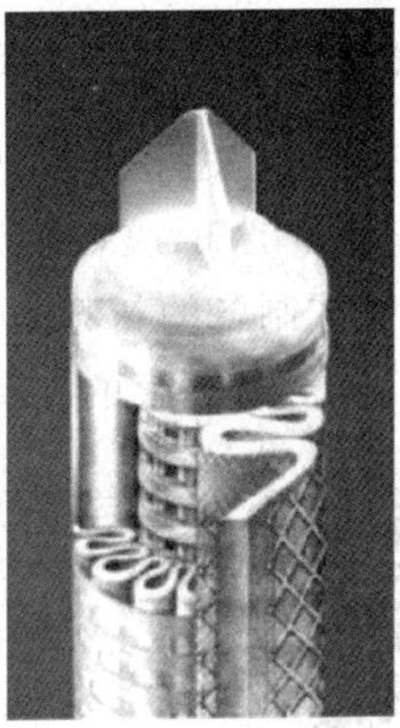

b.由微孔膜压缩而成的薄膜滤芯

图 5-28　膜过滤机

（刘光成，啤酒过滤技术，2012）

a.错流过滤机外观

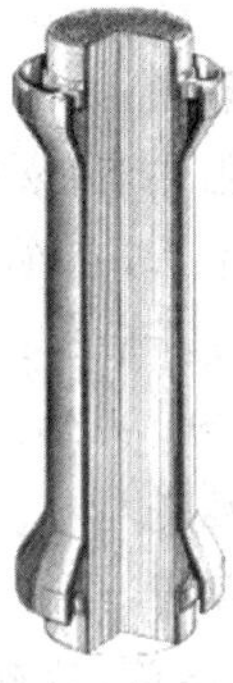

b.微孔陶瓷材料

图 5-29　错流过滤机

（刘光成，啤酒过滤技术，2012）

加值高；⑥易放大，可专一配膜；⑦无毒，无公害，无污染，零排放。

缺点：①在操作中膜面会发生污染，使膜性能降低，故有必要采用与工艺相适应的膜面清洗方法；②从目前已有的膜性能来看，其耐药性、耐热性、耐溶剂能力都是有限的，故使用范围受限；③单独采用膜分离技术效果有限，往往都将膜分离工艺与其他分离工艺组合起来使用。

技术拓展

一、利用微滤法过滤澄清葡萄酒

选用实验室酿造好的葡萄酒，用明胶和皂土复合澄清剂进行澄清，后经过滤并在适当条件下保存。称取 0.5 g 聚天冬氨酸钾，加入蒸馏水，磁力搅拌溶解，定容至 100 mL，配制聚天冬氨酸钾溶液（5 g/L）。添加质量浓度为 150 mg/L 稳定剂聚天冬氨酸钾溶液到葡萄酒中，在室温下沉淀 72 h 后，用 0.45 μm 的微滤膜进行真空过滤，即可得到澄清的葡萄酒。

二、利用微滤法过滤澄清生啤酒

采用固定化酵母发酵工艺，以海藻酸钠为固定化酵母细胞载体。发酵条件：发酵温度12℃，酒液流量为6 L/h，胶粒填充量为60%。在此条件下制备得到新啤酒。

选用上述工艺制备的新啤酒，采用聚醚砜材质双膜系统过滤。过滤条件：过滤温度20℃，平均压力0.2 MPa，过滤膜的孔径为0.5 μm。

学习思考

1. 膜的分类方法有哪些？具体是如何分类的？
2. 膜技术的主要应用范围是什么？
3. 新制啤酒浑浊的原因是什么？

二维码5-4 任务5-2 学习思考参考答案

思政园地

典型案例：某啤酒厂是一家利用微膜过滤技术生产制备纯生啤酒的啤酒企业，该企业生产有淡色啤酒、浓色啤酒和黑色啤酒等多种类型啤酒。该啤酒厂并未制订严格的安全生产管理体系，存在安全隐患。在某次生产过程中，并未按照啤酒安全生产操作规程相关内容对设备和管道进行严格的消毒处理。导致某消费者在购买饮用该啤酒厂生产的产品后，出现呕吐、头晕、腹泻等相关症状。后经相关部门取样检测发现，该啤酒样品中大肠杆菌含量大幅度超标。

案例评析：纯生啤酒是指不经巴氏灭菌或瞬时高温灭菌，而是采用无菌膜过滤技术滤除酵母菌、杂菌，达到一定生物稳定性的啤酒。纯生啤酒避免了热损伤，保持了原有的新鲜口味，最后一道工序进行严格的无菌灌装，避免了二次污染。纯生啤酒稳定性好，非生物稳定性4个月以上。

上述案例中，该啤酒生产厂家安全意识淡薄，没有制订和严格执行安全操作规范，导致其产品出现质量问题。啤酒在生产和灌装过程中，都容易被有害菌污染。啤酒企业只有重视食品安全问题，严格执行相关操作规程，做好场地清洁卫生、保证原料和用水洁净、对设备和管道进行严格消毒灭菌，才能真正确保产品的安全性。

任务5-3　利用超滤法浓缩果汁

任务设计

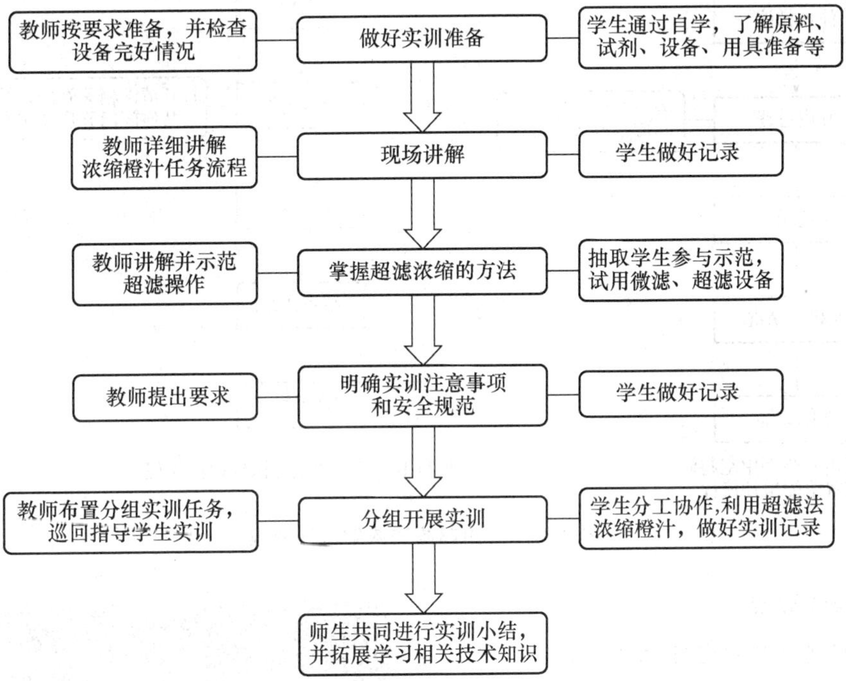

图5-30　利用超滤法浓缩橙汁的任务设计

实践操作

一、原料与试剂准备

新鲜橙子、2 mol/L HCl、2 mol/L NaOH、白砂糖、柠檬酸。

二、设备与用具准备

滤布、玻璃棒、打浆机、破碎机、低速台式离心机、三足离心机、实验室中空纤维超滤装置、中试超滤设备、旋转蒸发仪、手持折光仪。

三、操作方法

(一)操作流程

利用实验型中空纤维超滤装置浓缩橙汁的操作流程见图5-31a;利用中试超滤设备浓缩橙汁的操作流程见图5-31b。

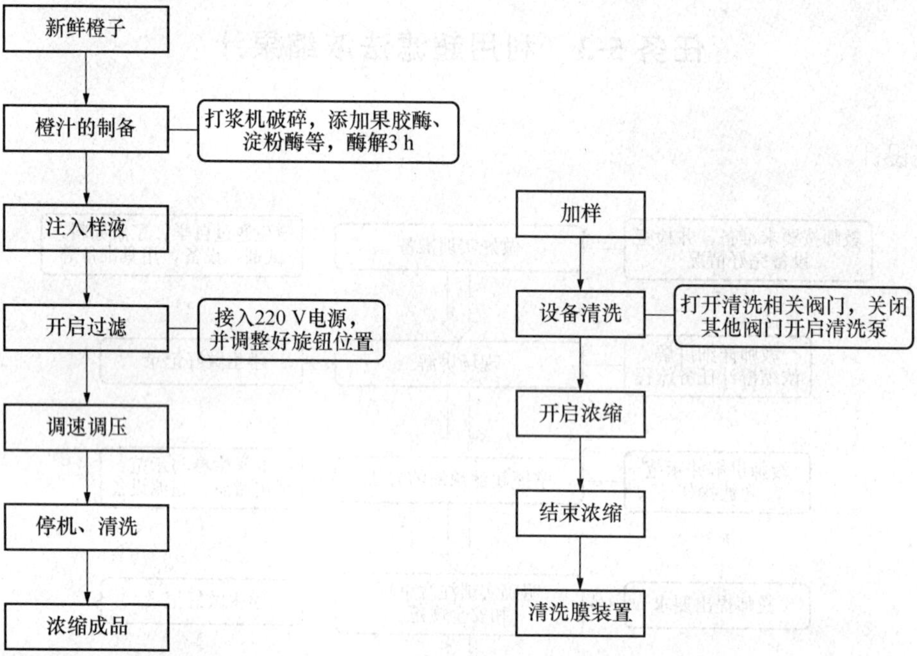

a.利用实验型中空超滤装置浓缩橙汁流程　　b.利用中试超滤设备浓缩橙汁流程

图 5-31　利用超滤法浓缩橙汁流程

(二)操作要点

1. 利用实验型中空纤维超滤装置进行分离浓缩

使用中空纤维式超滤装置(图 5-32)进行超滤浓缩的具体操作步骤如下：

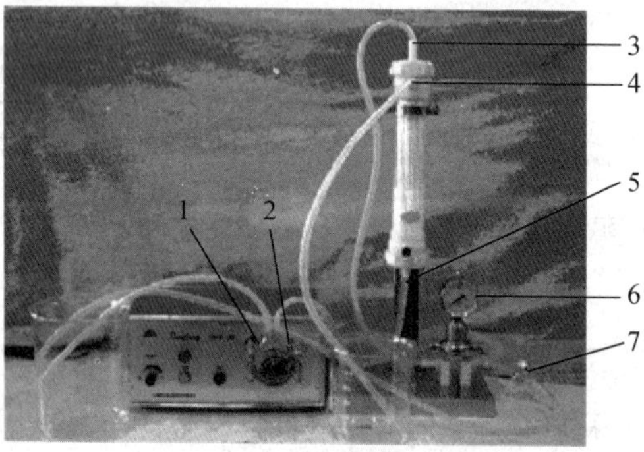

1. 蠕动泵进口　2. 蠕动泵出口　3. 透过液出口　4. 超滤液出口　5. 超滤器进口　6. 隔膜压力表　7. 调压阀

图 5-32　实验型中空纤维式超滤装置

(1)橙汁的制备　取新鲜橙子，剥皮去籽，用打浆机或组织破碎机打碎，并用果胶酶、淀粉酶等酶解 3 h，随后用 4 层纱布过滤，取滤液。

(2)注入样液　将装置管路连接完毕。将 400 mL 左右的样液装入 500 mL 烧杯(原液杯)中，另准备一个 500 mL 的空烧杯(超滤液杯)盛装超滤液。

(3)开启过滤　将蠕动泵的进口管和超滤器回流管插入原液杯中，将超滤液出口管插入超滤液杯中。将蠕动泵电源接线分别插到 220 V 电源和蠕动泵电源插座上。将蠕动泵转速旋钮调到“0”的位置，将调压阀开到最大。开动开关，电源指示灯亮起，即表明电源与泵体接通。

(4)调速调压　旋转调速旋钮和调压阀，使其达到所需要的流量和压力。超滤运转时间为 5 min 左右。

(5)停机和清洗　将调速旋钮调回到“0”位后，将电源开关关闭，电源指示灯熄灭。超滤过程完毕后，一定要用无菌水清洗整个系统。先用无菌水清洗，然后用1%氢氧化钠或1%次氯酸钠清洗。最后再用无菌水进行清洗。

清洗操作常采用以下两种方法：

超滤膜组件等压清洗：将调压阀开到最大，泵的转数扳到最大，系统压力为零，等压循环。用无菌水或化学药剂清洗都用此法。

超滤膜组件反洗法：将原超滤液出口改为进液口；将原进液口改为排污口。进行操作，反洗压力不超0.05 MPa，反洗用水洁净程度不低于超滤水。

2. 利用中试超滤设备进行分离浓缩

本实验使用PE10超滤膜组件（图5-33）对橙汁进行超滤浓缩。

图5-33　浓缩果汁设备（工业用）

（1）加样　将待分离的物料装入物料桶内，合上电闸。

（2）设备清洗　打开“进小泵阀”和“小泵进膜阀”（阀开关和管道平行时为开，垂直时为关），再打开PE10超滤膜的“进膜阀门”“清液出阀门”“出膜阀门”，以及“浓缩液阀门”和“清液阀门”，其余阀门关。

（3）开启浓缩　启动“清洗泵开关/停止”按钮，机器开始运行；调节“浓液回流”的红色“调压阀”，调节运行压力（观察流量转子）。

（4）结束浓缩　分离结束后，先泄压（将红色“调压阀”旋到最大），再按“清洗泵开关/停止”关机（若大泵小泵串联使用时，开机先按下“清洗泵”再开“物料泵”，关机时先关“物料泵”再按“清洗泵”）。需要注意的是：开启的泵必须要和操作压力相符，不得在低压下运行大泵。

（5）清洗膜装置　先将膜内原液放出，放水时，打开连接该膜的三个阀门，即“进膜阀门”“清液出阀门”“出膜阀门”，以及连接红色“调压阀”的绿色“排污阀”，以及连接大泵小泵的蓝色“大泵串小泵阀”，最底部管道上的“进大泵阀”和“排污阀”。

用清水清洗，首先保证原料桶内的水不能干，清洗哪个膜就打开连接该膜的“进膜阀门”“清液出阀门”“出膜阀门”，运行前关闭最底部管道左下角的绿阀“排污阀”和蓝阀“排污阀”，开启“清洗泵”循环清洗，循环清洗结束后，打开排污阀让清洗水自然流出（步骤和运行分离操作类似）。

如加清洗剂清洗，一次投入50 g清洗剂，加水调节清洗液pH 10～11，至少配制料液桶的1/3容量以上，按照上述操作进行，清洗30 min。

清洗完毕，通过测试膜的原始通量判断清洗效果。

四、结果分析

（一）外观观察

取约50 mL混合均匀的被测样品于无色透明的容器中，置于明亮处，观察其组织状态及色泽，并在室温下，嗅其气味，品尝其滋味，记录观察结果。

（二）检测分析

取少量浓缩果汁，采用手持折光仪测定果汁的可溶性固形物含量；再取300 mL浓缩果汁

测定果汁的含量,并记录实验结果,果汁含量的测定方法如下:

采用国标 GB/T 12143—2008《饮料通用分析方法》规定的方法,分别测定样品中的钾、总磷、氨基酸态氮、L-脯氨酸、总 D-异柠檬酸、总黄酮 6 种组分的含量,查表得到 6 种组分标准值和权值。

饮料中的果汁含量按照下式计算:

$$y=\sum_{i=1}^{6}\left(\frac{x_i}{X_i}\times R_i\right)\times 100$$

式中:y 为果汁含量(%);x_i 为样品中相应的钾、总磷、氨基酸态氮、L-脯氨酸、总 D-异柠檬酸、总黄酮含量的实测值(mg/kg);X_i 为相应的钾、总磷、氨基酸态氮、L-脯氨酸、总 D-异柠檬酸、总黄酮的标准值(mg/kg);R_i 为相应的钾、总磷、氨基酸态氮、L-脯氨酸、总 D-异柠檬酸、总黄酮的权值。

五、注意事项

(1)橙子剥皮后,尽量全部去除果籽,避免其破碎后影响橙汁口感。

(2)橙子采用破碎机破碎后,还要进行粗过滤,防止杂质堵塞设备。

(3)设备使用前,所有接触到食品的部位都需进行严格灭菌处理,避免带来污染。

(4)在整个分离过程中,要保持合适且稳定的流速。流速既不能太慢,也不能太快,且分离过程中流速始终一致。流速可以通过调节阀门或恒流泵的速度来控制。

(5)浓缩结束后,需对设备进行清洗,配置清洗液时溶液量要在料液桶容量的 1/3 以上。

实训建议

一、实训时间与分组安排

(1)本实训任务宜安排 4～6 学时的集中时间,由学生独立完成或由 2～3 人一组合作进行。

(2)为了提高学生的动手能力,安排 2～3 组学生制备橙汁原液,并选用不同的酶解方法酶解,澄清橙汁。为了让学生了解到更多的超滤膜孔径型号,同时能提供更多的实训案例进行超滤分离效果优劣的分析比较、提高学生的方法能力,在学生组数比较多的情况下,也可由 2～3 个小组使用截留分子量分别为 1 000、3 000、5 000 及其他型号的超滤膜开展超滤实验。

二、实践操作内容的安排

(1)实训中使用的 0.1%的果胶酶、淀粉酶等酶,尽可能由学生自己计算、自己配制,以培养和提高学生独立工作能力。

(2)对本实训中耗时的部分内容(如橙汁的制备及酶解等),应结合其他实验实训开展,或由老师事前代为完成。

(3)因酶解要耗时 3～4 h,在实训时可以省去加入稳定剂这一环节,或由老师和学生在课后业余时间完成。

理论链接

一、超滤浓缩果汁的优点

超滤技术可以将果汁中的大分子(如蛋白质、胶体、多糖)与小分子(无机盐及低分子有机物等)溶液的分离,从而降低果汁的黏度。采用超滤联合反渗透技术能把橙汁浓缩到可溶性固形物含量60%以上,而且几乎可以完全保持鲜果汁的风味和芳香成分。

二、超滤膜简介

1. 超滤膜材质

超滤滤膜根据所加的操作压力和所用膜的平均孔径的不同,可分为微孔过滤、超滤和反渗透三种。微孔过滤所用的操作压通常小于 2×10^5 Pa,膜的平均孔径为 50 nm 至 14 μm,用于分离较大的微粒、细菌和污染物等。超滤所用操作压为 $(1\times10^5)\sim(6\times10^5)$ Pa,膜的平均孔径为 1~10 nm,用于分离大分子溶质。反渗透所用的操作压比超滤更大,常达到 $(20\times10^5)\sim(70\times10^5)$ Pa,膜的平均孔径最小,一般为 1 nm 以下,用于分离小分子溶质,如海水脱盐,制高纯水等。

超滤膜材质的选择非常重要,在选择材质时应重点考虑膜材料的表面性质。膜表面的极性、溶液的 pH 等对膜的分离效果影响很大。即使膜的孔径完全相同,不同材质的膜的截留率也不同。在膜材质选择时主要要求其具有良好的成膜性、热稳定性、化学稳定性,耐酸、碱、微生物侵蚀和耐氧化性能。同时,超滤膜最好为亲水性材料,以便得到较高的膜通量和抗污染能力。几种常见的超滤膜材质性能及应用领域对比如表 5-7 所列。

表 5-7　几种超滤膜材质比较及适用领域

膜材质		特性	应用领域
聚烯烃类	聚丙烯腈(PAN)	亲水性材料,易于成膜。但强度低,脆性大,耐酸碱程度较弱,但制膜成本低	净水过滤,尤其是家用净水器
	聚丙烯(PP)	材料价格低,制膜过程环保、低耗、成本低,耐酸碱性很好,耐有机溶剂。可达到微滤级,过滤精度低,容易受污染,不易反洗恢复,强拉伸强度高,膜面积大	应用于净水过滤,污水处理
聚氯乙烯	聚氯乙烯(PVC)	强度和伸长率比 PAN 好,不易断丝,材料来源广泛,价格低廉。缺点是非亲水性材料,需亲水改性才能制成性能优良的超滤膜	应用于净水过滤,工业水处理
聚砜类	聚丙烯(PS)	应用于净水过滤,工业水处理。具有良好的化学稳定性,耐酸性好,透水性能较好,强度比较好,耐高温,生物融合好。但原料价格很较高,可做很低的截留分子量的超滤膜	适合特殊物料分离,浓缩提纯以及耐高温的特殊应用
氟材料	聚偏氟乙烯(PVDF)	伸长率极高,不易断丝。耐酸碱性很好,抗污染性强,耐化学清洗及耐高浓度的余氯溶液。缺点是材料成本很高,过滤精度低,表面强度低	适合工业废水处理,适合多种污水,运用范围广

2. 超滤膜的过滤方式

按照压力驱动形式不同,可将超滤膜分为外压式和内压式两种。内压式膜是水从中空纤维的内表面向外表面过滤,外压式膜是水从膜的外表面向内表面过滤。外压式由于驱动压力(压力泵及真空)来源不同,分为外压正压式和外压负压式(即浸没式)。

外压式基本都采用聚偏氟乙烯(PVDF)膜材质,内压式膜基本采用聚砜、聚醚砜为基础的膜材质。由于中空纤维内径较小,一般都在 1 mm 上下,所以内压式膜处理污染程度较高的源水,容易发生内径堵塞。因此内压式膜处理高污染水质经常会有运行问题,尤其是 MBR 项目。浸没式膜过滤不仅出水水质稳定、对浊度和有机物的去除效果显著,而且对预处理的要求较低、抗冲击负荷能力更强,主要用于现有水厂的升级改造项目、中水回用、双膜法的预处理。

技术拓展

一、利用超滤-纳滤技术纯化、浓缩古汉养生精提取液

准确吸取古汉养生精药液 5 mL 于 50 mL 容量瓶中,加甲醇 40 mL,超声处理 30 min,冷却至室温,加甲醇定容,滤过,滤液即为供试溶液。取供试溶液,进行超滤处理去除多糖、蛋白质等大分子杂质。将超滤液倒入纳滤实验设备中,进行纳滤处理,纳滤条件是截留分子量 200、温度 45℃、压力 1 MPa。

二、超滤-纳滤联用进行干姜中指标性成分 6-姜辣素的浓缩

取干姜饮片粗粉适量,加入 4 倍量(溶剂体积/饮片重量)80%乙醇冷浸 2 h,再加入 8 倍量 80%乙醇,以 5 mL/(kg · min)的速度进行渗漉,即得干姜提取液。取干姜提取液,采用截留分子量为 10 000 的滤膜进行超滤处理。超滤结束后,进行纳滤处理,纳滤条件为:截留分子量为 350、6-姜辣素质量浓度为 150 μg/mL、超滤液 pH 为 7.0。

二维码 5-5 任务 5-3 学习思考参考答案

学习思考

1. 超滤和微滤的区别是什么?
2. 为了保证橙汁的口感,过滤前要注意哪些问题?
3. 超滤装置的应用范围是什么?

思政园地

典型案例:某企业是一个利用超滤等膜技术制备灵芝多糖、灰树花多糖、猴头菇多糖、香菇多糖等食用菌多糖的一个公司。该公司为了树牢"精密过滤、高效过滤、产品卫生"的特色品牌,根据生产需要制订了相关安全生产规程,并在规程中规定:过滤膜在应用前必须进行严格的预处理,避免蛋白质等水溶性大分子吸附在膜表面,造成膜孔堵塞。预处理以后的过滤膜上的有机残留物必须控制在安全范围内,即甲醛残留量小于 300 mg/kg,并配备相应的检测设备与人员对滤膜预处理后甲醛等残留物和其他杂质进行检测、严格把

关，达到要求才允许用于植物多糖的分离纯化，从而确保成品多糖的安全性。该企业由于一直秉承安全第一、质量至上的生产理念，产品从未出现过任何安全和质量问题，获得了业界的一致肯定。

案例评析：食用菌多糖是从香菇、猴头菇等原料中提取出来的，一般认为对人体健康无害，部分食用菌多糖还具有一定的保健作用（如香菇多糖、番灵芝多糖、猴头菇多糖、灰树花多糖等食用菌多糖）。但事实上，由于在食用菌多糖的提取和精制过程中不得不使用一些膜分离介质和化学制剂，因此，在生产过程中如不采用合理有效的方法才能确保产品的安全。

上述案例中，生产经营食用菌多糖的这个公司制定并严格执行《超滤膜技术规程》，并配备相应的检测设备与人员进行滤膜预处理后甲醛等残留物和其他杂质的检测、严格把关，达到要求后才允许用于食用菌多糖的浓缩纯化。只有严格遵守生产工艺，高度重视食品的安全卫生工作，产品才能真正安全。除了进行彻底的滤膜预处理，其他分离纯化环节需要使用其他化学制剂时，也要使用食品级的化学制剂，并且要在生产的最后环节要设法彻底脱除之，以确保食用菌多糖产品的安全性。

任务5-4　利用反渗透装置制备食品用水

任务设计

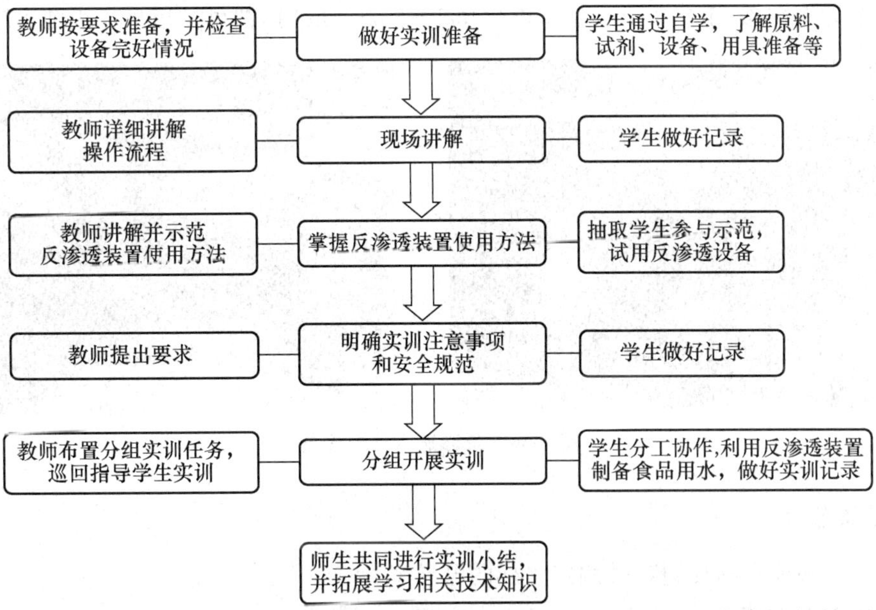

图5-34　利用反渗透装置制备食品用水的任务设计

实践操作

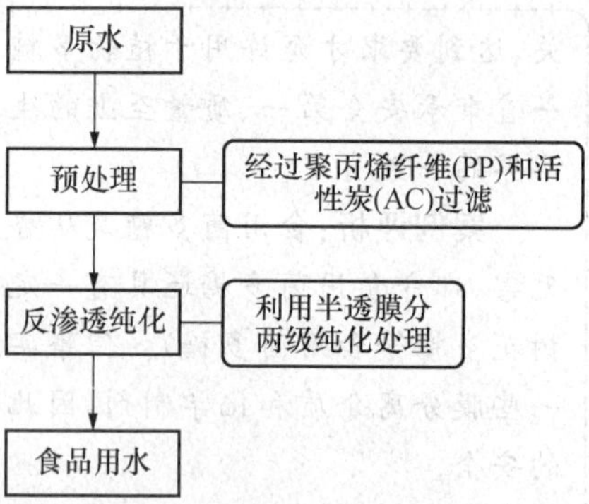

图 5-35 利用反渗透装置制备食品用水的流程

一、原料与试剂准备

自来水、活性炭。

二、设备与用具准备

反渗透水处理设备。

三、操作方法

(一)操作流程

利用反渗透装置制备食品用水的操作流程见图 5-35。

(二)操作要点

(1)预处理 反渗透水处理设备的预处理系统通常由聚丙烯纤维(PP)过滤器和活性炭(AC)过滤器组成(图 5-36)。打开原水阀门,将原水注入原水罐中,依次将原水用 PP 过滤器和 AC 过滤器过滤,达到初步除去原水中的部分杂质的目的。

二维码 5-6 食品用水的制备

(2)反渗透纯化 原水经过预处理除杂后,打开一级纯水系统开关,进行第一步反渗透处理。通过调节流量转子,来控制纯水处理流量达到平稳状态。观察电导率数据,待一级 RO 纯水电导率≤5 μS/cm 时,开启二级纯水系统开关,进行第二步反渗透处理,同样控制流量平稳。观察电导率数据,至二级 RO 纯水电导率 1～5 μS/cm 时,即可排出至二级纯水罐中贮存。

图 5-36 反渗透水处理设备

四、结果分析

检验原水和纯水的臭、味,并测定水样的电导率。

(一)嗅气和尝味方法

水样的臭和味:取 100 mL 水样,置于 250 mL 锥形瓶中,振摇后从瓶口嗅水的气味,用适当文字描述,并按六个等级记录其强度,如表 5-8 所示。与此同时,取少量水样放入口中(此水样应对人体无害)。不要咽下,品尝水的味道,予以描述,并按6个等级记录强度,见表5-8。

水样煮沸后的臭和味:将上述锥形瓶内水样加热至开始沸腾,立即取下锥形瓶,稍冷后按上法嗅气和尝味,用适当的文字加以描述,并按6个等级记录其强度,见表5-8。

表5-8 臭和味的强度等级

等级	强度	说明
0	无	无任何臭味
1	微弱	一般饮用者甚难察觉,但嗅、味觉敏感者可以发觉
2	弱	一般饮用者刚能察觉
3	明显	已能明显察觉
4	强	已有很显著的臭味
5	很强	有强烈的恶臭或异味

(二)电导率测定方法

(1)仪器准备 具有温度自动补偿功能的在线式电导率仪。电导池电极常数为0.01 cm^{-1}。温度测量精度应达到0.1℃。

(2)操作步骤 将电导率仪电导池与制水系统连接,通水排尽气泡,调节水流速度至恒定,待电导率读数稳定后,记录水温和电导率。

五、注意事项

(1)用反渗透系统时,尤其应注意原水预处理。为了避免堵塞反渗透系统,原水应经预处理以消除水中的悬浮物,降低水的浊度。

(2)此外,还应进行灭菌以防微生物的滋生。

(3)由于反渗透对原水中的悬浮物的要求很高,所以常用一种水质对受悬浮物污染情况的污染指数来对水质进行检测。此法实质上是测定反渗透系统受水中悬浮物的污堵的情况。进入反渗透系统水的污染指数以不大于5为宜,建议值一般小于3。

(4)预处理时还应该考虑到进水的pH。各种半透膜都有其最适宜运行的pH,故需按反渗透膜的要求,调节进水的pH。

(5)预处理时还应该考虑到进水的温度。膜的透水量是随水温的增高而增大的,但温度过高会加快醋酸纤维素膜的水解速度,且使有机膜变软,易于压实。所以,对于有机膜来说,通常将温度控制在20~40℃为宜,复合膜温度控制在5~45℃为宜。

实训建议

一、实训时间与分组安排

(1)本实训任务宜安排6~8学时的集中时间,由学生独立完成或由2~3人一组合作进行。

(2)为了提高学生的动手能力,可安排2~3组学生制备原液、一级纯水和二级纯水。为了让学生学习更多后处理方式,在学生组数比较多的情况下,也可由4~5个小组分别使用混床离子交换纯化柱、EDI装置、紫外线杀菌灯、终端过滤器进行后处理,并总结各种生产方式的目的。

二、实践操作内容的安排

(1)实训中纯水流量的控制和电导率的读数由学生独立确定和操作,以培养和提高学生独立工作能力。

(2)对本实训中纯水后处理的部分内容,根据需求可具体结合其他实验实训开展,如无特殊要求可省略部分内容。

理论链接

一、反渗透水处理的原理

反渗透水处理是一种借助选择透过(半透过)性膜以压力为推动力的膜分离技术,当系统中所加的压力大于进水溶液渗透压时,水分子不断地透过膜,经过产水流道流入中心管,然后在一端流出。水中的杂质,如离子、有机物、细菌、病毒等,被截留在膜的进水侧,然后在浓水出水端流出,从而达到分离净化目的。

二、反渗透膜的组合形式

(1)多级串联处理　当水源中含盐量较高,同时对反渗透出水水质要求又比较高时,可采用多级串联方式,即将第一级出水作为第二级的进水。在这种处理方式下,第二级的排水(浓水)水质远远优于第一级的进水水质,可与第一级的进水混合作为进水。在几级串联形式中,需要中间贮水箱和高压泵等相关组件。

(2)多段组合处理　当水源中含盐量不是很高时,为了获得较高的回水率,可采用多段组合形式。第一段的浓水进入第二段作为进水,两段的渗透出水混合作为产品水。必要时,可再增加一段,即将第二段浓水作为第三段的进水,第三段渗透出水和前两段出水混合成产品水,以降低水耗、提高回水率。

(3)带中间升压泵的三段连接方式　这种方式适用于水源比较稀缺的地方,因为必须节约用水,所以即便是水质较差、水含盐量较高,也希望能获得比较高的回水率。所以,在多段组合的各段之间因为每一级的进水含盐量都很高,因此必须放置高压泵,以保证压差达到要求值。

三、反渗透水后处理方式

反渗透水后处理有以下几种方式:

(1)混床离子交换纯化柱　可用来深度去除 RO 纯水中尚存的微量离子。

(2)EDI 装置　利用混床离子交换树脂吸附给水中的阴、阳离子,同时这些被吸附的离子又在直流电压的作用下分别透过阴、阳离子交换膜而被连续去除的过程。

(3)除热原超滤膜　可彻底去除水中热原(其最小分子量通常大于 7 000)及各类微生物。

(4)紫外线杀菌灯　可将纯水中微量有机物迅速氧化为 CO_2,达到去除 TOC 的目的。

(5)终端过滤器　可彻底滤除细菌、真菌及孢子、树脂碎片及一切微米级污染物。

技术拓展

一、扩散渗析-电渗析回收赖氨酸离子交换废液中的盐

采用阴膜扩散渗析对待脱盐的赖氨酸离子交换废液进行净化处理，对扩散渗析回收的 $(NH_4)_2SO_4$ 溶液进行电渗析脱盐浓缩。取 Lys（赖氨酸）离子交换废液 2 L 和 41.25 g/L $(NH_4)_2SO_4$ 盐溶液 2 L 分别进行电渗析实验，操作电压为 15 V。当扩散渗析流量为 5.6 L/h 时，扩散渗析的扩散系数达 $2.24\times10^{-7}\,cm^2/s$，离子交换废液中 $(NH_4)_2SO_4$ 透过率可达 30%。

二、电渗析技术回收树脂脱附液中盐分

控制淡化室和浓缩室的料液体积比为 3∶1，改变电渗析中淡化室和浓缩室的流量，流量梯度为 1.5、2.0、2.5、3.0 和 3.5 m^2/h。

一级反应：淡化室取脱附液原液，浓缩室取某自来水厂砂滤出水（电导率为 0.75 mS/cm）作为接受液，电极液取质量分数为 3%的氯化钠溶液（40～50 mS/cm），极室流量为 1 300 L/h，压力控制在 0.01～0.02 MPa，装置运行后每隔 5 min 测定一次电导率，当浓缩室盐质量分数接近 15%时，停止一级反应。

二级反应：将一级浓缩室液体排空，重新加入砂滤出水，保证浓缩比为 3∶1，对一级淡化液进行二级淡化，电流下降至 10 A 以下时，停止反应。

二维码 5-7　任务 5-4
学习思考参考答案

学习思考

1. 利用反渗透法处理水时，预处理过程中主要去除的杂质是什么？
2. 利用反渗透法处理水时，为什么要测定水的电导率？
3. 反渗透设备的清洗方法有哪些？

自测练习

一、填空题

1. 超滤是介于__________和__________之间的一种膜过程，膜孔径范围为__________。超滤的典型应用是从溶液中分离__________，所能分离的溶质分子量下限为几千。超滤和微滤膜均可视为多孔膜，其截留取决于溶质大小和形状（与膜孔大小相对而言）。

2. 纳滤膜与反渗透膜几乎相同，只是其网状结构更疏松，这意味着其对__________离子的截留率很低，但对__________离子的截留率仍很高。这两种膜的应用领域是不同的，当需要对浓度较高的 NaCl 进行高强度截留时，最好选择__________过程。当需要对低浓度、二价离子和分子量在几百到几千的微溶质进行截留时，最好选择__________过程。由于纳滤过程中水的渗透性要大得多，所以其资金耗费较__________。

3. 膜分离技术按分离的粒子或分子大小可分为__________、超滤（UF）、__________、反渗透（RO）、__________和电渗析（ED）6 种。

二、单项选择题

1. 透析主要用于(　　)。

A. 蛋白质脱盐　　B. 细胞分离

C. 悬浮液分离　　D. 大分子物质分离

2. 微滤是与常规的粗滤十分相似的膜过程。微滤膜的孔径范围为(　　),主要适用于对悬浮液和乳浓液进行截留。

A. 0.05～20 μm　　B. 0.1 nm 至 0.05 μm

C. 0.001～0.1 μm　　D. 0.1～0.2 μm

3. 膜两侧的推动力不包括(　　)。

A. 压力差　　B. 浓度差　　C. 电位差　　D. 温度差

4. 膜分离过程是以(　　)性透过膜为分离介质,当膜两侧存在某种推动力时,把物质分开的过程。

A. 溶解　　B. 选择　　C. 渗透　　D. 扩散

5. 人工肾是(　　)膜过程。

A. 膜吸收　　B. 超滤　　C. 透析　　D. 膜萃取

三、名词解释

1. 膜分离技术　　2. 电渗析　　3. 反渗透　　4. 纳滤技术

四、判断题

1. 经过微膜过滤后的啤酒称为鲜啤酒。(　　)

2. 啤酒过滤仅仅是为了除去啤酒中的"浊物"。(　　)

3. 反渗透膜的选择透过性与组分在膜中的溶解、吸附和扩散有关。(　　)

4. 反渗透膜对无机离子的分离率,随离子价数的增高而减小。(　　)

5. 纳滤的操作压差为 0.5～1.47 MPa,截留分子量为 200～1 000。(　　)

6. 纳滤膜具有一价离子渗透、多价阴离子滞留的特点。(　　)

7. 超滤技术不适用于蛋白质、酶等高分子物质溶液的浓缩。(　　)

8. 超滤操作模式可分为重过滤和错流过滤两大类。(　　)

9. 微滤主要是用来截留气相和液相物质中的细小微粒,其分离粒子的直径范围为 0.08～10 μm。(　　)

10. 微滤的操作模式主要分为无流动操作和错流操作两种类型。(　　)

五、简答题

1. 膜污染产生的原因有哪些?

2. 电渗析的工作原理是什么?

二维码 5-8　项目 5 自测练习参考答案

项目 6

层析分离技术在食品深加工中的应用

本项目学习目标

知识目标

- 了解层析分离的基本原理、分类及柱层析分离的基本操作方法。
- 熟悉吸附、离子交换、凝胶柱层析分离的原理、特点及主要用途。
- 熟悉吸附剂、离子交换剂、凝胶等层析介质的种类及主要性能。
- 掌握吸附柱层析、离子交换柱层析、凝胶柱层析分离的操作特点。

二维码 6-1 项目 6 课程 PPT

能力目标

- 能熟练进行大孔树脂、离子交换树脂等层析介质的预处理和再生操作。
- 能正确使用恒流泵和电脑自动部分收集器进行柱层析分离。
- 能熟练进行柱层析的装柱、平衡、洗脱、收集等基本操作环节。
- 能正确说出柱层析分离纯化葡萄红色素、氨基酸、茶多酚、蛋白酶的主要工艺要点。
- 能够分析解决柱层析分离纯化物质过程中出现的问题。

素质目标

- 熟悉企业文化,适应企业现代管理要求。
- 能恪守职业道德,具有无菌和生物安全操作意识与习惯。
- 具有良好的沟通能力和团队协作精神。
- 具有专心细致、好学敬业的精神和一定的创新思维意识。

项目概述

层析分离也叫色谱分离，是一种物理分离技术，主要操作形式为柱层析。柱层析已成为当今开展食品深加工的重要技术手段，它具有分离效率高、应用范围广、选择性强、操作条件温和等特点，广泛应用于色素、生物碱、皂苷、黄酮类、酚类、萜类、多糖、氨基酸、蛋白质、酶、多肽等深加工产品的分离制备。

本项目主要学习层析分离的基本原理、分类及柱层析分离的基本操作方法，吸附柱层析、离子交换柱层析、凝胶柱层析分离的原理、特点及主要用途等技术知识，并通过实践操作分别学习利用大孔树脂、聚酰胺、离子交换树脂、凝胶等层析介质开展葡萄红色素、氨基酸、茶多酚、蛋白酶的分离纯化工艺及其结果观测分析等具体任务，以熟悉柱层析分离技术在食品深加工中的具体应用。

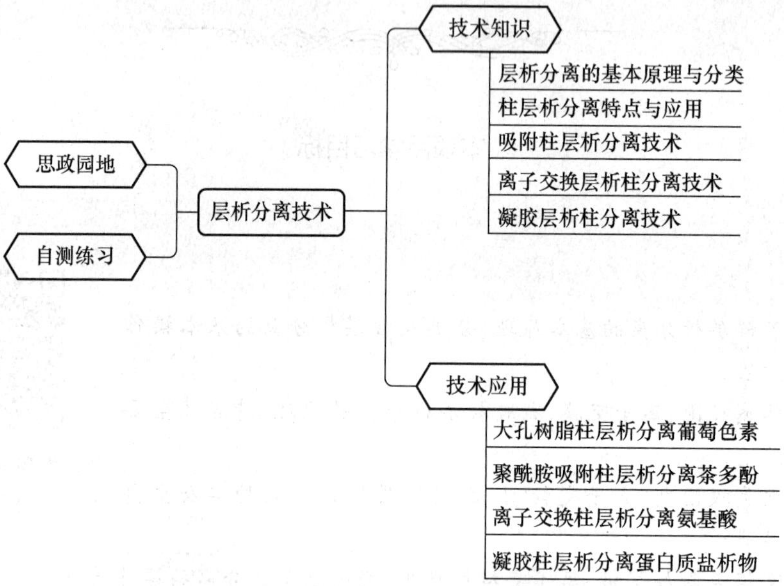

图 6-1　层析分离技术项目导图

技术知识

1903年,俄国植物学家Tswett发现植物叶子中各种颜色的色素可以在吸附柱上流动后排列成色谱,故称这种分离混合物的方法为色谱法(chromatography),又称色层分析法或层析法。该分离法随后也被广泛用于无色物质的分离与层析。近半个多世纪以来,层析技术发展很快,由于这一技术具有分离效率高、应用范围广、分析速度快、样品用量少、易于自动化、能与其他方法配合使用等优点,因此近年来已成为生物化学、分子生物学、生物工程等学科的重要研究方法和制备目的产物的重要手段。

一、层析的基本原理与分类

(一)层析分离的基本原理

层析分离是一种物理分离技术,其方法各种各样,但基本原理是一致的。它是利用混合物中各组分理化性质(分子形状和大小、带电状态、溶解度、吸附能力、分配系数、分子极性以及分子的亲和力等)的差别,使各组分以不同程度分布在固定相、流动相(液体或气体),通过流动相单向推动样品中各组分经固定相向前迁移,使各组分迁移速度不同,而对物质进行分离。

(二)层析分离技术的分类

1. 按层析机理分类

按层析的机理分,层析分离可分为吸附层析、离子交换层析、凝胶层析、亲和层析、分配层析、疏水层析、等电聚焦层析等类型。

吸附层析是利用吸附剂表面对不同组分吸附性能的差异,达到分离鉴定的目的;离子交换层析是基于离子交换剂上可电离的离子与流动相具有相同电荷的溶质进行可逆交换,且混合物中不同溶质对离子交换剂具有不同的亲和力,从而使混合物得以分离;凝胶层析是利用凝胶固定相的筛分作用,对于不同组分因分子大小和形状不同而阻滞作用不同的差异进行分离的技术;亲和层析是利用分子的生物功能团与亲和吸附介质载体上配基的特殊亲和力而进行分离;分配层析是利用不同组分在流动相和固定相(通常两相都是液体)之间的分配系数(或溶解度)不同,而使之分离的方法。

2. 按流动相分类

用液体作为流动相,称为“液相色谱”;用气体作为流动相,称为“气相色谱”。固定相也有两种状态:以固体吸附剂作为固定相或以附载在固体上的液体作为固定相,所以层析法按两相所处的状态可分为液-固色谱、液-液色谱、气-固色谱、气-液色谱。

3. 按操作形式分类

按操作形式不同,层析分离可分为柱层析、纸层析、薄层层析三种。柱层析是将固定相装于柱内,用流动相对样品进行流动式洗脱,使样品沿一个方向向下移动而达到分离目的的方法;纸层析是用滤纸作液体的载体,点样后,用某些有机溶剂作为流动相展开,以达到分离鉴定的目的;薄层层析是将适当粒度的吸附剂铺成薄层,以与纸层析类似的方法进行物质的分离和鉴定。柱层析既可以用于分析性分离，也可用于制备性分离，是层析分离的最主要形式和制备性分离的最主要方式。柱层析已成为开展食品深加工的重要技术手段，而纸层析和薄层层析主要用于物质的检测分析。

二、柱层析分离技术的特点与应用

（一）柱层析分离技术的特点

柱层析分离是一种高效而有用的生物分离技术。与其他分离纯化方法相比，柱层析分离具有如下基本特点：

(1)分离效率高　柱层析分离的效率是所有分离纯化技术中最高的，这种高效的分离尤其适合于极复杂混合物的分离。通常使用的色谱柱长只有几厘米至几十厘米。

(2)应用范围广　从极性到非极性、离子型到非离子型、小分子到大分子、无机物到有机物及生物活性物质，以及热稳定到热不稳定的化合物，都可用层析分离法分离。尤其是对生物大分子的分离，柱层析分离技术是其他方法无法取代的。

(3)选择性强　柱层析分离可变参数之多也是其他分离技术无法相比的，因而具有很强的选择性。在柱层析分离中，既可选择不同的柱层析分离方法，也可选择不同的固定相和流动相状态，还可选择不同的操作条件等，从而能够提供更多的方法进行目的产物的分离与纯化。

(4)操作条件温和　不容易使物质变性，特别适用于大分子有机化合物的分离。

但柱层析分离法也存在一些缺点，与一般分离技术相比，其处理量小、操作周期长。从多数生物产品纯化工艺来讲，柱层析分离是生物制品纯化的一个关键的单元操作，是产品包装前的最后纯化工序。也就是说，在用柱层析分离纯化之前需要经过其他方法进行提取和初步纯化。

（二）柱层析分离方法的应用

目前，生产上应用柱层析分离技术制备的目的产物主要有：初级代谢产物（如氨基酸、有机酸、核苷酸、单糖类、脂肪酸等）、次级代谢产物（如生物碱、萜类、糖苷、色素、鞣质类、抗生素等）以及各种生物大分子物质（如蛋白质、酶、多肽、核酸、多糖等）。

对于生物小分子的代谢物，由于它们的分子量小、结构和性质比较稳定、操作条件不太苛刻，采用吸附和离子交换柱层析等方法分离比较适合。其中，氨基酸、有机酸等一些离子型的化合物多用离子交换柱层析分离，而抗生素、生物碱、萜类、色素等次级代谢产物多采用吸附柱层析法或反相分配柱层析法进行分离。

对于蛋白质、酶、核酸等生物大分子，由于它们的分子量大，容易失活以及具有生物专一亲和性等特点，因而较多选用多糖基质离子交换柱层析、凝胶柱层析和亲和柱层析等。

归纳而言，各种柱层析分离的特点和应用如表 6-1 所示。可以看出，不同的层析分离技术在其分离原理、应用范围、分离效率、操作条件、适用阶段等方面有一定的差异，宜通过试验加以选择利用。

表 6-1　各种柱层析分离的特点及应用(杨昌鹏,生物分离技术,2007)

分离方法	分离原理	特点	分离实例	应用阶段
吸附层析	普通吸附作用	分辨率中等;流速快	色素、抗生素、生物碱、萜类、蛋白质、酶等	适用于分离的前期阶段
离子交换层析	静电吸附作用离子交换浓度差	分辨率高;介质选用得当时流速快;加样量大	蛋白质、酶、核酸、多糖、氨基酸、有机酸、抗生素等	适用于大量样品需处理、分离的前期阶段
凝胶层析	筛分作用浓度差	分辨率中上;脱盐效果优良;流速较低;加样量小	蛋白质、酶等大分子分级;脱盐等	适用于大规模纯化的最后步骤;若用于脱盐,任何阶段均可
亲和层析	亲和性吸附作用	分辨率非常好;流速很高;加样量大	蛋白质、酶、核酸、多肽等	适用于分离的任何阶段尤其是样品体积大、浓度很低而杂质含量很高的阶段
疏水层析	疏水性吸附作用浓度差	分辨率很高;流速快;加样量大	蛋白质、酶、核酸等	适用于分离的任何阶段,尤其是样品离子强度高时,即在盐析、离子交换或亲和层析之后用
分配层析	分配系数不同	分辨率中等;流速快	苷类、糖、氨基酸类	适用于分离的前期阶段
等电聚焦层析	等电作用浓度差	分辨率很高;流速快;加样量大	蛋白质、酶等	适用于纯化的后期阶段

三、柱层析分离的基本操作技术

柱层析分离系统通常包括五个部分:固定相(层析介质)、流动相、恒流泵、检测系统和收集系统。其基本操作主要包括以下环节。

1. 装柱

(1)自然沉降法装柱　先升高或关闭层析柱的出水口,在柱内先注入 1/3 左右柱高的起始溶液(水或缓冲液等)。再将预处理好的填充层析介质慢慢连续不断地倒入装有起始溶液的柱中,让其沉降至柱高 2～3 cm,然后降低或打开柱的出水口,让起始溶液慢慢流出,控制适当的流速和一定的操作压。随着下面起始溶液的流出,上面连续不断地添加填充介质,使其连续均匀地沉降,直至层析介质完全沉降至适当的柱床体积为止。此法操作简单、方便、流速适宜,是实验室中最为常用的装柱方式。装柱时,最好将层析剂先与不超过层析剂用量的一份起始溶液调成浆状料,然后将浆料慢慢地边加边搅拌,一次加完。同时,将柱底部的出口阀打开,以便层析介质迅速沉降。

(2)加压法装柱　即在层析柱的顶部连接一个耐压的厚壁梨形瓶,在其中贮放填充介质悬浮液。梨形瓶的上口连接加压装置(氮气或压缩空气及调压装置),将柱按 10 等分划线,起始为 3.04×10^4 Pa,沉积床每升高一个刻度,增加 7.09×10^3 Pa,最后达到 1.013×10^5 Pa,立即减压。装柱时，要不时地摇动梨形瓶使悬浮液均匀。此法的优点是床体紧密，床体积稳定，分辨率高。

(3)电动连续填充法装柱　在电动搅拌下或用蠕动泵连续将处理好的填充物装入柱中沉积，此法适宜于生产型层析柱的装柱。若采用大型成套设备，层析介质进入罐内都采用减压或加压等机械化操作，进入后又利用气压的变化来抖松层析介质使之分布均匀，因此不容易产生“节”和气泡等不正常现象。

层析柱填装的好坏，会直接影响层析分离的效果。不均匀的填装必然导致不规则的流型。无论用何种方法装柱，都应保持液面在层析介质平面以上，防止空气进入，要把柱填装均匀、无气泡、无裂纹，以免影响分离效果。为了防止柱表面由于溶剂或样品的加入而引起的搅动，在柱的表面通常加上一个保护装置，例如圆的滤纸片、尼龙纱或人造丝网。某些商品柱具有一个承接管和柱塞，有保护柱胶面和提供一个入水口(通常是毛细管)把溶剂引到柱表面的双重作用。一旦柱制备完毕后，柱的任何一部分绝对不能“流干”，即在柱的表面始终要保持着一层溶剂(一般 1～2 cm 柱高)。

层析柱的形状一般以直径与高度的比为 1∶15 为宜，凝胶层析柱也可为 1∶(50～100)。柱形必须根据层析介质和分离目的而定。待分离物质的性质相近，柱越细长，则分离效果越好；但柱若过长，则流速慢，耗时长，样品稀释度大，分离效果反而不好。为了防止细目层析介质因外压而排列紧密，从而造成阻塞现象，在样品组分并不复杂的情况下，也可采用“矮胖柱”。若样品量多，最好选用内径较粗的柱，虽然此时分离效果稍差。

2. 平衡

层析柱正式使用前，通常要进行平衡处理。所谓“平衡”就是指用起始溶液(水或缓冲溶液)在恒定压力下走柱，使层析介质平衡至所需的 pH 或离子强度，使层析介质颗粒四周和内部均处于相同的 pH 或离子强度状态，并达到柱床稳定的处理过程。起始溶液的用量一般为 3～5 倍柱床体积，以使层析介质充分平衡、柱床稳定。

3. 上样

上样量的多少和上样体积的大小是影响分离效果的关键因素。上样量越少和上样体积越小，则分离效果越好。上样方式主要取决于层析目的，也与样品中物质种类多少、相对浓度及亲和力有关。分析性柱层析加样量一般少于制备性柱层析加样量，离子交换剂的上样量远远大于分子筛凝胶。在要求高分辨率时(如精制要求高纯度产品时)，则样品的体积尽可能小。最大上样量必须在具体条件下通过反复试验来决定。

(1)样品的准备　样品在上柱前必须经预处理，由于分离和制备的目的不同，预处理的方法也往往不同。样品中的不溶物在上样前必须用离心法或过滤法除去，以免堵塞层析柱。通常要使样品与起始溶液有相同的 pH、离子强度和尽可能小的体积。预处理可考虑用超滤法、透析法和凝胶过滤法等进行浓缩和脱盐。

(2)加样方法　在生产上，主要用蠕动泵把样品缓慢地直接传送到柱表面，有一些商品柱附有专门加样装置。在实验室，则通常采用移液管加样：先移去柱床表面以上的溶液，然后小心地用移液管加样，先使移液管尖端接触离柱床表面约 1 cm 高处的内壁，随加随沿柱内壁转动一周，然后迅速移至中央，使样品尽可能快地覆盖住整个柱面，打开出水口，以便使样品均匀地渗入柱内。

4. 洗脱

样液加入后，首先要用足够量的起始溶液流过层析柱，洗出未被吸附的物质。然后，再用适当的洗脱液进行洗脱，以达到分离的目的。

洗脱液的 pH 及离子强度等是影响分离效果、产品质量和数量的重要因素，故不同物质应选用不同的洗脱液。通常采用的洗脱方式有两种：梯度洗脱法和连续梯度洗脱法。

(1)梯度洗脱法　又称阶段洗脱法、逐次洗脱法，是指分段(分梯度)改变洗脱液的浓度或 pH，使吸附在柱上的各组分分次洗脱下来。当欲分离纯化的混合物组成简单，或分子量及性质差别较大，或需要快速分离时，阶段洗脱是比较适用的，这种方法洗脱能力较强、单次洗脱时间短、速度快，但此洗脱方法分辨率较差，亲和力或分子量相近的不同组分不易分开，可能几种组分将出现在同一个洗脱峰中，不能很好地分开。

(2)连续梯度洗脱法　又称线性梯度洗脱法，是通过连续改变洗脱液中的浓度或 pH，使吸附柱上的各组分被洗脱下来。通常采用一种低浓度的溶液为起始溶液，另一种高浓度的溶液作为最终溶液。两者之间通过一根玻璃管接通，使高浓度溶液向低浓度溶液处流，起始溶液直接流入柱内，这样就使柱内的浓度梯度上升。同时，混合物中的各个组分逐个地进入解吸状态，因此，它的分辨率大大超过分段洗脱。在生化实验及生化物质制备中常用连续梯度洗脱法，它优于阶段洗脱法。

常用的梯度混合器由 2 个容器构成。2 个容器安放在同一个水平上，第一个容器盛有起始缓冲液，第二个容器盛有等量的、含较高浓度(或离子强度)或不同 pH 的上限洗脱溶液，两者用管子相连，以保持其中溶液的流体静力平衡(图 6-2)。第一个容器通过管道与柱相连，当洗脱溶液从第一个容器流入柱中时，第二个容器的洗脱液自动地来补足，结果使洗脱液的 pH、浓度(或离子强度)呈线性地增加(图 6-3)。

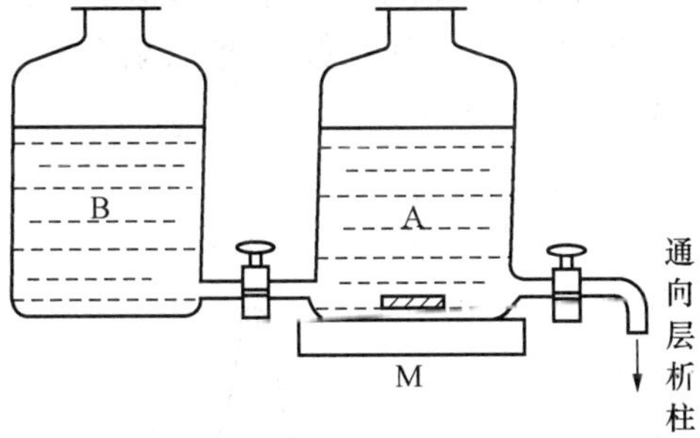

A. 低浓度溶液，B. 高浓度溶液，M. 磁力搅拌器

图 6-2　梯度洗脱装置

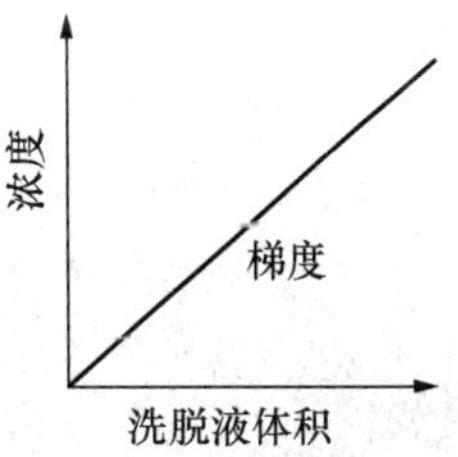

图 6-3　线性梯度曲线

用同样形状和大小的容器可得到浓度(或离子强度)或 pH 线性增加的洗脱液，需要注意的是，洗脱液的总体积要足够大，洗脱时间足够长，使分离的各个峰不致丢失；梯度上限要足够高(如盐离子强度要足够强)；梯度升降速度要适当，要恰好使移动区带接近柱末端时达到解吸状态，达到分离目的。

5. 流速控制

洗脱液流速也往往影响层析的分辨率，故在整个分离过程中，洗脱液过柱时保持稳定的流速是十分重要的。流速可以通过调节“操作压”或恒流泵的速度来控制。“操作压”相当于在柱上部的贮液瓶中溶剂的水平和柱出水口位置的水平之差，可以用装有恒压管的恒压瓶，使操作压保持恒定。获得稳定流速的另一方法是利用恒流泵把洗脱液泵入或泵出柱，并保持稳定流速。由于流速与所用介质的结构、粗细及数量有关，与层析柱大小、介质填装的松紧、洗脱液的黏度、操作压等也有关，必须根据具体条件反复试验，以确定一个合适的流速。太高的流速会使洗脱峰加宽，继而降低分辨率，有时还会使流速先快后慢甚至发生阻塞。洗脱流速一般控制在 1～3 BV/h(BV 表示柱床体积，如柱床体积为 100 mL，则 1 BV＝100 mL，本书中以 BV/h 表示流速）。

6. 分部收集

在开展试验时，洗脱下来的物质必须分成小部分再收集。每管收集的体积越小，愈容易得到纯的组分。收集时，现多使用自动部分收集器进行。图 6-4 为电脑全自动部分收集器(fraction collcetor)。通过“定时”“定滴”设置，电脑全自动部分收集器可按照设定的时间或滴数自动计时、计滴。当一个管收集了一定量的洗脱液(组分)后，另一个新的收集管会自动旋转以接替它的位置。

7. 洗脱峰检测

洗脱液按一定的体积分别收集于试管中，为了测定收集的各部分中各种成分的分布，必须用一些能特异性地检测被分离化合物的方法来进行分析，一般可用直接或间接方法，主要取决于溶质的性质和层析目的。直接法有分光光度法、光折射法、荧光法和放射免疫法等。有些物质对可见光或紫外光有吸收，如蛋白质在 280 nm、核酸在 260 nm 处有最大的吸收，可选用核酸、蛋白质检测仪或紫外检测仪进行检测。

实际工作中，由于检测系统的分辨率有限，所以一个对称的洗脱峰并不一定代表一个纯净的组分。如果洗脱峰峰形不对称，或出现“肩峰”，则表示混有杂质，需要进一步分离、纯化。

8. 洗脱峰合并收集

在活性或成分检测的基础上，通常要将同一组分的洗脱峰进行合并收集。合并收集的范围对目的产物的质量和产量有较大的影响。欲得高纯度的目的物，一般收集合并洗脱峰较窄的部分；欲得产量较多的目的物时，则合并较宽的部分(图 6-5)。

图 6-4 电脑全自动部分收集器

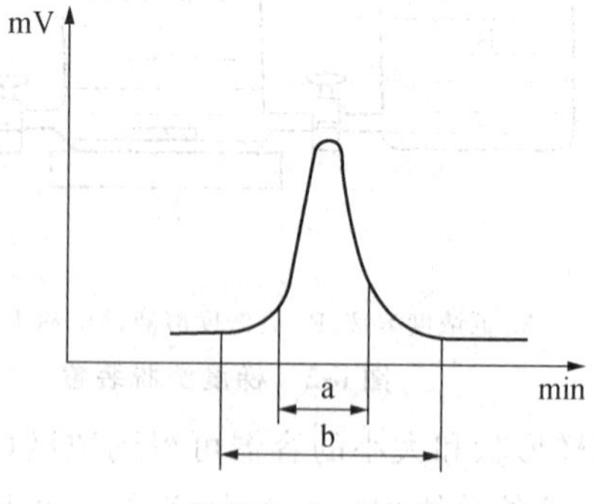

a. 较窄峰 b. 较宽峰

图 6-5 洗脱峰的体积

此外，柱层析还包括各种层析介质的预处理、再生、保存等操作环节，这将在后面的相关内容中介绍。在科研和生产中，要得到高纯度组分，往往要经过几次柱层析，每次柱层析后，某一峰的洗脱液可依次用透析法除盐并用超滤或减压薄膜浓缩法将样品浓缩到一定体积后，再上第二次柱、第三次柱。

四、吸附柱层析分离技术

(一)吸附柱层析分离的原理

吸附柱层析是利用装在柱中的吸附剂对不同物质的吸附力不同,而使混合液中的各组分分离的方法。

吸附柱层析是一种动态吸附分离技术。待分离物在吸附柱层析系统中受到两种力的作用:一种是吸附剂的吸附作用,另一种是溶剂的溶解作用(解吸作用)。当把待分离的混合液添加到吸附柱上时,混合物全被固体吸附剂吸附在柱的上层,当加入洗脱溶剂流洗时,吸附剂的吸附能力即可发生变化,使被吸附物质从吸附剂上解吸下来,这种解吸过程称为洗脱。被解吸下来的物质随着洗脱溶剂向前(向下)流动,当遇到前面新的吸附剂颗粒时,会被重新吸附,然后又被后来的洗脱液再次解吸下来,继续向前移动。经过这样反复地吸附—解吸—再吸附—再解吸的过程,物质即可沿洗脱液的前进方向移动,其移动速率取决于当时条件下吸附剂对该物质的吸附能力。若吸附剂对该物质的吸附能力强,其向前移动的速率慢;反之,若吸附能力弱,其移动速率就要快。由于吸附剂对样品中各组分的吸附能力不同,所以在洗脱过程中各组分便会由于移动速率不同而逐渐分离开来。

(二)吸附剂的种类与选择

1. 吸附剂的种类

吸附剂按其化学结构可分为两大类:一类是有机吸附剂,如活性炭、淀粉、聚酰胺、纤维素、大孔树脂等;另一类是无机吸附剂,如白陶土、氧化铝、人造沸石、硅胶、硅藻土、碳酸钙等。工业生产中常用的吸附剂有活性炭、白陶土、氧化铝、硅胶、大孔树脂等,其中应用较广的是活性炭、大孔树脂、聚酰胺粉、硅胶等。

(1)活性炭　活性炭具有吸附力强、分离效果好、价格低、来源方便等优点,常用于生物产品的脱色和除臭,还可应用于糖、氨基酸、多肽及脂肪酸等的分离提取。活性炭有以下三种类型:

①粉末状活性炭　颗粒极细,呈粉末状,其总表面积大,吸附力和吸附量也特别大,是活性炭中吸附力最强的一类。但因其颗粒太细影响过滤速度,过滤操作时常要加压或减压。

②颗粒状活性炭　是由粉末状活性炭制成的颗粒,其总表面积小,吸附力和吸附量仅次于粉末状活性炭。便于装柱使用,但静态使用时也易与溶液分离。

③锦纶-活性炭　是以锦纶为黏合剂,将粉末状活性炭制成颗粒总比表面积介于上述两种活性炭之间,但吸附力较两者都弱。锦纶不仅起黏合作用,而且还是一种活性炭的脱活性剂。它可用来分离因前两种活性炭吸附力太强而不易洗脱的吸附物,如分离酸性氨基酸及碱性氨基酸取得良好效果,流速易控制,操作简便。

(2)大孔吸附树脂　又称为大网格聚合物吸附剂,是一种有机高聚物、非离子型共聚物,具有与大网格离子交换树脂相同的大网格骨架,这是由于在聚合时加入了一些不能参加反应的致孔剂,聚合结束后又将其除去,因而留下永久性孔隙,形成大网格结构。大孔吸附树脂一般为白色球形颗粒,与大网格离子交换树脂不同的是,大孔吸附树脂的骨架上没引入可进行离子交换的酸性或碱性功能基团,它借助的是范德华力从溶液中吸附各种有机物质。

与活性炭等经典的吸附剂相比,大孔吸附树脂具有选择性好、解吸容易、机械强度好、可反复使用和流体阻力小等优点。特别是其孔隙大小、骨架结构和极性，可按照需要，选择不同的原料和合成条件而改变，因此可适用于各种有机化合物。与大网格离子交换树脂不同，无机盐类对大孔吸附树脂的吸附不仅没有影响，反而可增大吸附量，故大孔吸附树脂使用时无须考虑盐类的存在，这也是大孔吸附树脂的优点之一。

大孔吸附树脂按骨架极性强弱，可分为非极性、中等极性和强极性吸附剂三类。非极性吸附剂系由苯乙烯和二乙烯苯聚合而成，故也称为芳香族吸附剂。中等极性吸附剂具有甲基丙烯酸酯的结构(以多功能团的甲基丙烯酸作为交联剂)，也称为脂肪族吸附剂。含硫氧、酰胺、氮氧等基团的为强极性吸附剂。例如，美国罗姆-哈斯(Rohm and Haas)公司生产的Amberlite XAD系列大网格吸附剂，主要包括非极性芳香族吸附剂(如XAD-1、XAD-2、XAD-3、XAD-4、XAD-5)、中等极性脂肪族吸附剂(XAD-6、XAD-7、XAD-8)、强极性吸附剂(XAD-9、XAD-10、XAD-11、XAD-12)。

国内生产的常用大孔树脂主要有：D101(非极性)、D3520(非极性)、D4020(非极性)、AB-8(弱极性)、X-5(非极性)、NKA-9(中极性)、S-8(极性)等。

日本三菱化成公司生产的Diaion HP树脂，属于非极性吸附剂，相当于Amberlite XAD系列的非极性芳香族吸附剂，主要型号有HP-10、HP-20、HP-30、HP-40、HP-50等。其性能见表6-2。

表6-2 Diaion大网格非吸附剂的物理性质

吸附剂	比表面积	孔容	孔径	吸附剂	比表面积	孔容	孔径
	m^2/g	mL/g	$\times10^{-10}$ m		m^2/g	mL/g	$\times10^{-10}$ m
HP-10	501.3	0.64	300	HP-40	704.7	0.63	250
HP-20	718.0	1.16	460	HP-50	589.8	0.81	900
HP-30	570.0	0.87	250				

(3)聚酰胺　聚酰胺是一类化学纤维的原料，含有大量的酰胺基团，国外称其为尼龙，我国称锦纶，对黄酮等酸性物质有选择性的可逆吸附作用，对性质极近的类似物也有很好的分离效果。聚酰胺通过与被分离物质形成氢键而产生吸附作用。各种物质由于与聚酰胺形成氢键的能力不同，聚酰胺对它们的吸附力也不同。聚酰胺在水中的吸附能力最强，在碱液中的吸附能力最弱。

聚酰胺适于吸附分离含酚羟基、醌基的成分，如黄酮类、酚类、芳香族酸类、鞣质、醌类和芳香硝基化合物等。

(4)硅胶　硅胶的活性与含水量有关，含水量高则吸附力弱，当游离水含量在17%以上时，吸附力极低，可作为分配色谱的载体。硅胶容易再生，可以甲醇或乙醇充分洗涤，再以水洗，晾干，在120℃活化24 h。活化后的硅胶极易吸水而降低活性，一般使用前于110℃再活化0.5～1 h后使用。硅胶能吸附非极性化合物，也能吸附极性化合物。可用于芳香油、萜类、固醇类、生物碱、蒽醌类、酸性化合物、磷脂类、脂肪类、氨基酸等的吸附分离。

(5)硅藻土　硅藻土的主要成分是无定形的二氧化硅，是硅藻的遗体沉积而成。商品硅藻土是经过盐酸洗涤和煅烧等去杂质后的产品。硅藻土具有大量吸附液体的能力。由于化学性能稳定，具有孔隙和吸附能力弱的特点，它是一种好的助滤剂和澄清剂。

(6)皂土　皂土(也称膨润土或浆土)主要成分是铝和镁的硅酸盐。它的带电部分能结合金属离子、多肽和碱性蛋白，是核酸酶的抑制剂。按 10 g/L 将其悬浮于 pH 7.5 的 2 mol/L EDTA 钠盐中，25℃搅拌 48 h，可除去金属离子和增强吸附力。

2. 吸附剂的选择

一般非极性吸附剂适宜于从极性溶剂（如水）中吸附非极性物质。相反，高极性吸附剂适宜于从非极性溶剂中吸附极性物质。而中等极性的吸附剂则对上述两种情况都具有吸附能力。

所选吸附剂应有最大的比表面积和足够的吸附能力，它对欲分离的不同物质应该有不同的解吸能力，即有足够的分辨力；与洗脱剂、溶剂及样品组分不会发生化学反应，还要求所选的吸附剂颗粒均匀，在操作过程中不会破裂。

选择适合的孔径也很重要。经验表明，孔径等于溶质分子直径的 6 倍比较合适。因此，宜根据吸附物的极性和分子大小，选择具有适当极性、孔径和表面积的吸附剂。如吸附酚等分子较小的物质，宜选用孔径小、表面积大的 XAD-4，而对吸附烷基苯磺酸钠，则宜用孔径较大，表面积较小的 XAD-2 吸附剂。

溶液的 pH 会影响弱电解质的离解程度，因此也影响其吸附量。如用 XAD-4 从废水中吸附酚，溶液的 pH=3.0 时的吸附效果要优于 pH=6.5 时的吸附效果。但溶质是中性物质时，则溶液 pH 对分离效果没有影响。

吸附剂的选择是吸附柱层析法的关键问题，选择不当，达不到要求的分离效果。吸附剂的种类很多，而对吸附剂的选择一般需通过小样实验计算吸附率和解析率来确定。原则上讲，较理想的吸附剂应比较活泼、能选择性地吸附相当数量的待分离物，同时又能被适当的洗脱液解吸而能较完全地冲洗下来。

吸附率和解析率的确定通常采用静态吸附分离的方法进行实验。所谓静态吸附分离就是在烧杯（生产上常用带有搅拌装置的反应罐）中，将吸附剂加入生物分子溶液中搅拌或振荡达到吸附平衡后，用沉降、过滤或离心的方法除杂后再进行分离的方法。

吸附量、吸附率和解析量、解析率的计算公式如下。

$$\text{吸附量}=\frac{(c_0-c_1)V_1}{W_1}\text{；吸附率}=\frac{c_0-c_1}{c_0}\times 100\%$$

$$\text{解析量}=\frac{c_2V_2}{W_2}\text{；解析率}=\frac{\text{解析量}}{\text{吸附量}}\times 100\%$$

式中：c_0 为吸附前溶液浓度（或吸光度）；c_1 为吸附后溶液浓度（或吸光度）；V_1 为溶液体积；W_1 为吸附前树脂质量；W_2 为解析用的树脂质量；c_2 为解吸液浓度（或吸光度）；V_2 为解吸液体积。

对于活性炭，在生产上首次分离料液时，一般先选择颗粒状活性炭，如果待分离的物质不能被吸附，则改用粉末活性炭；如果待分离的物质吸附后不能洗脱或很难洗脱，造成洗脱溶剂体积过大，洗脱高峰不集中时，则改用锦纶活性炭。在应用中，尽量避免使用粉末活性炭，因其颗粒极细，吸附力太强，许多物质吸附后很难洗脱。

（三）洗脱剂的种类与选择

1. 洗脱剂的种类

所选的洗脱剂一般应与样品和吸附剂不起化学反应，对样品的溶解度大、黏度小，容易流动，容易与洗脱的组分分开。洗脱液可根据分离物中各成分的极性、溶解度和吸附剂的种类来选择。一般极性大的成分用极性大的洗脱剂,极性小的成分用极性小的洗脱剂。洗脱剂极性决不能比待分离成分的极性更小,因为极性强的物质较易把极性弱的物质从吸附柱上洗脱下来。因此可先用极性小的作洗脱剂,使组分容易被吸附,然后换用极性大的溶剂作洗脱剂,使组分容易从吸附柱中洗出。

常用的洗脱剂有乙醇、甲醇、氯仿、丙酮、石油醚、四氯化碳、甲苯、苯、乙醚、饱和的碳氢化合物、有机酸等。

2. 洗脱剂的选择

大孔树脂柱层析开始时,一般先用水进行淋洗,然后依次用 30%～90%的乙醇作为洗脱剂。

硅胶柱层析常选用非极性溶剂加入少量极性有机溶剂作为梯度洗脱剂。即柱层析开始时,只用非极性溶剂,然后慢慢增加极性溶剂的比例。

聚酰胺在水中吸附能力最强,在碱液中吸附能力最弱。聚酰胺柱层析常用的洗脱剂为烯醇,一般柱层析开始用水洗脱,然后依次用 10%～90%的乙醇作为洗脱剂,也可用低浓度的甲醇或丙酮溶液为洗脱剂。分离极性较小的成分开始可用氯仿,然后用不同比例的氯仿-甲醇作为洗脱剂。如果有些成分难被洗脱,可用 3.5%氨水洗脱。

活性炭柱的洗脱剂常为 10%～70%的乙醇溶液,也有用稀丙酮、稀乙酸或稀苯酚作洗脱剂的。某些被吸附的物质不能被洗脱,可先用适当的有机溶剂或 3.5%氨水洗脱。活性炭是非极性吸附剂,因此在水溶液中吸附力最强,在有机溶剂中吸附力较弱。溶液的 pH 与活性炭的吸附效率有关,一般碱性物质在中性下吸附、酸性下解吸;酸性物质在中性下吸附、碱性下解吸。

(四)吸附柱层析的操作与应用

1. 吸附柱层析的操作特点

(1)装柱　层析柱通常用玻璃柱,这样可以直接观察色带的移动情况,柱应该平直,直径均匀。工业上,大型层析柱可以用金属柱,有时在柱壁上嵌一条有机玻璃带,便于观察。柱的入口端应该有进料分布器,使进入柱内的流动相分布均匀。一般情况下,柱的内径和长度比为 1∶(10～30)。柱直径大多为 2～15 cm。

装柱方式分为干法装柱和湿法装柱两种。干法装柱是在柱下端加少许棉花或玻璃棉(有时再轻轻地撒上一层干净的沙粒),打开下口,然后将吸附剂经漏斗缓缓加入柱中,同时轻轻敲动层析柱,使吸附剂松紧一致,最后,将洗脱剂小心沿壁加入,至刚好覆盖吸附剂顶部平面,关紧下口活塞。湿法装柱可按前述的自然沉降法进行装柱。大多数吸附剂都适于采用湿法装柱。

(2)上样　吸附柱层析上样分为湿法上样和干法上样两种。湿法上样就是把被分离的物质溶在少量层析最初用的起始洗脱液中,小心加在吸附剂上层,注意保持吸附剂上表面仍为一水平面,打开下口,待溶液面正好与吸附剂上表面一致时,在上面撒一层细沙或盖滤纸,关紧柱活塞。有时被分离物质难溶于最初使用的洗脱剂,这时可采用干法上样:选用一种对其溶解度大而且沸点低的溶剂,取尽可能少的溶剂将其溶解。在溶液中加入少量吸附剂,拌匀,挥干溶剂,研磨使之成松散均匀的粉末,轻轻撒在层析柱吸附剂上面,再撒一层细沙。

(3)洗脱与收集　吸附柱层析常采用梯度洗脱(阶段洗脱)的方式进行,各组分先后被洗出。为了及时了解洗脱液中各洗脱部分的情况,以便调节收集体积的多少或改变洗脱剂的极性，若所用洗脱剂极性较大或各成分的结构很近似时，每份的收集量要小。由于吸附剂的表面活性比较大，有时会促使某些成分被破坏，所以应尽量在短时间内完成一个柱层析的分离，以避免样品在柱上停留时间过长，进而发生变化。

2. 吸附柱层析的应用

吸附柱层析是柱层析中最为基本的类型，其主要特点是：所采用的层析介质（吸附剂）容易得到，成本较低，装柱、洗脱易于操作，洗脱流速较快等。

吸附层析在生物化学和药学领域有比较广泛的应用，主要应用于对生物小分子物质的分离。生物小分子物质分子量小，结构和性质比较稳定，操作条件要求不太苛刻。色素、酚类、黄酮类、生物碱、萜类、苷类等次生代谢小分子物质常常采用吸附层析法进行分离。吸附层析在天然药物的分离制备中也占有很大的比例。

五、离子交换柱层析分离技术

离子交换柱层析是以离子交换剂作柱层析填充介质的分离方法。如今，离子交换剂得到了很大的发展，包括在交联葡聚糖、交联琼脂糖以及在合成有机高分子聚合物上引入带电基团的新一代层析介质，尤其是为适应工业化大生产而开发的刚性好的颗粒介质，使离子交换柱层析分离技术得到了更加广泛的应用。

（一）离子交换柱层析分离的原理

离子交换柱层析是以离子交换剂作为固定相（填充介质），以适宜的溶剂作为流动相，利用离子交换剂上的可解离基团对混合物中各种离子的离子交换亲和力不同，而使混合物中不同组分（溶质）得以分离的方法。

离子交换剂是一种含有若干活性基团的不溶性的固体物质，大致由两部分组成。一部分是高分子聚合物形成的不溶性骨架上面带有一定数量的可解离的带电基团；另一部分是靠静电力吸引在骨架上的离子。由于骨架上的离子和带电基团的电性相反，所以称为对立离子。对立离子和溶液中的同电荷离子进行交换。离子交换剂具有酸性或碱性基团，能分别与水溶液中的阳离子或阴离子进行交换。

离子交换柱层析是一种动态离子交换分离技术，交换溶液以平流方式通过柱床进行交换。该法不需要搅拌、交换完全、操作连续，而且可以使吸附与洗脱过程在柱床的不同部位进行，适合于多组分分离。由于离子交换平衡受缓冲液的 pH 和离子强度的影响，适当地改变 pH、离子强度，结合上去的离子可以被重新置换出来。溶液中各种离子所带电荷的多少有所不同，它们对交换剂的亲和力就有差异，因此，由柱上洗下来的顺序就有先有后，从而达到分离的目的。

（二）离子交换剂的种类

离子交换剂的种类很多。根据可供交换的离子的性质，可分为阳离子型和阴离子型。可以和阴离子交换的交换剂称为阴离子交换剂；可以和阳离子进行交换的交换剂称为阳离子交换剂。按酸碱性的强弱，离子交换剂又可分强酸、弱酸型和强碱、弱碱型等多种类型。按其骨架的化学组成可分为离子交换树脂、离子交换纤维素、离子交换凝胶等基本类型。其中，离子交换纤维素、离子交换凝胶又称为多糖基离子交换剂。

离子交换树脂是以聚苯乙烯及其衍生物为骨架制成，主要用于有机酸、氨基酸、抗生素等生物小分子的分离纯化和无机离子交换。常用的离子交换树脂有强酸性的（001×7）阳离子交换树脂(732 型)、弱酸性的(101×4)阳离子交换树脂(724 型)、强碱性(201×7)阴离子交换树脂等。多数离子交换树脂的颜色为黄色、黄褐色及棕色等,有透明的,也有不透明的。生产中多选用浅色树脂。

离子交换纤维素的亲水性能好,活性基团分布在纤维素表面,交换容量较大,目前广泛应用于蛋白质、酶等生物大分子的分离纯化。常用的离子交换纤维素有 DEAE-纤维素(二乙氨基乙基纤维素)、CM-纤维素(羧甲基纤维素)、AE-纤维素(氨基乙基纤维素)、TEAE-纤维素(三乙氨基乙基纤维素)等。

离子交换凝胶是以葡聚糖凝胶(Sephadex)、聚丙烯酰胺凝胶(Bio-Gel P)等为基质制成的,它同时具有离子交换和分子筛的作用,交换容量大,分辨能力强,在蛋白质、酶等生物大分子的分离纯化方面具有广阔的应用前景。常用的有 DEAE-葡聚糖凝胶、CM-葡聚糖凝胶、DEAE-琼脂糖凝胶、DEAE-聚丙烯酰胺凝胶、SP-葡聚糖凝胶等。

目前常用于分离纯化的离子交换剂见表 6-3。选择离子交换剂要考虑被分离物质带有什么样的电荷、分子的大小、物理化学性质、所处的环境等因素。由于蛋白质、酶是两性电解质,整个分子可以是正离子,也可以是负离子,所以可以用阴离子交换剂,也可以用阳离子交换剂进行蛋白质、酶的分离纯化。当提取液的 pH 大于蛋白质、酶的等电点时,分子带负电荷,可用阴离子交换剂进行层析分离;而当提取液 pH 小于等电点时,蛋白质、酶带正电荷,则需要用阳离子交换剂进行分离。

表 6-3 常见的离子交换剂类型(杨昌鹏,生物分离技术,2007)

	名称	功能基团	基质	分类
阴离子交换剂	DEAE-Cellulose	二乙氨基乙基	纤维素	弱碱
	DEAE-Toyopearl	二乙氨基乙基	亲水性聚乙烯醇	弱碱
	DEAE-Sephadex	二乙氨基乙基	葡聚糖	中强碱
	DEAE-Sepharose	二乙氨基乙基	交联琼脂糖	弱碱
	QAE-Sephadex	季胺乙基	葡聚糖	强碱
	D-201 大孔树脂	季胺基	交联聚苯乙烯	强碱
阳离子交换剂	CM-Cellulose	羧甲基	纤维素	弱酸
	CM-Sephadex	羧甲基	葡聚糖	弱酸
	SE-Cellulose	磺乙基	纤维素	强酸
	SP-Sephadex	磺丙基	葡聚糖	强酸
	P-Cellulose	磷酸基	纤维素	强酸
	(001×7)732 树脂	磺酸基	交联聚苯乙烯	强酸
	(101×4)724 树脂	羧基	丙烯酸甲酯等	弱酸

(三)离子交换柱层析的操作与应用

1. 离子交换柱层析的操作特点

(1)离子交换剂的处理　确定了层析所用的交换剂的类型后,要对其进行适当的处理后方可使用。处理包括以下四步:①除去交换剂中的杂质;②交换剂的溶胀,使交换剂的带电基团更多地暴露在溶液中;③除去交换剂中很小的细粒,以免影响流速;④离子交换剂的平衡离子转变成所需要的形式,即改型。

改型即按照使用要求人为地赋予树脂平衡离子的过程。常用的阳离子交换树脂有氢型、钠型、铵型等；常用的阴离子交换树脂有羟型、氯型等。对于分离蛋白质、酶等物质，往往要求在一定的pH范围及离子强度下进行操作。因此，改型完毕的树脂还必须用相应的缓冲液平衡数小时后备用。缓冲液酸碱度的选择，取决于被分离物质的等电点、稳定性、溶解度和交换离子的p*K*值。使用阴离子交换树脂时要选用低于p*K*值的缓冲液，如果被分离的物质属于酸性，则缓冲溶液的pH要高于该物质的等电点。用阳离子交换树脂时要选用高于p*K*值的缓冲液，被分离的物质属于碱性时，缓冲液pH要低于该物质的等电点。

离子交换剂处理的基本方法：首先将干态的离子交换剂（如CM-Sephadex等）在水中充分浸泡（1～2 d），以除去杂质和使交换剂充分溶胀，但对于一些保存在溶液中的湿态交换剂（如DEAE-Toyopearl等）不需再溶胀。然后，用2～4倍体积的酸、碱反复处理，一般所用酸、碱的浓度为1～2 mol/L，再用去离子水水洗。

通常阳离子交换剂的酸碱处理顺序为：碱洗→去离子水洗→酸洗→去离子水（或起始洗脱液）水洗，而阴离子交换剂的酸碱处理顺序为：酸洗→去离子水洗→碱洗→去离子水（或起始洗脱液）水洗。在酸碱处理的同时还可对离子交换剂进行浮选，用倾去上清液的方法去除过细的颗粒。

（2）装柱与加样　离子交换剂的装柱与一般柱层析法相同，主要是防止出现气泡和分层，装填要均匀。防止产生气泡和分层的方法是装柱时柱内先保持一定高度的起始洗脱液（一般为柱高的1/3），加入离子交换剂时使离子交换剂借水的浮力慢慢自然沉降。装柱完毕后，用起始洗脱液平衡到所需的条件，如特定的pH、离子强度等。

上样时，将溶解在少量溶剂（通常为洗脱液）中的试样加到层析柱的上部。上柱的一个重要操作是控制流速的加压或减压，尤其是采用细长柱或细目交换剂时，压力控制非常重要。加压法是用打气入柱的方式进行加压，可用一个装有样品的分液漏斗与柱用橡皮塞连接、分液漏斗上端串有压力计并经缓冲瓶与打气管相连，当达到所需压力时。就将打气管夹紧。减压法是在柱的排出口增设抽气装置，工业上多采用此法。

（3）洗脱　分离不同的物质选用不同的洗脱液。原则是用一种更活泼的离子把交换在交换剂上的物质再交换出来。常用的洗脱剂为酸类、盐类或碱类的溶液，改变整个系统的酸碱度和离子强度，以使交换物质的交换性能发生变化，已交换到交换剂上的物质就逐渐被洗脱下来。为了提高分辨率，常采用线性梯度洗脱法。使用离子交换凝胶类的离子交换剂时，洗脱操作压不能过大。

2．离子交换柱层析的特点与应用

总体来说，离子交换柱层析具有填充介质种类多、分离物质范围广、操作便利、加样量大、分辨率高、分离效果好等特点，因而离子交换柱层析是目前使用最为广泛的层析方法。

目前，离子交换柱层析法已广泛地应用于氨基酸、多糖、核苷酸、有机酸以及蛋白质、酶等生物大分子的分离纯化。图6-6为CM-Sephadex C-50柱层析分离番石榴多酚氧化酶（PPO）的实例。

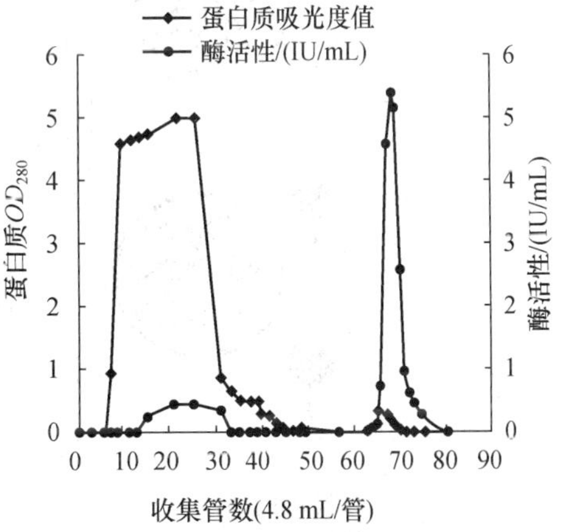

1～41管用0.01 mol/L磷酸盐缓冲液（pH 6.5）淋洗；42～60管用含0.2 mol/L NaCl的缓冲液洗脱；61～80管用含0.6 mol/L NaCl的缓冲液洗脱

图6-6　番石榴PPO的CM-Sephadex C-50柱层析洗脱曲线

（杨昌鹏，生物分离技术，2007）

六、凝胶柱层析分离技术

凝胶层析法是基于分子大小不同而进行的一种分离方法。从20世纪60年代初期开始应用，由于凝胶层析具有操作条件温和、设备简单、操作方便、分离范围广、重复性强，并能达到比较满意的分离效果等优点，因此发展较为快速，至今已成为生化实验室常规的分离方法，尤其在蛋白质、酶等生物大分子的分离纯化中得以广泛应用。

(一)凝胶层析的原理

凝胶层析又称分子排阻层析、分子筛层析或凝胶过滤，是指混合物随流动相经固定相(凝胶)的层析柱时，混合物中各组分按其分子大小不同而被分离的技术。其固定相(凝胶)是一种不带电荷的具有三维空间的多孔网状结构的物质，凝胶的每个颗粒的细微结构就如同一个筛子，小的分子可以进入凝胶网孔，而大的分子则排阻于凝胶颗粒之外，即具分子筛的性质。又因整个层析过程一般不变换洗脱液，好像过滤一样，故也称凝胶过滤。

当含有分子大小不同的混合物样品加到层析柱中时，这些物质随洗脱液的流动而移动，但大小分子(指分子量)流速不同。分子量很大的溶质，不能进入到凝胶颗粒的细孔中，只能沿凝胶颗粒间的孔隙随洗脱液移动，故阻滞作用小，流程短，移动速度快，先流出层析柱；而分子量小的溶质，能够进入到凝胶颗粒的内部细孔中，故阻滞作用大、流程长、移动速度慢。因此，分子量小的物质比分子量大的物质较晚流出层析柱，从而使混合物中各组分可以按分子量从大到小的顺序先后流出层析柱，达到分离纯化的目的(图6-7)。

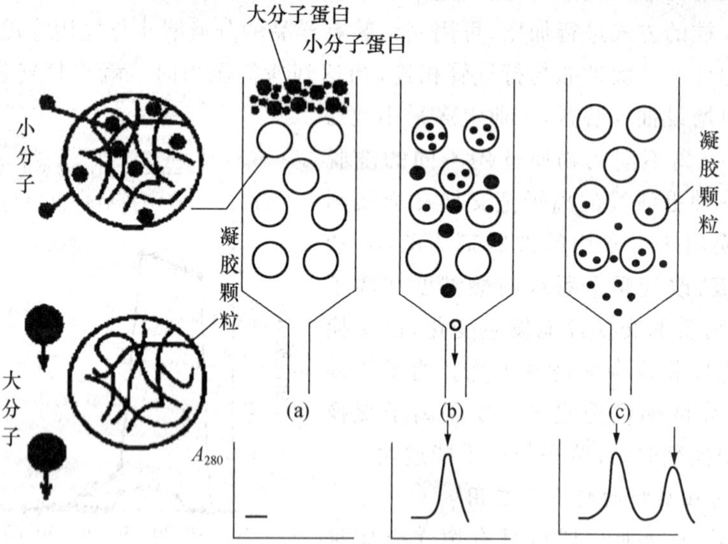

(a)蛋白质混合物上柱 (b)样品上柱后，大分子不能进入，故先洗脱下来

(c)小分子进入微孔，后洗脱下来

图6-7 凝胶层析分离原理示意图

(二)凝胶的种类

凝胶的种类很多，常用的有葡聚糖凝胶、聚丙酰胺凝胶和琼脂糖凝胶等。

1. 葡聚糖凝胶

葡聚糖凝胶是应用最广泛的一类凝胶，国外商品名为 Sephadex。它是以葡聚糖（葡萄糖通过 α-1，6-糖苷键结合而成的线性高分子）为单体，以 1，2-环氧氯丙烷为交联剂，聚合而成的高分子聚合物。不同型号的 Sephadex，性能有所不同（表 6-4）。凝胶按颗粒大小一般分为粗、中、细和超细四类。颗粒越细，分离效果越好，因为它容易达到平衡，但流速慢。颗粒越粗，流速越快，会使区带扩散，使洗脱峰变得平和宽。在一般柱层析中，使用的干颗粒直径在 70 μm 左右较合适。

表 6-4　葡聚糖凝胶（Sephadex）型号与性能

型号	干胶直径/μm	分子量分级范围		床体积（干胶）/（mL/g）	吸水值（干胶）/（mL/g）	最少溶胀时间/h	
		肽及球形蛋白质	葡聚糖（线性分子）			室温	沸水浴
Sephadex G-10	40～120	～700	～700	2～3	1.0±0.1	3	1
Sephadex G-15	40～120	～1 500	～1 500	2.5～3.5	1.5±0.2	3	1
Sephadex G-25		100～5 000	100～5 000	4～6	2.5±0.2	6	2
粗级	100～300						
中级	50～150						
细级	20～30						
Sephadex G-50		1 500～30 000	500～10 000	9～11	5.0±0.3	6	2
粗级	100～300						
中级	50～150						
细级	20～80						
超细	10～40						
Sephadex G-75 超细	40～120 10～40	3 000～70 000	1 000～50 000	12～15	7.5±0.5	24	3
Sephadex G-100 超细	40～120 10～40	4 000～150 000	1 000～100 000	15～20	10.0±1.0	48	5
Sephadex G-150 超细	40～120 10～40	5 000～400 000	1 000～150 000	20～30 18～22	15.0±1.5	72	5
Sephadex G-200 超细	40～120 10～40	5 000～800 000	1 000～200 000	30～40 20～25	20.0±2.0	72	5

葡聚糖凝胶在干燥的状态下是坚硬的白色粉末，不溶于水和盐类溶液。因其具有大量的羟基，故有很大的亲水性，在水中就会吸水膨胀，吸水后机械强度大大降低。葡聚糖凝胶对碱和酸具有较好的稳定性，在中性条件下，可在 120℃ 加压保存。长久不用时，应加防腐剂以防长霉。由于葡聚糖凝胶具有以上优点，因此被广泛应用于蛋白质、酶等生物大分子的分离纯化。

2. 琼脂糖凝胶

琼脂糖凝胶都是由经过纯化的琼脂糖制备的，其中仅含有较少的带电基团。利用琼脂糖热溶液冷却时可凝胶化的优点，可较方便地制成珠状物。不同浓度的琼脂糖溶液可制得不同孔径的球状凝胶。琼脂糖凝胶有两种常见系列：一种是 Bio-GelA 系，是美国 Bio Rad 公司的产品，现为交联琼脂糖凝胶，适用 pH 为 4～13；另一种是 Sepharose 系，是目前生化分离专用介质中型号最多、应用最广的系列产品。表 6-5 为 Sepharose 系列型号及性能。

琼脂糖凝胶没有干胶，必须在溶胀状态下保存，除丙酮和乙醇外，琼脂糖凝胶遇脱水剂、冷冻剂和一些有机溶剂即被破坏。用琼脂糖凝胶进行分离操作的适宜工作条件是 pH 4.5～9、温度 0～40℃。琼脂糖凝胶对硼酸盐有吸附作用，不能用硼酸缓冲液。

表 6-5　琼脂糖 Sepharose 系的型号及性能（孙俊良，酶制剂生产技术，2004）

型号	分子量分级范围	粒径/μm	pH 稳定范围	耐压/MPa	建议流速/(cm/h)	备注
Sepharose 2B	$7\times10^4\sim4\times10^7$	60～200	4～9	0.004	10	传统分离介质，适用于蛋白质、大分子复合物多糖
Sepharose 4B	$6\times10^4\sim2\times10^7$	45～165	4～9	0.008	11.5	
Sepharose 6B	$1\times10^4\sim4\times10^6$	45～165	4～9	0.02	14	
Sepharose CL-2B	$7\times10^4\sim4\times10^7$	25～75	3～13	0.005	15	适合含有有机溶剂的分离，适合蛋白质、多糖
Sepharose CL-4B	$6\times10^4\sim2\times10^7$	25～75	3～13	0.012	26	
Sepharose CL-6B	$1\times10^4\sim4\times10^6$	25～75	3～13	0.02	30	
Sepharose 6(制备级)	$5\times10^3\sim5\times10^6$	20～40	3～12	0.4	30	适用于蛋白质、多糖、核酸、病毒
Sepharose 12(制备级)	$1\times10^3\sim3\times10^5$	20～40	3～12	0.7	30	
Sepharose FF6	$1\times10^4\sim4\times10^6$	平均 90	2～12	0.1	300	Bio-Process 介质，适用于巨大分子分离
Sepharose FF4	$6\times10^4\sim2\times10^7$	平均 90	2～12	0.1	250	

3. 聚丙烯酰胺凝胶

商品名为 Bio-Gel P，是丙烯酰胺与 N，N′-亚甲基双丙烯酰胺共聚而成的亲水性凝胶。该凝胶非特异吸附性很小，结构稳定，在 120℃消毒 30 min 后色谱性能保持不变。但在浓酸或浓碱的作用下，酰胺键会水解成羧基，使凝胶带上电荷，成为离子交换基团，从而影响凝胶的层析效果。所以，聚丙烯酰胺凝胶应在 pH 2～11 使用。商品聚丙烯酸胺凝胶有多种型号（表 6-6），在分离纯化物质的过程中，应根据欲分离物质的分子量的大小选择合适的型号。

（三）凝胶柱层析的操作与应用

1. 凝胶柱层析的操作特点

（1）凝胶的选择　一般应根据样品中组分和所要分离物质的要求，选取分离范围与欲分离物质的分子量相近的凝胶介质为好。若分离样品中物质的分子量分布较广或组分较复杂，应选用分离范围较广的凝胶进行分离；如样品中组分比较简单，应选择分辨率较高的凝胶进行分离；如样品处理量较多，应选用粒径较大、流速较快的凝胶；如样品要求精细分离，就应选用粒径较细、分辨率高的凝胶。

若用于除去大分子溶液中的盐分和其他小分子物质，经常选用 Sephadex G-25 或 G-50，生物胶 P-6 或 P-10，其中以 Sephadex G-25 最常用；若用于精细分离，多选用 Sephadex G-100 或 G-200。在一般柱层析中，使用干颗粒直径在 70 μm 左右较合适。

表 6-6　Bio-Gel P 聚丙烯酰胺类凝胶

型号	水合网目	水合质点直径/μm	分子量分离范围	吸水率(干胶)/%	床体积(干胶)/(mL/g)	最低溶胀时间/h	
						20℃	100℃
Bio-Gel P-2	50～100	150～300	3 000～60 000	7.2	14.4	12	3
Bio-Gel P-2	100～200	75～150					
Bio-Gel P-2	200～400	40～75					
Bio-Gel P-2	<400	<40					
Bio-Gel P-4	50～100	150～300	800～4 000	2.4	4.8	4	2
Bio-Gel P-4	100～200	75～150					
Bio-Gel P-4	200～400	40～75					
Bio-Gel P-4	<400	<40					
Bio-Gel P-6	50～100	150～300	1 000～6 000	3.7	7.4	4	2
Bio-Gel P-6	100～200	75～150					
Bio-Gel P-6	200～400	40～75					
Bio-Gel P-6	<400	<40					
Bio-Gel P-10	50～100	150～300	1 500～20 000	4.5	9.0	4	2
Bio-Gel P-10	100～200	75～150					
Bio-Gel P-10	200～400	40～75					
Bio-Gel P-10	<400	<40					
Bio-Gel P-30	50～100	150～300	2 500～40 000	5.7	11.4	12	3
Bio-Gel P-30	100～200	75～150					
Bio-Gel P-30	<400	<40					
Bio-Gel P-60	50～100	150～300	3 000～60 000	7.2	14.4	12	3
Bio-Gel P-60	100～200	75～150					
Bio-Gel P-60	<400	<40					
Bio-Gel P-100	50～100	150～300	5 000～100 000	7.5	15.9	24	5
Bio-Gel P-100	100～200	75～150					
Bio-Gel P-100	<400	<40					
Bio-Gel P-150	50～100	150～300	15 000～150 000	9.2	18.4	24	5
Bio-Gel P-150	100～200	75～150					
Bio-Gel P-150	<400	<40					
Bio-Gel P-200	50～100	150～300	30 000～200 000	14.7	24.4	48	5
Bio-Gel P-200	100～200	75～150					
Bio-Gel P-200	<400	<40					
Bio-Gel P-300	50～100	150～300	60 000～400 000	18.0	36.0	48	5
Bio-Gel P-300	100～200	75～150					
Bio-Gel P-300	<400	<40					

(2)溶胶　葡聚糖凝胶多以干粉形式保存，使用前需用水或洗脱缓冲液充分溶胀。将干燥的凝胶加入水或缓冲液中，搅拌，静置，然后倾去上层混悬液，以除去过细的粒子。如此反复数次，直至上层液澄清为止。最后，放在 5～10 倍干凝胶体积的水或缓冲液中充分溶胀，G-75 以下凝胶浸泡 1 d，但 G-100 以上的型号，至少需要浸泡 3 d，也可以通过加热来缩短浸泡时间，以

充分溶胀凝胶，还可起到除去颗粒内部气泡和灭菌的作用。

(3)装柱　装柱是凝胶层析的重要环节。充分溶胀后的凝胶，应在减压排气后，进行装柱操作。装柱时，最好将搅拌均匀的凝胶一次性倒入柱中，不能产生分层（断层）现象，不能有气泡或裂纹。将柱管对着光源方向观察，若层析柱床不均匀，必须重新装柱。也可用蓝色葡聚糖2000配成2 mg/mL的溶液过柱检验其均匀性。

凝胶层析用的层析柱，其体积和高径比与层析分离效果的关系相当密切。层析柱的长度与直径的比一般称为柱比。层析柱的有效体积（凝胶柱床的体积）与柱比的选择必须根据样品的数量、性质以及分离目的加以确定。对于分子量差别大的混合物的分离，柱床体积为样品溶液体积的5倍或略多一些就够了，柱比为(5∶1)～(10∶1)即可。这样流速快，节省时间，样品稀释程度也小。对于分级分离，则要求柱床体积大于样品25倍以上，甚至多达100倍，柱比也要在25～10。用大柱、长柱的分离效率比小柱、短柱高，可以使分子量相差不大的组分得以分离，但这样的柱阻力大，流速慢，费时长，样品稀释也相当严重，有时达10倍以上。

(4)加样　样品的上柱是凝胶层析中的关键操作。理想的样品色带应是狭窄且平直的矩形色谱带。加样时尽量避免凝胶床面的搅动。加入的样品浓度可大些，但黏度要低，并且在制备性分离纯化中，加入样品的体积为床体积的10%左右。若用于分子量方面的分析测定，加样量一般为每次3～5 mL。

(5)洗脱　为了防止柱床体积的变化，造成流速降低及重复性下降，整个洗脱过程中始终保持一定的操作压，并不超限是非常必要的。流速要稳定且不宜过快。洗脱液的成分也不应改变，以防凝胶颗粒的胀缩引起柱床体积变化或流速改变。采用的洗脱液应与干凝胶溶胀时以及装柱平衡时所用的液体完全一致，否则，会影响分离效果。不相同时，可通过平衡操作来达到。在许多情况下可用水作洗脱剂，但为了防止非特异性吸附，避免一些蛋白质在纯水中难以溶解，以及蛋白质稳定性等问题的发生，常采用缓冲盐溶液进行洗脱。所使用的洗脱液的体积一般为凝胶床体积的120%左右，洗脱流出液应分步收集。

2. 凝胶柱层析的特点与应用

凝胶柱层析具有以下优点：①分离条件温和，因此不易引起生物样品的变性失活；②每次分离操作之后，层析剂无须再生就可重复利用；③工作范围广，分离的分子量范围可从几百到数百万；④设备简单，分离机理简单，易于操作；⑤样品回收率高，几乎可达100%。但凝胶层析上样量小，操作压力不能高，流速较慢。

凝胶柱层析主要用于脱盐与分级分离，在生物大分子的分离纯化中得以广泛应用。脱盐是分离大小两类不同的分子，即无机盐与生物大分子的分离；分级分离是将分子大小相近的物质分开，通常为大分子间的分离，在生物大分子的分离纯化中可以用此方法将目的物与杂蛋白进行分离。由于凝胶层析上样量小，且上样量的体积越小，分辨率越高，因此，凝胶层析通常用于经过浓缩的样品，特别是用于层析过程中下游最终精细纯化步骤。

此外，凝胶柱层析也可用于生物大分子分子量的测定。此法常用于蛋白质、酶、多肽、激素、多糖、多核苷酸等大分子物质的分子量的测定。

七、疏水柱层析分离技术

疏水层析也叫疏水亲和吸附层析，是利用表面偶联弱疏水性基团（疏水性配基）的疏水性吸附剂为固定相，根据蛋白质与疏水性吸附剂之间的弱疏水性相互作用的差别进行分离纯化的层析技术。

(一)疏水层析的原理

亲水性蛋白质(酶)表面均含有一定量的疏水性基团。尽管在水溶液中蛋白质(酶)具有将疏水性基团折叠在分子内部而表面显露极性和荷电基团的趋势,但总会有一些疏水性基团或极性基团的疏水部位暴露在蛋白质(酶)表面。这部分疏水基团可与亲水性固定相表面偶联的短链烷基、苯基等弱疏水基发生疏水性相互作用,被固定相(疏水性吸附剂)所吸附。

在高浓度盐溶液中,蛋白质表面疏水部位的水化层被破坏,发生局部可逆性变性,裸露出疏水部位,疏水性相互作用增大,便能与疏水层析的固定相有效地结合在一起。因此,疏水亲和吸附层析通常在高浓度盐溶液[如 1 mol/L$(NH_4)_2SO_4$ 或 1～2 mol/L NaCl]的条件下进行。通过逐步降低流动相的离子强度,即可将结合于固定相的物质,按其结合能力大小,依次进行解吸附。也就是疏水作用弱的物质,用高浓度盐溶液洗脱时,会先被洗下来。当盐溶液浓度降低时,疏水作用强的物质才会随后被洗下来。

(二)疏水性吸附剂

各种凝胶过滤介质经偶联疏水性配基后均可用作疏水性吸附剂。常用的疏水性配基主要有苯基、短链烷基(C_3～C_8)、烷氨基、聚乙二醇和聚醚等。常见的商品化疏水性吸附剂见表 6-7。目前,用于分离提纯酶等生物大分子的疏水性吸附剂多般为含有苯基、丁基的疏水性吸附剂。

表 6-7　常见的商品化疏水性吸附剂(孙彦,生物分离工程,2005)

吸附剂	配基	基质	粒度/μm
Phenyl Superose	苯基	高交联琼脂糖	13
Octyl Sepharose CL-4B	辛基	交联琼脂糖	45～165
Phenyl Sepharose FF	苯基	高交联琼脂糖	45～165
Butyl Sepharose FF	丁基	高交联琼脂糖	45～165
Octyl Sepharose FF	辛基	高交联琼脂糖	45～165
Phenyl Sepharose HP	苯基	高交联琼脂糖	34
TSK gel Butyl Toyopearl 650	丁基	亲水性聚乙烯醇	40～90
TSK gel Phenyl 5-PW	苯基	亲水性聚乙烯醇	10
TSK gel Ether 5-PW	聚醚	亲水性聚乙烯	10
SepaBeads FP-BU 13	丁基	聚乙烯	13
SepaBeads FP-OT 13	辛基	聚乙烯	13
SepaBeads FP-DA 13	苯基	聚乙烯	13

(三)疏水柱层析的操作与应用

1. 疏水柱层析的操作特点

(1)层析柱的制备　进行疏水层析时,所使用层析柱之规格包括柱体积大小、直径粗细、柱高度(h)与其直径(d)的比值等,均与普通层析的相似。在分离样品量较大时,宜选用体积较大的层析柱,通常($h:d$)≤3。

(2)平衡　疏水层析柱装柱完毕后,通常要用盐浓度高[如 1 mol/L$(NH_4)_2SO_4$ 或 1～2 mol/L NaCl]的缓冲液进行平衡。

(3)加样与洗脱　加样前,在样品溶液中要补加适量的盐类。通常加 1 mol/L$(NH_4)_2SO_4$

或 1～2 mol/L NaCl，以使样品中的生物大分子局部变性，并能与固定相很好地相互吸附。加盐的样品溶液要混匀，放置片刻后即可上柱，当把此样品溶液徐徐加入固定相（使生物大分子与固定相之间作用 0.5～1 h）后，先用平衡缓冲液洗涤，再用降低盐浓度的平衡缓冲液洗脱。

（4）再生　洗脱后的层析柱欲重复使用时，需对其固定相进行再生处理，即用 8 mol/L 尿素溶液或含 8 mol/L 尿素的缓冲溶液洗涤层析柱（以除去固定相吸附的杂质），接着用平衡缓冲液平衡。采用此程序处理过的疏水层析柱，可重复使用。

2. 疏水柱层析的特点与应用

归纳而言，疏水柱层析具有如下特点：①疏水柱层析可直接分离盐析后或高盐洗脱下来的蛋白质、酶等生物大分子溶液；②分辨率很高、流速快、加样量大；③疏水性吸附剂种类多，选择余地大，价格与离子交换剂相当。

疏水柱层析适用于分离的任何阶段，尤其是样品离子强度高时，即在盐析、离子交换或亲和层析之后用。疏水层析广泛用于微生物、植物、动物来源的酶类或其他蛋白质大分子的分离纯化。

疏水柱层析得到应用以来，陆续有学者发表了利用疏水性固定相（如苯基琼脂糖、辛基琼脂糖等）成功地分离蛋白质如钙调蛋白、苯丙氨酸裂解酶和凝集素的报道。例如，果蔬多酚氧化酶（PPO）利用 Butyl-Toyopearl 650M 或 Phenyl-Toyopearl 650M 疏水柱层析得到了有效的分离，纯度得到明显提高。

技术应用

任务 6-1　利用大孔树脂吸附柱层析分离葡萄红素

任务设计

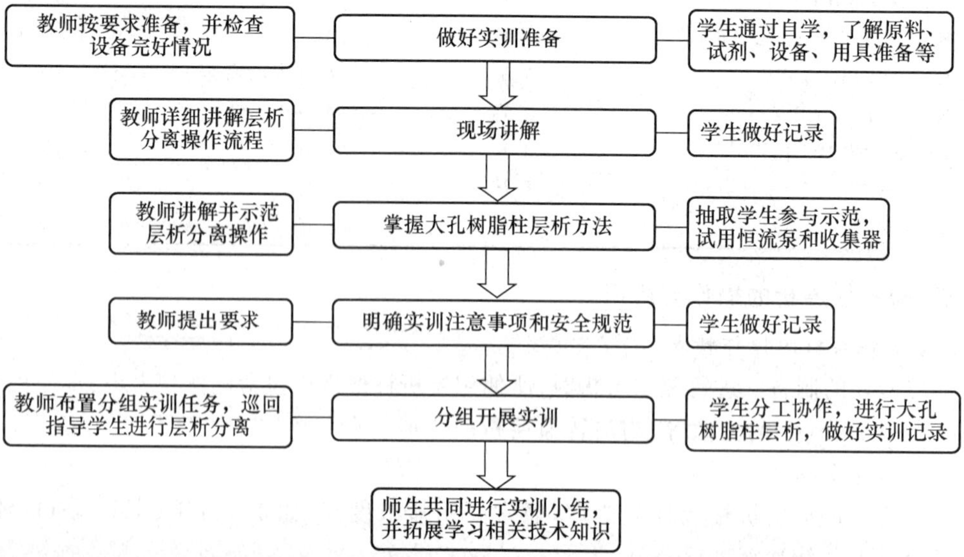

图 6-8　大孔树脂柱层析分离葡萄红素的任务设计

实践操作

二维码 6-2　利用大孔树脂吸附柱层析分离葡萄红素

一、原料与试剂准备

新鲜黑葡萄或红葡萄果实、95%乙醇或无水乙醇、2 mol/L HCl、2 mol/L NaOH、50%柠檬酸液(用于调配 pH 3～4 的酸化水和 pH 3～4 的 80%～90%酸化乙醇)、D101 大孔吸附树脂。

二、设备与用具准备

烧杯、玻棒、滴管、滤纸、精密 pH 试纸、层析柱(2.5 cm×30 cm)、旋转式蒸发器、自动部分收集器、恒流泵、可见分光光度计、冷冻干燥机等。

三、操作方法

(一)操作流程

分离制备葡萄红素的操作流程见图 6-9。

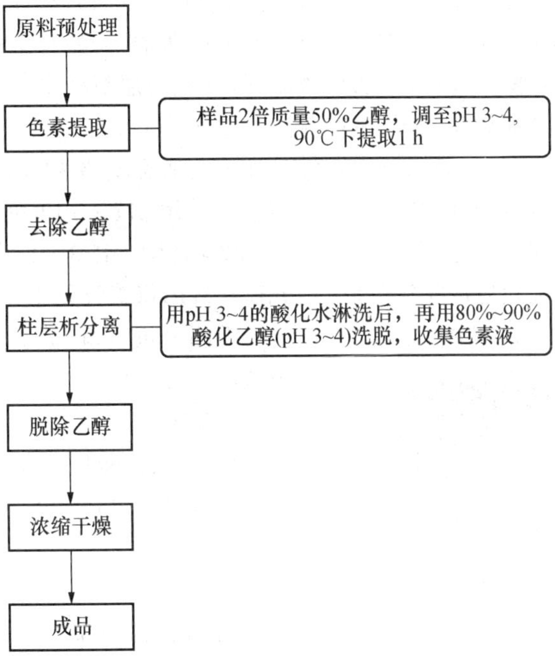

图 6-9　柱层析分离制备葡萄红色素流程

(二)操作要点

1. 葡萄红色素的提取

可参照项目 3 的任务 3-2 进行葡萄红素提取。色素提取后，需用旋转蒸发仪去除乙醇。

2. 树脂吸附柱层析分离

(1)树脂预处理方法

①将大孔树脂放在烧杯(生产上常用大桶)内，先用清水浸泡并用浮选法除去细小颗粒、漂洗干净、滤干。

②用 80%～90%工业乙醇浸泡 24 h，洗去树脂内的醇溶性有机物，然后抽干。

③用 40～50℃的热水浸泡 2 h，洗涤数次，洗去树脂内的水溶性杂质和乙醇，然后抽干。

④用 4 倍左右树脂量的 2 mol/L HCl 溶液搅拌 2 h，洗去酸溶性杂质，水洗至中性，抽干。

⑤用 4 倍左右量 2 mol/L NaOH 溶液搅拌 2 h，洗去碱溶性杂质，水洗至中性，抽干。

(2)装柱　装柱是分离成功的关键一步。在实验室，通常采用自然沉降法装柱，其步骤为：垂直固定洗净的层析柱、封闭层析柱底盖→装入 pH 3～4 的酸化水(1/3～1/2 柱高)，排出管中气体→升高层析柱出水口→轻轻搅动烧杯中的树脂(切勿搅动太快，以免空气进入)，使之均一，并立即缓慢并连续不断地倒入柱中→让其沉降约 1 cm 高时，降低柱的出水口(压力差保

二维码 6-3　层析柱装柱方法

持在 30 cm 左右），让起始溶液（pH 3～4 酸化水）慢慢地流出→上面陆续不断地添加树脂（起始溶液过多时可吸出清液再加树脂），直至树脂完全沉降至所需的柱高（约 29 cm）为止→在树脂表面上放一片滤纸（以防后面加样时树脂被冲起）。在生产上，可在电动搅拌下或用蠕动泵连续将处理好的填充物装入柱中。

（3）平衡　将恒流泵进水口插入装有 pH 3～4 的酸化水的烧杯中，开机、排出恒流泵管中空气并确认恒流泵正转，将恒流泵的出水管口与层析柱进水管口相连，用 pH 3～4 的酸化水（2～3 倍总床体积）流动平衡树脂层析柱（流速控制在约 1 滴/s）。平衡结束后，关闭恒流泵，提高层析柱出水口，以便加样。

（4）调试电脑自动部分收集器　设定好每管收集的时间（3～5 min）及收集的首管与末管号，并使收集器处于收集准备状态。

（5）加样　在提高层析柱出水口的状态下，拧开进水口柱盖，吸去柱床表面以上的溶液（滤纸上仅留下少量液体），小心地用滴管不断将样品加到树脂床面上。添加一定样品后，及时将出水口降低，立即连接自动部分收集器，开始收集柱中的流出液。当样品液下降至刚好与树脂面（滤纸）相平时，暂停收集器，并提高层析柱出水口。当样品量比较多时，可连接恒流泵，通过恒流泵输送加样，进样流速为 2 BV/h。

（6）洗脱与分部收集　拧开柱顶盖，缓慢加少量 pH 3～4 的酸化水至满柱为止，以排出柱中空气，拧回柱顶盖。启用恒流泵，先用 pH 3～4 的酸化水淋洗吸附有色素提取液的层析柱至流出液无色，然后再用 80%～90%酸化乙醇（pH 3～4）将葡萄红色素洗脱下来，并分管收集。在实验室流速通常控制在 5～10 mL/5 min，每管收集 5～10 mL。生产上洗脱流速通常为 2 BV/h。

（7）合并收集　经过结果观测分析后，将被洗脱下来的含有葡萄红色素的主要红色液体进行合并收集。

3. 脱除乙醇

用旋转式蒸发器减压蒸发合并收集的葡萄红色素液体，彻底脱除色素液中的乙醇后，便可得到分离纯化后的葡萄红色素浓缩液，并回收蒸发出来的乙醇。

二维码 6-4　旋转蒸发仪的使用

4. 冷冻干燥

将色素浓缩液用冻干机干燥即得纯化后的葡萄红色素粉末成品。

四、结果分析

（一）外观观察

对收集到的每管收集液进行颜色和澄清度观察，记录分离实验结果，并对柱层析前后分离出的物质（流出液）进行结果分析：判断在哪些收集管中出现流出的杂质，哪支管出现洗脱色素最高峰，哪些管中的溶液可以合并收集色素？

（二）检测分析

每间隔 1～2 支管，对收集到的管中收集液分别在波长 530 nm 用分光光度计检测葡萄红色素的吸光度值，并以管号为横坐标，以色素的吸光度值（A_{530}）为纵坐标绘制洗脱图，并分析柱层析分离葡萄红色素过程中的色素洗脱峰和杂质洗脱峰，判断应该合并收集的是哪些管中的溶液。

五、注意事项

(1)在装柱前,必须对新购买的大孔树脂预处理,彻底地去除树脂中的残留物质。

(2)装好的层析柱介质要平整、均匀,不能歪斜,不能有断层、纹路或气泡,若层析柱床不均匀,必须重新装柱。

(3)层析柱两端和其他各接头不能漏气、漏液。操作过程中,层析柱内液面不断下降,则表示整个系统有漏气之处,应仔细检查并加以纠正。

(4)在装柱和层析过程中始终保持柱内液面高于层析介质表面,防止液体流干。否则,会使层析介质混入大量气泡,影响样液和洗脱液在柱内的流动,导致分离效果变差,不得不重新装柱。

(5)在整个分离过程中,要保持合适且稳定的流速。流速既不能太慢,也不能太快,且流速始终前后一致。流速可以通过调节操作压或恒流泵的速度来控制。

(6)在提取分离葡萄红色素的整个过程中,必须保持提取液、平衡液、起始淋洗液、正式洗脱液以及检测时的稀释液处于同一 pH,否则会引起葡萄色素颜色的变化,并影响对葡萄色素吸光度值的正确检测。

(7)层析结束后必须要用 95%的高浓度乙醇或 3%～5%的盐酸、氢氧化钠对使用过的大孔树脂进行再生处理,并妥善保存。

实训建议

一、实训时间与分组安排

(1)本实训任务宜安排 6～8 学时的集中时间,由学生独立完成或由 2～3 人一组合作进行。

(2)为了让学生了解到更多的吸附树脂型号,同时能提供更多的实训案例进行吸附层析分离效果优劣的分析比较、提高学生的方法能力,在学生组数比较多的情况下,也可由 2～3 个小组使用 AB-8、X-5、S-8、NKA 等其他型号树脂开展层析分离;关于洗脱用的酸化乙醇浓度,也可以安排一些小组用 30%、60%、80%不同浓度梯度的酸化乙醇进行洗脱。

二、实践操作内容的安排

(1)实训中使用的 2 mol/L HCl、2 mol/L NaOH、50%柠檬酸液、pH 3～4 的酸化水和 pH 3～4 的酸化乙醇等溶液尽可能由学生自己计算、自己配制,以培养和提高学生独立工作能力。

(2)对本实训中耗时的部分内容(如葡萄色素的提取等),应结合其他实验实训开展,或由老师事前代为完成。

(3)冷冻干燥这一环节因要耗时 10 多个小时,在实训时可以省去这一环节,或由老师和学生在课余时间完成。

理论链接

一、常用于分离纯化色素的大孔树脂

常用于分离色素的大孔树脂主要有 D101、X-5、AB-8、D4020 等,其主要性能见表 6-8。

表 6-8　常用于色素分离的几种大孔树脂的物理性能

树脂型号	外观	粒径范围/nm	极性
D101	球状颗粒，乳白色、不透明	30～125	非极性
X-5	球状颗粒，乳白色、不透明	30～125	非极性
AB-8	球状颗粒，乳白色、不透明	20～30	弱极性
D4020	球状颗粒，乳白色、不透明	30～125	非极性

二、大孔树脂柱层析分离葡萄红色素的原理

D101、AB-8、X-5 等树脂是一类非极性或弱极性吸附剂，它能够借助范德华力从溶液中吸附非极性的葡萄红色素等有机物质，且能被乙醇等有机溶剂解吸，对蛋白质、糖类、果胶、有机酸等物质则不被吸附，因此，可利用大孔树脂柱层析分离葡萄红色素，提高其纯度。

三、大孔树脂的再生和贮存

当大孔树脂正常使用一定周期后，吸附能力降低或受严重污染时，需要进行再生处理后方可再次使用。再生的方法通常是用 95%乙醇将还残留在柱上的一些物质完全洗脱下来，若还不能彻底洗脱下来，可尝试使用别的低沸点有机溶剂（甲醇、丙酮等）或 3%～5%的盐酸、氢氧化钠对大孔树脂进行再生处理。最后用水洗至中性，就可再次上柱使用。

大孔树脂若需短时间存放，可以放入 20%左右的低浓度乙醇溶液或水中低温保存；若大孔树脂需长时间存放，树脂再生以后，可装入塑料袋中密闭在 4～40℃下进行半湿态贮存。

技术拓展

一、利用大孔树脂柱层析分离纯化火龙果红色素

将火龙果洗净去皮、绞碎，以蒸馏水或 10%～20%乙醇为提取剂，料液比为 1∶20，常温下振荡提取 50 min，离心、过滤，得火龙果红色素粗提取液备用。将色素粗提取液进行适当浓缩后，选用 X-5、D101 等大孔树脂柱进行层析分离纯化，用 40%～50%乙醇溶液作为洗脱剂进行洗脱。

二、利用大孔树脂柱层析分离纯化高粱红色素

将高粱壳粉碎后，用 0.15%～0.2%NaOH 或 60%乙醇为提取剂，料液比为 1∶20，在 80～90℃条件下，提取 1.5～2.0 h，浸提两次，再用 10%HCl 溶液调节提取液 pH 至 6，离心、过滤，得色素粗提取液备用。将高粱红色素粗提取液进行适当浓缩后，选用 AB-8、HP-20 等大孔树脂柱层析对其进行分离纯化，洗脱液为 30%～40%乙醇溶液。

三、利用大孔树脂柱层析分离纯化桃金娘色素

将桃金娘果实用蒸馏水洗净、沥干、切碎、打浆，用 85%的酸化乙醇提取，浸提温度 50℃，浸提时间 3 h，浸提两次，离心、过滤，得桃金娘色素粗提取液备用。将桃金娘色素粗提取液进行适当浓缩后，选用 X-5、NKA-9 等大孔树脂柱层析对其进行分离纯化，用 pH 3.0 的 80%酸

化乙醇溶液作为洗脱剂进行洗脱。

学习思考

1. 分离制备的葡萄红素有何用途？

2. 在提取分离葡萄红素的过程中，为何要将溶液调至 pH 为 3～4，使之呈酸性状态？

3. 在提取分离葡萄红素的过程中，为何要保持提取液、平衡液、起始淋洗液、正式洗脱液以及检测时的稀释液处于同一 pH？

4. 在使用 D101 等大孔树脂对葡萄红素粗提液进行柱层析分离的过程中，主要出现几个洗脱峰？这些峰主要代表哪些物质？

二维码 6-5　任务 6-1 学习思考参考答案

任务 6-2　利用聚酰胺吸附柱层析分离茶多酚

任务设计

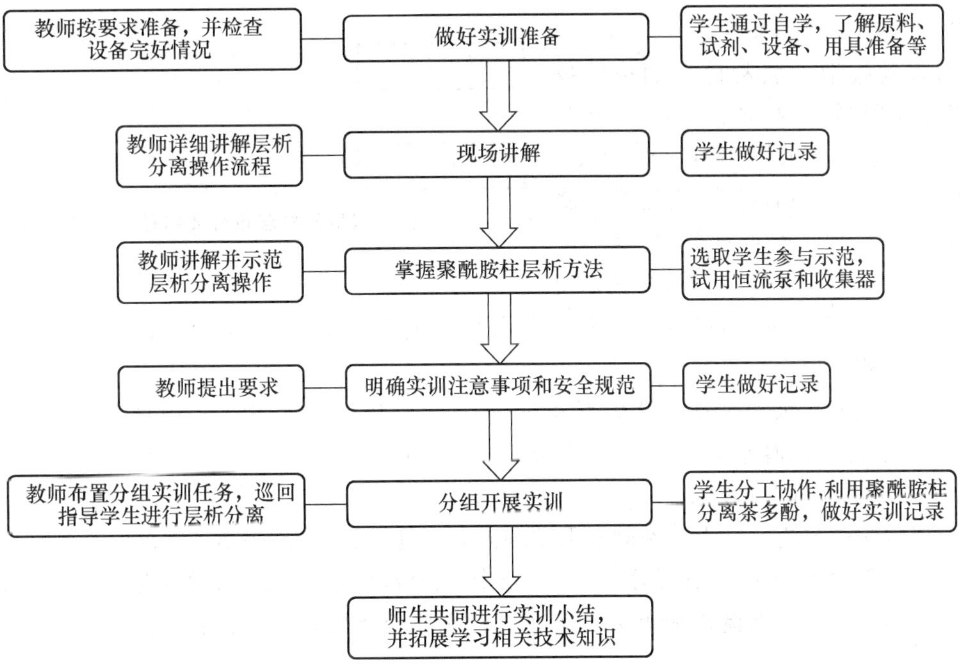

图 6-10　利用聚酰胺柱层析分离茶多酚的任务设计

实践操作

一、原料与试剂准备

干燥的茶叶或绿茶、95%乙醇、聚酰胺树脂、Folin-Ciocaltecus Phenol 试剂、2%碳酸钠溶液等。

二、设备与用具准备

回流提取装置、旋转蒸发器、循环水泵(真空泵)、量筒、恒温水浴锅、自动部分收集器、恒流泵、离心机、层析柱(1.6 cm×30 cm)、可见分光光度计、冷冻干燥机等。

三、操作方法

(一)操作流程

分离制备茶多酚的操作流程见图6-11。

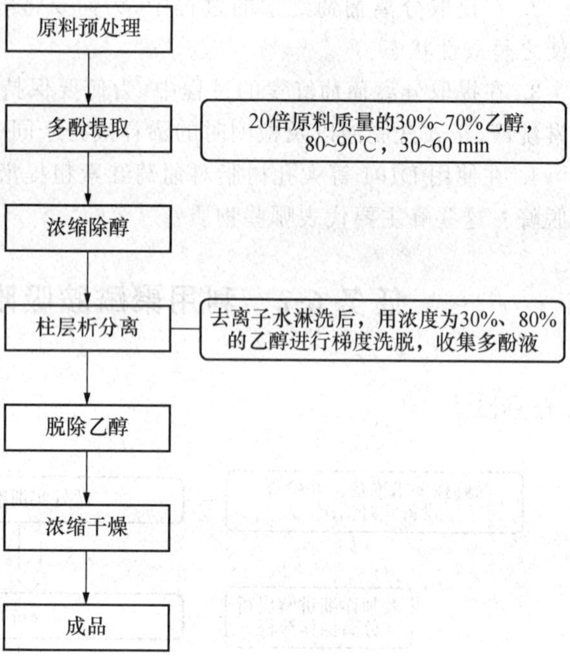

图 6-11 聚酰胺柱层析分离制备茶多酚流程

(二)操作要点

1. 聚酰胺树脂的预处理

可参照任务 6-1 中的大孔树脂预处理的方法进行。

2. 茶多酚的分离制备

(1)原料预处理　将茶叶洗净,干燥茶叶粉碎至 30～40 目备用。

(2)多酚提取　将粉碎后的茶叶投入回流提取器(罐)内,加入 30%～70%乙醇,加热,搅拌,温度控制在 80～90℃,微沸提取 30～60 min,过滤,得滤液。滤渣返回提取釜,加乙醇重复提取,每次按干茶叶质量 20 倍左右加乙醇,共提取 3 次。收集 3 次萃取过滤液,最后一次需滤干,并用少量水淋洗,洗水与滤液合并,备用。收集滤渣,供综合利用。

(3)浓缩除醇　水萃取液体积大、浓度低,移送至旋转蒸发器(生产上用真空浓缩罐)内,低压状态下蒸去除去乙醇和部分水,然后在离心机上离心,除去固体杂质,取上清液用于层析,混浊部分则与未滤液混合再过滤。

(4)聚酰胺柱层析　将上述茶叶浸取浓缩液缓慢注入柱中,用去离子水淋洗吸附柱至流出液无色;再用乙醇为洗脱剂,先后用 30%、80%体积分数的乙醇进行梯度洗脱(控制洗脱液流出速度为 2 BV/h),直至流出液近无色为止。分别收集水洗液和醇洗液,水洗液用于回收茶多糖。

(5)浓缩干燥　将乙醇洗脱液送旋转蒸发器(或真空浓缩罐)中,减压蒸发(回收乙醇循环使用),得浓缩物。把浓缩物送入冷冻干燥机内干燥,得成品茶多酚。

四、结果分析

(一)外观观察

对收集到的每管收集液进行颜色和澄清度观察,记录分离实验结果,并对用 30%、80%乙醇作为洗脱液进行梯度洗脱分离出的物质(流出液)进行初步的结果对比分析:判断在哪些收集管流出较多的杂质，哪种浓度的乙醇洗脱液洗脱出来的物质（醇洗液）含酚类较多。

（二）检测分析

每间隔 1～2 支管，将收集到管中的收集液分别在波长 750 nm 下用分光光度计检测酚类物质，并以管号为横坐标，以酚类物质的含量（以吸光度值 A_{750} 表示）为纵坐标绘制洗脱图。分析柱层析分离茶多酚过程中酚类物质洗脱峰和杂质洗脱峰并以此判断应该合并收集的管分别是哪几支。

酚类物质的检测方法，可参照 Hammer 等报道的 Folin-Denis 改良法进行测定：吸取样品溶液 0.2 mL 于 25 mL 试管中，加入质量分数为 2% 的碳酸钠溶液 4 mL，混合摇匀，准确放置 2 min，再添加稀释成 2 倍后的 Folin-Ciocaltecus Phenol 试剂 0.2 mL，放置 30 min，在 750 nm 波长下测定样品的吸光度值 A_{750}。

五、注意事项

（1）在装柱前，必须对新购买的聚酰胺树脂进行预处理，彻底地去除其中的残留物质。

（2）在整个分离过程中，要保持合适且稳定的进样及洗脱流速。生产上，进样及洗脱流速通常为 1～2 BV/h。

（3）层析结束后必须对使用过的聚酰胺树脂进行再生处理，并妥善保存。

实训建议

一、实训时间与分组安排

（1）本实训任务宜安排 6～8 学时的集中时间，由学生独立完成或由 2～3 人一组合作进行。

（2）为了提供更多的实训案例进行茶多酚提取及层析分离效果优劣的分析比较、提高学生的方法能力，在学生组数比较多的情况下，也可以安排一些小组用去离子水进行提取，还可以安排一些小组进行 20%、50% 等不同体积分数的乙醇洗脱液的梯度洗脱。

二、实践操作内容的安排

（1）在提取、洗脱、检测、树脂再生等过程中使用的试剂溶液尽可能由学生自己计算、自己配制，以培养和提高学生独立工作能力。

（2）对本实训中耗时的部分内容（如多酚的提取等），应结合其他实验实训开展或适当缩短提取的时间。

（3）冷冻干燥这一环节因要耗时 10 多个小时，在实训时可以省去这一环节，或由老师和学生在课余时间完成。

理论链接

一、茶多酚的性质

茶多酚又名茶单宁、茶鞣质，是由茶中提取出来的一类多羟基酚类物质，是茶叶中的主要有效成分之一。茶多酚易溶于热水，水溶液呈酸性；可溶于甲醇、乙醇、丙酮、冰醋酸、乙酸乙酯，微溶于油脂，难溶于苯、氯仿、乙醚、石油醚等非极性溶剂；耐热性和耐酸性较好。

二、茶多酚的功效与用途

茶多酚具有降血糖、降血脂、抗肿瘤、抗衰老、抗病毒、抗菌消炎、防辐射损伤、防止动脉硬化等作用；也有防皮肤皱纹、消除褐斑、预防粉刺、抗过敏反应以及防衰老等护肤美容的作用；在食品加工中还可作为抗氧化剂（添加量在 0.027%～0.04%）延长食品保鲜期，除去粮、油食品中的异味。

三、聚酰胺柱层析分离茶多酚的原理

茶叶提取液中除茶多酚外还有叶绿素、茶多糖、咖啡因等物质。将茶叶提取液通过聚酰胺吸附柱层析柱，用水洗去未被吸附的茶多糖、叶绿素等物质，再用不同浓度的乙醇将各醇溶组分（包括茶多酚、咖啡因）先后洗脱，收集茶多酚组分进行脱溶干燥即可得到纯度较高的茶多酚制品。

四、聚酰胺树脂的再生方法

对使用过的聚酰胺树脂，一般采用 5% NaOH 水溶液洗涤，洗至 NaOH 水溶液颜色极淡后再水洗，再用 10%醋酸液洗涤，然后用蒸馏水洗至中性即可对聚酰胺树脂进行再生。有时因某些鞣质与聚酰胺发生不可逆吸附，用 NaOH 水溶液很难洗脱，这时可用 5%NaOH 水溶液在柱中浸泡，每天将柱中的 NaOH 水溶液放出一次，并加入新的 5%NaOH 水溶液，这样浸泡一周后，鞣质可基本被洗脱完。然后用 10%醋酸液洗涤，最后用蒸馏水洗至中性即可。

技术拓展

一、利用大孔树脂纯化苹果多酚

将苹果清洗后，切块，加 0.1%异抗坏血酸并进行破碎后，按料液比 1∶6 加入乙醇作为提取溶剂，超声波提取后抽滤，所得滤液经减压蒸发浓缩后备用。采用超声波提取法的最佳工艺条件为提取时间 30 min、温度 60℃、乙醇体积分数 60%、料液比 1∶6。将苹果多酚粗提取液进行适当浓缩后，选用 AB-8、NKA-9 等大孔树脂柱层析进行分离纯化，以 60%乙醇作洗脱剂，洗脱流速为 2 BV/h。

二、利用大孔树脂纯化荔枝多酚

将烘干的荔枝壳进行粉碎，按料液比 1∶8 加入体积分数 50%的丙酮水溶液作为提取溶剂，在室温条件下，浸提 2 次，每次 2 h。将荔枝多酚粗提取液进行适当浓缩后，选用 AB-8、D101 等大孔树脂柱层析进行分离纯化，用 30%体积分数的乙醇溶液作为洗脱剂，洗脱流速为 2 BV/h。

二维码 6-6 任务 6-2 学习思考参考答案

学习思考

1. 同一种品种的绿茶和红茶相比，哪一种类型的茶叶中含有更多的茶多酚？为什么？

2. 用 30%、80%体积分数的乙醇进行茶多酚梯度洗脱时，第一个洗脱峰和第二个洗脱峰收集的物质有何不同？

3. 是否可以采用 0～95%体积分数的乙醇进行茶多酚的连续梯度洗脱？分离结果有何不同？

4. 若要探讨分离纯化茶多酚的最佳分离介质，除使用聚酰胺树脂外，还可以采用哪些树脂进行试验？

任务 6-3　利用离子交换树脂柱层析分离动物血粉中的氨基酸

任务设计

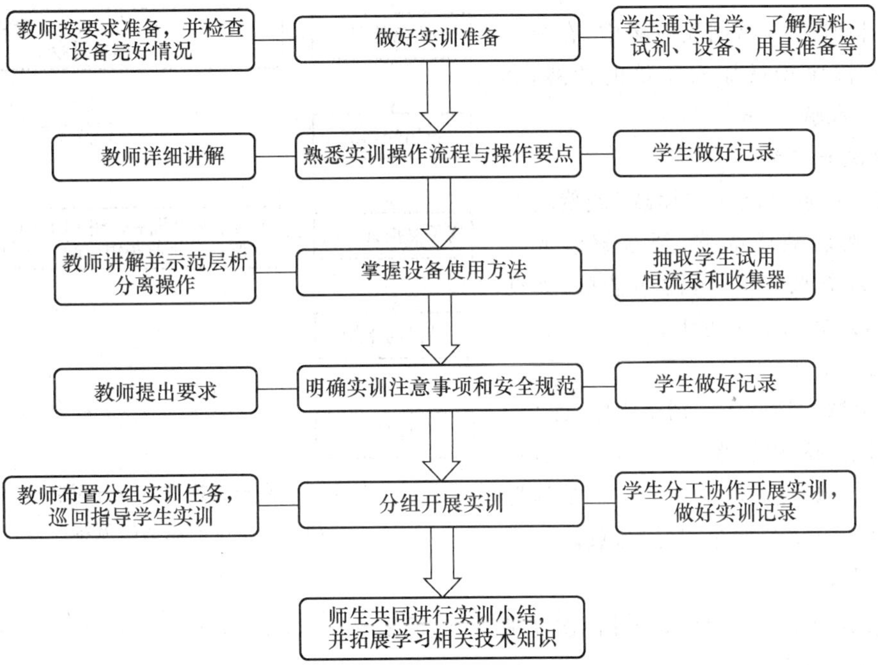

图 6-12　利用离子交换树脂分离血粉中氨基酸的任务设计

实践操作

一、原料与试剂准备

新鲜干净的动物（猪、鸡、鸭等）血粉、盐酸、0.1 mol/L 氨水、Pauly 试剂、活性炭、732 型（001×7）阳离子交换树脂等。

Pauly 试剂的配制方法：①甲液：准确称取 0.09 g 对氨基苯磺酸，加 12 mol/L 盐酸 0.9 mL，加热溶解后加水至 10 mL。冷却至 30℃，再与等量的 5%亚硝酸钠水溶液相混，置棕色瓶中在冰箱中保存。②乙液：10%硝酸钠溶液。

二、设备与用具准备

浓缩罐（或旋转蒸发器）、循环水泵（真空泵）、量筒、恒温水浴锅、电脑自动部分收集器、恒流泵、离心机、层析柱（1.6 cm×30 cm）、凹形白瓷盘、冷冻干燥机等。

三、操作方法

（一）操作流程

分离制备动物血粉中的氨基酸的操作流程见图 6-13。

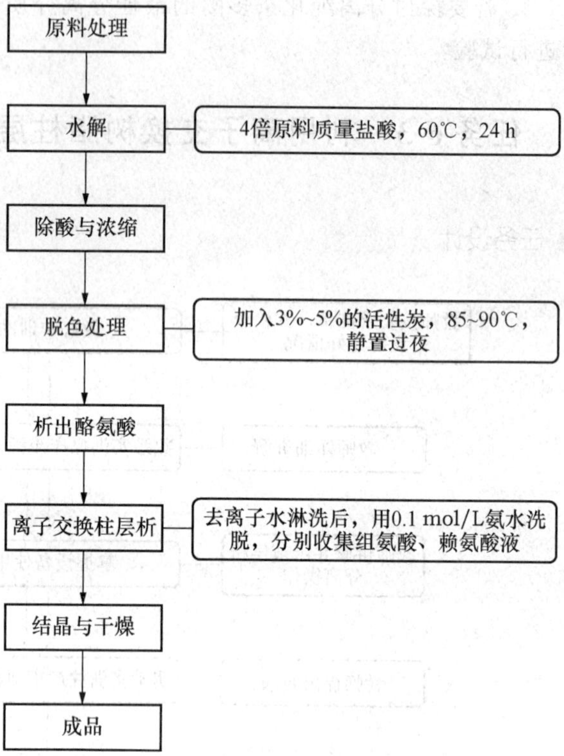

图 6-13 离子交换柱层析分离制备动物血粉中的氨基酸流程

（二）操作要点

1. 水解

将血粉倾入不锈钢反应罐中，在搅拌的条件下，按血粉量加入 4 倍的盐酸，然后在 100℃水解 24 h。

2. 除酸与浓缩

将以上水解液倾入浓缩罐（或旋转蒸发仪）中，然后减压浓缩，至水解液成糊状。加去离子水溶解，再滤净盐酸，如此反复三次，最后浓缩至近干。

3. 脱色处理

将以上浓缩液倾入不锈钢锅中，加 2～3 倍蒸馏水溶解，用氨水调 pH 至 3～4，再加 3～4 倍的水，然后加入 3%～5%的活性炭，加热至 85～90℃脱色，静置过夜。

4. 析出酪氨酸

次日，吸取上层液过滤，合并两次滤液，室温静置 20～24 h，以析出酪氨酸。再过滤，滤液即为组氨酸和赖氨酸混合液。

5. 离子交换柱层析分离

（1）样液上柱　将上述氨基酸混合液用水稀释一定倍数后，用盐酸调 pH 至 2.5，加入 732 型阳离子交换树脂（实验室可用 1.6 cm×30 cm 层析柱，生产上常用 30 cm×150 cm），流速为 0.5 BV/h，随时用 Pauly 试剂检测流出液，直到组氨酸出现，说明树脂接近被碱性氨基酸饱和，停止上柱。

（2）洗脱　用去离子水淋洗树脂，流速约为 1 BV/h，直到流出液的 pH 在 5～6 为止。用 0.1 mol/L 氨水洗脱，流速为 0.5 BV/h，至组氨酸出现时，进行分部收集。当洗脱至赖氨酸出现时（组氨酸明显减少），分部收集赖氨酸，直至赖氨酸洗脱完全。

6. 结晶、干燥

把洗脱下来的组氨酸、赖氨酸分别合并收集后，进行减压浓缩至糊状，冷却至室温进行结晶、干燥，即可得组氨酸和赖氨酸制品。

四、结果分析

(一)外观观察

对用去离子水淋洗和0.1 mol/L氨水洗脱树脂收集到的每管收集液进行颜色观察，记录分离实验结果。

(二)检测分析

于凹形白瓷盘中加入检样液1滴，加甲液1滴混匀，再加乙液1滴，样液为组氨酸时显示橘红色，为酪氨酸时显示浅红色。

五、注意事项

(1)在装柱前，必须对新购买的离子交换树脂进行预处理，彻底地去除其中的残留物质，并激活树脂活性。

(2)因血粉经盐酸水解后颜色较深，必须进行脱色处理后再进行后续的层析分离。

(3)在整个氨基酸分离过程中，要保持合适且稳定的进样及洗脱流速。生产上，进样及正式洗脱流速不宜高于0.5 BV/h。

(4)层析结束后必须对使用过的离子交换树脂进行再生处理，并妥善保存。

实训建议

一、实训时间与分组安排

(1)本实训任务宜安排6～8学时的集中时间，由学生独立完成或由2～3人一组合作进行。

(2)为了提供更多的实训案例进行氨基酸层析分离效果优劣的分析比较、提高学生的方法能力，在学生组数比较多的情况下，也可以安排一些小组用0.05 mol/L、0.2 mol/L氨水作为洗脱液进行洗脱。

二、实践操作内容的安排

(1)在水解、洗脱、检测、树脂再生等过程中使用的试剂溶液尽可能由学生自己计算、自己配制，以培养和提高学生独立工作能力。

(2)对本实训中耗时的部分内容(如水解、析出酪氨酸、脱色等环节)，应结合其他实验实训开展，或适当缩短处理时间。

(3)结晶、冷冻干燥等环节耗时很长，在实训时可以省去这些环节，或由老师和学生在课余时间完成。

理论链接

一、离子交换反应及过程

离子交换剂由惰性不溶性载体、活性功能基团和平衡离子(活性离子)组成。离子交换反

应过程可用下式表示(以阳离子交换反应为例):

$$R^- B^+ + A^+ \rightleftharpoons R^- A^+ + B^+$$

式中:R^- 表示阳离子交换剂的活性功能基团和载体;B^+ 为平衡离子(活性离子);A^+ 为交换离子。离子交换反应同样符合质量作用定律。当正反应、逆反应速率相等时,溶液中各种离子的浓度不再变化而达平衡状态,即称为离子交换平衡。如果树脂的平衡离子(活性离子)带正电荷,则可和溶液中的阳离子发生交换,称为阳离子交换树脂;如果平衡离子带负电荷,则可和溶液中的阴离子发生交换,称为阴离子交换树脂。

离子交换过程包括外部扩散、内部扩散和离子交换反应。以离子交换树脂的离子交换过程为例,假设溶液中有一粒树脂,溶液中的 A^+ 与树脂上 B^+ 发生交换反应,实际离子交换反应中溶液与树脂会发生相对运动,无论溶液的运动情况怎样,在树脂表面上始终存在着一层液体薄膜,起交换的离子只能借扩散作用而通过这层薄膜(图 6-14)。离子交换过程应包括下列 5 个步骤:

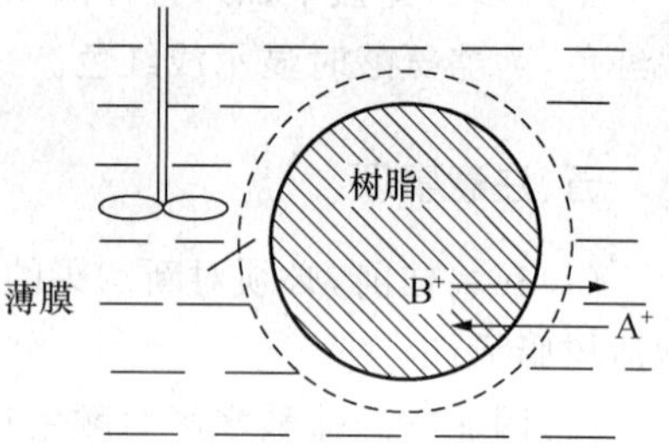

图 6-14 离子交换原理示意图

①A^+ 从溶液中扩散到树脂表面;

②A^+ 从树脂表面再扩散到树脂内部的交换中心;

③A^+ 与 $R^- B^+$ 在交换中心发生交换反应;

④解吸 B^+ 从树脂内部的交换中心扩散到树脂表面;

⑤B^+ 再从树脂表面扩散到溶液中。

上述 5 个步骤中,①和⑤在树脂表面的液膜内进行的互为可逆的过程,称为膜扩散或外部扩散过程;②和④发生在树脂颗粒内部,互为可逆过程,称为粒扩散或内部扩散过程;③为离子交换反应过程。因此离子交换过程实际上只有 3 个过程:外部扩散、内部扩散和离子交换反应。

二、离子交换树脂的结构与分类

离子交换树脂的单元结构由三部分构成:①惰性的不溶性的高分子固定骨架,又称载体;②与载体以共价键联结的不能移动的活性基团,又称功能基团;③与功能基团以离子键联结的可移动的平衡离子,亦称活性离子。如聚苯乙烯磺酸型钠树脂,其骨架是聚苯乙烯高分子塑料,活性基团是磺酸基,平衡离子为钠离子。

离子交换树脂的活性基团是决定其交换特点的主要物质基础。它决定了树脂是酸性的阳离子交换剂还是碱性的阴离子交换剂,以及交换能力等诸多因素。同时也是离子交换树脂分类的主要依据。

离子交换树脂有多种分类方法,主要有以下四种:

第一种是按树脂骨架的主要成分分类,可分为聚苯乙烯型树脂(如 001×7)、聚丙烯酸型树脂(如 112×4)、环氧氯丙烷型多烯多胺型树脂(如 330)、酚-醛型树脂(如 122)等。

第二种是按聚合的化学反应分类,可分为共聚型树脂(如 001×7)和缩聚型树脂(如 122)。

第三种是按骨架的物理结构分类,可分为凝胶型树脂亦称微孔树脂、大网格树脂(如 D201)亦称大孔树脂、均孔树脂亦称等孔树脂。

第四种是按活性基团分类,可分为含酸性基团的阳离子交换树脂和含碱性基团的阴离子交换树脂。由于活性基团的电离程度强弱不同又可分为强酸性和弱酸性阳离子交换树脂及强碱性和弱碱性阴离子交换树脂。

此外，还有含其他功能基团的螯合树脂，氧化还原树脂及两性树脂等。常见离子交换树脂的特性及应用见表6-9。

表6-9　常见离子交换树脂的特性及应用

类型	树脂牌号	功能基	主要性能	主要用途
强酸性	强酸1号(001×7)	$—SO_3H$	交换容量4.5 mmol/g 强度：耐磨性好 pH范围：0～14	制备软化水和纯水，有机合成中作催化剂，用于提纯化学试剂、制糖等工业
	强酸31号(D31)	$—SO_3H$	交换容量>1.3 mmol/g 强度：一般 pH范围：0～14	制备高压锅炉用超纯水，有机合成中作催化剂，用于提纯化学试剂、化工原料、制糖等工业
	强酸61号(D61)	$—SO_3H$	交换容量>4.0 mmol/g 强度：一般 pH范围：0～14	味精生产中用以提取谷氨酸
弱酸性	弱酸101号	—COOH	交换容量>8.5 mmol/g 强度：耐磨性好	维生素的提取，血液的脱钙以及在治疗忌盐症中作脱钠剂
	弱酸110号	—COOH	交换容量>12 mmol/g 强度：耐磨性好	用于高硬度和高碱度水的处理
	弱酸122号	—OH —COOH	交换容量>8.9 mmol/g 强度：耐磨性好	杆菌肽、维生素B_{12}的提取；味精工业中用以除去铁
强碱性	强碱201号(201×7)	$—N^+(CH_3)_3Cl$	交换容量>3.0 mmol/g 强度：耐磨性好 pH范围：0～14	用于水的软化、高纯水的制备，及应用于制糖等工业
	强碱201号(201×4)	$—N^+(CH_3)_3Cl$	交换容量>3.5 mmol/g 强度：耐磨性好 pH范围：0～14	用于脱色等
弱碱性	弱碱301号(D301)	$—N(CH_3)_2$	交换容量>3.0 mmol/g 强度：一般	用丁软化水处理等
	弱碱330号	$—NH_2$ =NH ≡N	交换容量>8.5 mmol/g 强度：耐磨性好	用于水的处理、化学试剂的提纯等
两性	两性801		交换容量>3.0 mmol/g 强度：高强度	葡萄糖脱色、甘油脱色

三、离子交换树脂的命名

离子交换树脂的命名，国际上迄今还没有统一的规则，国外和我国早期生产的树脂是以厂家或商品牌号、代号来表示。如732、717、724等。20世纪60年代后逐步规范统一的命名法是：1～100为强酸性阳离子交换树脂(如1×7)；100～200为弱酸性阳离子交换树脂(如101×4 110)；200～300为强碱性阴离子交换树脂(如201×7)；300～400为弱碱性阴离子交换树脂

(如 311×4 330)。

1997 年,原化工部颁布了新的规范化命名法,离子交换树脂的型号由 3 位阿拉伯数字组成。常见离子交换树脂命名法的分类、骨架及其代号见表 6-10。第 1 位数字表示树脂的分类;第 2 位数字表示树脂骨架的高分子化合物类型;第 3 位数字表示顺序号;“×”表示连接符号;“×”之后的数字表示交联度。交联度是聚合载体骨架时交联剂[一般为二乙烯基苯(DVB)]用量的质量分数,它与树脂的性能有密切的关系。在表达交联度时,去掉“%”,只把数值写在编号后。对于大孔型离子交换树脂,在 3 位数字型号前加字母“D”如图 6-15 所示。例如 001×7 树脂,第一位数字“0”表示树脂的分类属于强酸性,第二位数字“0”表示树脂的骨架是苯乙烯型,第三位数字“1”表示顺序号,“×”后的数字“7”表示交联度为 7%。001×7 型树脂表示凝胶型苯乙烯型强酸性阳离子交换树脂(交联度 7%)。D201 表示是大孔型苯乙烯系季胺Ⅰ型强碱性阴离子交换树脂。

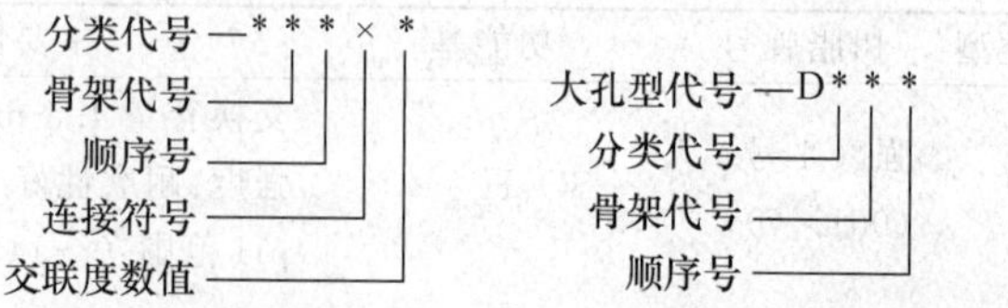

a.凝胶型树脂的命名　　b.大孔型树脂的命名

图 6-15　离子交换树脂型号表示示意图

由于种种原因,上述几种命名法仍交叉使用。经常会遇到同一树脂有多种名称,如 001×7、1×7、732 型树脂都是同一产品。

表 6-10　常见离子交换树脂命名法的分类、骨架及代号

分类	骨架	代号	分类	骨架	代号
强酸性	苯乙烯型	0	螯合性	乙烯吡啶型	4
弱酸性	丙烯酸型	1	两性	脲醛型	5
强碱性	酚醛型	2	氧化还原性	氯乙烯型	6
弱碱性	环氧型	3			

四、离子交换剂的预处理

离子交换剂预处理的基本方法是:首先将干态的离子交换剂(如 CM-Sephadex 等)在水中充分浸泡(1~2 d),以除去杂质和使交换剂充分溶胀,但对于一些保存在溶液中的湿态交换剂(如 DEAE-Toyopearl 等)不需再溶胀。然后,用乙醇浸泡(80%~90%工业乙醇浸泡 24 h),用 2~4 倍体积的酸(1~2 mol/L 盐酸)、碱(1~2 mol/L 氢氧化钠)处理,再用去离子水水洗。但阳离子交换树脂和阴离子交换树脂的酸碱处理顺序有所不同。

阳离子交换树脂的处理方法为:浮选处理→乙醇浸泡→热水浸泡→碱洗→去离子水洗→酸洗→去离子水(或起始洗脱液)水洗至中性。

阴离子交换树脂的处理方法为:浮选处理→乙醇浸泡→热水浸泡→酸洗→去离子水洗→碱洗→去离子水(或起始洗脱液)水洗至中性。

以 Sephadex 为骨架的交换剂,因葡聚糖在强酸中会发生水解,因此所用的酸浓度一般不要超过 0.2 mol/L,也不能处理太长的时间。以聚丙烯酰胺为骨架的交换剂在碱中不稳定,应避免碱处理步骤。

五、离子交换剂的再生和贮存

使用过的离子交换剂通过再生处理能再次使用。再生的方法通常是先用 0.5～2 mol/L 高盐溶液洗涤，盐溶液应包含有离子交换剂的相反离子。然后，用 0.2～1.0 mol/L 酸、碱反复洗涤以除去脂类、蛋白质等杂质。最后用水洗（或缓冲溶液）至中性，就可再次上柱使用。

若离子交换剂需长时间存放，再生以后，可加入适当的防腐剂。阴离子交换剂用的防腐剂为 0.001%的醋酸苯汞，阳离子交换剂常用的防腐剂为 0.02%的叠氮化钠（NaN_3），另外，也可以分别在弱酸弱碱溶液中保存。

离子交换树脂应贮存在密封容器内或食盐水中，避免受冷或暴晒，其贮存温度在 5～40℃；贮运及应用过程中应保持树脂中部分水分。如树脂失水，应先用浓食盐水（约 10%）浸泡，再逐渐稀释。

技术拓展

一、利用 DEAE-纤维素柱层析分离香菇多糖

将香菇子实体干粉经热水浸提、乙醇沉淀，得到香菇多糖粗品。香菇多糖粗品经 Sevage 法去除游离蛋白，H_2O_2 脱色，用 DEAE-纤维素柱层析，经蒸馏水、0.05 mol/L NaCl、0.1 mol/L NaCl、0.2 mol/L NaCl、0.3 mol/L NaCl 和 0.4 mol/L NaCl 洗脱得到 A～F 共 6 组含有个香菇多糖的产物，其中 A、B 组为主要的香菇多糖产物，香菇多糖含量分别为 28.3%、38.5%，其余组香菇多糖含量均低于 10%。

二、利用 DEAE-纤维素柱层析分离枸杞多糖

将枸杞子烘干粉碎，100℃蒸馏水浸提 3 次，过滤，合并浸提液，真空浓缩，乙醇沉淀，丙酮-石油醚脱脂，将多糖粗提取物溶于水，过 DEAE-纤维素（OH^-）层析柱，分别用 0.1 mol/L 和 0.25 mol/L 的 NaCl 水溶液洗脱，收集 0.25 mol/L NaCl 洗脱液，再进行透析、真空浓缩、冷冻干燥，即得纯度较高的枸杞多糖。

三、利用 732 阳离子交换树脂柱层析分离谷胱甘肽

将干酵母置于不锈钢锅中，在搅拌下加入 3 倍体积的蒸馏水，再加入 4 倍体积沸腾的蒸馏水，升温至 90～100℃，保持 10 min，然后迅速冷却至 2～10℃。用 5 mol/L 硫酸调节 pH 至 2.8～3.0，冷冻离心（3 000 r/min，5～10℃）15 min，收集离心液。在离心液中加 0.5%硅藻土助滤，抽滤得到黄色抽提液备用。将粗提液上 732 阳离子交换树脂柱，流速 2 BV/h，然后用 1 mol/L 硫酸洗脱，洗脱流速 0.5～1 BV/h，分部收集谷胱甘肽液。将谷胱甘肽液倾入搪瓷桶中，在搅拌的条件下加入溶液体积 10 倍的冷丙酮（2～8℃），然后静置沉淀过夜，过滤收集沉淀。将沉淀置于真空干燥器中干燥，即得谷胱甘肽（GSH）成品。

二维码 6-7　任务 6-3

学习思考参考答案

学习思考

1. 离子交换树脂柱层析分离通常采用什么样的物质作为洗脱液？
2. 离子交换树脂预处理与大孔树脂预处理有何不同？

任务 6-4 利用凝胶柱层析法对菠萝蛋白酶盐析物脱盐

任务设计

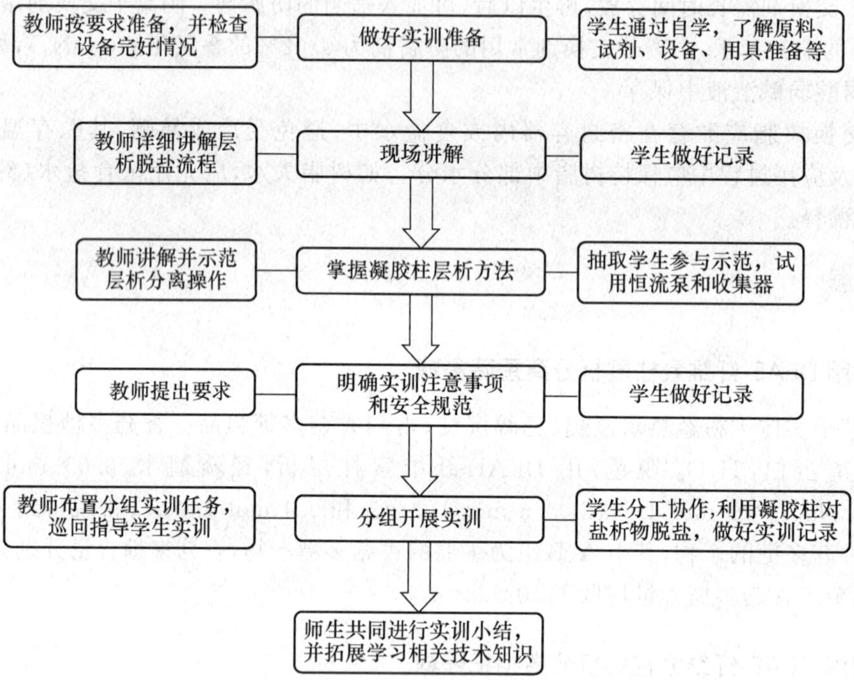

图 6-16 利用凝胶柱层析法对盐析物脱盐的任务设计

实践操作

一、原料与试剂准备

新鲜菠萝、硫酸铵、葡聚糖凝胶(Sephadex G-25 或者 Sephadex G-50)等。

二、设备与用具准备

刀、砧板、量筒、电子天平、打浆机、离心机、电脑自动部分收集器、恒流泵、旋转蒸发仪、层析柱(1.6 cm×50 cm)等。

三、操作方法

(一)操作流程

利用凝胶柱层析法对盐析物进行脱盐的操作流程见图 6-17。

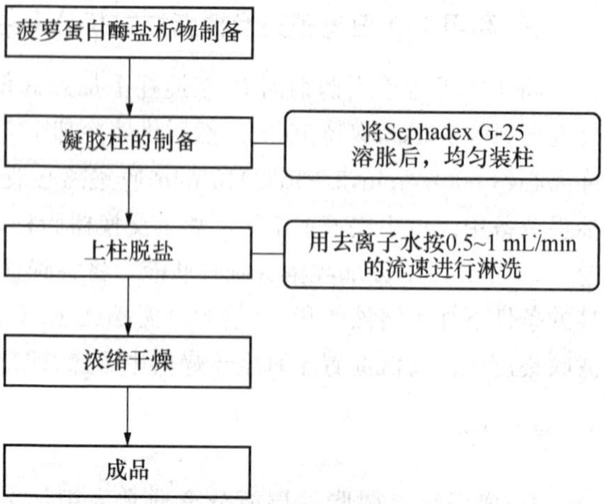

图 6-17 凝胶柱层析对菠萝蛋白酶脱盐的流程

(二)操作要点

1. 菠萝蛋白酶盐析物的制备

将菠萝果实削皮,取果皮(稍带少量果肉)加皮重的 1/3 左右重的去离子水一起打浆用纱布过滤后离心(4 000 r/min,5 min),收集离心液(粗酶液),添加 60%相对饱和度硫酸铵进行盐析 0.5 h,离心(4 000 r/min,5 min)后收集沉淀(菠萝蛋白酶盐析物)。将菠萝蛋白酶盐析物用少量水进行搅拌溶解,取上清液备用。

2. 凝胶柱的制备

(1)凝胶溶胀　根据预计的总床体积和所用干胶的床体积,称出所需干凝胶(Sephadex G-25 或者 Sephadex G-50)放入大三角瓶或烧杯中,加入过量的去离子水,浸泡 24 h 以上或沸水浴中煮沸溶胀 2～3 h,冷却至室温。用倾泻法将不易沉下的较细的颗粒倾去。

(2)凝胶装柱　在实验室,通常采用自然沉降法装柱,可参照任务 6-1 进行。

3. 上柱脱盐

每次取溶解后的菠萝蛋白酶盐析溶液 5～10 mL,分次上葡聚糖凝胶层析柱(1.6 cm×50 cm),柱内液面高度通常控制在 25～30 cm,待样液全部进入凝胶介质后,用去离子水按 0.5～1 mL/min 的流速进行淋洗脱盐,分部收集含有菠萝蛋白酶的组分。

4. 浓缩干燥

把所得菠萝蛋白酶液进行用旋转蒸发仪减压浓缩后置于料盘中,然后进行冷冻干燥,即得粉状的菠萝蛋白酶产品。

四、结果分析

(一)外观观察

对用去离子水淋洗收集到的每管收集液进行颜色和澄清度观察,记录分离实验结果。

(二)检测分析

每间隔 1 支管,对收集到的管中收集液分别在波长 280 nm 用分光光度计检测菠萝蛋白酶收集液的吸光度值,并以管号为横坐标,以色素的吸光度值(A_{280})为纵坐标绘制洗脱图,并分析凝胶柱层析分离菠萝蛋白酶过程中的蛋白酶洗脱峰(先出现)和硫酸铵洗脱峰(后出现)。对于收集液中是否含有硫酸铵,可取洗脱样液滴加氯化钡溶剂进行检验,因为硫酸铵与氯化钡能反应生成白色沉淀。

五、注意事项

(1)层析柱大小对凝胶层析分离效果有一定影响。一般来说,细长的凝胶柱分离效果较好。若样品量多,可以选用内径较粗的柱,但此时分离效果稍差。

(2)凝胶颗粒较小,装柱质量对脱盐效果影响较大。装柱时,最好将搅拌均匀的凝胶溶液一次性倒入柱中或者确保连续添加,不能产生分层(断层)现象,不能有气泡或裂纹。

(3)在装柱和层析过程中要始终保持柱内液面高于凝胶介质表面,防止液体流干。否则,会使凝胶介质混入大量气泡,影响样液和洗脱液在柱内的流动,导致分离效果变差。

(4)在凝胶层析整个分离过程中,要保持合适且稳定的流速。凝胶层析流速不能太快,在实验室的凝胶层析操作一般保持 0.5～1 mL/min 的流速比较合适。

实训建议

一、实训时间与分组安排

(1)本实训任务宜安排4～6学时的集中时间,由学生独立完成或由2～3人一组合作进行。

(2)为了提供更多的实训案例进行凝胶层析分离效果优劣的分析比较、提高学生的方法能力,在学生组数比较多的情况下,可以安排不同小组用不同的样液添加量(5 mL、10 mL)和不同规格层析柱(1.6 cm×50 cm、1.6 cm×30 cm)进行脱盐分离。

二、实践操作内容的安排

(1)在实训中使用的试剂或溶液尽可能由学生自己计算或配制,以培养和提高学生独立工作能力。

(2)对本实训中耗时的部分内容(如溶胶等环节),应结合其他实验实训开展,或采取适当方法缩短溶胶处理时间。

理论链接

一、利用凝胶层析法对菠萝蛋白酶进行脱盐的原理

菠萝蛋白酶是一种分子量约为33 000的蛋白酶,用硫酸铵盐析法得到的菠萝蛋白酶沉淀物的水溶液中含有菠萝蛋白酶大分子物质,也含有小分子物质硫酸铵(分子量约为132)。当含有硫酸铵小分子的菠萝蛋白酶溶液进入凝胶层析柱时,菠萝蛋白酶大分子物质由于分子直径大,难以进入凝胶颗粒的微孔,只能在凝胶颗粒的间隙中随流动相快速向下移动;而硫酸铵小分子物质能够扩散进入凝胶颗粒的微孔中,因此在流动过程中不断地进出于胶粒的微孔,这样就使硫酸铵小分子物质向下移动的速度落后于菠萝蛋白酶大分子物质,从而使溶液中的菠萝蛋白酶和硫酸铵按分子量从大到小的顺序先后流出层析柱,达到脱盐分离的目的。

二、凝胶层析介质的再生与保存

由于凝胶过滤时,凝胶本身无变化,所以不必再生处理,可重复使用。多次使用后,凝胶颗粒可能逐渐沉积压紧,流速变慢。这时只需将凝胶自柱内倒出,重新填装。或使用反冲法,使凝胶松散冲起,然后自然沉降,形成新的柱床,这样流速会有所改善。如果因凝胶使用次数过多混入杂质而影响滤速,也可以通过反冲层析柱来除去杂质。

凝胶可多次重复使用,要妥善保存。保存的方法有干法、湿法和半缩法三种。

干法保存:一般是用浓度逐渐升高的乙醇(如20%、40%、60%、80%、95%等)分步处理洗净的凝胶,使其脱水收缩,再抽滤除去乙醇,用60～80℃暖风吹干。这样得到的凝胶颗粒可以在室温下长时间保存,但处理不好时凝胶孔径可能略有改变。

湿法保存:用过的凝胶洗净后悬浮于蒸馏水或缓冲液中,加入一定量的防腐剂再置于普通冰箱中做短期保存(6个月以内)。常用的防腐剂有0.02%的叠氮化钠、0.02%的三氯叔丁醇、氯己定、硫柳汞、乙酸苯汞等。

半缩法保存:是以上两法的过渡法,即用60%～70%的乙醇使凝胶部分脱水收缩,然后封

口，置 4℃冰箱中保存。

技术拓展

一、利用凝胶柱层析纯化灵芝多糖

选取干净的灵芝子实体，晾干，切片粉碎后过筛得 20～30 目灵芝原料，加原料质量 20 倍左右的水在 90℃水浴中浸提 2 h。将浸提液过滤，收集滤液，残渣加 8 倍量的水，重复上述浸提过程，然后再行过滤，将两次过滤所得滤液合并后进行离心。在离心去杂后的液体中，加入 4 倍左右的 95%乙醇，使灵芝多糖沉淀析出，离心收集沉淀物，即得灵芝粗多糖。将灵芝粗多糖溶于 20 倍左右的热水中，每次取清液 5～10 mL 在 Sephadex G-50 或 Sephadex G-100 层析柱（在实验室一般用 1.6 cm×50 cm）上进行分子筛过滤分离，用去离子水淋洗，脱除蛋白质等杂质，淋洗速度在实验室一般控制在 0.5～1 mL/min，分部收集合并灵芝多糖洗脱峰。将其冷冻干燥后，即得纯度较高的灵芝多糖产品。

二、利用凝胶柱层析纯化乳铁蛋白

以 pH 8.5、硫酸铵体积分数 80%的条件进行盐析，然后用 60%乙醇进行沉淀，从母牛初乳中分离到乳铁蛋白，经 Sephadex G-100 葡聚糖凝胶过柱纯化，并利用聚乙二醇（PEG 6000）浓缩获得牛初乳乳铁蛋白。洗脱时间为 1 h、进样量为 7 mL、流速为 0.8 mL/min、缓冲液 pH 为 7.6 的条件下得到的乳铁蛋白样品纯度高达 93%。

学习思考

1. 利用凝胶柱层析法进行脱盐，为何通常选用葡聚糖凝胶 G-25 或葡聚糖凝胶 G-50，而不用葡聚糖凝胶 G-100 或葡聚糖凝胶 G-200？

2. 在进行凝胶柱层析时，为何加样操作压不能太大、洗脱流速不能太快？

二维码 6-8　任务 6-4 学习思考参考答案

思政园地

典型案例：某食品添加剂生产企业利用大孔吸附树脂分离纯化、精制生产高粱红色素、姜黄素、葡萄红色素、栀子黄色素等天然色素系列产品。该公司为了树立“天然色素安全性高”的品牌特色，特制定并严格执行《大孔树脂预处理与再生规程》，在其中规定：大孔吸附树脂在应用前必须进行严格的预处理，预处理以后的大孔吸附树脂中的有机残留物必须控制在安全范围内，即对苯乙烯骨架型树脂要求苯的残留量小于 2 mg/kg、二乙烯苯小于 20 mg/kg。配备相应的检测设备与人员对大孔吸附树脂预处理后苯和二乙烯苯等残留物和其他杂质进行检测，严格把关，达到要求才允许用于色素的分离纯化，从而确保了所生产的高粱红色素、姜黄素、葡萄红色素、栀子黄色素等天然色素的安全性。此举赢得了消费者的长期信任，公司生产规模不断扩大，经济效益连年提高。

案例评析：天然食用色素是从植物等原料中提取出来的，一般认为其对人体健康无害，部分天然食用色素还具有一定的保健作用（如胡萝卜素、叶绿素、辣椒红等食用色素）。但事实上，由于在天然食用色素的提取和精制过程中不得不使用一些层析分离介质和化学制剂，因此，天然食用色素并非绝对安全。上述案例中，生产经营天然色素的这个公司制定并严格执行《大孔树脂预处理与再生规程》，并配备相应的检测设备与人员严格把关，达到要求后才允许用于色素的分离纯化。这一做法是非常正确的，也是非常必要的，因为只有严格遵守生产工艺规程，生产质量达到国家标准的天然食用色素才是真正安全的。因此，在使用大孔吸附树脂进行分离纯化、精制生产天然色素时，必须高度重视食品的安全卫生工作，必须严格按照要求进行彻底的树脂预处理，千万不能敷衍了事。其他分离纯化环节需要使用相应的化学制剂时，要使用食品级的化学制剂，并且要在生产的最后环节设法彻底脱除之，以确保天然色素产品的安全性。

自测练习

一、填空题

1. 葡萄色素溶液在酸性、中性、碱性条件下呈现的颜色分别是__________、__________、__________。

2. 按层析机理分，层析技术可分为__________、__________和__________、__________等。

3. 在开展分离纯化时，若要用 12 mol/L 的浓盐酸配制成 0.2 mol/L 的稀盐酸 600 mL，需量取浓盐酸溶液和水的量分别为__________、__________ mL。

4. 采用乙醇洗脱葡萄色素时，若需要配制 60%的乙醇溶液 200 mL，则需量取 95%的乙醇和水的量分别是__________、__________ mL。

二、单项选择题

1. 采用大孔树脂对葡萄色素进行柱层析分离时，首先用水洗脱除杂，再用酸化乙醇洗脱。用水洗脱的目的是主要为了去除（　　）。

A. 酶　　B. 黄酮　　C. 果胶类物质　　D. 酚类物质

2. 吸附柱层析利用装在柱中的吸附剂对不同物质的（　　）不同，使混合液中的各组分分离的方法。

A. 离子交换能力　　B. 吸附力　　C. 亲和力　　D. 疏水性

3. 离子交换柱层析是根据混合物中各组分（　　）的不同而进行的分离技术。

A. 吸附力　　B. 亲和力　　C. 离子交换能力　　D. 分子大小

4. 在凝胶柱层析的洗脱过程中，先流出来的物质是（　　）。

A. 分子量较大的物质　　B. 分子量较小的物质

C. 极性较小的物质　　D. 极性较大的物质

5. 在预处理某种树脂时，需要使用稀盐酸。若要用水将 12 mol/L 的浓盐酸稀释成 2 mol/L、稀释后的总量为 300 mL，则需要量取浓盐酸和水的量分别是（　　）。

A. 浓盐酸 25 mL、水 275 mL　　B. 浓盐酸 150 mL、水 150 mL

C. 浓盐酸 75 mL、水 225 mL　　D. 浓盐酸 50 mL、水 250 mL

6. 采用乙醇洗脱茶多酚时，若需要配制60%的乙醇溶液400 mL，则需量取95%的乙醇和水的量分别是(　　)mL。

A. 252.6、147.4　　B. 147.4、252.6

C. 300、100　　D. 100、300

三、名词解释

1. 柱层析分离　2. 层析介质的平衡　3. 梯度洗脱　4. 连续梯度洗脱

四、判断题

1. 提取葡萄红色素适宜在pH 3～4的条件下进行。(　　)

2. D101大孔吸附树脂适用于葡萄红色素的分离纯化。(　　)

3. 用液体作为流动相的色谱操作技术称为气相色谱法。(　　)

4. 用大孔树脂柱层析分离葡萄色素时，宜用20%以下乙醇作为洗脱剂。(　　)

5. 在大孔树脂柱层析分离葡萄色素过程中，用酸化水淋洗下来的浑浊物质主要是果胶物质。(　　)

6. 对使用过的大孔吸附树脂，宜用低浓度乙醇溶液进行再生。(　　)

7. 对使用过的大孔吸附树脂，宜用高浓度盐酸溶液进行再生。(　　)

8. 吸附柱层析主要应用于蛋白质、酶等生物大分子物质的分离。(　　)

9. 凝胶柱层析分离法比较适于罗汉果皂苷的分离纯化。(　　)

10. 茶多酚具有一定的清除自由基、降血脂、防止动脉硬化等作用。(　　)

11. 凝胶柱层析分离时，常用乙醇作为洗脱液。(　　)

12. 若用于除去生物大分子溶液中的盐分和其他小分子物质，宜选用Sephadex G-25的凝胶进行柱层析分离。(　　)

13. 凝胶柱层析具有加样量小、洗脱流速慢等特点。(　　)

14. 大孔树脂吸附柱层析具有加样量大、洗脱流速慢等特点。(　　)

15. 对使用过的AB-8等大孔吸附树脂，宜用高浓度盐酸和氢氧化钠溶液进行再生。(　　)

16. 对使用过的葡聚糖凝胶Sephadex G-100，宜用高浓度乙醇进行再生。(　　)

17. 凝胶柱层析分离法比较适于罗汉果皂苷的分离纯化。(　　)

18. 大孔树脂吸附柱层析中常用的一种洗脱剂是乙醇。(　　)

19. 可与溶液中的阳离子进行交换的离子交换树脂，称为阴离子交换树脂。(　　)

20. 凝胶柱层析分离也叫分子筛过滤。(　　)

21. 按操作形式分，层析技术可分为柱层析、纸层析、薄层层析等。(　　)

22. 葡聚糖凝胶需长时间保存时宜采用干粉形式保存。(　　)

23. 果蔬中的酚类物质可用硅胶G薄层层析进行分离检测。(　　)

24. 高效液相色谱具有低压、高速、高灵敏度、高效等特点。(　　)

25. 连续梯度洗脱具有洗脱速度慢、分辨率低等特点。(　　)

五、计算题

假设取 3.00 g(W_1)大孔树脂置于烧杯中,加入体积为 30 mL(V_1)、质量浓度为 2.00 mg/mL(c_1)的茶多酚液进行静态吸附实验,吸附达到平衡后,测定溶液中茶多酚质量浓度为 0.18 mg/mL(c_0);再将 2.00 g(W_2)充分饱和吸附了茶多酚的树脂置于烧杯中,加入 20 mL(V_2)80%乙醇进行解吸,解吸完全后,测定解吸液中的茶多酚质量浓度为 1.55 mg/mL(c_2)。请列出公式分别计算树脂的饱和吸附量(mg/g)、吸附率(%)和解吸率(%)。

二维码 6-9　项目 6 自测练习参考答案

项目 7

浓缩、结晶与干燥技术在食品深加工中的应用

本项目学习目标

知识目标

- 了解浓缩和结晶的基本原理、类型以及常用浓缩设备、结晶设备的种类。
- 熟悉浓缩的方法。
- 掌握结晶的过程及控制要点。
- 熟悉典型物质结晶技术的工艺过程。

二维码 7-1　项目 7 课程 PPT

能力目标

- 能正确和顺利使用常见的浓缩设备和结晶设备。
- 能熟练进行溶解、浓缩、结晶、干燥等基本环节操作。
- 能正确说出浓缩分离和结晶分离操作的工艺要点。
- 能够根据影响因素分析解决浓缩和结晶过程中出现的问题。

素质目标

- 熟悉企业文化，遵守 6S 管理要求，适应企业现代管理要求。
- 严格遵守安全操作规程，培养良好的习惯，提高无菌操作和生物安全操作意识。
- 具有良好的沟通能力、团队协作精神和一定的创新思维意识。

项目概述

浓缩与结晶技术是食品深加工过程中常用的技术。在食品加工过程中，很多物料都是液体，要想将目标物质进一步处理，必须要将稀溶液浓缩，提高目标物质的浓度，为便于后续加工做准备。而结晶不但是一种纯化技术，同时也是一种固相析出技术，通常作为食品深加工工艺的最终工序。

本项目主要介绍浓缩的原理、类型、设备；结晶的过程、影响因素，以及冷却结晶、蒸发结晶、盐析结晶、反应结晶等结晶类型的原理、设备等内容，并通过实践操作分别学习利用真空法浓缩脱脂乳和利用蒸发与冷却法结晶蔗糖的分离纯化工艺及其结果观测分析等具体任务，以熟悉浓缩与结晶分离技术在食品深加工中的具体应用。

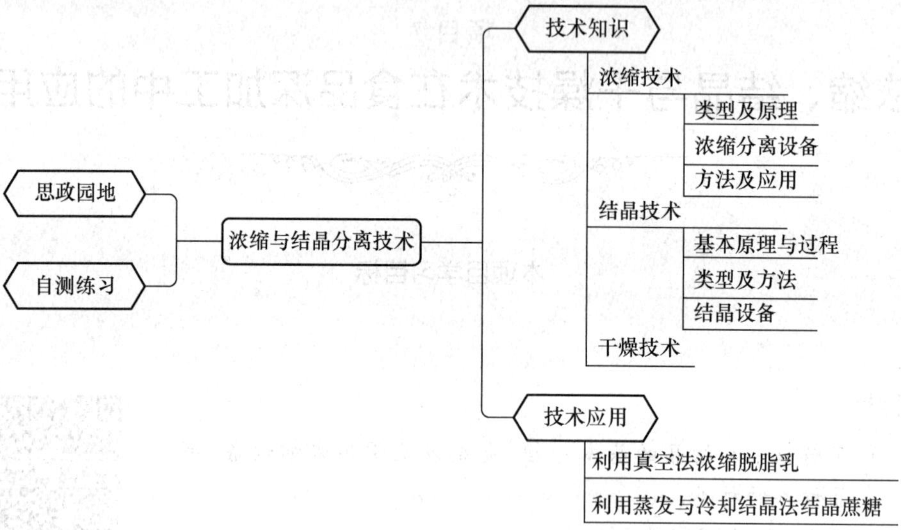

图 7-1 浓缩与结晶分离技术项目导图

技术知识

一、浓缩技术

浓缩是指从溶液中除去部分溶剂(溶剂通常是水)的操作过程,是溶质和溶剂均匀混合液的部分分离过程。浓缩通常在提取后和结晶前进行,有时也贯穿在整个食品加工过程中。

浓缩的主要目的有以下几个方面:①除去食品中大量的水分,减少重量和体积,从而节约包装、贮藏和运输的费用,如果汁等的蒸发浓缩;②使溶液浓缩到近饱和状态,然后将溶液冷却,为结晶等后续加工工艺过程做准备,如蔗糖的生产、食盐的精制;③提高目标物质的浓度,降低水分含量,降低食品脱水过程的能耗,便于干燥;④抑制微生物生长,延长保质期,改善产品质量等。

(一)浓缩分离的类型及原理

按浓缩的原理可以分为平衡浓缩和非平衡浓缩两种物理方法。

1. 平衡浓缩

平衡浓缩是利用两相在分配上的某种差异而使溶质和溶剂分离的方法,如蒸发浓缩和冷冻浓缩。两相是直接接触的,故称平衡浓缩。

(1)蒸发浓缩　蒸发浓缩是目前食品加工工业最广泛应用的一种浓缩方法。液体在任何温度下都在蒸发。蒸发是溶液表面的溶剂分子获得的动能超过了溶液内溶剂分子间的吸引力而脱离液面的过程,其根本日的是使溶剂与溶质分离。溶液受热,分子动能增加,蒸发过程加快。

蒸发浓缩的原理主要是利用溶质和溶剂间挥发性的差异,加入热能使部分溶剂气化,并将气化的溶剂从余下的含有溶质的被浓缩溶液中分离出去。蒸发过程的两个必要阶段就是加热使溶液沸腾气化和溶剂蒸气的不断排出。一般前一部分在加热器中进行,其作用是利用水蒸气为热源来加热被浓缩的料液,而后一部分在冷凝器中完成,作用是将二次蒸汽中夹带的雾沫分离出来。因此,蒸发系统的结构包括蒸发器(加热器)和冷凝器两个部分。按照不同的分类方法可以将蒸发浓缩分为以下几种。

根据蒸发操作压力不同可分为常压蒸发、真空蒸发和加压蒸发。

①常压蒸发　常压蒸发是指冷凝器和蒸发器溶液侧的操作压力为大气压或稍高于大气压力,此时系统中的不凝性气体依靠本身的压力从冷凝器中排出。这种方法操作简单,但仅适用于浓缩耐热物质及回收溶剂,对于含热敏性物质的溶液不适用。装液容器与接收器之间要安装冷凝管,使溶剂的蒸气冷凝。

②真空蒸发　真空蒸发是指减压条件下的蒸发操作,食品工业广泛应用真空蒸发进行浓缩操作。

真空蒸发的工作过程如图7-2所示,加热室是换热设备,加热介质是蒸汽,而分离室则相当于一个气液分离设备。料液通过整个加热室的过程中,料液接受热量,水分气化,浓缩后的料液从加热室底部排出。从蒸发器蒸出的蒸汽称为二次蒸汽,二次蒸汽进入冷凝器,并被冷却水直接冷凝。真空蒸发时,冷凝器和蒸发器物料侧的操作压力低于大气压,必须依靠真空泵不断从系统中抽走不凝性气体来维持负压的工作环境。

真空浓缩与常压蒸发比较具有以下优点：采用真空蒸发可以降低物料的沸点，沸点降低，增大了蒸发器的传热温差，所需的换热面积减小；沸点低，可以应用温度较低的低压蒸汽和废热蒸汽作热源，有利于降低产品成本和生产费用；蒸发温度低，即物料受热温度低，可处理高温下易分解的热敏性物料，如牛奶、果汁、蜂蜜和抗生素等；蒸发器操作温度低，系统的热损失小。

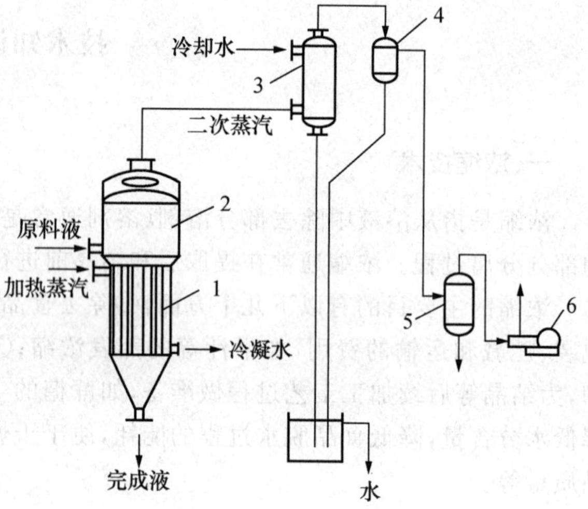

1. 加热室 2. 分离室 3. 混合冷凝器
4. 分离器 5. 缓冲罐 6. 真空泵

图 7-2 真空蒸发流程

但是真空浓缩也有一定的缺点，主要是由于蒸发温度低，料液黏度大，传热系数较小；蒸发器和冷凝器内为负压，因此完成液和冷凝水需用泵排出，增加了系统的能耗。

真空蒸发的操作压力(真空度)取决于冷凝器中水的冷凝温度和真空泵的能力。冷凝器操作压力的最低极限是冷凝水的饱和蒸气压，所以操作压力取决于冷凝水的温度。真空泵的作用是抽走系统中的不凝性气体，真空泵的能力越大，冷凝器内的操作压力可以越接近冷凝水的饱和蒸气压。一般真空蒸发时，冷凝器的压力为 10～20 kPa。

③加压蒸发　加压蒸发是在高于大气压下进行的蒸发操作。当蒸发器内的二次蒸汽是用作下一个热处理过程中的加热蒸气时，必须使二次蒸气的压力高于大气压力。一般为密闭的加热设备，可提高生产效率。

根据对二次蒸汽利用的次数，即二次蒸汽是否作为另一蒸发器的加热蒸汽，可分为单效蒸发和多效蒸发。

④单效蒸发　典型的单效蒸发器流程，蒸发器是由加热室与分离室组成的。单效蒸发中，二次蒸汽不再被用作加热介质，而是直接送到冷凝器中冷凝的蒸发过程，是浓缩中最简单的一种方法。其最大的优点就是容易操作控制且设备费用投入较少，可以依据物料的黏性和热敏性等，控制蒸发温度。但是由于单效蒸发器所产生的二次蒸汽直接被冷凝除去，使其携带的能量没有被充分利用，因此生产能力较小，适用于物料有腐蚀性而需要昂贵的结构材料，或蒸汽被污染不能再次利用，或小批量生产及间歇生产。

⑤多效蒸发　如果两个蒸发器串联起来，第一个蒸发器(第一效)产生的二次蒸汽引入第二个蒸发器(第二效)作为加热蒸汽，第二个蒸发器产生的二次蒸汽送到冷凝器被冷凝后排出，则称为双效蒸发。而多效蒸发就是将多个蒸发器串联起来的蒸发操作(图 7-3)，每一个蒸发器称为一效，后效的操作压力和沸点均较前效低，仅在压力最高的首效使用生蒸汽作加热蒸汽，产生的二次蒸汽作为后效的加热蒸汽。多效蒸发明显减少加热蒸汽的消耗量，节约了热能；且随着效数的增加，耗气量不断下降。但是并非效数越多越好，在食品工业中，目前常用的是 3～5 效蒸发。

多效蒸发的经济性：多效蒸发时，除末效外，各效的二次蒸汽都作为下一效蒸发器的加热蒸汽加以利用，因而和单效相比，相同的生蒸汽量可蒸发更多的水量，即提高了生蒸汽的经济价值。正是由于多效蒸发时生蒸汽的经济性较高，所以生产上在蒸发大量水分时广泛采用多效蒸发。

图 7-3　多效蒸发设备

多效蒸发操作的加料，有三种方法：顺流法、逆流法和平流法。最常用的为顺流法（图 7-4），溶液流向与蒸汽相同，既由第一效顺序流至末效。因为后一效蒸发室的压力较前一效的低，各效之间无须用泵输送溶液。前一效的溶液沸点比后一效的高，因此当溶液由前一效进入后一效内，即成过热状态而自行蒸发，可以发生更多的二次蒸汽，使能在次一效蒸发更多的溶液。浓缩液的温度依次降低，对热敏性物料的浓缩有利；但随着逐效料液浓度增高，温度降低，黏度增大，传热系数下降，增加了末效蒸发的难度。

逆流法（图 7-5）是随着料液向前一效流动，浓度越来越高，蒸发温度也越来越高，因此各效料液黏度变化较小，有利于改善循环，提高传热系数。但高温加热面上的浓料液的局部过热易引起结垢和营养成分的破坏，且效间料液的输送需用泵来实现。与顺流相比，水分蒸发量稍低。逆流法适合黏度随温度和浓度变化大的料液的蒸发。

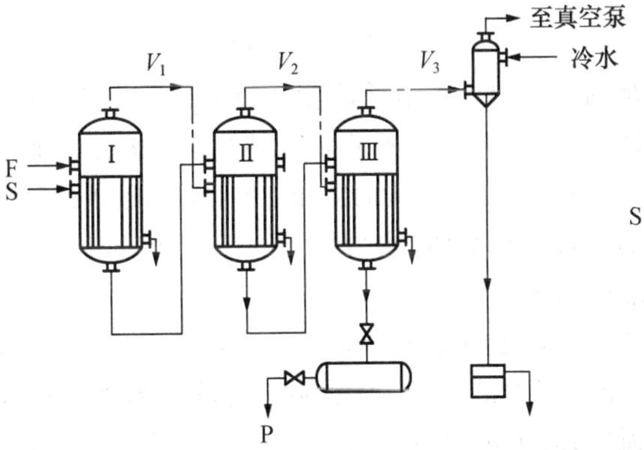

S. 蒸汽　F. 料液　P. 产品

图 7-4　顺流多效蒸发流程

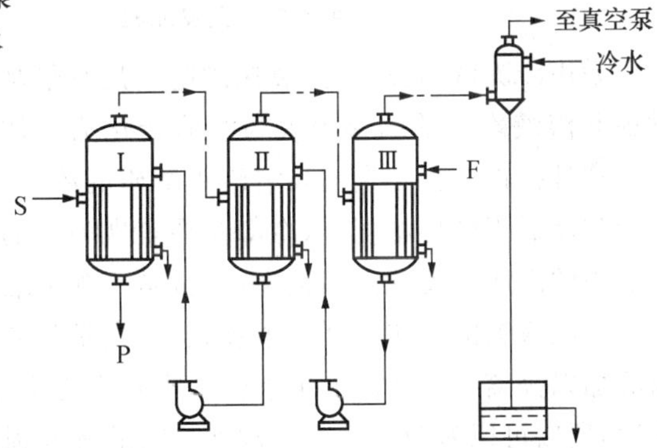

S. 蒸汽　F. 料液　P. 产品

图 7-5　逆流多效蒸发流程

平流法（图 7-6）适用于在蒸发进行的同时有晶体析出的料液的浓缩，如食盐溶液的浓缩结晶。

有些多效蒸发同时采用顺流和逆流加料法，即某些效采用顺流，而另一些效采用逆流，充分利用其优点，这种蒸发方法称为混流加料法，尤其适用于料液黏度随浓度而显著增加的料液蒸发。在多效蒸发流程中，有时将某一效的二次蒸汽引出一部分用于预热物料或用于其他加热目的。被引出的二次蒸汽称为额外蒸汽。从蒸发器中引出额外蒸汽作为他用，是一项提高热能利用率和经济性的措施。

根据料液的流程分为单程式和循环式。

⑥循环式（非膜式）蒸发　是指溶液在蒸发器内做连续的循环运动，以提高传热效果、缓和溶液结垢。可分为自然循环和强制循环。由于溶液在加热室不同位置上的受热程度不同，产生了密度差而引起的循环运动称为自然循环，这种方式传热速率较低，污垢易于形成，因此不

适用于蒸发黏稠溶液。依靠外加动力迫使溶液沿一个方向作的循环运动则为强制循环。

(2)冷冻浓缩　冷冻浓缩技术是20世纪70年代在荷兰开始应用于工业化生产的,近年来发展迅速,具有营养损失小、低能耗、高品质的特点,具有巨大的发展潜力。

冷冻浓缩是利用稀溶液与固态冰在凝固点下的平衡关系,即利用有利的液-固平衡条件形成冰晶,然后固液分离,使溶液浓缩。冷冻浓缩时,部分水分因放热而结冰,而后用机械方法将浓缩液与冰晶分离(图7-7)。

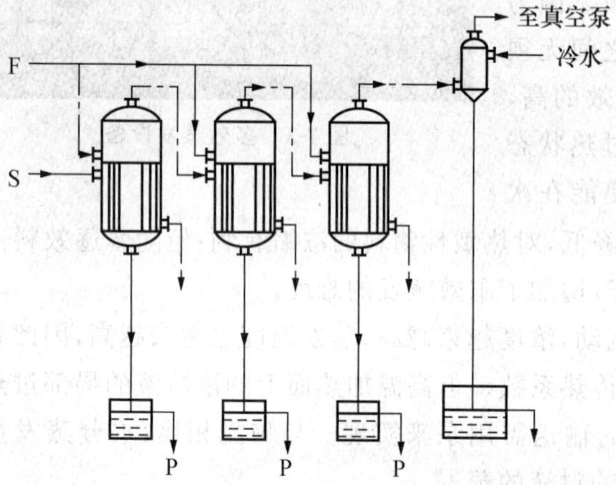

S. 蒸汽　F. 料液　P. 产品

图7-6　平流多效蒸发流程

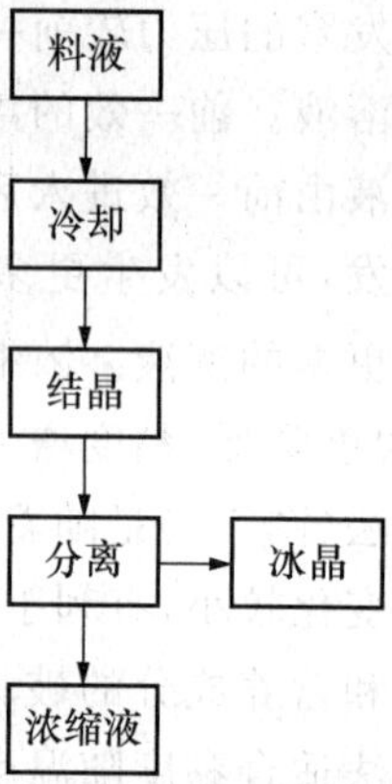

图7-7　冷冻浓缩工艺流程

采用冷冻浓缩方法,溶液在浓度上是有限制的。当溶液中溶质浓度超过最低共熔浓度时,过饱和溶液冷却的结果表现为溶质转化为晶体析出,这是结晶操作的原理,后面还会详细讲述。这种操作不但不会提高溶液中溶质的浓度,反而降低了溶质的浓度。但当溶液中所含溶质的浓度低于共熔浓度时,冷却结果表现为溶剂(水)变成晶体(冰晶)而析出。与此同时,剩下溶液中的溶质浓度就大大提高,这就是冷冻浓缩的基本原理。

冷冻浓缩的操作包括两个步骤,首先是部分水分从水溶液中结晶析出,然后是将冰晶与浓缩液加以分离。由于溶液中水分的排除不是用加热蒸发的方法,而是靠从溶液到冰晶的相间传递,所以可以避免芳香物质被加热时的挥发损失;对于蛋白质溶液的浓缩,蛋白质不易变性,从而保持蛋白质中固有的成分;对于果汁浓缩,冷冻浓缩方法可以得到质量好的产品,能够很好地保持其中的色泽、风味、香气和营养成分,非常适合于热敏性物质的浓缩。冷冻浓缩的缺点:冰晶与浓缩液的分离技术要求高,溶液的黏度越大,对分离越不利;成品的相对浓度较低,微生物活性不能被完全抑制;晶液分离时,部分浓缩液(溶质)可能会因冰晶夹带而损失;工艺过程复杂,设备投资较高,日常的操作、维护费用高,生产成本相对较高,从而限制了冷冻浓缩的技术应用。

2. 非平衡浓缩

非平衡浓缩是利用半透膜来分离溶质与溶剂的过程,两相用膜隔开,因此分离不是靠两相的直接接触,故非平衡浓缩也称为膜浓缩。利用半透膜的方法不仅可以分离溶质和溶剂,而且也可用以分离各种不同粒子大小的溶质。

膜浓缩法是利用疏水微孔膜两侧蒸汽压力差为驱动力将水渗出的一种浓缩方法。将不同温度的水溶液放入疏水膜的两侧,由于膜的疏水性作用,两侧的水溶液不能发生相互渗透。但根据温度越高，水的饱和蒸汽压越大这一原理，在膜界面两侧，高温侧水溶液与膜界面的压强大于低温侧。在水蒸气压强差的作用下，水蒸气会从高温侧透过膜孔进入低温侧并冷凝为渗出水，从而达到浓缩的效果。

(二)浓缩分离设备

1. 蒸发浓缩设备

(1)标准蒸发器　蒸发器由上、下两部分构成，下部为加热室，上部为分离室(图7-8)。加热室包括沸腾管、中央循环管与上、下管板所组成的加热管束。壳内的管外空间为蒸汽室，蒸汽在此进行冷凝。中央循环管是一根直径远大于沸腾管直径的粗管，其截面积不小于总加热管束截面积的35%～40%。因此，一定量溶液在中央管内占有的传热面积就比在沸腾管中的传热面积小，由此就产生了溶液由中央管下降，而由沸腾管上升的不断循环，因而标准蒸发器是一种自然循环型蒸发器。

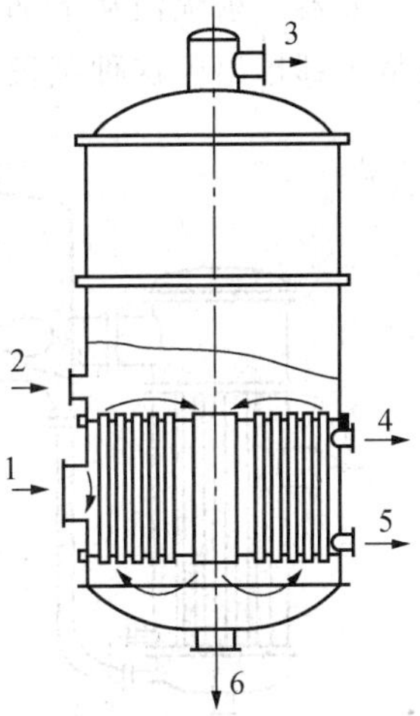

1. 加热蒸汽入口　2. 进料口
3. 二次蒸汽出口　4. 不凝气体出口　5. 冷凝水出口
6. 浓缩液出口

图7-8　标准式蒸发器

蒸发器上部为分离室。分离室的圆筒体上有视镜、人孔、洗涤装置和照明装置等。分离器顶部有捕沫器，用以分离雾沫，保证二次蒸汽洁净，有利于下一效蒸发器的加热。分离器顶部连接二次蒸汽排出管。标准式蒸发器的缺点：一是在增强循环方面有一定限制，因而沸腾液一侧的传热膜系数也受到限制，二是不便于清洗和更换管子。

为了克服上述缺点，使之更适用于易结垢的物料，出现了标准式的一种变型，即所谓悬筐式蒸发器。需要从中取出加热室时，只要把顶盖拿下，把管道拆除，从顶部把它取出即可。悬筐式蒸发器适用于中等黏度、轻度结垢的非腐蚀性料液，并且可以达到较好的蒸发速率。在食品工业上的典型应用有果汁、麦芽浸出液、蔗糖、葡萄糖等溶液的浓缩。

(2)管式薄膜蒸发器　工业中的蒸发浓缩操作多采用薄膜蒸发器，溶液在蒸发器的加热表面以很薄的液层流过，溶液很快受热升温、气化、浓缩，几秒到几十秒就能蒸发，保证产品质量。

管式薄膜蒸发器的特点是溶液通过加热管一次即可达到所要求的浓度，根据薄膜的流动方向可分为三种类型：升膜式蒸发器、降膜式蒸发器和升降膜式蒸发器，其设备结构大致相同，加热器都是由许多垂直长管组成的。

在升膜式蒸发器中，形成的液膜与蒸发的二次蒸汽的气流方向相同，由下而上并流上升。如图7-9a所示，料液经加热器底部的进料管进入，在加热管内被加热沸腾后产生蒸汽，呈薄膜状在加热管内迅速上行，在管顶部呈喷雾状，以较高速度进入分离器，在离心力作用下分离，二次蒸汽从分离器顶部排出，完成液从分离器底部放出。操作时，应很好地控制进料量，使之既能形成液膜又不会发生管壁结焦现象。料液在升膜式蒸发器内停留时间短，传热系数高，适于浓缩热敏物料。对于溶液较浓、黏度大、易结晶或易结垢的物料来说，不适合用升膜式蒸发器。

降膜式蒸发器(图7-9b)与升膜式蒸发器的不同之处在于料液从蒸发器上部进入，利用本身的重力和二次蒸汽的拖带力的作用，沿管壁成膜状向下流，同时受热蒸发，从底部收集完成液。由于重力的存在，液体的下降速度较快，因此浓度较大、黏度较高的液体也较易成膜。该设备生产能力大，节约能源，热交换效果好，受热时间短，使用广泛，应用于牛奶、果汁和糖浆等物料的浓缩，但不适用于易结垢或易结晶的溶液。

升降膜蒸发器是在一个加热器外壳内安装两组加热管，一组为升膜式，另一组为降膜式，如图 7-9c 所示。料液先进入升膜加热器，沸腾蒸发后，气液混合物上升至顶部，然后转入降膜式蒸发器。浓缩液从下部进入汽液分离器，分离后，二次蒸汽从分离器上部排入冷凝器，完成液从下部排出。这种蒸发器多用于蒸发过程中溶液黏度变化较大而水分蒸发量不大的情况。

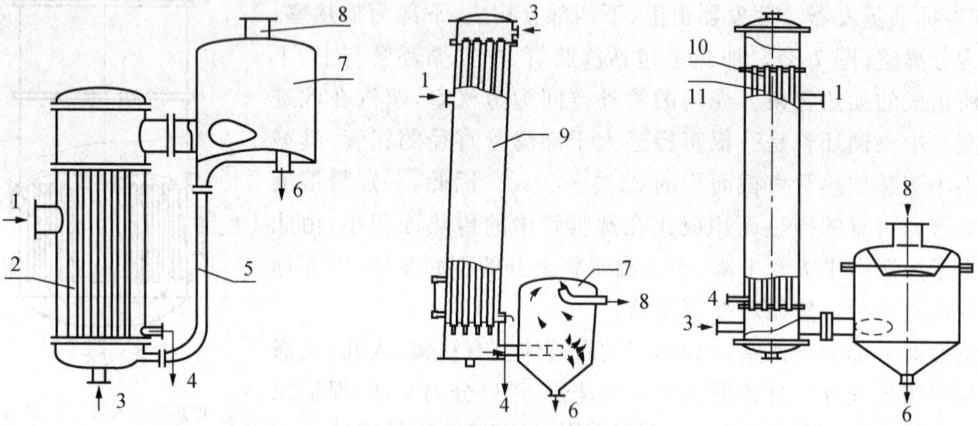

a.升膜式蒸发器　　b.降膜式蒸发器　　c.升降膜式蒸发器

1. 蒸汽进口　2. 加热管　3. 料液进口　4. 冷凝水出口　5. 下导管　6. 浓缩液出口　7. 分离器　8. 二次蒸汽出口（接真空装置）　9. 蒸发室　10. 升膜管　11.降膜管

图 7-9　管式薄膜蒸发器

（蒋迪清，食品通用机械与设备，2005）

（3）刮板式蒸发器　刮板式蒸发器是通过机械旋转的刮板，使料液形成液膜的蒸发设备（图 7-10）。料液从进料管沿切线方向进入，在离心力的作用下，被刮板带动旋转，因重力作用

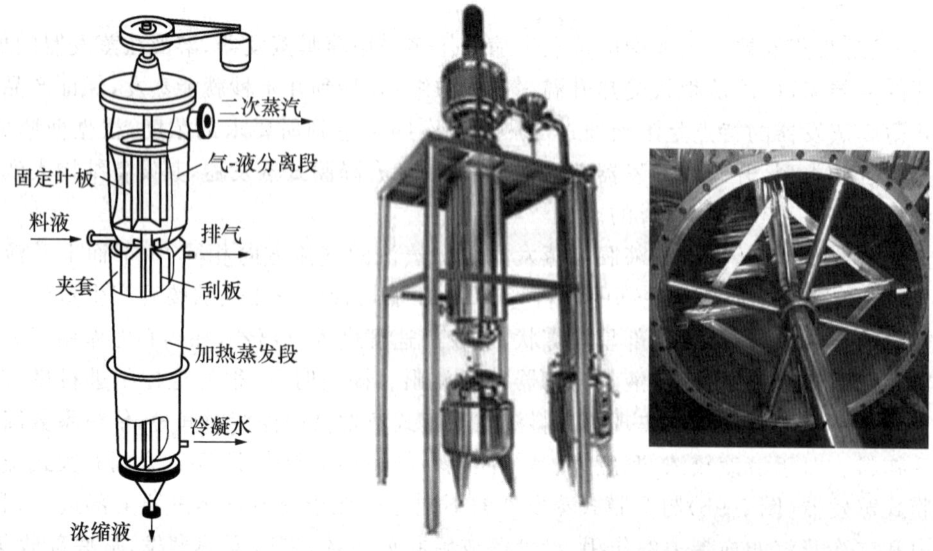

a.结构示意图　　b.设备图　　c.内部结构图

图 7-10　刮板式蒸发器

沿壁向下流动，被旋转的刮板刮成薄膜，在加热蒸汽夹套区蒸发浓缩，如此反复直到料液完成浓缩过程离开加热室，从蒸发器底部排出，二次蒸汽上升至顶部，经分离进入冷凝器。刮板式薄膜蒸发器停留时间短，蒸发速率高，适合于黏度大、易结晶、易结垢的物料，经常应用在浓缩热敏物料如番茄酱、咖啡茶、牛奶、麦芽汁和乳清等。缺点是结构复杂、不易清洗、能耗大，一般只用于单效蒸发。

(4)离心式薄膜蒸发器　离心式薄膜蒸发器是一种具有旋转的空心碟片的蒸发器，料液由泵送入蒸发器，再由喷嘴将料液喷出，并利用旋转的离心盘所产生的离心力使溶液形成薄膜。离心转鼓的夹层内通入加热蒸汽，液膜在碟片表面受热蒸发，得以浓缩，由浓缩液泵排出。二次蒸气经板式冷凝器冷凝后由真空泵排出(图 7-11)。

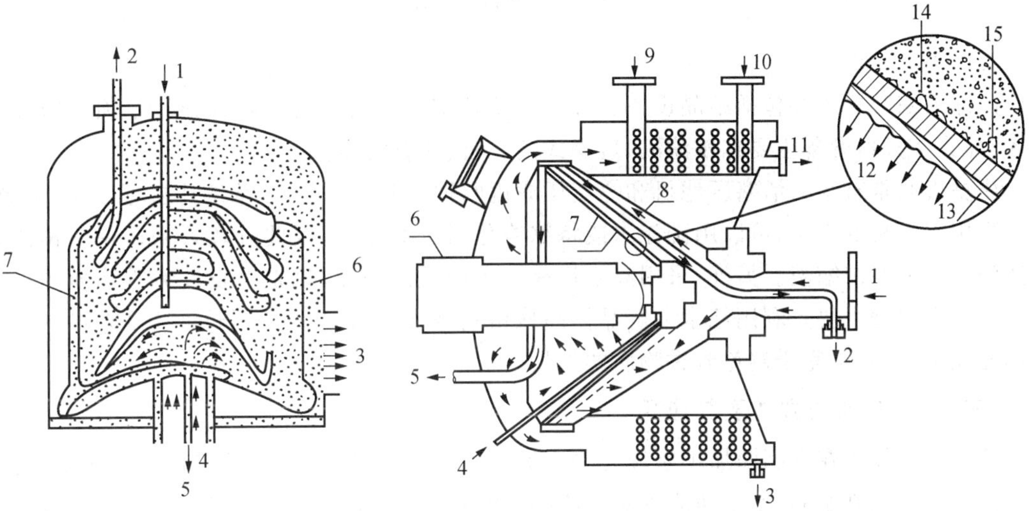

a.离心式薄膜蒸发器

1. 料液入口　2. 浓液出口　3. 二次蒸汽出口　4. 加热蒸汽入口　5. 冷凝液出口　6. 环箍的径向孔　7. 环箍的轴向孔

b.卧式离心式薄膜蒸发器

1. 蒸汽　2. 排水　3. 蒸馏液　4. 原液　5. 浓缩液　6. 旋转轴　7. 蒸发面　8. 转子　9. 冷却水出口　10. 冷却水进口　11. 真空泵　12. 蒸发　13. 液膜　14. 蒸汽　15. 滴状凝缩

图 7-11　离心式薄膜蒸发器

(5)板式蒸发器　板式蒸发器最早于 1956 年在英国问世，当时主要用于明胶蒸发及果酱浓缩，随着科学技术的不断发展，食品浓缩对低温、短时的要求越来越高，目前板式蒸发器已广泛应用于食品工业，特别是乳品工业(图 7-12)。

板式蒸发器是由板式热交换器与分离器组合而成的一种蒸发器，也是一种薄膜式蒸发器。与管式蒸发器相比，差别在于以成型加热板上形成的液膜来代替管壁或壳上形成的液膜。其通常以四个传热板为一个单元，整机由若干个单元加首尾两端板构成，每一单元的两板片之间都有特殊结构的密封垫圈，将相邻两侧的不同物料互相隔开。料液经泵的作用强制进入加热器，在升膜段和降膜段通过间壁的换热实现料液温度上升，蒸发浓缩，并在分离器内分离成浓缩液和二次蒸汽，并从各自的出口排出。其结构更为紧凑，单位体积的传热面积较大，可进行多效操作。

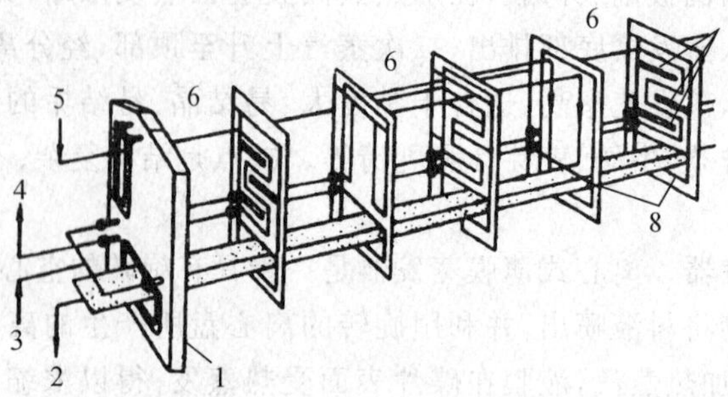

1. 端板　2. 浓缩液　3. 料液入口　4. 冷凝水出口　5. 蒸汽入口　6. 蒸汽段　7. 蒸汽间隔　8. 密封垫

图 7-12　板式蒸发器

2. 冷冻浓缩设备

冷冻浓缩装置主要包括结晶设备和分离设备两部分。结晶设备内容详见本项目中"结晶技术"部分。分离设备主要有压滤机、过滤式离心机、洗涤塔等。

压滤机通常有水力活塞压滤机和螺旋压滤机两种类型,只适用于浓缩比接近于 1∶1 的情况。采用离心机的方法,可以用洗涤水或将冰溶化后洗涤冰饼,因此分离效果比用压榨法好,但洗涤水将稀释浓缩液。另外,采用离心机有一个严重的缺点,就是挥发性芳香物质的损失。洗涤塔分离原理主要是利用纯水溶解晶体间残留的浓液,分离比较完全,而且没有稀释现象。操作时完全密闭,可完全避免芳香物质的损失。

(三)浓缩分离的方法及其应用

浓缩分离技术在食品深加工领域有着广泛的应用,如冷冻浓缩技术在食品工业中主要用于果汁、葡萄酒、乳制品、茶及功能食品的浓缩,能得到高质量的产品。在果汁行业中,冷冻浓缩技术很好地保留了果汁中挥发性物质的香气成分,浓缩效果好。酿酒中,冷冻浓缩可除去造成啤酒浑浊的多酚、单宁酸等物质,从而减少贮藏体积,同时能较好地保持葡萄酒的品质、香气和营养成分。在乳制品生产中,利用冷冻浓缩生产脱脂牛乳可维持最佳的热平衡条件,在生产全牛乳、甜乳清、酸乳清、乳清蛋白浓缩物及乳清透过物等牛乳制品方面取得了良好的效果。

膜浓缩技术是一项快速发展的技术,已经在许多食品加工中得到应用。膜分离技术在乳品工业中,用于从乳蛋白中分离水和其他分子量小的分子。膜浓缩技术已经广泛应用于果汁、调味剂和糖浆等的浓缩。集成膜分离工艺在新型番茄汁的生产和浓缩领域有很好的应用前景。利用膜浓缩还可以从大豆乳清废液中提取大豆蛋白质。

实际生产中,应熟悉每种浓缩技术的原理和特点,并且根据目标物质的性质、工艺选择合适的方法和设备。常见几种浓缩分离方法的原理、特点及应用如表 7-1 所列。

此外,离子交换浓缩、吸水浓缩等也是常用的浓缩分离技术。离子交换浓缩法以离子交换剂为载体进行浓缩。常用于浓缩的离子交换剂有二乙基氨基乙基-葡聚糖 A-50(DEAE-Sephadex A-50)、二乙基(2-羟丙基)季胺基-葡聚糖 A-50(QAE-Sephadex A-50)等。这些载体在一定 pH 条件下带有一定的电荷,当带有相反电荷的大分子物质(如蛋白质、酶、核酸和多糖)通过载体时,由于静电引力就会被载体吸附,然后用离子强度大的缓冲液洗脱,此时大部分大分子物质立即被洗脱下来,从而达到浓缩的目的。洗脱后,可以将流出液连接于紫外检测仪进行检查或用紫外分光光度计(波长 280 nm)进行收集和分析。离子交换浓缩法的优点是浓缩倍

表 7-1 各种浓缩分离的特点及应用(杨昌鹏,生物分离技术,2007)

浓缩方法	分离原理	特点	生产应用
蒸发浓缩	利用溶质和溶剂间挥发度的差异,使溶剂气化	真空蒸发可以降低物料的沸点,但黏度大、能耗大	牛奶、果汁、蜂蜜和抗生素
冷冻浓缩	利用有利的液-固平衡条件形成冰晶,然后固-液分离	营养损失小、低能耗、高品质,但技术要求高,工艺复杂	果汁、酿酒、乳制品、制茶
膜浓缩	利用疏水微孔膜两侧蒸气压力差为驱动力将水渗出	收率高、能耗低、工艺简单;但膜易污染、使用寿命较短	果汁、多糖、酶、蛋白质的浓缩、提纯

数高、回收率高,不影响生物大分子活性,同时还能去掉一些杂质。缺点是浓缩液中带有大量的盐,必要的时候需进一步处理。

吸水浓缩是一种简单易行的生物大分子浓缩方法。吸水浓缩主要采用葡聚糖凝胶浓缩和聚乙二醇浓缩两种方法,原理都是利用这些物质具有吸收水的性能。在稀溶液中加入溶液量1/5的干燥的葡聚糖凝胶G-25,缓慢搅拌30 min使葡聚糖凝胶吸水,再用离心或过滤的方法除去凝胶,反复操作可使溶液体积缩小至10%。将稀溶液置于透析袋内,袋外放置聚乙二醇,溶液内水分向袋外转移,溶液即浓缩了几十倍。

二、结晶技术

结晶是指固体物质以晶体状态从蒸汽、液体或熔融物中析出的过程,是相态变化的过程,通过结晶可以实现相态的平衡。固体物质可分为结晶形和无定形两种状态,他们的区别在于内部的原子、分子或离子的排列方式不同。无定形是无规则排列的方式,而结晶形是在三维空间进行有规则的排列。只有同类的分子、离子或原子才能有规则地排列成晶体,因此结晶具有高度选择性。通过结晶,溶液中的大部分杂质会留在母液中,从而使产品得到纯化。许多用其他分离方法难以分离的物质,用结晶法效果很好,并且产品外观优美。结晶分离设备简单,操作方便,耗能较低,因而在分离纯化过程中得到广泛应用。

溶质从液相中析出时,不同的环境条件和控制条件,可以得到不同形状的晶体。生产中更希望得到的是粗大而均匀的晶体,以便后续操作的进行。由于晶体构成单位的有序排列需要一定时间,所以在条件变化缓慢时有利于晶体的形成,而在条件变化剧烈时,溶质分子来不及排列固相就从液体、气体中析出,就会形成无定形状态。

(一)结晶的基本原理和过程

一种物质溶解在另一种物质中的能力叫溶解性,溶解性的大小与溶质和溶剂的性质有关。而根据相似相溶的理论,溶质能溶解在与它结构相似的溶剂中。在一定温度下,将一种固体溶质放入某一溶剂中时,会发生两种可逆的过程:①固体的溶解,即溶质分子扩散进入液体内部;②物质的沉积,即已溶解的溶质分子重新变成固体而从溶液中析出。当固体物质与其溶液刚接触时,溶液尚未饱和,溶解速度大于沉积速度,则固体溶解;当溶液恰好达到饱和时,溶解速度等于沉积速度,固体与溶液达到一种动态平衡,此时溶质在溶剂中的溶解量达到最大限度,这时的溶液称为该溶质在该温度下的饱和溶液,溶液溶质的浓度称为此溶质在该温度下的溶解度或饱和浓度。当溶液浓度继续增加,达到过饱和时,溶液平衡状态被打破,才会有晶体析出。过饱和度是指在某一温度下过饱和状态溶液的浓度与该温度下饱和溶液浓度的比值。最先析出的是结晶中心的一些细小颗粒，称为晶核，晶核形成以后，才会以此为基础继续成长为晶体。因此，结晶过程主要有三个阶段：过饱和溶液的形成、晶核的生成和晶体的生长。

1. 过饱和溶液的形成

大多数物质的溶解度随温度升高而显著增大，以温度为横坐标，浓度为纵坐标，可以绘制一条溶解度曲线(图 7-13)，也称饱和曲线，曲线上各点的溶液均处于饱和状态。曲线 AB 以下的区域称为稳定区，此时溶液尚未饱和，并不能析出结晶。

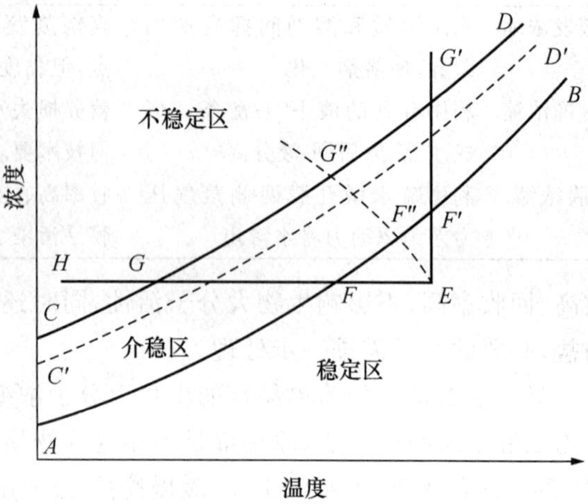

图 7-13　饱和曲线图

（于文国，生化分离技术，2007）

向饱和状态的溶液中继续加入固体溶质，上述平衡状态会被打破，固体沉积速度大于溶解速度，这样的体系含有比饱和溶液更多的溶质，称为过饱和溶液。此时的溶液虽已过饱和，但没有其他外界条件的影响，溶液依然可以长时间保持稳定。但是过饱和溶液是极不稳定的，当过饱和溶液的浓度达到一定值时，一旦遇到震动、搅拌、加晶种甚至落入尘埃，都可能使过饱和状态被破坏而立即析出结晶，直到溶液浓度下降至饱和浓度、达到饱和状态后，结晶过程才停止。自发产生晶核的浓度曲线即为过饱和曲线(图 7-13 中曲线 CD)，它与饱和曲线大致平行。这时的状态可以称为“介稳状态”，通常把介于曲线 AB 和曲线 CD 之间的区域称为介稳区。介稳区内，$C'D'$ 与 AB 间的区域称为养晶区，加入晶种时，晶体会生长但不会产生新晶核，晶核形成速率较慢，能产生粗大的晶体和完整的晶形。生产中常常会将溶液浓度控制在介稳区尤其是养晶区内，以得到大小一定的优质结晶产品。

当溶液浓度远远大于饱和浓度，就进入曲线 CD 以上的区域，这时溶液处于极不稳定的状态，可以自发成核，瞬间出现大量微小晶核，晶体来不及生长，溶液浓度就下降至饱和浓度。这个区域结晶量大、晶粒小，不能保证结晶质量，结晶操作困难，产品纯度降低。

结晶过程以溶液的过饱和度为推动力，其是结晶过程中的一项重要参数。因此，制备过饱和溶液的方法尤为关键。

2. 晶核的生成

产生晶核的过程称为成核，工业上称为起晶。单位时间内在单位体积溶液中生成的新晶核的数量，称为成核速率。成核速率是决定晶体产品粒度分布的首要因素。晶核生成按照机理不同可分为一次成核和二次成核。一次成核也叫初次成核，是过饱和溶液达到不稳区后自发形成晶核的过程。根据溶液中有无外界刺激又分为均相成核和非均相成核两类。过饱和溶液在介稳区内受到搅拌、尘埃、电磁辐射等外界因素诱发而形成晶核称为二次成核。

真正自动成核的机会很少，因此工业结晶操作一般都会加入晶种诱导结晶，属于二次成核。影响成核的因素较多，晶体粒度、过饱和度、晶种、温度、搅拌等都会影响成核速率和质量。实验室操作或生产中少量制备时，可采用玻璃棒轻刮玻璃容器内壁产生的微粒来作为异源晶核。同时，玻璃棒边刮擦边缓慢搅拌，也有利于晶体生长。工业中一般常用 3 种起晶方式：

(1)自然起晶法　在一定温度下使溶液蒸发，从而进入不稳区并形成晶核，当生成晶核的数量符合要求时，加入稀溶液使溶液浓度降低至介稳区，使之不生成新的晶核，溶质即在晶核的表面聚集。这是一种古老的起晶方法，因为它要求过饱和浓度较高、蒸发时间长，且蒸汽消耗多、不易控制，同时还可能造成溶液色泽加深等现象，现已很少采用。

(2)刺激起晶法　将溶液蒸发至亚稳区后，将其冷却，进入不稳区，此时有一定量的晶核形成，由于晶核析出使溶液浓度降低，随即将其控制在介稳区的养晶区使晶体生长。味精和柠檬酸结晶都可采用先在蒸发器中浓缩至一定浓度后，再放入冷却器中搅拌的方法。

(3)晶种起晶法　将溶液蒸发或冷却，以达到介稳区的较低浓度，投入一定数量和大小的晶种，使溶液中的过饱和溶质在所加的晶种表面上长大。晶种起晶法是普遍采用的方法，如掌握得当可获得均匀整齐的晶体。

加入的晶种不一定是同一种物质，溶质的同系物、衍生物、同分异构体均可作为晶种加入。纯度要求较高的产品必须使用同种物质起晶，但所加入的晶种应有一定的形状、大小和均匀度，才能有效控制晶体的形状。

3. 晶核的生长

在大部分的结晶操作中，晶核的产生并不困难，而晶体的粒度增长到要求的大小则需要精细的控制。过饱和溶液中，晶核一旦形成或加入晶种后，立即开始长成晶体，与此同时新晶核也在不断形成。晶体的形状、大小和均匀度取决于晶核生成速率和晶体生长速率之间的关系。如果晶体生长速率大大超过晶核生成速率，得到粗大而均匀的晶体。当晶核生成速率大大超过晶体生长速率时，过饱和度主要用来生成新的晶核，则得到细小而又不规则的晶体。工业上通常希望得到粗大而均匀的晶体，但是影响晶体生长速率的因素很多，饱和度、粒度、温度、搅拌、杂质都会产生影响。而在实际生产中，还应考虑设备的结构以及产品的纯度、生产成本等方面的要求。

当溶液快速冷却时，晶体细小，呈针状。当溶液缓慢冷却时，得到较粗大的晶体。因此为了得到颗粒粗大均匀的晶体，应选择降温缓慢，温度不太低，搅拌缓慢的操作方式。为了得到颗粒细小但杂质含量低的晶体，则应选择降温较快，温度较低，搅拌稍快的操作方式。

过饱和度增高一般会使结晶速率加快，但同时引起黏度增加，结晶速率受阻。

搅拌能加速晶体生长，同时也能加速晶核形成，但是搅拌越剧烈，晶体越细小，故应根据生产需要确定合适的搅拌速率。

杂质可以抑制、促进或改变晶体的生长，对晶体生长的影响复杂多样，成为结晶过程中的重要问题之一。

4. 影响结晶的因素

(1)过饱和度　过饱和度是结晶过程的推动力，晶核生成速率和晶体成长速率均随过饱和度的增大而增大。为使结晶过程顺利进行，提高结晶速率和产率，应尽量提高结晶时溶液的过饱和度。由溶解度曲线可以看出，过饱和度值应大致控制在介稳区内，避免由于成核速度过快而形成细晶，同时也要避免由于生长速率过快产生液泡或形成晶簇(晶簇会包含杂质，影响产品质量，尤其是水不溶物指标)。过饱和度过高还有可能会造成结晶器产生晶垢，为结晶操作带来困难。因此，过饱和度与结晶速率、成核速率、晶体生长速率及结晶产品质量间存在一定的关系。适宜的过饱和度一般由实验确定。

(2)温度　溶解度受温度影响较大，会影响溶液的过饱和度，进而直接影响结晶收率。不同的温度下，生成的晶体的习性或大小会有所不同。温度升高时，成核速率和晶体生长速率都会加快，但对晶体生长速率的影响更显著。快速降温，溶液很快达到较高的过饱和度，有利于得到较细的晶体；缓慢冷却可以得到较大的晶体。因此，结晶操作温度的控制很重要，一般应控制在较低的温度下和较小的温度范围内。

如生物大分子的结晶，一般选择在较低温度条件下进行，以保证生物物质的活性，还可以抑制细菌的繁殖。但温度较低时，溶液的黏度增大，可能会使结晶速率变慢，因此应选择适宜的结晶温度。

(3)晶种　加入晶种进行结晶是控制结晶过程、提高结晶速率、保证产品质量的重要方法之一。晶种的主要作用是控制晶核的数量，以得到较大而均匀的结晶产品。对于不易结晶(即难以形成晶核)的物质，常采用加入晶种的方法，以提高结晶速率。投加晶种时要掌握好时机。对于溶液黏度较大的物系，晶核产生困难，而在较高的过饱和度下进行结晶时，由于晶核形成速率较快，容易发生聚晶现象，使产品质量不易控制。因此，应采用在溶液进入介稳区内并处于适当温度时添加晶种的操作方法。加入晶种时，要充分搅拌，使晶种均匀地分散在溶液中。

(4)结晶时间　结晶时间包括过饱和溶液的形成时间、晶核的生成时间和晶体的生长时间。过饱和溶液的形成时间与方法有关，时间长短不同。晶核的生成时间一般较短，而晶体的生长时间一般较长。在晶体生长过程中，晶体逐渐长大，对于养晶是有利的。

结晶时间一般要根据产品的性质、晶体质量的要求来选择和控制。对于小分子物质，如果在适合的条件下，几小时或几分钟内便可析出结晶；对于蛋白质等生物大分子物质，由于分子量大，立体结构复杂，结晶过程比小分子物质要困难得多。这是由于生物大分子在进行分子的有序排列时，需要消耗较多的能量，晶核的生成及晶体的生长都很慢，而且为防止溶质分子来不及形成晶核而以无定形沉淀形式析出的现象发生，结晶过程必须缓慢进行。生产中主要控制过饱和溶液的晶核形成时间，防止形成的晶核数量过多而造成晶粒过小。

(5)溶剂与 pH　结晶操作选用的溶剂与 pH 都应使目标产物的溶解度较低，以提高结晶的收率。另外，溶剂的种类和 pH 对晶体习性也有影响。因此，需要通过实验确定溶剂的种类和结晶操作的 pH，以保证结晶产品的质量和较高的收率。

(6)搅拌　结晶操作中搅拌的目的一是使溶液温度均匀，防止溶液局部浓度不均匀、结垢等现象发生；二是提高溶质扩散的速度，使晶核散布均匀，有利于晶体成长，防止晶簇形成影响产品质量。适当的搅拌强度可以降低过饱和度，减少大量晶核析出的可能，但搅拌速率过快会造成大颗粒晶体的剪切破碎，影响结晶产品质量。工业生产中，为获得较好的混合状态，同时避免晶体的破碎，一般应通过大量的试验，选择搅拌桨的形式，确定适宜的搅拌速率，以获得需要的晶体。

(7)晶垢　结晶操作中常会在结晶器壁等处产生晶垢，严重影响结晶过程的效率。一般可采用如下方法防止晶垢产生或消除晶垢：①器壁内表面采用有机涂料，尽量保持壁面光滑；②提高流体流速，消除低流速区；③为防止因散热而使壁面附近温度降低而造成的局部过饱和度过高，可采用夹套保温的办法；④对于已产生的晶垢可以通过晶垢消除装置或用溶剂溶解。

(二)结晶操作的类型

实际生产中，结晶操作方式多种多样。根据产生过饱和溶液的方式不同又可分为冷却结晶、蒸发结晶、盐析结晶、反应结晶等。根据结晶操作过程的连续性可分为分批结晶和连续结晶。按结晶的重复性可分为一次结晶、重结晶和分级重结晶。

1. 冷却结晶

冷却法的结晶过程基本上不去除溶剂，而是使溶液冷却降温，成为过饱和溶液(图 7-13 直线 EFG 所代表的过程)。此法通常用于溶解度随温度的降低而显著下降的物质。

冷却结晶的方法又可分为自然冷却、间壁冷却及直接接触冷却。

(1)自然冷却　自然冷却是使溶液在大气中冷却而结晶，其设备构造及操作均较简单，但冷却缓慢，生产能力低，且难以控制产品质量，在较大规模的生产中已不被采用。

(2)间壁冷却　间壁冷却在几种结晶方法中消耗能量较少，但冷却传热面的传热系数较低，所允许采用的温差又小，故一般多用在产量较小的场合，或生产规模虽较大但其他结晶方法不合算的场合。间壁冷却法的主要缺点在于晶垢较多，使冷却效果下降。

(3)直接接触冷却　直接接触冷却法包括以空气为冷却剂、与溶液不互溶的碳氢化合物为冷却剂，以及液态冷冻剂(如乙烯、氟利昂)与溶液直接接触冷却等多种方式，在冷却过程中冷冻剂气化，有效地克服了间壁冷却的缺点。但是采用这种操作时，冷却介质必须对结晶产品没有污染，也不能与结晶溶液中的溶剂互溶(或者虽不互溶但难于分离)。

2. 蒸发结晶

蒸发结晶是在蒸发时除去一部分溶剂，使溶液浓缩而达到过饱和状态的一种结晶方式(如图 7-13 直线 $EF'G'$)。主要适用于遇热不分解不变性、溶解度随温度的变化而变化不大的物质。蒸发结晶消耗热能较多，加热面易结垢，生产中为了节省热能，常采用多个蒸发结晶器组成多效蒸发。

如果结晶物质是热敏性物料，则可以采用真空结晶。真空结晶是使溶液在真空状态下绝热蒸发，一部分溶剂被除去，溶液因为溶剂气化带走了一部分热能而降低了温度，从而结晶。实际上是同时用蒸发、冷却两种方法使溶液达到过饱和。适用于中等溶解度物质的结晶操作。真空结晶法设备结构简单，操作稳定，结晶器内无换热面，因而不存在晶垢带来的影响。

3. 盐析结晶

将某种盐加入溶液中，使溶质的溶解度降低而造成过饱和的方法就是盐析结晶。这是工业生产上常用的方法之一。加入的盐类称为盐析剂。盐析剂一般要能溶解于原溶液中的溶剂，但不(很少)溶解被结晶的溶质，而且溶剂与盐析剂的混合物要易于分离。NaCl 是最常用的盐析剂。

盐析法的优点主要有：①可与冷却法结合，提高溶质从母液中的回收率；②结晶过程可把温度保持在较低的水平，非常适合于大分子物质及对热敏感的物质；③在有些情况下，杂质在溶剂与盐析剂的混合物中有较高的溶解度，而保留在母液中，从而简化了晶体的提纯。此法最大的缺点是常需回收设备以处理母液，分离溶剂和盐析剂。

盐析结晶法按照加盐方式的不同可分为加固体盐法、加饱和盐溶液法和透析法。

4. 反应结晶

调节溶液的 pH 或者向溶液中加入反应剂，生成溶解度更低的新物质，从而使溶液达到过饱和状态而析出的方式就是反应结晶。反应结晶过程可分为反应和结晶两步，随着反应的进行，反应产物的浓度增大并达到过饱和，在溶液中产生晶核并逐渐长大为较大的晶体颗粒。但是反应结晶产生的固体粒子一般比其他方法要小。

除此之外，还有有机溶剂结晶、等电点结晶、喷雾结晶、微波结晶、超声波结晶、磁化结晶等方法。生产中，常将几种方法结合使用，以便提高结晶速率，并且可节约成本。

5. 分批结晶

分批结晶是一种间歇结晶操作，各步之间相互独立。一般分批结晶过程包括：①结晶器的清洗；②将物料加入结晶器中；③用适当的方法产生过饱和溶液；④成核和晶体生长；⑤晶体的排出。其中③和④是结晶过程控制的核心，其控制方法和操作条件对结晶过程影响很大。分批结晶过程优点是结晶设备结构简单、各步操作条件较易控制，能生产出指定纯度、粒度分布及晶形的产品。但此法操作成本较高，不同批产品的质量可能有差异，产品质量稳定性较差，一般只适合于小量生产，或者是高产值低批量的精细产品的生产。

6. 连续结晶

当生产上需要大规模进行结晶操作时，为了降低成本，缩短生产周期，一般需要采用连续结晶操作。连续结晶是在结晶系统内保持连续进料、连续排料，操作过程中，单位时间内生成的晶核数量是相同的。

连续结晶过程中，首先料液被送入结晶器内，用一定方法形成过饱和溶液，然后在结晶室内同时进行晶核形成和晶体生长的过程，其中晶核形成速率不易控制，会形成数量较多的晶核而使晶体大小不一，因此需要采取分级排料的方式筛选符合质量要求的晶体。另外，生产中还要求晶垢的产生速度尽量低，以延长结晶的操作周期和操作稳定性，因此，连续结晶的操作中往往要采用细晶消除、清母液溢流、分级排料等技术。

(1)细晶消除　在工业结晶过程中，成核速率难以控制，晶核数量过高，平均粒度过小，影响结晶产品的质量。因此连续结晶操作中通常会采用细晶消除的方式提高晶体平均粒度、控制粒度分布、提高结晶收率。

细晶消除的办法通常是在结晶器内部或下部建立一个澄清区，在此区域内，晶浆以很小的速度向上流动，当较大晶粒的沉降速度大于晶浆上流速度时，就会沉降下来，回到结晶器的主体部分，重新参与器内晶浆循环而继续长大。细小的晶粒则随着溶液从澄清区溢流而出，进入细晶消除系统，以加热或稀释的办法使之溶解，然后经循环泵重新回到结晶器中去。

(2)清母液溢流　清母液溢流是调节结晶器内晶浆密度的主要手段，增加清母液溢流量可有效地提高器内晶浆密度。清母液溢流有时与细晶消除相结合，从澄清区溢流出来的母液总含有小于某一粒度的细小晶粒，所以不存在真正的清母液。由于母液中含有一定量的细晶，为了避免损失，一般会将溢流出来的母液经过旋液分离器或湿筛分离，进入细晶消除系统，消除细晶后再回到结晶器中，含较少细晶的流股则排出结晶系统。

(3)分级排料　为了实现对晶体粒度分布的调节，混合悬浮型连续结晶器通常采用这种方法。其是使结晶器中流出的产品先流过一个分级排料器，然后排出系统。分级排料器可以是淘析腿、旋液分离器或湿筛，它将小于某产品分级粒度的晶体截留后返回结晶器继续长大，达到产品分级粒度后才有可能作为产品而排出系统。

连续结晶有以下优点：①冷却法和蒸发法(真空冷却法除外)采用连续结晶操作，费用低，经济性好。②结晶工艺简化，相对容易保证质量。③生产周期短，节约劳动力费用。④连续结晶设备的生产能力可比分批结晶设备高数倍甚至数十倍，相同生产能力则投资少，占地面积小。⑤连续结晶操作参数相对稳定，易于实现自动化控制。

但是连续结晶也有缺点：①换热面和器壁上容易产生晶垢，并不断积累，使运行后期的操作条件和产品质量逐渐恶化。②与分批结晶相比，产品平均粒度较小。③操作控制上比分批操作困难，对操作人员要求严格。

7. 重结晶

通常只有同类的分子或离子才能进行有规律的排列，故结晶过程有高度的选择性。结晶溶液中的大部分杂质会留在母液中，再通过过滤、洗涤即可得到纯度非常高的晶体。但是实际上结晶过程是复杂的，晶体的大小不一，形状各异，形成晶簇等现象，还会因为吸藏、包藏而难免掺入杂质，因此有时需要重结晶来提高产品的纯度。

将已形成的结晶产品用合适的溶剂溶解后再次结晶的过程称为重结晶。重结晶的关键是选择合适的溶剂，利用杂质和结晶物质在不同溶剂和不同温度下的溶解度不同来进行分离纯化。选择溶剂的依据主要是“相似相溶”的原理，而且溶剂必须要具备以下几个条件：①不与被提纯物质发生化学反应；②在较高温度时能溶解大量的被提纯物质，而在室温或更低温度时，只能溶解很少量的该种物质；③对杂质的溶解度非常大或者非常小；④溶剂的沸点较低，易于结晶分离而除去；⑤能给出较好的晶体；⑥无毒或毒性很小，便于操作；⑦价廉易得。

（三）结晶的设备

工业生产上，为了满足结晶产品的产量和质量，根据不同的原理研制了多种多样的结晶设备。特定目标产物的结晶具体选用何种类型的结晶器主要根据目标产物的溶解度曲线而定。如果目标产物的溶解度随温度升高而显著增大，则可采用冷却结晶器或蒸发结晶器，否则只能选用蒸发结晶器。在设计结晶设备时，应考虑溶液的性质、黏度、杂质的影响，以及结晶温度，结晶体的大小、形状及结晶长大速率特性等条件，以保证能生产出符合要求的结晶产品。

1. 冷却结晶器

冷却结晶器是一种不移除溶剂的结晶器，其原理是用冷却剂使溶液冷却下来而达到过饱和，从而使溶质结晶析出。根据冷却方式不同分为夹套冷却式、外循环冷却式以及蛇管冷却式（图 7-14）。

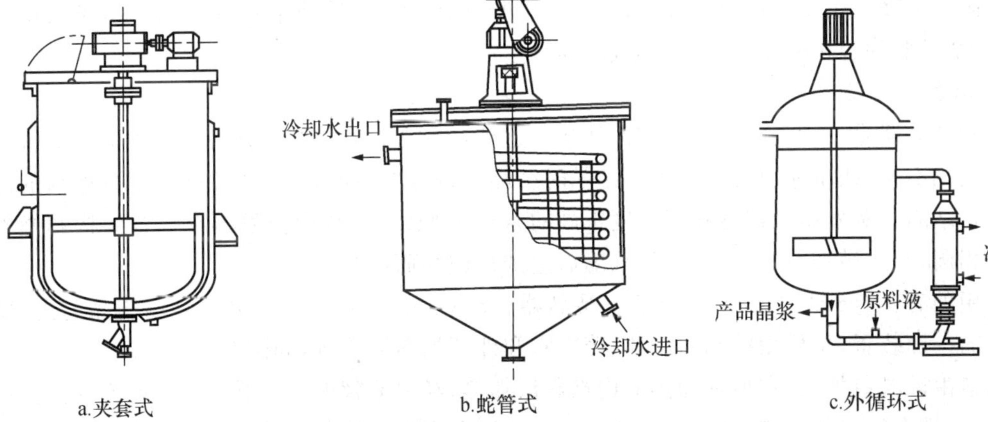

图 7-14　冷却结晶器的几种类型

各类型的冷却结晶器的相似之处在于都有搅拌器和冷却装置。为了避免器壁黏附结晶而影响传热，可以在搅拌器上加装耙子或刷子，以除去内壁上的结晶。搅拌器的作用主要是促进晶核形成、防止产生晶簇和使传热更均匀。操作时可以分批或连续操作。这类设备结构简单，冷却速率和时间可控，因此可以得到粗大、均匀的结晶颗粒。其缺点一是冷却表面易结垢而导致换热效率下降，二是生产能力较低。

冷却结晶器根据结晶器形状和特点还可分为 Krystal-Oslo 冷却结晶器和 Howard 结晶器（图 7-15，图 7-16）。

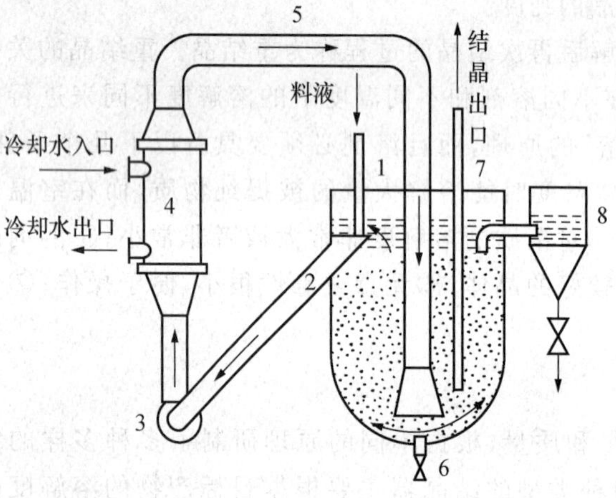

1. 进料口　2. 循环管入口　3. 主循环泵　4. 冷却器　5. 过饱和溶液吸入管　6. 放空管　7. 晶浆取出管　8. 细晶捕集器

图 7-15　Krystal-Oslo 冷却结晶器

（张雪荣，药物分离与纯化技术，2015）

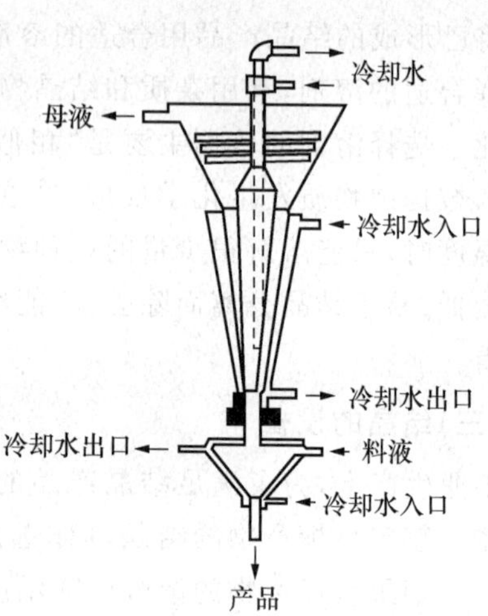

图 7-16　Howard 结晶器

（孙彦，生物分离工程，2005）

（1）Krystal-Oslo 冷却结晶器　是 20 世纪 20 年代由挪威人设计提出的，在工业上得到了较广泛的应用。其主要特点是巧妙地利用设备的结构将结晶的三个过程即过饱和度的形成、晶核生成和晶体的生长有机结合起来，尤其是晶体生长有足够空间，可以得到较大的颗粒，同时还能实现连续生产。

（2）Howard 结晶器　饱和溶液从结晶器下部通入，在向上流动的过程中析出结晶，析出的晶体向下沉降。由于下部流速较高，只有大颗粒晶体能够沉降到底部并排出。由于采用夹套冷却，结晶器的容积较小，适用于小规模连续生产。

2. 蒸发结晶器

蒸发结晶器是一种去除部分溶剂而使溶液达到过饱和状态的结晶设备。对于溶质溶解度随温度变化不大，或单靠温度变化进行结晶时结晶率较低的情况，就需采用除去部分溶剂的蒸发法进行结晶。蒸发结晶器常在真空度不高的减压下操作，与普通蒸发器在设备结构和操作上完全相同，溶液被加热到沸点，蒸发浓缩后达到过饱和而结晶。

常用的有 Krystal-Oslo 型常压蒸发结晶器。Krystal-Oslo 蒸发结晶器是以结晶为主、蒸发为辅的一套装置，主要由结晶器主体、蒸发室和外部加热器构成，如图 7-17 所示。

物料由进料口加入，在循环加热器内被蒸汽加热，经回流管由蒸发器入口进入蒸发器。在蒸发室内，排出气化的溶剂，从而产生过饱和。过饱和度由加热蒸汽量控制。过饱和溶液沿中心管流入到结晶器底部过饱和溶液入口，在过饱和溶液上升的过程中（结晶器生长段），过饱和度逐渐降低，而晶粒逐渐长大，同时晶粒在结晶器内分级沉降，较大的晶粒从产品取出口取出，经固液分离得到湿产品，母液返回结晶器。将蒸发室与真空泵相连，可进行真空绝热蒸发。真空蒸发结晶器不需加热设备，进料为预热的溶液，蒸发室中发生绝热蒸发。因此，在蒸发浓缩的同时，溶液温度下降，操作效率更高。

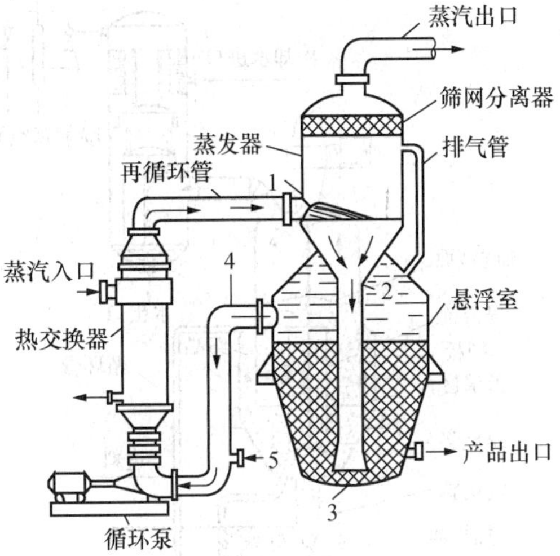

1. 闪蒸区入口 2. 亚稳区入口 3. 床层区入口
4. 循环流出口 5. 结晶料液入口

图 7-17 Krystal-Oslo 蒸发结晶器

(孙彦，生物分离工程，2005)

3. DTB 结晶器

DTB 结晶器内设导流桶和挡板，导流桶内又设有螺旋桨，驱动流体向上流动进入蒸发室，如图 7-18 所示。在蒸发室内达到过饱和的溶液沿导流桶与挡板间的环形面积缓慢向下流动。在挡板与器壁之间流体向上流动，其间细小结晶沉积，澄清母液（晶浆去除晶体后剩下的溶液称为母液）循环加热后从底部返回结晶器。另外，结晶器底部设有淘洗腿，细小结晶在淘洗腿内溶解，而大颗粒结晶作为产品排出回收。DTB 结晶器的特点是：由于结晶器内设置了导流桶和高效搅拌螺旋桨，形成内循环通道，内循环效率高，过饱和度均匀。因此，DTB 结晶器的晶浆密度（晶体质量与晶浆体积之比）可达到 30%～40%，生产强度高，可生产粒度达 600～1 200 μm 的大颗粒结晶产品。

4. DP 结晶器

DP 结晶器即双螺旋桨结晶器，如图 7-19 所示。DP 结晶器是对 DTB 结晶器的改良，内设两个同轴螺旋桨。其中之一与 DTB 型一样，设在导流筒内，驱动流体向上流动，而另一个螺旋桨比前者大一倍，设在导流筒与挡板之间，驱动液体向下流动。由于是双螺旋桨驱动流体内循环，所以在低转数下即可获得较好的搅拌循环效果，功耗较 DTB 结晶器低，有利于减少结晶的机械破碎。

（四）结晶的方法及其应用

结晶技术是一种历史悠久的固液分离和纯化技术，目前已经广泛应用于食品加工、制药、化工、农业等各个领域。结晶操作选择性高，传统的结晶技术已经相对成熟，选择合适的结晶方法，调节各种外部条件，控制晶核的形成和晶体的生长，可以得到形状和大小都达到要求的晶体产品。常见的结晶方法如表 7-2 所列。

虽然溶液结晶技术已经相对成熟，但是在实际生产过程中仍面临多种问题，比如有些物质熔点高，结晶困难；溶解度随温度变化小，不易析出。随着分离纯化技术的迅速发展，新型结晶技术也随之出现，这些新技术不但可以改善结晶效果，获得符合要求的结晶产品，也将降低生产能耗。为了加速结晶，常用超声波、微波、磁化等方法改善结晶的效果。

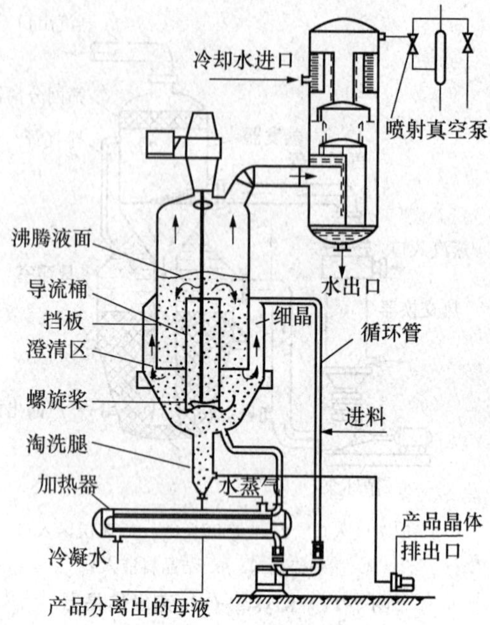

图 7-18 DTB 结晶器

（姚玉英，化工原理，2003）

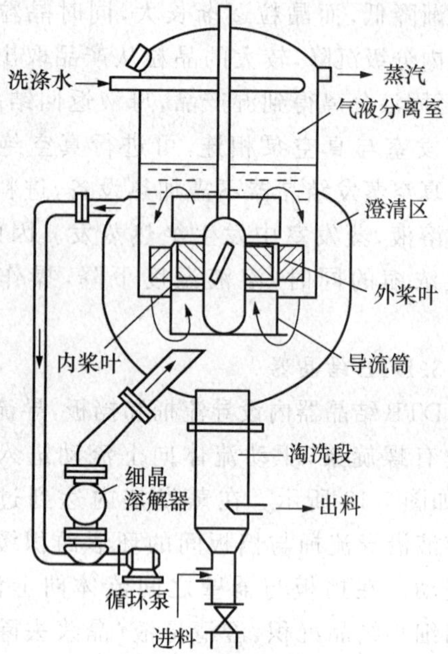

图 7-19 DP 结晶器

（孙彦，生物分离工程，2005）

表 7-2 各种结晶方法的特点及应用

结晶方法	原理	特点	应用
冷却结晶	使溶液冷却降温，成为过饱和溶液而结晶析出	投资少，为节省能耗一般组成多效蒸发	用于溶解度随温度的降低而显著下降的物质
蒸发结晶	蒸发时除去一部分溶剂，使溶液达到过饱和状态结晶	操作简单，是较常用的结晶方法	盐、乳制品等
真空结晶	使溶液在真空状态下绝热蒸发，溶剂汽化降低温度而结晶	设备结构简单，操作稳定，无晶垢影响	热敏性物料
盐析结晶	加入某些物质，降低溶质在溶剂中的溶解度	收率高、温度低、操作简单	热敏性物料

1. 溶剂-超声波结晶

在一定过饱和度的溶液中，通过超声波强大的剪切力来破坏分子间的氢键缔合结构，从而促使大量的晶核同时快速析出，并施加适宜的分散手段使析出的晶种尺寸均匀、表面完整。该法具有起晶速度快、晶核数目便于控制、晶核粒度均匀及晶核形态良好等优点。超声可以影响蔗糖结晶成核过程，可在低饱和度下完成结晶；超声还可以降低味精结晶过程中溶液的黏度，提高晶体产量。

2. 微波结晶

微波结晶法是 20 世纪 70 年代发展起来的新的合成方法，微波加热的快速均匀性避免了传统结晶方式中温度分布不均匀。研究发现，在结晶过程中引入微波场可以影响溶液结晶的物理基础，加快结晶速度，改变晶体形貌。用微波结晶法制备电池级磷酸铁、结晶碳酸钙等，以及制备纳米级晶体等工艺已有报道。

3. 溶析结晶

溶析结晶是利用被分离物质与溶剂分子间相互作用力的差异，通过降低溶质在原溶剂中的溶解度，使组分最大限度地从溶剂中析来的过程，特别适合于热敏性物质的提纯。利用乙醇：水<1的溶液为溶析剂时，K_2CrO_4 的结晶效果最好，有效地解决了有毒物排放问题。如果将溶析与冷却耦合用于结晶牛磺酸，无论是理论产率还是实际产率均高于传统结晶方法。

4. 磁场加速结晶

溶液黏度的变化会影响结晶速度，而溶液经过磁化后，黏度大大降低，对蔗糖结晶来说可提高蔗糖的结晶速率，提高产量。磁化设备结构简单，耗能少，控制方便，因而具有广阔的应用前景。

三、干燥技术

(一)喷雾干燥技术

喷雾干燥是指用雾化器把料液分散成雾状液滴，同时在热风中干燥，最终获得粉状或颗粒状成品的过程。喷雾干燥过程仅需 3～10 s 就能够干燥产品，可有效抑制干燥过程中食品的热变性和芳香成分的损失，确保了产品的质量。产品具有良好的分散性、流动性和溶解性。生产过程简化、操作控制方便，适宜于连续化大规模生产。20 世纪初期其首先应用于脱脂乳粉的制造，后来在乳品工业、果蔬粉生产、速溶茶饮料、食品添加剂、微胶囊化保健品等的生产上也已广泛应用。

例如，利用喷雾干燥法对果胶进行干燥，干燥时间短、温度低，有利于果胶品质的保持。主要技术流程是：新鲜柠檬皮 100℃预煮 15 min 杀酶，漂洗后 65℃烘干，粉碎，盐酸萃取 40～180 min，离心分离，活性炭脱色，得到果胶酶液。超滤膜浓缩，喷雾干燥温度 150℃，进料速度 50 mL/h，可快速得到干燥的果胶产品。

(二)真空冷冻干燥技术

真空冷冻干燥技术的原理是将湿物料冻结到共晶点温度以下，再在真空状态下，使水分升华，达到干燥的目的。该技术是国际公认的用于生产高品质、高附加值食品的加工方法，可最大限度地保留食品中的色、香、味及各类营养物质和活性成分。真空冷冻干燥技术已经应用在纳豆、螺旋藻、人参、枸杞以及发酵产品等功能性食品上。

大豆卵磷脂的真空冷冻干燥工艺主要技术流程：大豆卵磷脂原料用水稀释，放入低温冰箱中，−35℃预冻 4 h 以上，以保证物料中水分完全冻结。待冷阱温度降低到−45℃以下，放入预冻好的卵磷脂，处理量 8.1 kg/m^2，开启油泵，抽真空干燥 7 h。冻干后的卵磷脂迅速转移到密封袋中，并放入干燥器中贮藏。

技术应用

任务 7-1 利用真空法浓缩脱脂乳

任务设计

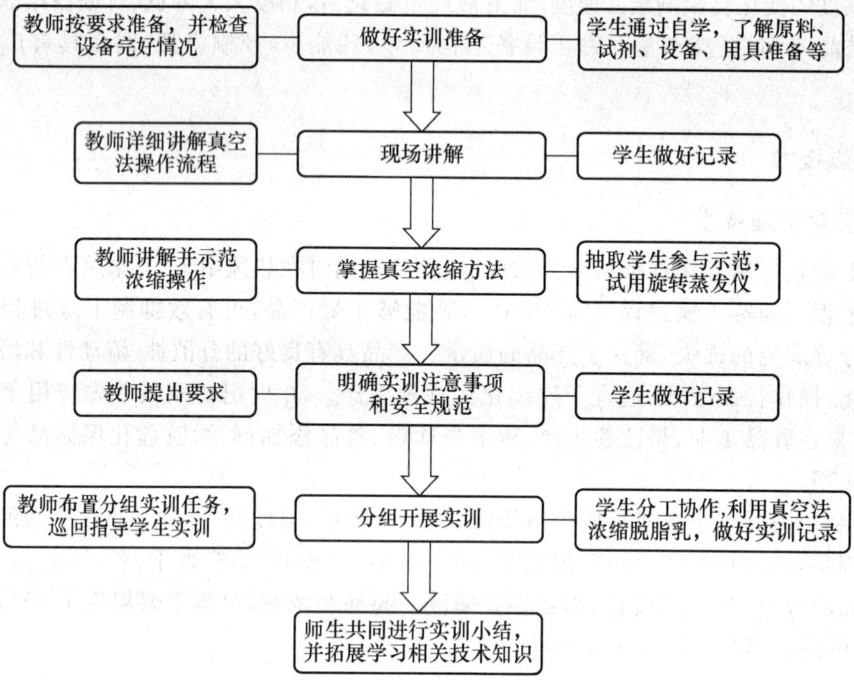

图 7-20 真空法浓缩脱脂乳的任务设计

实践操作

一、原料与试剂准备

脱脂乳、白砂糖、纯净水。

二、设备与用具准备

广口瓶、温度计、旋转蒸发仪、循环水泵、恒温水浴锅、电子天平、手持糖度计、折光仪、毛式黏度计。

三、操作方法

(一)操作流程

真空浓缩脱脂乳的操作流程如图 7-21 所示。

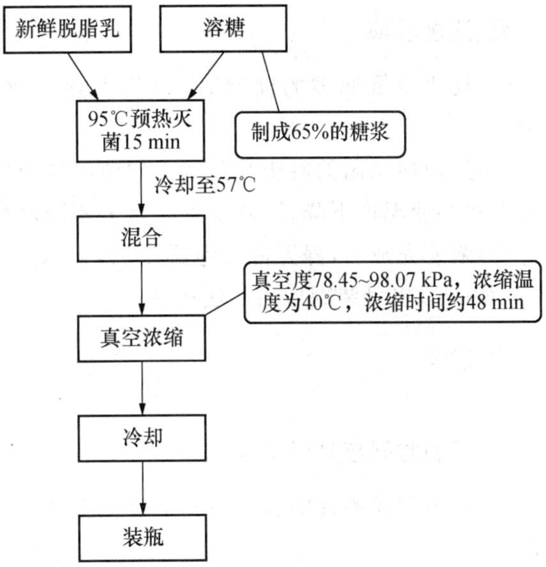

图 7-21 真空法浓缩脱脂乳流程

(二)操作要点

(1)预热杀菌　在脱脂乳浓缩之前进行的加热处理称为预热。选用新鲜脱脂乳时，也可采用95℃的条件下预热灭菌15 min。目的是杀死脱脂乳中的细菌、酵母、霉菌等对产品质量有害的微生物，破坏和钝化酶的活力。同时为满足真空浓缩过程的温度要求，防止结焦，加速蒸发。使蛋白质适当变性，推迟成品变稠。

(2)溶糖　加糖的主要目的是抑制细菌的繁殖，增加成品的贮藏时间。加糖量的计算是以原料乳中各个指标为依据的，一般加入原料乳15%～20%的糖。将白砂糖溶于水中，制成65%的糖浆，在95℃水浴锅预热15 min杀菌，冷却到57℃后与预热杀菌后的脱脂乳混合，搅拌均匀。

(3)真空浓缩　采用旋转蒸发仪进行真空浓缩，真空度78.45～98.07 kPa，浓缩温度为40℃，浓缩时间约48 min。生产上一般控制真空度为82.6～96.0 kPa，加热蒸汽压力为0.05～0.2 MPa。

(4)浓缩终点　脱脂乳浓缩到40%左右时即可停止，此时的产品也称为炼乳。在真空浓缩过程中，应每隔一定时间取样进行观察，判断浓缩终点。

四、结果分析

(一)外观观察

将适量试样倾倒于烧杯中，在自然光下观察色泽和组织状态。当达到浓缩终点时，产品的外观状态应为乳白色、非常细腻、无颗粒，即为稠度适宜的炼乳。

(二)检测分析

1. 固形物含量测定

将样品移入具有磨口塞的广口瓶中，加塞，置80℃水浴30 min，经常摇匀，冷却至20℃待检。开动折光镜温度调节器，使镜上温度达20℃，用玻璃棒取一滴待检样品于下面的三棱镜上(玻璃棒不得与镜面接触)，把上面的三棱镜轻轻地放下，调节补偿器，使明暗界线分清，使标线与界线吻合，读取固形物的含量(%)。

2. 黏度的测定

样品温度调节至20℃，置于毛氏黏度计上，将钢丝上的铜球垂入杯内，使铜球接近杯底，但不得与杯底接触，事前将刻度转盘校正，使在静止时0°恰对指针，用右手将刻度转盘顺时针转动两圈，再使0°对准指针，同时用左手掌握自动栓，使转盘固定不动，最后制动栓突然离开，转盘立即逆时针旋转，第一次指针停止的读数(恰在转盘自右而左倒转之前)即为炼乳的黏度。

五、注意事项

(1)使用质量低劣的蔗糖时,因其中含有较多的转化糖,易引起发酵产酸,影响炼乳的质量。

(2)经预热杀菌的脱脂乳到达真空浓缩环节时温度为 60℃左右,可以处于沸腾状态,但水分蒸发势必使温度下降,因此要保持水分不断蒸发必须不断供给热量。

(3)浓缩完成后,静置待气泡排出后再装罐。装乳的罐或瓶要在 90℃以上的温度下蒸汽灭菌 10 min,也可装罐后用此法灭菌。

实训建议

一、实训时间与分组安排

(1)本实训任务宜安排 4～6 学时的集中时间,由学生独立完成或由 2～3 人一组合作进行。

(2)炼乳可分为加糖炼乳(甜炼乳)、淡炼乳、脱脂炼乳等多种类型,本实训方案制备的是脱脂炼乳,在学生组数比较多的情况下,也可以安排几个小组进行其他类型炼乳的制备,锻炼学生自主设计实验、分析解决问题的能力。

二、实践操作内容的安排

(1)浓缩终点的判断可以由各小组自主确定使用哪种方式,并阐述理由。

(2)浓缩完成后,脱脂乳的指标测定环节可以由各小组自主查阅国家标准中相关检测方法进行检测。可增加感观检测,以增加学生的积极性和实训的趣味性。

理论链接

一、浓缩终点的判断

浓缩终点的判断一般有下列三种方法:

(1)相对密度测定法　相对密度测定法使用的比重计一般为波美比重计,刻度范围为 30～40 波美度,每一刻度为 0.1 波美度。这是最可靠的浓缩终点判断方法。

波美比重计应在 15.6℃下测定,但从浓缩罐中取出的浓缩乳,其温度为 40～50℃,必须进行校正。校正原则为:温度每相差 1℃,波美度相差 0.054。

(2)黏度测定法　黏度测定法可使用回转黏度计或毛式黏度计。测定时需先将乳样冷却到 20℃,然后测其温度,一般规定为 100°R/20℃。

(3)折光率法　可以使用阿贝折射仪或型手持糖度计来测定折光率。当温度为 20℃、脂肪含量为 8%时的折光率和总固形物含量之间有如下关系:

$$\text{总固形物含量}(\%) = 70 + 44(\text{折光率} - 1.4658)$$

二、真空浓缩设备

真空浓缩设备的形式很多,按加热蒸汽被利用的次数可分为单效真空浓缩设备和多效真空浓缩设备。在浓缩过程中，液体汽化所生成的蒸汽称为二次蒸汽。单效就是二次蒸汽不再作为热源利用，直接进入冷凝器冷凝。它在中小型果酱、乳粉和炼乳厂中应用较广。多效是几个蒸发器相连，将前面一台浓缩器产生的二次蒸汽作为下一浓缩器的加热蒸汽，多次利用。以生蒸汽加热的蒸发器为第一效，利用第一效产生的二次蒸汽加热的蒸发器为第二效，依此类推。食品加工厂的多效浓缩设备一般采用双效、三效，效数越多，越有利于节能，但设备投资费用越高。

按照液料的流程可分为循环式浓缩设备和单程式浓缩设备。循环式浓缩设备又分为自然循环浓缩设备和强制循环浓缩设备。

按料液蒸发时的分布状态分为薄膜式浓缩设备和非膜式浓缩设备。薄膜式浓缩设备中的料液蒸发时，在蒸发器内分散成薄膜状。薄膜式浓缩设备有升膜式、降膜式、片式、刮板式和离心式等。由于蒸发面积大，热利用率高，薄膜式浓缩设备的水分蒸发快，但结构较复杂。非膜式浓缩设备中的料液蒸发时，在蒸发器内聚集，仅做翻滚或流动，形成大蒸发面。非膜式浓缩设备有盘管式和中央循环管式。

技术拓展

一、真空浓缩椰浆

将鲜椰浆经真空浓缩除去大部分的水分，浓缩至原体积的25%～50%可以制成浓缩椰浆，也称为椰奶炼乳。具体做法是将新鲜的乳白色椰肉切碎，用蒸馏水洗净，打浆，得到新鲜椰浆原液。将所得原液用100目的滤布进行过滤，除去原液中未粉碎充分的固体小颗粒，滤液即为椰浆。连接旋转蒸发器和循环水真空泵，取约150 mL椰浆，称重，倒入500 mL蒸馏烧瓶中，将转速调至55 r/min，真空度0.075 MPa，温度65℃，进行真空浓缩。此条件下椰浆的浓缩效率较高，且品质发生的变化很小，加工过程中未发生分层和明显的褐变反应。

二、真空浓缩桑葚汁

将冷冻桑葚解冻、清洗后打浆，经果胶酶、纤维素酶酶解，离心过滤得到的上清液转入旋转蒸发仪进行真空浓缩，采用手持糖度计测试在65℃下浓缩的桑葚浓缩汁糖度达到60%时，达到浓缩终点。得到的桑葚浓缩汁色泽紫红色，口感酸甜可口，营养平衡。

三、沙棘原浆的冷冻浓缩技术

沙棘是胡颓子科酸刺属植物的果实，富含维生素C、黄酮及不饱和脂肪酸等多种营养物质及功能成分，大多数活性物质均有不同程度的热敏性，热浓缩的加工方式会造成有效成分损失严重。为了避免在热浓缩过程中沙棘原浆里维生素C、含硫氨基酸等热敏性物质的损耗，缓解褐变现象。可将沙棘原浆在低温冰箱中进行悬浮式冷冻浓缩，冷冻温度－7℃、沙棘浆浓度12.4%、冷冻时间13 min，形成的冰晶数量多、纯度高，营养成分损失小。

四、利用膜浓缩技术制备黑枸杞花青素

以黑果枸杞干果为原料，干果复水比为1∶6，用0.06%果胶酶、0.01%纤维素酶进行酶解，酶解温度30℃，酶解时间90 min。酶解后的枸杞汁进行膜浓缩，超滤膜材料选用孔径为

20 nm 陶瓷膜，温度 30～40℃，压力 0.1 MPa，得到的可溶性固形物含量明显增加。若将超滤与反渗透浓缩连用，黑枸杞浓缩果汁除菌率可大大提高。

二维码 7-2 任务 7-1 学习思考参考答案

学习思考

1. 真空浓缩的优点有哪些？
2. 影响脱脂乳浓缩的因素有哪些？

任务 7-2 利用蒸发冷却法结晶蔗糖

任务设计

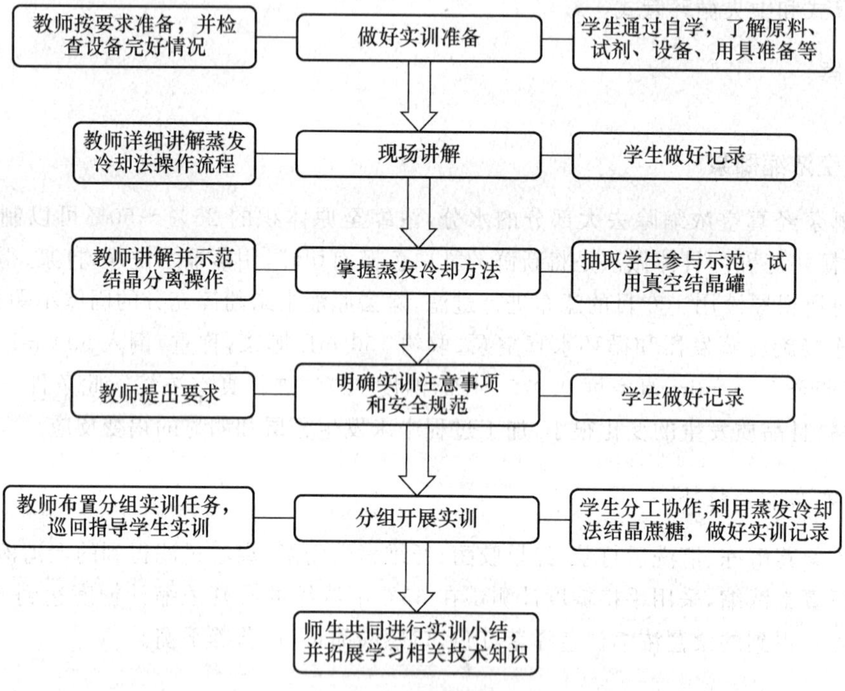

图 7-22 蒸发冷却法结晶蔗糖的任务设计

实践操作

一、原料与试剂准备

白砂糖、纯净水。

二、设备与用具准备

回溶机、破碎筛选机、摇摆式真空结晶罐、电子天平等。

三、操作方法

(一)操作流程

蒸发冷却法结晶蔗糖的操作流程如图 7-23 所示。

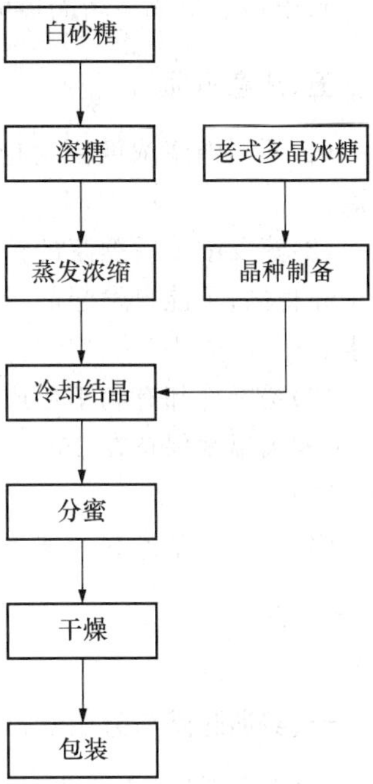

图 7-23　蒸发冷却法结晶蔗糖流程

(二)操作要点

(1)溶糖　将白砂糖和水按照 13∶7 左右的比例放入糖回溶机中。通入 0.5 MPa、158.07℃的加热蒸汽使糖液沸腾翻滚,直至白砂糖全部溶解为止。白砂糖溶解后得到的糖浆的锤度为 68%～70%。

(2)蒸发浓缩　将上述糖浆转移至夹套式煮糖锅内加热蒸发,进一步浓缩达到过饱和状态。糖浆温度应控制在 112～118℃,使最终在锤度为 82%～84%。在煮糖的过程中通过控制糖浆沸腾时的温度即可控制糖浆的锤度。

(3)晶种制备　将已烘干的多晶体冰糖送入晶种破碎筛选机内进行破碎筛选。将符合规格的(3～5 mm 或 5～8 mm)晶种计量、分装。选用的晶种要求洁白质纯,无砂心、砂底,颗粒均匀,表面积大。

(4)冷却结晶　结晶过程采用摇摆式真空结晶罐。开启结晶罐,靠罐内真空度抽入糖浆。根据罐内糖浆容积,按糖浆量 10%～15%的比例投入晶种,调整罐内真空度至 8×10^4 Pa,控制罐内物料温度在 70～77℃,不得超过 80℃,保持过饱和度在 1.03～1.06,最高不超过 1.10(温度和过饱和度偏高时,易增加成品色值或产生伪晶、并晶等)。视工艺条件,经过 2～7 d 的结晶、养晶,可得符合规格的晶体。结晶过程结束后,关闭真空阀和进汽阀,分次放出罐内晶体与母液的混合物,进行分蜜。

(5)分蜜　将晶体与糖蜜分离后,晶体上附有一薄层糖蜜,需水洗除去。生产上一般采用三足式离心机,将结晶体分去母液,在分离机转速为 800 r/min 时喷淋入 60℃的净水,洗净晶体表面附着的蜜膜。水洗后,送至干燥设备中进行干燥。

(6)干燥　干燥的主要目的是将结晶表面的游离水去掉,一般通过物理方式去除。工业上一般用热风干燥箱或隧道式干燥器,将产品含水量降低到 8.5%。

四、结果分析

(一)晶体外观观察

形成晶体后,每隔 24 h 取样,在 100 倍显微镜下观察晶体的大小、数量及形态,以便确定结晶终点。

(二)结晶率的测定

结晶率是指糖浆中含有结晶蔗糖量与糖浆中总干固物的百分比,是衡量糖浆结晶效果的指标之一。结晶率的计算公式为:

$$结晶率=\frac{m_2}{m_1}\times100\%$$

式中：m_2 是成品结晶体的质量，m_1 为生产该结晶体所用白砂糖的质量。

五、注意事项

(1)不同糖浆浓度下对应的沸腾温度不同，一定范围内，提高糖浆浓度有利于结晶率的提高。

(2)蒸发浓缩后糖浆的锤度过低或过高都不利于结晶。当糖浆的锤度较低时，过饱和糖液处于介稳区，不能自发起晶；如果糖浆锤度较高则容易起砂，得到的晶形细碎，不符合产品质量要求。

(3)缓慢冷却有利于形成粗大而均匀的结晶。可使第一、第二天温度保持在 70～80℃，第三、第四天温度保持在 65～70℃，第五、第六天温度保持在 55～65℃，第七、第八天温度保持在 40～50℃。

(4)水质对结晶有一定的影响，建议选择比较纯净的蒸馏水。

实训建议

一、实训时间与分组安排

(1)本实训任务宜安排 6～8 学时的集中时间，由学生独立完成或由 2～3 人一组合作进行。

(2)在学生组数比较多的情况下，也可半数小组使用 3～5 mm 的晶种，半数小组使用 5～8 mm 的晶种，并对结晶过程和产品进行比较分析。

二、实践操作内容的安排

1. 结晶过程耗时较长，在实训时可以由老师和学生在课后业余时间完成。

2. 根据结晶理论，引导学生通过查找资料，自主设计其他物质的结晶实训步骤，并进行结晶实训操作。

理论链接

一、锤度的概念

在制糖工艺中，锤度起着非常重要的作用，能衡量煮糖时剩余糖分的量，进而控制煮糖时间，判断晶种添加的时机。锤度指溶液中所含的可溶性物质的质量占总质量的百分比。如蔗糖锤度是指蔗汁中固溶物质的质量占蔗汁质量的百分比，即糖液的浓度，它包括蔗糖在内的溶于蔗汁中的所有可溶性物质，因此它不是蔗糖含量的真实值，但蔗汁锤度与蔗汁的蔗糖含量有相关的关系，因此可以通过测定蔗汁的锤度来衡量甘蔗的成熟度。

糖锤度计就是用来测量糖液浓度的仪器，常用的锤度计读数范围有 0～6%、5%～11%、10%～16%、15%～21%、20%～26%等，其刻度方法以 20℃为标准，以蒸馏水为 0。1%纯蔗糖溶液为 1%(即 100 g 糖液中含糖 1 g)。其他温度下测量时需要根据糖液的温度和糖锤度计的读数查表校正。

二、多晶冰糖的生产工艺

多晶体冰糖的生产过程一般先是将过饱和糖液控制在易变区内使其自然起晶，起晶后其浓度降低至介稳区，靠近已形成的晶核的蔗糖分子，不断地被晶核表面所吸引，沉积在晶体表面上，并按晶体形状整齐地、一层层地排列起来，晶体得以慢慢长大，养晶1周后即可得成品。

技术拓展

一、微波结晶的应用

微波对结晶的显著影响使得微波结晶受到广泛关注和研究，微波可以改善反应体系的传质速率，增大结晶速率，提高结晶产率，还可以改变晶体的粒度和晶体习性。有人研究了微波在碳酸钙结晶过程中的作用，发现微波场的加入可以加快结晶的速度，不同强度的微波输入不仅能够影响碳酸钙晶体的收率，还能够改变碳酸钙晶体的习性。

二、利用超声波辅助分布结晶法制备高纯度豆甾醇

取50 g植物甾醇与环己酮按料液比1∶3.5加至250 mL夹层酶反应器中，连接低温恒温槽，开启循环水浴加热至65℃，充分搅拌直至样品完全溶解，恒温平衡30 min后降温至25℃养晶16 h，抽滤，滤饼真空干燥至恒重。重复结晶5次，豆甾醇纯度能达到94.69%，晶体纯度大大提高。

三、利用磁性诱导对薄荷脑进行结晶

以93.50%薄荷脑作为原料，分别在醋酸-水、乙醇-水和乙腈中对其进行磁性诱导结晶，在0.5 T场强下，薄荷脑结晶速率显著加快，晶体纯度有所提高；在乙腈中进行磁性诱导结晶，可以得到99.10%的薄荷脑纯品。

四、无水柠檬酸的蒸发结晶

无水柠檬酸的结晶生产工艺要求温度较高，故采用蒸发式结晶器，且必须在真空下操作。将溶液在温度75℃下进行蒸发浓缩，浓缩液比重达1.39时停止加热，冷却至温度50℃，加入晶种，保温时间0.5 h，结晶完毕。再放入低速(50～60 r/min)离心机，洗涤晶种。经烘干，得到无水柠檬酸成品。

二维码7-3 任务7-2 学习思考参考答案

学习思考

1. 溶糖时，白砂糖与水的比例高低对结晶过程有何影响？
2. 影响结晶率的因素有哪些？
3. 结晶罐内分离出的母液如何处理？

思政园地

典型案例：某糖厂澄清工段吸滤机真空度低，不稳定，且有跑糖现象，检查发现1号吸滤机高真空抽汁罐至平衡罐管道堵塞(即阀门上方处)。考虑抽汁罐内尚有残留滤汁，且滤汁温度为70～80℃，故在清垢时，为避免滤汁溅射到自己，一员工用一块铝皮护着身体

部位。然而，当积垢清通时，残留滤汁一倾而下，当事人本能反应，转身跑出，不料滤汁四处飞溅，致使其腰部被滤汁烫伤。

案例评析：该作业属设备与管道非常规第一次开封作业，作业前相关人员必须清楚意识到该类作业具有潜在的液体、气体或固体的意外释放的可能；正确识别设备与管道开封的危害，采用隔离、屏蔽、监护、上锁等措施。规范操作方法是保护作业人员人身安全的最基本控制手段，所配备的个人防护用品只是作为第二控制手段，作业中必须保持以上两种控制手段同时得到落实。作业人员应熟悉紧急撤退路线，根据管道内不同的介质，选用不同的个人防护用品。

安全无小事。在生产操作过程中，要严格遵守安全操作规程，按要求佩戴好劳保用品，提高安全意识，善于发现安全隐患，纠正不良习惯，保障劳动安全。

自测练习

一、名词解释

1. 浓缩 2. 冷冻浓缩 3. 结晶 4. 过饱和溶液 5. 重结晶

二、填空题

1. 根据蒸发操作压力不同可分为__________、__________和__________。
2. 冷冻浓缩操作的两个步骤按照先后顺序分别是__________和__________。
3. 标准式蒸发器由__________、__________两部分构成。
4. 板式蒸发器可应用于__________。
5. 结晶过程主要有三个阶段：__________、__________和__________。
6. 浓缩终点的判断一般有三种方法：__________、__________、__________。

三、单项选择题

1. 多效蒸发的加料操作最常用的方法是(　　)。

A. 顺流法　B. 逆流法　C. 平流法　D. 顺逆流法

2. 现在普遍采用的起晶方法是(　　)。

A. 自然起晶法　B. 刺激起晶法　C. 晶种起晶法　D. 混合起晶法

3. 盐析结晶法的原理是(　　)。

A. 使溶液冷却降温，形成过饱和溶液
B. 生成溶解度更低的新物质
C. 蒸发时除去一部分溶剂
D. 加入某种盐使溶质的溶解度降低而造成过饱和

4. 为提高结晶速率和产率，一般将溶液的过饱和度值大致控制在(　　)。

A. 稳定区　B. 介稳区　C. 不稳定区　D. 亚稳定区

5. 调节结晶器内晶浆密度的主要手段是(　　)。

A. 分级排料　B. 细晶消除　C. 清母液溢流　D. 分批结晶

四、判断题

1. 管式薄膜蒸发器根据薄膜的流动方向可分为三种类型，其设备结构大致相同，加热器都是由许多垂直长管组成的。(　　)

2. 刮板式蒸发器一般只用于单效蒸发。(　　)

3. 结晶时,不同类的分子、离子或原子都可以有规则地排列成晶体。(　　)

4. 溶质从液相中析出时,不同的环境条件和控制条件,可以得到不同形状的晶体。(　　)

5. 结晶条件变化缓慢时会形成无定形状态结晶。(　　)

6. 大规模进行结晶操作时,为了降低成本,缩短生产周期,一般需要采用分批结晶操作。(　　)

7. 连续结晶操作控制上比分批操作困难,对操作人员技术要求严格。(　　)

五、问答题

1. 蒸发浓缩的原理是什么?

2. 与常压蒸发相比,真空浓缩的优点有哪些?

3. 影响结晶析出的主要条件有哪些?

4. 盐析结晶法的优缺点是什么?

二维码 7-4　项目 7 自测练习参考答案

项目 8

食品深加工技术的综合应用

本项目学习目标

知识目标

- 了解当前常见的食品深加工技术的工业化生产应用现状。
- 熟悉破碎、提取、离心、超滤等生产步骤的操作设备及操作规范。
- 熟悉分离介质的预处理、装柱、洗脱等生产设备的操作规范。
- 熟悉食品深加工操作技术在小试及中试生产中使用的设备、仪器和操作流程。
- 综合应用食品深加工技术操作从食品原料中制备各种目标产物。

二维码 8-1　项目 8 课程 PPT

能力目标

- 能熟练进行提取、过滤、离心、柱层析、浓缩等深加工操作。
- 能熟练掌握栀子色素、罗汉果甜苷、大豆异黄酮、鸡蛋卵磷脂的主要加工工艺。
- 能根据目标物的特点综合应用深加工技术及设计制备工艺。
- 能分析深加工过程中出现的问题并提出改进方案。

素质目标

- 具有团队合作和团队互助的意识，以及良好的组织与沟通能力。
- 恪守良好的职业道德，具有一丝不苟的工作作风、吃苦耐劳的精神与一定的创新思维能力。
- 树立牢固的食品安全观念，遵守 6S 管理要求，并具有较强的无菌操作与安全操作的习惯和意识。

项目概述

本项目是将食品深加工中的单元操作技术，包括破碎、提取、离心、过滤、沉析、柱层析、浓缩、干燥等技术，综合应用于不同目标产物的综合实践项目。本项目包括栀子黄色素的制备、罗汉果甜苷的制备、大豆异黄酮的制备和鸡蛋卵磷脂的制备 4 个任务。学生通过本项目的综合实践，熟悉食品深加工技术的综合应用。

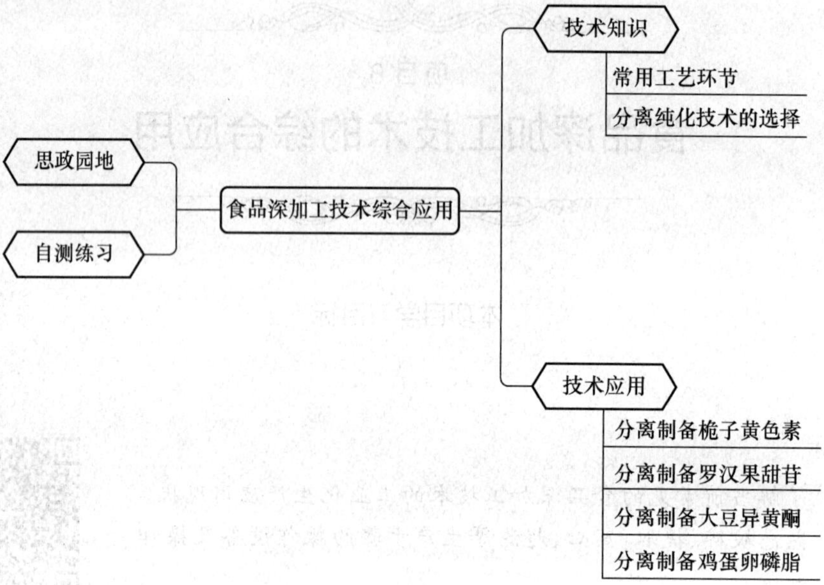

图 8-1 食品深加工技术的综合应用项目导图

技术知识

一、食品深加工的常用工艺环节

在食品深加工产品的工业化生产中，常见的工艺环节为：①将物料进行预处理（清洗、破碎，除杂等）；②采用超声波提取、逆流提取、超临界 CO_2 提取等装置选用合适的溶媒对原料中的目标产物进行有效的萃取；③再经过三足离心、碟式离心结合板框过滤等装置实现萃取液和残渣的分离。

由于食品深加工产品多具有生物活性，故为了有效保持其功能，会根据目标物与其他物质的分子量差异，采用条件温和的组合膜（超滤、纳滤）分离装置或真空蒸发浓缩装置对物料进行浓缩处理。如需获得纯度更高的成品，需要再选择合适的分离介质对物料进行柱层析分离分级，通过对洗脱液的检测收集目标产品，对含有目标物的洗脱液进行有效的收集、浓缩和脱溶剂处理，最后经过巴氏灭菌后获得成品。

若成品为固体还可选用真空干燥、冷冻干燥或喷雾干燥等工艺对物料进行干燥处理。此外，在食品深加工过程中，提取和层析洗脱阶段常用到有机溶剂，故需要通过溶剂回收设备对有机溶剂进行脱除或回收。

二、食品分离纯化方法的选择

一般而言，早期分离纯化用萃取、沉淀、静态吸附分离等一些分辨力低的方法较为有利，这些方法负荷能力大，分离量多，兼有分离、提纯和浓缩的作用，能为进一步分离纯化创造良好的基础。早期分离方法的选择原则是从低分辨能力到高分辨能力，而且负荷量较大者更合适。随着许多新技术的建立，一个特异性方法的分辨力越高，便意味着提纯步骤越简化、收率越高、活性物质的变性风险越低。

各种分离方法的交叉使用对于除去大量理化性质相近的杂质也较为有效，如有些杂质在各种条件下带电荷性质可能与目的物相似，其分子形状和大小与目的物相差较大；而另一些杂质的分子形状与大小可能与目的物相似，但在某条件下与目的物的电荷性质不同。在这种情况下，先用分子筛，用离心或膜过滤法除去分子量相差较大的杂质，然后在一定 pH 和离子强度范围下，使目的物变成有利的离子状态，便能有效地进行柱层析分离。当然，这两种步骤的先后顺序反过来应用也会得到同样的效果。

对于一个未知物，通过各种深加工方法的交叉应用，有助于进一步了解目的物的性质。不论是已知物或未知物，当条件改变时，连续使用一种分离方法是允许的，如分级盐析和分级有机溶剂沉淀等。分离纯化中期，由于各种原因，如含盐太多、样品量过大等，一个方法一次分离效果不理想，可以连续使用两次，还可重复应用先前几步所应用的方法。为了纯化一种物质有时需要联合几个，甚至十几个步骤，并不断变换使用各种不同类型的分离方法，才能达到目的。

技术应用

任务 8-1 综合利用食品深加工技术分离制备栀子黄色素

任务设计

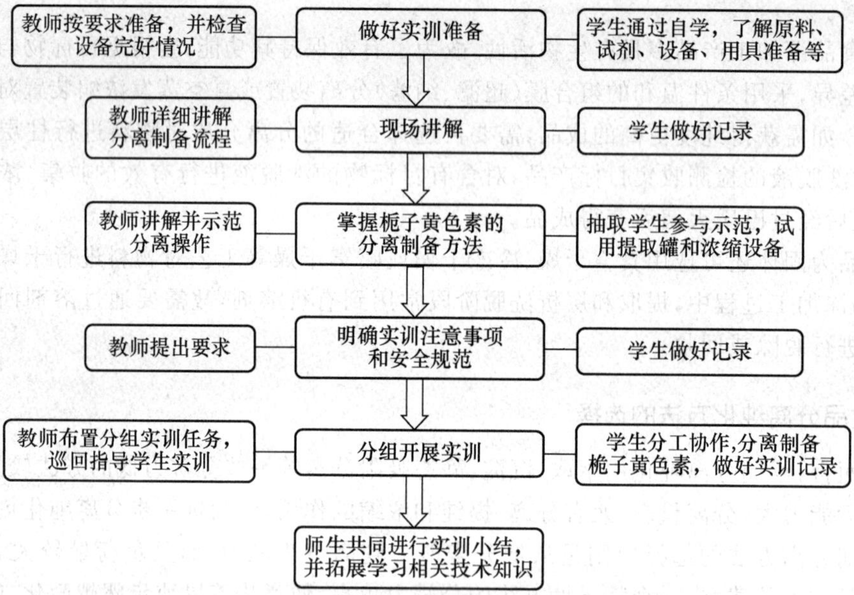

图 8-2 综合利用食品深加工技术分离制备栀子黄色素的任务设计

实践操作

一、原料与试剂准备

栀子、石油醚、95%乙醇或无水乙醇、2 mol/L HCl、50%柠檬酸液(用于调配 pH)、2 mol/L NaOH、HPD-300 大孔吸附树脂。

二、设备与用具准备

干燥箱、粉碎机、提取罐、离心机、超滤膜设备、层析柱、浓缩设备(两台)、不锈钢贮罐 5～6 个、恒流泵、巴氏灭菌罐、真空干燥机或喷雾干燥机、取样瓶、精密 pH 试纸等。

三、操作方法

(一)操作流程

制备栀子黄色素的操作流程见图 8-3。

(二)操作要点

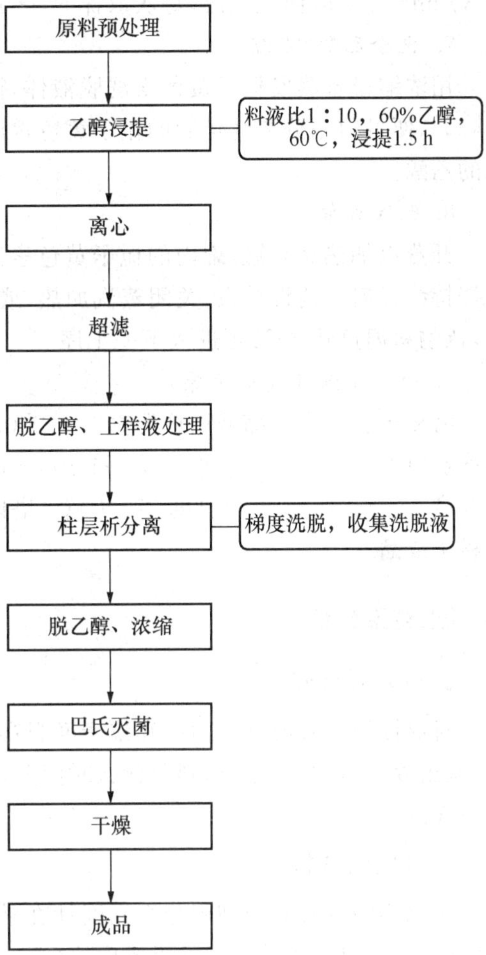

图 8-3　制备栀子黄色素流程

1. 原料预处理

将栀子果置于 50℃的烘箱中干燥 12 h，用粉碎机粉碎至 60 目备用，栀子粉投入提取罐，石油醚为提取剂，固液比 1∶6，提取温度 100℃，提取时间 1.5 h，连续提取两次，收集合并提取液用于提取栀子油，提取渣用纯化水淋洗，放出淋洗液，离心，在真空干燥箱中进行干燥，剔除杂物，备用。

2. 乙醇浸提

将脱脂干燥后的栀子粉末投入提取罐，用 60%的乙醇水溶液为提取剂，固液比 1∶10，提取温度 60℃，提取时间 1.5 h，将浸提液抽至中转罐，连续浸提两次，合并浸提液到中转罐。

3. 离心

用泵从浸提液中转贮罐中抽取提取液进入离心机进行离心过滤分离，分离后提取液应达到 80～100 目滤网过滤后的效果，离心分离流速控制在设备的额定流量之内，收集离心液于中转罐内，废弃离心渣。

4. 超滤

经离心分离后的浸提液进入超滤物料罐中，用泵输送按 2 000～6 000 L/h 的速度通过超滤设备(膜截留分子量为 100 k)，进料温度控制在 75℃以下，超滤渗透侧液体进入清液中转罐，待输送至下一步骤。

5. 脱除乙醇、上样液处理

(1)脱除乙醇　用浓缩设备蒸发超滤后浸提液，彻底脱除浸提液中的乙醇，收集浓缩液于中转罐内，取样检测在 440 nm 处总吸光度值；收集回收蒸发出来的乙醇。

(2)上样液处理　加纯化水稀释至溶液吸光度在 40～80，用 50%的柠檬酸溶液调 pH 为 6.8，备用。

6. 树脂吸附柱层析分离

(1)使用 HPD-300 型大孔树脂　树脂预处理、装柱、平衡参照项目 6 中任务 6-1 进行。

(2)吸附　启动恒流泵，将超滤液输送到已再生待用的吸附柱过程中，以 2 BV/h 的速度通过吸附柱，流出液排废。总进样量控制在 15 倍树脂体积以内。

(3)洗脱与分部收集　进样结束后，先用 3 BV 的纯化水以流速 1.5 BV/h 淋洗层析柱洗去水溶性杂质以及部分栀子苷和绿原酸，流出液排废；再用 6～7 BV 的体积分数为 15%的乙醇溶液洗脱栀子苷和绿原酸，收集流出液用于其他用途；最后用 3 BV 的体积分数为 85%的乙醇水溶液进行洗脱，将栀子黄色素洗脱下来，洗脱流速 1.5 BV/h，收集洗脱液于中转罐中，每隔 30 min 分管取样洗脱液，每次取样 5～8 mL。

7. 脱除乙醇、浓缩

用浓缩设备蒸发栀子黄色素洗脱液体，彻底脱除洗脱液中的乙醇，浓缩至浓缩物料的糖度≥45%，便可得到分离纯化后的栀子黄色素浓缩液，置于加热夹套消毒罐内。收集回收蒸发出来的乙醇。

8. 巴氏灭菌

开蒸汽加热夹套罐，罐内的栀子黄色素浓缩液在 85～90℃保温 35 min 消毒，消毒过程中搅拌持续开启。消毒结束，关闭蒸汽加热，或往加热夹套中通往冷水，消毒罐继续保持密闭状态，待物料温度达 65℃可进入下一工序。

9. 冷冻干燥或喷雾干燥

将栀子黄色素浓缩液用低温真空干燥(加热板温度 40～45℃，真空度 0.07～0.09 MPa，料液层厚度 6～8 mm，时间 1 350～1 400 min)或喷雾干燥机喷粉(进料速度 130～150 L/h，进口温度 175～185℃，出口温度 75～90℃，塔内负压控制在－130～－10 Pa)即得纯化后的栀子黄粉末成品。

四、结果分析

(一)外观观察

对取样的洗脱液进行颜色和澄清度观察，记录分离实验结果，并对柱层析前后分离出的物质(流出液)进行结果分析，判断什么时间开始出现洗脱色素最高峰，什么时间可以基本认定为洗脱终点。

(二)检测分析

对取样的洗脱液分别用分光光度计在波长 440 nm 检测栀子黄色素的吸光度值，并以管号为横坐标，以栀子黄色素的吸光度值(A_{440})为纵坐标绘制洗脱图，并分析柱层析分离栀子黄色素过程中的色价峰和杂质洗脱峰。

五、注意事项

(1)在开始生产前，应将所有设备按提取罐→中转罐→衡流泵→离心机→中转罐→恒流泵→超滤设备→中转罐→浓缩设备→中转罐恒流泵→柱层析设备→中转罐→浓缩设备→巴氏灭菌罐→恒流泵→干燥设备的顺序用管道连接并全部清洁干净。

(2)提取栀子油后的渣，必须用水淋洗，去除残留的石油醚。

(3)彻底脱除浸提液中的乙醇后，应加纯化水稀释和微酸化(pH 为 6.8)。

(4)装柱注意事项，请参照项目 6 中任务 6-1 的相关内容。

(5)层析时总进样量控制在 15 倍树脂体积以内，进料量过多则可能出现树脂吸附饱和、栀子黄色素跑料的情况。

(6)层析结束后必须要用 95%的高浓度乙醇或 3%～5%的盐酸、氢氧化钠对使用过的大孔树脂进行再生处理，并妥善保存。

实训建议

一、实训时间与分组安排

(1)本实训任务宜安排学生进行分岗位操作,如投料量大,生产周期长,还要考虑每个岗位如何排班。

(2)为了让学生了解到不同环节的操作,可以让学生轮流到不同岗位。

(3)如学校没有成套的制备设备,可安排学生到相应的生产企业实习。

二、实践操作内容的安排

(1)可以安排一些学生在实验室用30%、60%等不同体积分数的乙醇,选择不同料液比、不同温度来进行栀子黄色素的浸提,寻找更优的浸提条件。

(2)为了让学生了解不同型号树脂的吸附能力,同时能提供更多的实训案例来进行吸附层析分离效果优劣的分析比较、提高学生的方法能力,可安排学生在试验室使用HPD-100、HPD-300、HPD-400型、AB-8等其他型号树脂开展层析分离。

理论链接

一、栀子黄色素的性质

栀子黄色素又名藏花素,是从栀子的成熟干燥果实中提取而成的天然食用色素。栀子黄色素一般为橙黄色粉末,其主要成分为藏红花素和藏红花酸,是一种罕见的水溶性类胡萝卜素,其水溶液为柠檬黄色。

栀子黄色素稳定性好、着色力强,耐还原性、耐微生物性好,耐光、耐热,在pH 4～11下颜色基本不变,对金属离子稳定,对淀粉、蛋白质染着效果好。

二、栀子黄色素的保健功效

栀子黄色素具有较高的营养价值,是一种罕见的水溶性类胡萝卜素,极易被人体吸收,在人体内可以转化为维生素A,可以补充人体维生素的不足;栀子色素具有保健作用,栀子果是一味临床常用的传统中药,在我国应用于临床治疗已有1 600多年历史,栀子色素具有类似于栀子的作用,能清热祛火、凉血利胆、降低胆固醇,现代药理学研究表明,栀子黄色素对重症急性胰腺炎大鼠具有明显的降脂质过氧化物作用和增强胰腺炎时机体的免疫能力,具有保护肝脏和抑制肝癌细胞作用以及对胃机能呈抗胆碱性的抑制作用,在心血管系统中具有中枢降压作用、防治动脉粥样硬化及抗血栓作用,还具有中枢镇静、镇痛、解热作用,抗炎和治疗软组织损伤作用等。

技术拓展

一、利用微波技术提取栀子黄色素

将栀子果干燥、粉碎、去脂干燥,以50%的乙醇水溶液为提取剂,料液比1∶12,微波功率

210 W、提取时间 80 s，连续提取 2 次，合并提取液，过滤，得栀子黄色素粗提取液备用。将栀子黄色素粗提取液通过柱层析进行分离纯化，再浓缩、干燥。

二、利用超声波技术提取栀子黄色素

将栀子果干燥、粉碎、去脂干燥，以 50%的乙醇水溶液为提取剂，料液比 1∶12，提取时间 1 h，提取温度为 20℃，连续提取 2 次，合并提取液，过滤，得栀子黄色素粗提取液备用。将栀子黄色素粗提取液通过柱层析进行分离纯化，再浓缩、干燥。

二维码 8-2 任务 8-1 学习思考参考答案

学习思考

1. 柱层析时用过的 15%乙醇洗脱液是否有利用价值？
2. 在制备栀子粉的过程中为何要加入石油醚？
3. 在柱层析分离过程中为何要将上样液进行稀释和调整 pH？

任务 8-2 综合利用食品深加工技术分离制备罗汉果甜苷

任务设计

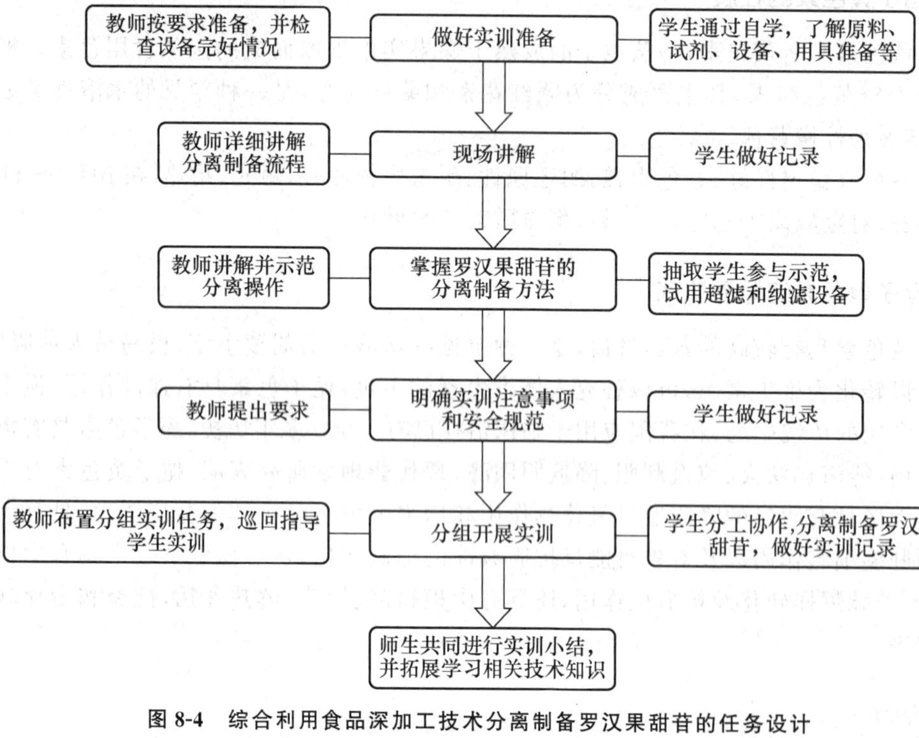

图 8-4 综合利用食品深加工技术分离制备罗汉果甜苷的任务设计

实践操作

一、原料与试剂准备

新鲜成熟的罗汉果(或冷冻保存的罗汉果)、饮用水、纯化水。

二、设备与用具准备

逆流提取机组或提取罐、离心机、超滤膜设备(膜截留分子量 100 000)、纳滤浓缩膜设备(膜截留分子量为 200～400)、浓缩设备、不锈钢贮罐 4～5 个、恒流泵、巴氏灭菌罐、真空干燥机或喷雾干燥机、取样瓶等。

三、操作方法

(一)操作流程

制备罗汉果甜苷的操作流程见图 8-5。

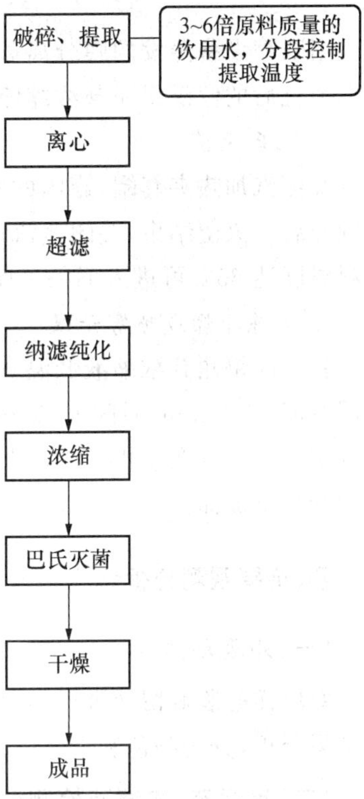

图 8-5　制备罗汉果甜苷流程

(二)操作要点

1. 破碎、逆流提取

根据后端中转罐、巴氏灭菌罐的大小，计算确定每批投鲜果的量，向提取机组或提取罐投入经破碎后的新鲜罗汉果，按料液比 1∶(3～6)在动态逆流提取机组或提取罐中饮用水提取。逆流提取机组分四段控制提取温度：第一段≥80℃，第二、第三段≥90℃，第四段≥80℃；从进料到出渣的全程提取时间控制在 55～60 min。如在提取罐中提取要反复提取 3～4 次才能完全。在提取液出口处检测物料的糖度，要求可溶性固形物含量为 2%～4%。提取液暂存于中转罐中。

2. 离心

当中转罐内提取液达一定量，用泵从提取液中转罐中抽取提取液进入离心机进行离心过滤分离，分离后提取液应达到 80～100 目滤网的效果，离心分离流速控制在设备的额定流量之内，废弃离心渣。

3. 超滤

经离心分离后的提取液进入超滤物料罐中，用泵输送按 2 000～6 000 L/h 的速度通过超滤设备，进料温度控制在 75℃以下，超滤渗透侧液体进入清液中转罐，取样检测糖度，待输送至下一步骤。

4. 纳滤纯化

(1)调整步骤 3 所得的清液可溶性固形物含量为 2%～4%，温度小于 70℃。

(2)用泵将清液泵入纳滤设备，进膜压力≤0.5 MPa，保持膜透过液通量和超滤液泵入流量差不多相等，在浓缩至物料体积为原体积的 1/5、1/6、1/7、1/8、1/9、1/10 时，分别取样用于检测。

(3)浓缩至物料体积为原体积的 1/10 时，停止浓缩，收集截留液。

5. 浓缩

用浓缩设备蒸发的膜分离截留液，浓缩至浓缩物料的可溶性固形物含量≥45%，便可得到分离纯化后的罗汉果甜苷浓缩液，将其置于加热夹套罐内。

6. 巴氏灭菌

开蒸汽加热夹套罐，罐内的罗汉果甜苷浓缩液85～90℃下保温35 min，灭菌过程中搅拌持续开启。灭菌结束，关闭蒸汽加热，或往加热夹套中通往冷水，灭菌罐继续保持密闭状态，待物料温度达65℃可进入下一工序。

7. 冷冻干燥或喷雾干燥

将罗汉果甜苷浓缩液低温真空干燥(加热板温度40～45℃，真空度0.07～0.09 MPa，料液层厚度6～8 mm，时间1 350～1 400 min)或用喷雾干燥机喷粉(进料速度130～150 L/h，进口温度175～185℃，出口温度75～90℃，塔内负压控制在－130～－10 Pa)即得纯化后的罗汉果甜苷粉末成品。

四、结果观测分析

(一)外观观察

对取样的膜截留液进行颜色和澄清度观察，记录分离实验结果，并对膜分离前出的物质进行结果分析，分析颜色和澄清度与罗汉果甜苷纯度的关系。

(二)超滤液、浓缩液检测分析

检测超滤液、浓缩液糖度，以确定是否达到工艺控制的要求。

(三)膜分离截留液检测分析

对取样的膜截留液用分光光度计分别在波长595 nm检测罗汉果总皂苷的吸光度值，并以浓缩倍数为横坐标，以总皂苷的吸光度值(A_{595})为纵坐标绘制膜分离曲线。

五、注意事项

(1)在开始生产前，应将所有设备按上料机→破碎机→逆流提取机组或提取罐→中转罐→衡流泵→离心机→中转罐→恒流泵→超滤设备→中转罐→恒流泵→膜分离设备→中转罐→浓缩设备→巴氏灭菌罐→恒流泵→干燥设备的顺序用管道连接并全部清洁干净。

(2)罗汉果破碎时只需破碎到罗汉果种子粒粒分开即可，不能破碎种子。

(3)超滤时设备每运行8 h或超滤通量小于设备设计通量的60%时，应停止进料，超滤设备使用后要彻底按特有的清洁方法清洁，以恢复其通量。

(4)膜设备在进膜压力和出膜压力压差超过0.1 MPa或者通量明显下降时，以pH为10.5～12的氢氧化钠和三聚磷酸钠溶液循环60 min，纯水洗净后待用。

(5)在超滤、膜分离过程中，要保持合适且稳定的流速。

(6)在检测罗汉果总皂苷时，必须对样品进行前处理，取膜截留液10～25 mL于容量瓶中，用纯净水稀释至刻度，摇匀。分别取各样品溶液0.2 mL到具塞试管中，加水0.5 mL，加5%香草醛溶液0.2 mL、高氯酸0.8 mL，60℃水浴15 min。取出试管冰水浴冷却，再加5 mL冰醋酸，摇匀后静置10 min，在波长595 nm处测其吸光度。

实训建议

一、实训时间与分组安排

(1)逆流提取是一个连续动态的过程，且整个工序中各中间体均容易发酵变质，本实训任务宜使学生进行分岗位操作，岗位分别为：提取和离心、超滤、膜分离、浓缩、喷粉(或冷冻干燥)。如投料量大，生产周期长，还要考虑每个岗位如何排班。

(2)为了让学生了解到不同环节的操作，可以让学生轮流到不同岗位实训。

(3)如学校没有成套的制备设备，可安排学生到相应的生产企业实习。

二、实践操作内容的安排

可安排学生使用不同孔径的膜(膜截留分子量分别为 200、300、350、400)进行实训，考察不同孔径的膜的分离纯化效果。

理论链接

一、罗汉果甜苷的性质

罗汉果甜苷，萃取于广西特产经济植物——罗汉果，为棕色至浅黄色粉末，熔点 197～201℃(分解)，易溶于水和稀乙醇，热稳定性强，在 100℃中性水溶液中连续加热 25 h，或在 120℃长时间加热，均不致破坏，在弱酸、弱碱中不变质。罗汉果甜苷味极甜，纯品甜苷甜度为蔗糖的 300 倍，其热量为零。

二、罗汉果及罗汉果甜苷的保健功效

罗汉果性凉、味甘、无毒，归肺、大肠经，具有清热润肺、利咽开音、润肠通便之功效。传统常用于治疗肺热燥咳、咽痛失音、肠燥便秘等。近 10 多年来，罗汉果的药理研究发现罗汉果除了传统功效外，还有不少新功效，已有多篇文献报道罗汉果有降血糖和降血脂、抗氧化清除自由基、保肝、抗肿瘤、增强免疫、抗疲劳、耐缺氧、耐高温、抑菌等新功效。

技术拓展

一、利用层析分离技术纯化罗汉果甜苷

将罗汉果破碎，以饮用水为提取剂，料液比为 1∶(3～3.5)，逆流提取，过滤，得罗汉果粗提取液备用。将罗汉果粗提取液在恒定流速下通过大孔树脂(如 SP700、LX-15)进行分离纯化，再浓缩、干燥。

二、利用微波技术提取罗汉果甜苷

将罗汉果破碎，以饮用水为提取剂，料液比为 1∶8，微波输出功率为 750 W，提取时间为 15 min，离心，过滤，得罗汉果粗提取液备用。将罗汉果粗提取液利用膜分离纯化或大孔树脂层析分离纯化，再浓缩、干燥。

二维码 8-3 任务 8-2
学习思考参考答案

学习思考

1. 分离制备的罗汉果甜苷有何用途？

2. 在使用膜分离浓缩时，浓缩的倍数跟罗汉果甜苷的含量有什么关系？

3. 膜的孔径对分离提纯效果是否有影响？在膜的孔径已选定后，想再提高罗汉果甜苷的纯度，应从哪些方面考虑？

任务 8-3 综合利用食品深加工技术分离制备大豆异黄酮

任务设计

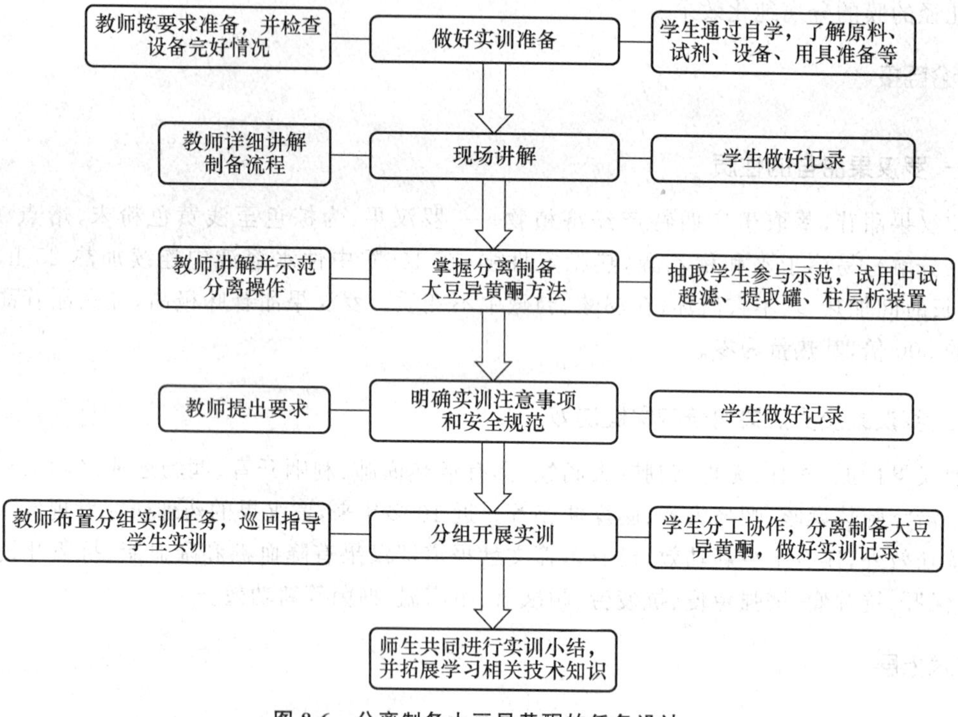

图 8-6 分离制备大豆异黄酮的任务设计

实践操作

一、原料与试剂准备

大豆豆粕、乙醇溶液。

二、设备与用具准备

取样器、精密 pH 试纸、干燥箱、粉碎机、提取罐、离心机、组合超滤设备、D101 大孔树脂柱、层析柱、提取罐、贮罐、蒸发器、收集器、恒流泵、冷冻干燥机等。

三、操作方法

(一)操作流程

分离制备大豆异黄酮的操作流程见图 8-7。

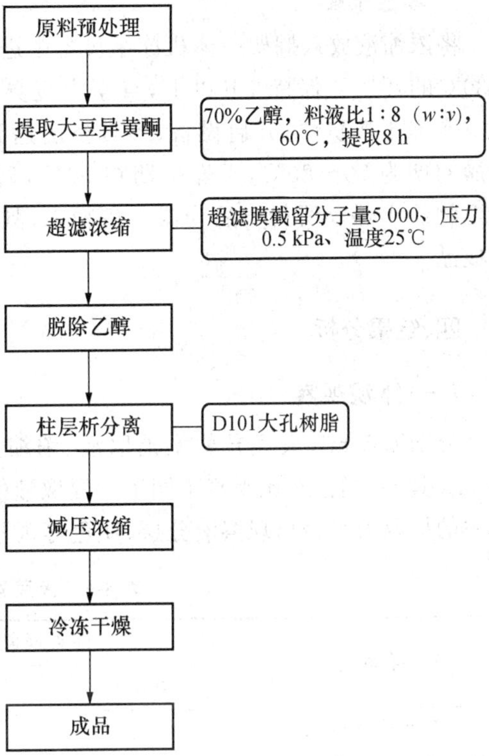

图 8-7　分离制备大豆异黄酮的流程

(二)操作要点

1. 原料预处理

采用有机溶剂抽提法对豆粕脱脂。以 90% 石油醚为提取剂，将豆粕置于在 70～80℃ 回流提取器中回流 4 h 达到除脂目的，干燥得脱脂豆粕。将脱脂豆粕粉碎，过 40 目筛，备用。

2. 提取大豆异黄酮

用 70% 的乙醇作为提取剂，按照料液比 1∶8 (w∶v) 在提取罐中进行提取，在 60℃ 的温度下提取 8 h，过滤，得大豆异黄酮提取液。

3. 超滤浓缩

用聚醚砜有机膜超滤豆粕提取液，去除其中的蛋白质、多糖等大分子杂质，超滤条件为：超滤膜截留分子量 5 000、超滤压力 0.5 kPa、超滤温度 25℃。

4. 脱除乙醇

采用蒸发器蒸发大豆异黄酮提取液至无醇味，得到浓缩大豆异黄酮溶液。

5. 柱层析分离

(1)树脂预处理方法　大孔树脂置于物料桶中，95%工业乙醇浸泡 24 h，充分溶胀。然后对溶胀的大孔树脂进行漂洗，除去漂浮的杂质，接着用 95% 的乙醇反复洗涤大孔树脂，洗至乙醇溶液不再有白色混浊为止。然后用去离子水反复洗涤大孔树脂，直至水溶液无醇味。用 5% HCl 溶液浸泡树脂 3 h，用纯水洗涤至中性，再用 5% NaOH 溶液浸泡树脂 3 h，最后用纯水洗涤至中性，待用。

(2)装柱　采用常规湿法装柱，装柱前在层析柱内加入一定量的去离子水。将预处理的大孔树脂一次性加入中试不锈钢层析柱中，开启活塞，让树脂自然沉降而不残留气泡。吸附树脂的装柱高度不宜超过柱高度的 70%。待树脂全部装入柱内后，再用 5～8 BV 的纯水以 2 BV/h 的速度通过树脂层，以保证树脂填充均匀。

(3)加样　恒定流速，用泵将大豆异黄酮溶液泵进层析柱。

(4)洗脱　用 D101 大孔树脂进行纯化，大豆异黄酮溶液上样以后，先用一定量的去离子水淋洗树脂层，然后用 10%乙醇初步洗脱其中的杂质部分，接着用 80%乙醇继续洗脱，收集乙醇部分的洗脱液，得到纯化的大豆异黄酮液。

6. 减压浓缩

将纯化的大豆异黄酮溶液置于浓缩罐中在减压条件下进行浓缩。

7. 冷冻干燥

将浓缩液放入搁架一体机冻结设备中进行速冻，物料厚度控制在 10 mm 以下，在－35～－30℃的环境下保持 2 h 以上，直至大豆异黄酮溶液冻结彻底。将速冻好的物料放入食品真空冷冻干燥机中，开启设备，当真空度达到 100 Pa 以下后，开启加热板，加热板的温度在干燥初期为 70～80℃，干燥中期在 60℃，后期在 50℃，整个冷冻干燥过程持续 20 h 左右，直至物料干燥。所得产品为淡黄色粉末，具有很好的溶解性。即得纯化后的大豆异黄酮粉末成品。

四、结果分析

（一）外观观察

分别取 5 mL 大豆异黄酮提取液、浓缩大豆异黄酮提取液和纯化大豆异黄酮提取液于 10 mL 具塞试管，对比观察不同浓度提取液的颜色，将试管中的提取液防置一周，观察不同试管中的提取液是否出现溶液分层、变色等现象，并将现象记录在表 8-1 中。

表 8-1 大豆异黄酮提取制备记录

样品	外观现象		检测分析	
	0 d	一周	吸光度值	黄酮含量
大豆异黄酮提取液				
浓缩大豆黄酮提取液				
纯化大豆黄酮提取液				

（二）检测分析

用分光光度计分别测定大豆异黄酮提取液、浓缩大豆异黄酮提取液和纯化大豆异黄酮提取液在波长 260 nm 的吸光度值，计算出不同浓度的大豆异黄酮提取液的黄酮含量。具体操作如下：

（1）标准溶液的配制　精密称取干燥至恒重的染料木苷标准品 0.015 0 g，用甲醇定容到 50 mL，超声 30 min，充分溶解，得到浓度为 0.300 mg/mL 的标准溶液。

（2）标准曲线的建立　分别精密量取 0.05、0.1、0.2、0.3、0.4、0.5 mL 于 10 mL 容量瓶中，用 70％乙醇定容。在 260 nm 波长处测足吸光度，以吸光度为横坐标，浓度为纵坐标，绘制吸光度标准曲线。

（3）样品测定　精密量取上清液 0.1 mL，用 70％乙醇稀释到 10 mL，测定吸光度。将吸光度值代入标准曲线求得对应的质量浓度，并换算成大豆异黄酮含量。

五、注意事项

（1）装柱注意事项，请参照项目 6 的任务 6-1 相关内容进行。

（2）选择不同孔径大小的膜对供试品溶液进行超滤，通过比较透析液平均流量超滤后溶液中大豆异黄酮的含量和各组分损失量以及杂质的截留量来选择适合的孔径的膜。

（3）超滤压力影响透过液的流量。通过比较超滤后杂质的截留率和大豆异黄酮的透过率来选择合适的超滤压力。

(4)超滤膜在使用后进行有效的清洗是非常重要的,它可以保证处理物料的效果可靠与稳定,延长膜的使用寿命,降低运行成本,因此使用之后用反冲法或者清水法进行清洗。

实训建议

一、实训时间与分组安排

(1)本实训任务宜使学生进行分岗位操作,岗位分别为:提取和离心、超滤、浓缩、层析、冷冻干燥。

(2)为了让学生了解到不同环节的操作,可以让学生轮流到不同岗位。

(3)如学校没有成套的制备设备,可安排学生到相应的生产企业实习。

二、实践操作内容的安排

为了让学生了解到不同超滤阶段超滤液的大豆异黄酮的含量差异,可以取不同时期的样液测定大豆异黄酮的含量,以更好地理解超滤技术对大豆异黄酮的分级浓缩的作用。

理论链接

一、大豆异黄酮的性质

大豆异黄酮在自然界中的分布只局限于豆科的蝶形花亚科等极少数植物中,如大豆、苜蓿和绿豆等植物中,大豆中大豆异黄酮含量为0.1%～0.5%,主要分布于种子的子叶和胚轴中。大豆异黄酮是属于黄酮类化合物中的大豆异黄酮成分,是大豆生长过程中形成的一类次生代谢产物,具有苦涩味。

黄酮类化合物泛指以2-苯基色原酮为基本母核,两个苯环(A和B)通过三碳链相互联结而成的一系列化合物。其是多酚类混合物,基本骨架是3-苯基色原酮,主要包括染料木素(金雀异黄素,genistein)、大豆苷元(daidzein)、黄豆黄素(glycitein)以及它们的葡萄糖甙、乙酰葡萄糖甙和丙二酰葡萄糖甙。天然情况下,大豆异黄酮大多以葡萄糖甙形式存在(主要是乙酰和丙二酰基化),只有少数以苷元形式存在。大豆中50%～60%的异黄酮为染料木素,30%～35%的异黄酮为大豆苷元,5%～15%的异黄酮为黄豆黄素。根据结构的不同,可以分为游离型大豆异黄酮苷元、葡萄糖苷、乙酰基葡萄糖苷和丙二酰基葡萄糖苷。

高纯度的大豆异黄酮一般为无色晶体,工业上批量产出的或纯度较低混有杂质的大豆异黄酮通常为灰白色或淡黄色的粉末,有苦味。糖苷型大豆异黄酮由于酚羟基的存在使其具有较强的极性,此类型异黄酮在甲醇、乙醇、乙酸乙酯等极性较强的有机溶剂及稀碱溶液中都有较好的溶解度,在苯、乙醚、石油醚、氯仿、正己烷等溶剂中的溶解度较小;大豆异黄酮苷元分子结构中羟基较少,其极性相对于带有糖苷基团的异黄酮较弱,因此苷元型异黄酮易溶于甲醇、乙醇、乙醚、乙酸乙酯等中等极性有机溶剂中,难溶或不溶于水。

大豆异黄酮具有热不稳定性。大豆异黄酮高温下易分解,当温度高于100℃时会进行脱羧脱羰降解,当温度高于200℃,大豆异黄酮会层层降解,降解为异黄酮苷元。在碱性环境中,大豆异黄酮易水解。大豆异黄酮的显色反应与其酚羟基结构有着很大的关系,其显色反应主要包括以下几种:与钠汞齐反应显红色,与醋酸镁反应生成褐色反应物,与异黄酮和稀二氯氧锆的甲醇溶液反应出现黄色等。这些特殊的显色反应可用于快速定性检测异黄酮。

二、提取大豆异黄酮的常用方法与溶剂

大豆异黄酮的提取方法主要有有机溶剂萃取法、大孔吸附树脂层析柱法、超临界流体萃取法、离心法及离子交换法、超声波萃取法、微波萃取法等。有机溶剂萃取法是国内外提取大豆异黄酮使用最广泛的方法,常用的有机溶剂有:甲醇、乙醇、丙酮、乙酸乙酯、正己烷以及它们的水溶液或混合溶液。大多数企业采用乙醇水溶液提取豆粕中的大豆异黄酮。该方法是目前比较常用的方法,具有提取率高、含杂质少、无毒性、容易形成工业化生产等特点。

三、大豆异黄酮的保健作用

大豆异黄酮是大豆生长过程中产生的一类活性物质,有着广泛的医疗保健作用。大豆异黄酮的抗氧化性。大豆异黄酮具有强于特丁基对苯二酚(TBHQ)的抗氧化性,可以作为合成抗氧化剂的替代物添加于食品中。大豆异黄酮通过熄灭自由基,影响抗氧化酶的活性,降低膜的流动性、抑制脂质的过氧化性,抑制 UV 辐射诱导的氧化应激和凋亡的生物化学改变,增加抗氧化蛋白的表达以及螯合金属的作用等来发挥抗氧化活性。大豆异黄酮具有降血糖和增强机体抗氧化能力,其抗氧化效果与维生素 C 相当。大豆异黄酮通过降低血糖、改善抗氧化酶活性和抑制脂质过氧化等作用发挥对糖尿病治疗作用。

大豆异黄酮增加骨密度的作用。大豆异黄酮有类似雌激素的作用,具有选择雌激素受体并与之结合发挥拮抗的作用,阻止雌二醇 DNA 的激活和蛋白质结合,避免了妇女更年期综合征的发生。大豆异黄酮的结构与雌激素类结构相似,能调节体内雌激素活性,抑制甲状腺钙分泌,减少骨的再吸收作用,防止骨质的丢失。摄入的大豆异黄酮就可以通过减少骨的再吸收,对绝经妇女的骨流失有保护作用。

技术拓展

一、利用大孔树脂分离纯化葛根异黄酮

将葛根粉碎,过 60 目,以 50%乙醇为提取剂,料液比为 1∶8,在 70℃的环境下浸提 2.5 h,离心、过滤,得葛根异黄酮粗提取液备用。将葛根异黄酮提取液,进行适当浓缩后,选用 AB-8、HPD600、ADS-5 等大孔树脂进行分离纯化,用 95%乙醇溶液作为洗脱剂进行洗脱。

二、利用膜分离结合醇沉法纯化大豆异黄酮

取脱脂豆粕,用 8~10 倍 75%的乙醇,60℃萃取 4 h,萃取液用 20 nm 的无机陶瓷膜超滤,浓缩至质量分数为 30%,按醇料比 7∶1 加入 70%乙醇,搅拌 10 min 进行醇沉。上清液回收乙醇后调节其可溶性固形物含量为 5%,静置 5 h,再以 2 000 r/min 速度离心 10 min,对沉淀进行水洗,弃去水洗液,60℃的温度下干燥沉淀物,得到纯化大豆异黄酮粉末。

学习思考

1. 分离制备大豆异黄酮有何用途？
2. 在制备大豆异黄酮的过程中，最适宜的超滤膜具有什么特点？
3. 在使用大孔树脂纯化大豆异黄酮之前可否省掉浓缩步骤？

二维码 8-4　任务 8-3
学习思考参考答案

思政园地

典型案例：某生物技术有限公司是一家从事生物技术和营养健康领域服务的高科技企业。该公司主要生产茶多酚、苹果多酚等植物多酚。该公司秉承着"科学管理、质量第一、诚信至上、顾客满意"的发展理念。公司为满足各行业对茶多酚高含量、高纯度的要求，制定了《茶多酚生产操作章程》和《茶多酚检测章程》，在操作章程中规定，以大冬青苦丁茶为原料，采用水提法得到茶多酚浸提液，接着用截留分子量为 10 000 的聚醚砜膜超滤茶浸提液，用截留分子量为 800 的纳滤膜进一步提纯茶多酚浸提液，将茶多酚纯度由最初 18.1%提高到 43.2%，在分离提纯过程中所用到的膜被污染后采用氢氧化钠与超声联合清洗，最后用纯净水洗净。在生产茶多酚过程中所需要的设备、物料都需在应用前严格检查，确保无毒、无害、无残留。配备茶多酚检测人员，按章程对茶多酚品质进行检测，严格把关，生产出的高含量、高纯度的茶多酚。该公司生产的产品品质高，质量稳定，售后服务到位，在业界积累的口碑越来越好，销售量和盈利也越来越高。

案例评析：茶多酚(tea polyphenols，TP)是茶叶成分中一类具有抗氧化作用的酚类物质的总称，主要是由花色苷类、黄烷醇类、黄酮醇类、黄酮类和酚酸类等物质组成，这些都是茶叶主要的功效成分，含量约占鲜茶叶干质量的 15%～25%。由于其天然高效的抗氧化、抑菌功能，深受食品生产领域的欢迎。我国的茶资源丰富，但其中大都茶多酚含量较低、纯度不高，难以满足其在各行各业上的需求。因此该公司制定了《茶多酚生产操作章程》和《茶多酚检测章程》，并要求工作人员按公司章程工作，严把茶多酚品质关，产品质量达到国际水平，赢得了客户的信任，实现了双赢的目标。

任务 8-4 综合利用食品深加工技术制备鸡蛋卵磷脂

任务设计

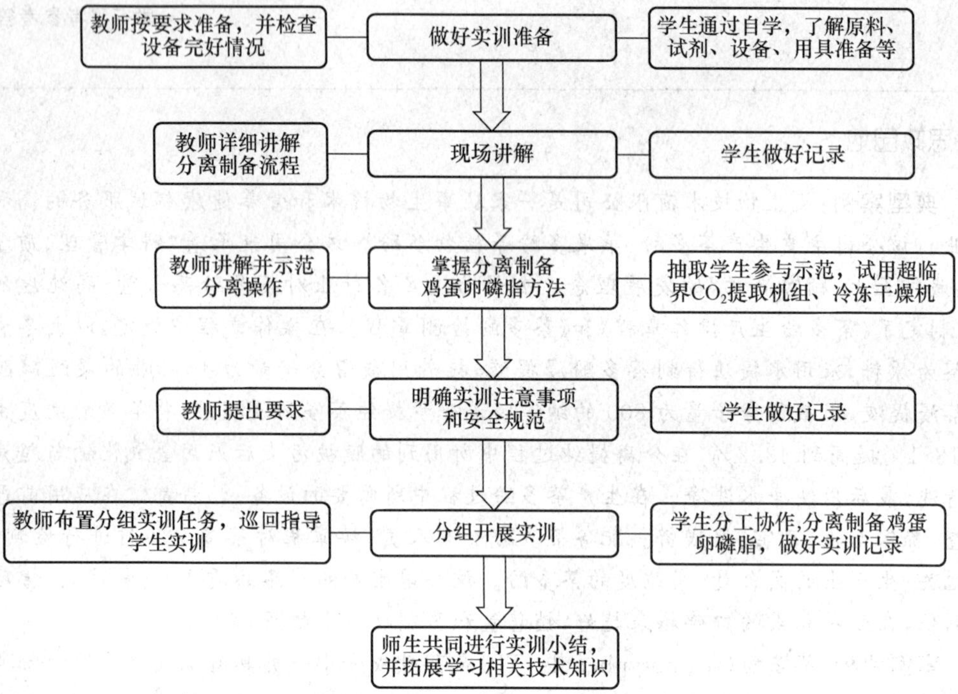

图 8-8 综合利用食品深加工技术分离制备鸡蛋卵磷脂的任务设计

实践操作

一、原料与试剂准备

无精鸡蛋黄、乙醇、卵磷脂标准品、钼酸铵、氯仿、甲醇。

二、设备与用具准备

超临界 CO_2 提取机组、柱层析装置、薄层色谱扫描仪、贮罐、蒸发器、冻干机组。

三、操作方法

(一)操作流程

制备鸡蛋卵磷脂的操作流程见图 8-9。

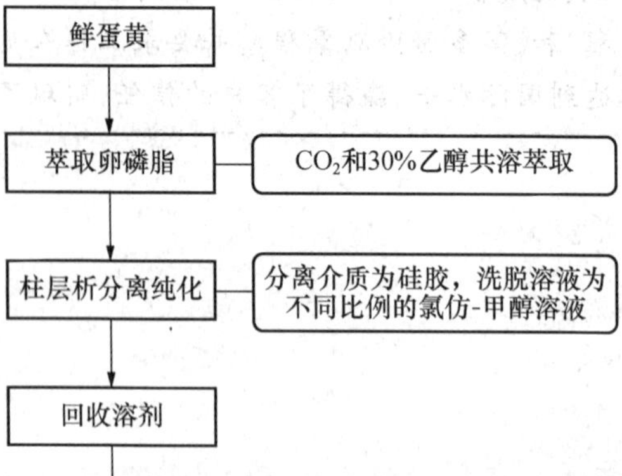

图 8-9 制备鸡蛋卵磷脂的流程

(二)操作要点

(1)萃取卵磷脂　首先采用超临界 CO_2 和7%乙醇共溶剂萃取出中性脂质，然后采用 CO_2 和30%乙醇共溶剂萃取卵磷脂，调节超临界压力为12.4～17.2 MPa，温度为313～353 K，CO_2 流速1 L/min。

(2)柱层析分离纯化　取将适量的柱硅胶(60～100目)用氯仿打成浆状，湿法装柱，准确称量卵磷脂粗品(EPC)用氯仿溶解后，倒入柱子内。用不同浓度梯度的氯仿-甲醇混合液连续冲洗(氯仿：甲醇分别为40：1、35：1、30：1、25：1、20：1、15：1、10：1、5：1、1：1、2：3、1：2、1：3)，每个浓度以3 BV分批洗脱。加入1：1的氯仿-甲醇溶液后，洗脱液加入量应适当变大，即洗脱液浓度梯度变化要慢些。硅胶含水量控制在10%～12%(质量分数)，流动相含水量控制在0.5%～0.9%(体积分数)。

(3)回收溶剂　用浓缩设备蒸发收集液，彻底脱除收集液中的有机溶剂，收集浓缩液于中转罐内，收集回收蒸发出来的有机试剂。

(4)干燥保存　根据柱中色带及薄层层析扫描仪不停地检测收集液的结果，分开收集各种不同成分的洗脱液，把出现单一斑点，且在同一块薄层板上与标品卵磷脂有同一 R_f 值的洗脱液收集在一起，然后旋转蒸发浓缩成膏状，再在冻干机上干燥，即得纯白色的卵磷脂精品，充入氮气低温保存。

四、结果分析

(一)外观观察

观察收集到的纯化卵磷脂的形态和颜色，记录结果。

(二)检测分析

利用薄层色谱为主要的定性检测手段，再利用薄层扫描仪，对所制得的卵磷脂样品进行定性和定量检测。将一定量的硅胶与一定量的浓度为0.4%～0.5%的CMC-Na溶液调匀制成薄层板，根据不同的要求在活化好的板上点样。展开溶剂为氯仿-甲醇-水(65：25：4，体积比)。采用钼酸铵为显色剂，在130℃左右烘干显色。对卵磷脂标准品和样品的对应薄层斑点做光谱扫描图，以450 nm为测定波长，做反射法锯齿扫描。

分析测定根据以上操作步骤得到的卵磷脂的含量以及纯度。

1. 卵磷脂含量的测定

准确称取经过冷冻干燥后得到的卵磷脂的质量，并根据下式计算卵磷脂的含量。

$$\text{卵磷脂含量}=\frac{\text{实际所得卵磷脂的质量}}{68.2\%\times\text{加入的卵磷脂的总量}}\times 100\%$$

2. 纯度检测

由卵磷脂含量与扫描峰面积间存在的线性对应关系，根据扫描峰面积值大小的对比，通过已知的标准品的浓度与纯度，换算出已知浓度的样品中卵磷脂的纯度。

$$\text{样品纯度}=\frac{\overline{S_{\text{样}}}\times\text{标准品纯度}\times\text{标准品浓度}}{\overline{S_{\text{标}}}\times\text{样品浓度}}$$

式中：$\overline{S_{\text{样}}}$ 为样品点的平均峰面积；$\overline{S_{\text{标}}}$ 为标准品的平均峰面积；标准品纯度≥99%。

五、注意事项

(1)实验材料鸡蛋要用无精鸡蛋,使用前要将鸡蛋中蛋白部分去除。

(2)粗提取过程中使用的蛋黄原料要经过冷冻干燥 2 h,并密封保存。

(3)粗提取和纯化实验过程中,溶解过程要搅拌充分,以提高样品得率。

(4)称取标准样品时要精确称量,选用万分之一的天平称量。

实训建议

(1)本实训任务宜使学生进行分岗位操作,岗位设置:超临界萃取、层析、分析检测、冻干。

(2)为了让学生了解到不同环节的操作,可以让学生轮流到不同岗位实训。

(3)如学校没有成套的制备设备,可安排学生到相应的生产企业实习。

理论链接

一、卵磷脂的性质

卵磷脂在乙醇、甲醇等低碳醇以及乙醚等有机溶剂中有较好的溶解性,在丙酮中的溶解性较差。其等电点为 pH=6.7。卵磷脂的颜色色度范围为白色到橘黄色,外观呈粉末或块团状,在温度较低的情况下容易结晶。由于卵磷脂既有亲水性的头部即磷酸根和胆碱,又有疏水性的尾部即脂肪酸链,因此卵磷脂具有两亲性,是一种良好的表面活性剂。

由于卵磷脂分子结构中有许多不饱和脂肪酸,所以卵磷脂对于光线、温度以及空气更加敏感,在存放过程中容易受到这些因素的影响而变质,颜色也会逐渐加深,从而影响了卵磷脂的生理功能与活性。因此人们通常通过添加某些抗氧化剂使其稳定性提高,进而保证卵磷脂的一些特性。卵磷脂也具有皂化、硫化、氧化、水解等化学性质。

二、卵磷脂的保健功效

(1)肝脏的“保护神” 肝脏作为人体排毒的重要器官,不仅能够清除体内毒素,还能消化食物中的油脂。因此,食物中的油脂堆积在肝脏会产生许多胆固醇。禽类动物胚胎中的磷脂非常富有营养,含有大量的胆固醇和甘油三酯以及许多人体必不可少的营养物质和微量元素。蛋黄磷脂将胆固醇乳化成非常细的颗粒,其通过血管壁后被消化吸收,降低血浆中胆固醇的含量。磷脂通过分解体内多余的胆固醇,促进肝脏的代谢,将毒素排出体外起到保护肝脏的作用,并有效降低肝类疾病的发病率。磷脂中的胆碱通过影响体内代谢速度加快脂肪在肝脏中的分解,预防肝脏发炎、肿胀等症状,加快肝脏细胞的再生速度保护肝功能。磷脂对肝脏的保护降低和预防了肝硬化、脂肪肝等顽固疾病的发生,是肝脏的“保护神”。

(2)预防心脏疾病 有学者研究表明,从深海鱼类动物体中提炼出来的卵磷脂中的不饱和脂肪成分能调节人体内胆固醇的含量,有效调节血脂,清理血栓,防止血液凝固,预防脑血栓、脑出血及中风,起到保健作用。

(3)促进大脑发育,增强记忆力 美国杜克大学的学者在关于磷脂促进大脑发育的研究报告中提到,用卵磷脂作为添加剂加入食物中喂养怀孕了的白鼠,对其后代进行迷宫测试来测验小白鼠的智力,结果显示食物中添加了卵磷脂的白鼠后代的记忆力显著优于空白对照试验的大鼠的后代。北卡罗来纳大学药学博士史蒂文·泽瑟尔总结有关卵磷脂的所有研究成果，建议孕妇在怀孕期间适量服用含有卵磷脂的保健品和食物，能够促进婴儿的大脑发育，提高婴儿的免疫力。美国食品与药物管理委员会（FDA）规定，婴儿的生长发育需要多种营养和微量元素，为了均衡营养在婴儿食品中应添加富含卵磷脂的食物。

(4)保护皮肤，延缓衰老　磷脂和蛋白质、糖类共同构成人体细胞膜的磷脂双分子层，细胞膜作为保护细胞的第一道防线，保护细胞的正常生理机能。细胞的正常生理功能依赖于细胞膜中的酶系统，酶系统由镶嵌在膜上的蛋白质和各种糖类参与的生物反应所组成。自由基是人体衰老的重要原因，主要以氧自由基为主，人体随着年龄的增长，身体机能下降，从体内清除自由基、自我调节能力逐渐减弱，细胞膜受到自由基的严重破坏导致皮肤的衰老。卵磷脂能够替代细胞膜中的成分被氧化，氧化后结合体内的自由基并排出体内。卵磷脂的乳化性能能够为皮肤角质层补充水分，修复细胞膜被过氧化产生的损伤，达到美容护肤的功效，还能延缓衰老。徐承水等通过添加卵磷脂的饲料喂养小鼠来研究卵磷脂对身体衰老的影响，设置空白对照试验，将试验结果与空白组实验结果对比，试验组心脏和脑组织中超氧化物歧化酶（SOD）的活性明显增加，氧化脂质（LPO）的指标受不饱和脂肪酸影响显著下降，脂褐素含量也明显降低。根据实验结果得出以下结论：卵磷脂中的不饱和脂肪酸具有抗氧化作用抑制机体被过氧化物破坏，具有良好的抗衰老作用。卵磷脂作为细胞中膜的组成部分，通过抵抗自由基的破坏保护细胞膜，提高身体代谢功能，从而减缓皮肤的衰老。

技术拓展

一、有机溶剂提取法提取鸭蛋黄中卵磷脂

先将无精蛋进行破蛋处理，分离蛋黄，冷冻干燥 2 d。称取适量的干燥蛋黄，添加丙酮，脱脂过滤，得到残渣，加入比例为 2.5∶1 的无水乙醇和石油醚提取 30 min，提取 1 次，在提取过程中使用微波功率 700 W 以及超声功率 50 W 频率 40 kHz，处理时间 40 s（后续单因素试验微波和超声处理均用此条件），离心后取上清液常温旋转蒸发，得到蛋黄卵磷脂的粗提物。取卵磷脂粗提物，加入适量无水乙醇使其溶解，在 35℃下加入吸附剂（溶液与吸附剂的重量比为 1∶0.2），搅拌吸附，过滤，去除吸附剂得到滤液。将上一操作中滤液在低温下使其结晶析出，得到回收的乙醇和沉淀物，分离沉淀物并用 1 倍丙酮清洗后真空干燥，最后得到卵磷脂产品。

二、超声辅助提取蛋黄中的卵磷脂

准确称取 10 g 的脱油蛋黄粉，放入 250 mL 三角瓶中，往瓶中加入一定体积的乙醇溶液，将瓶放入 80 W 的超声清洗器进行萃取，时间为 10～35 min 将油状卵磷脂样品放入 4℃冰箱中备用。于 60℃真空干燥 12 h，得油状样品，即为粗卵磷脂。经萃取后，在 5 000 r/min 条件下，离心 10 min，取上清浓缩至近干，即得到卵磷脂样品。

二维码 8-5　任务 8-4 学习思考参考答案

学习思考

1. 蛋黄经粗提取和纯化过程，主要分离了哪些成分？
2. 工业上提取高纯卵磷脂的方法有哪些？

3. 卵磷脂在食品行业中有哪些应用？

思政园地

典型案例：2014年1月7日，济宁市任城区人民检察院向济宁市任城区人民法院提起公诉，指控被告人王申良、关参风、孙某犯生产、销售有毒有害食品罪。济宁市任城区人民法院经审理查明，2012年2月至2013年9月，在济宁市任城区长沟镇鲁电水泥厂东南角出租厂房内，被告王申良、孙某夫妇在没有取得相关手续的情况下，雇佣被告人关参凤等十几名工人非法生产腐竹，在生产过程中添加"增筋剂"等有毒、有害非食品原料，并进行销售，销售金额为337.836 7万元。

案例评析：面粉增筋剂是一种食品添加剂——偶氮二甲酰胺，它是一种在常温下无毒无嗅的粉末状化学品，曾是被公认的可安全用于食品的面粉改良剂，添加在面粉中与水搅拌时产生的作用会改善面团的物理操作性和面制品的组织结构，使生产出的面制品具有较大的体积和较好的组织结构。近年来的一些研究指出，偶氮二甲酰胺主要初级反应产物联二脲在高温的环境下可以继续分解为氨基脲(SEM)，偶氮甲酰胺在高温热解的条件下也可能直接产生氨基脲，而氨基脲是三级致癌物。根据我国《食品安全国家标准　食品添加剂使用标准》(GB 2760—2014)规定，偶氮二甲酰胺是允许使用的食品添加剂，其功能是面粉处理剂，使用范围是小麦粉，最大使用量为0.45 g/kg。

食品添加剂使用一定要在国家相关法规标准规定的范围内使用，上述案例中，生产商王申良、关参风、孙某等明知在腐竹中添加"增筋剂"等非食品原料会对消费者的身体健康造成严重损害，为了牟取暴利，仍然在生产过程中大量添加，并进行销售，其行为均已构成生产、销售有毒、有害食品罪。食品安全责任，重于泰山。作为一名食品生产商，应该严格遵守国家法律法规，切实保障消费者的根本利益。

自测练习

一、填空题

1. 大豆中天然存在的大豆异黄酮总共有________种，可以分为________、________、________3类。

2. 大豆异黄酮的碱水解pH为________，水解程度随pH及温度的升高而________。

3. 采用乙醇洗脱葡萄色素时，若需要配制60%的乙醇溶液200 mL，则需量取无水乙醇和水的量分别是________、________ mL。

4. 卵磷脂是一种良好的表面活性剂，既有亲水性的头部即________和________，又有疏水性的尾部即________。

5. 提取罗汉果甜苷时，以饮用水为提取剂，按照料液比1∶6提取30 g罗汉果粉末，需要取________ mL饮用水。

二、单项选择题

1. 大豆异黄酮在自然界中的分布只局限于豆科的蝶形花亚科等极少数植物中，如大豆、苜蓿和绿豆等植物中，大豆中大豆异黄酮含量为(　　)。

A. 0.1%～0.5%　　　　B. 0.2%～0.6%

C. 0.5%～1% D. 0.1%～1%

2. 大豆异黄酮主要分布于大豆种子的( )中。

A. 胚芽和胚轴 B. 子叶和胚芽

C. 子叶和胚轴 D. 子叶、胚芽和胚轴

3. 下列溶剂中可以用于大孔树脂预处理的溶剂是( )。

A. 乙醇 B. 乙醛 C. 乙醚 D. 乙酸

4. 卵磷脂可用作( )。

A. 油脂性基质 B. 水溶性基质 C. 栓剂基质 D. 乳化剂

5. 下列哪项是卵磷脂的组成成分?( )

A. 乙醇胺 B. 胆碱 C. 丝氨酸 D. 甘氨酸

三、名词解释

1. 分配系数 2. R_f 值 3. 保留值 4. 膜分离技术

四、判断题

1. 色谱法就是分离有色物质的方法。( )

2. 层析法的最大特点是分离效率高,但它只能分离各种性质相类似的物质。( )

3. 固定相是层析的一个基质。它可以是固体物质(如吸附剂、凝胶、离子交换剂等),也可以是液体物质(如固定在硅胶或纤维素上的溶液)。( )

4. 分配系数是指在一定的条件下,某种组分在固定相和流动相中分配达到平衡时的浓度比。( )

5. 迁移率(或比移值 R_f)是指在一定条件下,在相同的时间内某一组分在固定相上移动的距离与流动相本身移动的距离的比值。( )

6. 在层析分析中,通常是根据层析峰的位置来进行定性分析,根据层析峰的面积或高度进行定量分析的。( )

7. 纯化罗汉果甜苷时,宜直接用柱层析分离纯化罗汉果甜苷粗提液。( )

8. 大孔树脂分离栀子黄色素时,宜用85%的乙醇溶液进行洗脱。( )

9. 大豆异黄酮呈微黄色、灰白色或者无色,在紫外线下多显紫色。( )

10. 大豆异黄酮具有热不稳定性,当温度高于100℃时会进行脱羧脱羰降解,在酸性环境中,大豆异黄酮易水解。( )

五、简答题

1. 大豆异黄酮含量测定的常用方法是什么?有什么特点?

2. 卵磷脂为什么有增强记忆的作用?

3. 栀子果中有哪些成分可被提取利用,这些成分分别有什么功效与用途?

二维码8-6 项目8自测练习参考答案

参考文献

[1]艾启俊．果品深加工新技术．北京:化学工业出版社,2003.
[2]陈芬,胡莉娟．生物分离与纯化技术．武汉:华中科技大学出版社,2012.
[3]陈来同．生物化学产品制备技术．北京:科学技术文献出版社,2004.
[4]陈优生．药物分离与纯化技术．2版．北京:人民卫生出版社,2013.
[5]程康．啤酒工艺学．北京:中国轻工业出版社,2013.
[6]崔建云．食品加工机械与设备．北京:中国轻工业出版社,2004.
[7]方建．大豆异黄酮制备工艺研究．杭州:浙江工业大学,2012.
[8]冯骉．膜分离的工程与应用．北京:中国轻工业出版社,2006.
[9]付晓玲．生物分离与纯化技术．北京:科学出版社,2012.
[10]辜义洪．果酒生产技术．重庆:重庆大学出版社,2016.
[11]顾觉奋．分离纯化工艺原理．北京:中国医药科技出版社,2000.
[12]顾香玉,张晓云．膜技术在啤酒生产中应用研究．酿酒,2006(04):95-97.
[13]鲍金勇．香蕉皮中果胶提取工艺的研究．食品与机械,2006(01):39-42.
[14]姬晨．红枣浓缩汁加工关键技术研究及品质评价．杨凌:西北农林科技大学,2015.
[15]李从军,罗世炜．生物产品分离纯化技术．武汉:华中师范大学出版社,2009.
[16]梁世中．生物分离技术．广州:华南工学院出版社,1997.
[17]刘光成．啤酒过滤技术．北京:中国轻工业出版社,2012.
[18]刘国诠．生物工程下游技术．2版．北京:化学工业出版社,2003.
[19]刘凯．固定化酵母连续发酵生产纯生啤酒工艺研究．南京农业大学,2012.
[20]毛忠贵．生物工业下游技术．北京:中国轻工业出版社,2004.
[21]欧阳平凯．生物分离原理及技术．3版．北京:化学工业出版社,2019.
[22]欧阳平凯．生物分离原理及技术．北京:化学工业出版社,1999.
[23]邱玉华．生物分离与纯化技术．北京:化学工业出版社,2017.
[24]苏凤艳,宗颖,温铁锋．超声波辅助提取白僵蚕卵磷脂的工艺研究．经济动物学报,2011,15(03):149-152+156.
[25]孙静,张巍,张梦珂,等．鸭蛋黄中卵磷脂的提取工艺优化．食品安全质量检测学报,2019,10(21):7311-7315.
[26]孙俊良．酶制剂生产技术..北京;科学出版社,2004.
[27]孙诗清．生物分离实验技术．北京:北京理工大学出版社,2017.
[28]孙彦．生物分离工程．2版．北京:化学工业出版社,2005.
[29]王雅洁．生物分离纯化实践技术．南京:东南大学出版社,2016.
[30]王湛,周翀．膜分离技术基础．2版．北京:化学工业出版社,2006.
[31]王振宇,卢卫红．天然产物分离技术．北京:中国轻工业出版社,2012.
[32]伍小红,冯学成,周建军,等．沉淀分离技术在食品工业中的应用．饮料工业,2005,8(5):6-9.
[33]辛秀兰．生物分离与纯化技术．北京:科学出版社,2005.
[34]许浮萍,梁志家,田娟娟．应用膜分离结合醇沉法纯化大豆异黄酮．食品科学,2009,30(16):78-82.

[35]许晓慧,赵彬侠,赵立新. 从蛋黄中提取及纯化卵磷脂. 食品科学,2006(08):129-132.
[36]严希康. 生化分离技术. 上海:华东理工大学出版社,1996.
[37]杨昌鹏,张爱华. 生物分离技术. 北京:中国农业出版社,2007.
[38]杨天英,赵金海. 果酒生产技术. 北京:科学出版社,2010.
[39]杨座国. 膜科学技术过程与原理. 上海:华东理工大学出版社,2009.
[40]姚玉英. 化工原理(下). 天津:天津大学出版社,2003.
[41]于文国,卞进发. 生化分离技术. 化学工业出版社,2007.
[42]俞俊棠. 新编生物工艺学(上). 北京:化学工业出版社,2003.
[43]张爱华,王云庆. 生化分离技术. 北京:化学工业出版社,2012.
[44]张敏,张海军,王晶,等. 鸡蛋中卵磷脂的提取与深加工研究进展. 粮食与食品工业,2019,26(05):35-37.
[45]张雪荣. 药物分离与纯化技术. 3版. 北京:化学工业出版社,2015.
[46]赵丽芹. 果蔬加工工艺学. 北京:中国轻工业出版社,2002.